高职高专教育"十二五"规划建设教材

作物栽培技术

张亚龙　陈瑞修　主编

中国农业大学出版社
·北京·

内 容 简 介

本教材介绍了小麦、水稻、玉米、大豆、棉花、花生、甘薯、甜菜、马铃薯、烟草、向日葵和油菜的栽培技术。各项目和子项目的设计充分兼顾我国各地区的差异性和各地区具有代表性的栽培技术，突出实用性和区域特色。本教材主要作为高职高专种植类专业学生的教材，也可供农业科技工作者参考。

图书在版编目(CIP)数据

作物栽培技术/张亚龙，陈瑞修主编. —北京：中国农业大学出版社，2015.4(2021.6 重印)
ISBN 978-7-5655-1257-5

Ⅰ.①作… Ⅱ.①张… ②陈… Ⅲ.①作物-栽培-教材 Ⅳ.①S31

中国版本图书馆 CIP 数据核字(2015)第 088978 号

书　　名　作物栽培技术
作　　者　张亚龙　陈瑞修　主编

策划编辑　张　玉　　**责任编辑**　韩元凤
封面设计　郑　川　　**责任校对**　王晓凤
出版发行　中国农业大学出版社
社　　址　北京市海淀区圆明园西路 2 号　　**邮政编码**　100193
电　　话　发行部 010-62818525,8625　　读者服务部 010-62732336
编辑部 010-62732617,2618　　出　版　部 010-62733440
网　　址　http://www.cau.edu.cn/caup　　**e-mail** cbsszs@cau.edu.cn
经　　销　新华书店
印　　刷　北京鑫丰华彩印有限公司
版　　次　2015 年 4 月第 1 版　2021 年 6 月第 2 次印刷
规　　格　787×1 092　16 开本　21.5 印张　530 千字
定　　价　56.00 元

编写人员

主　编　张亚龙　黑龙江农业职业技术学院

　　　　陈瑞修　保定职业技术学院

副主编　田　婧　黑龙江农业经济职业学院

　　　　张清丽　黑龙江生物科技职业学院

　　　　姚文秋　黑龙江农业职业技术学院

　　　　秦　丽　内蒙古农业大学职业技术学院

　　　　张会永　保定职业技术学院

　　　　马　娜　河南省经济作物推广站

参　编　任学坤　黑龙江农业职业技术学院

　　　　赵　姝　黑龙江农业职业技术学院

　　　　于翠玲　内蒙古农业大学职业技术学院

　　　　郭淑云　河北旅游职业学院

前　言

《作物栽培技术》是高职高专教育“十二五”规划建设教材。本教材是以中国农业大学出版社“十二五”规划教材编写研讨会纪要为指导，按照“以培养学生的专业直觉为目标，以学生为主体，以教师为主导，以项目为载体”的要求，从“专业定位、岗位定位、发展定位”等方面着手编纂，使教材利于开展工学结合和理论实践一体化教学，达到“培养学生的作物栽培实践技能和职业素质，进一步提高学生的综合素质，服务学生的专业学习”的目的。

本教材共分 10 个项目。项目一介绍了作物栽培概述和耕作制度等内容，项目二至项目十分别介绍了小麦、水稻、玉米、大豆、棉花、花生、甘薯、甜菜、马铃薯、烟草、向日葵和油菜的栽培技术。每一项目包括栽培基础、播前准备、播种育苗（移栽）技术、田间管理技术和收获储藏技术等子项目。各项目和子项目的设计充分兼顾我国各地区的差异性和各地区具有代表性的栽培技术，突出实用性和区域特色。为了便于引起学生的学习兴趣，掌握各项目的内容，拓宽知识面，提高学生对所学知识的综合运用能力和实践操作能力，每一项目均附有项目导入、复习思考等栏目。本教材体例新颖，重点突出，深浅适度，注重理论知识和实践操作的有机融合，突出科学性、实践性、时效性和针对性。本教材主要作为高职高专种植类专业学生的教材，也可供农业科技工作者参考。

本教材由张亚龙、陈瑞修担任主编，田婧、张清丽、姚文秋、秦丽、张会永、马娜担任副主编。编写分工如下：张亚龙编写项目五；陈瑞修编写项目二；张清丽编写项目三和项目十中的子项目一；张会永编写项目六；秦丽编写项目九；田婧编写项目四和项目十中的子项目二；任学坤编写项目一；郭淑云编写项目七；赵姝编写项目八；于翠玲编写项目十中的子项目三；姚文秋和马娜共同编写项目十中的子项目四。

本教材在编写过程中，引用了许多同行的研究成果和资料，由于篇幅所限，未能列出，在此谨表谢意。

限于编者水平，加之编写时间仓促，错误和疏漏之处在所难免，敬请读者予以指正。

编　者

2014 年 6 月

目录

项目一　作物栽培概述

【知识目标】

了解作物的概念与分类、作物栽培的任务和特点、作物布局的意义和原则、作物的种植方式以及土壤耕作的概念和依据。

【技能目标】

掌握合理轮作的实施步骤、土壤耕作方法和耕地质量检查技术。

【项目导入】

为了生存，古人类主要是通过采集野生植物和渔猎来获取食物。当未食完的植物器官被遗弃或被埋藏在其临时住地后，发现其能不断繁衍，于是人类开始注意并将其果实、种子、块根和块茎等收集起来集中种植，且就近获取食物。随着人口的增加，对食物的需求量越来越大，人们开始有意识地选取那些果形大、生产多、成熟后脱落损失少、易保存的植物进行集中小规模栽培。在人类长期地种植野生植物的过程中，对野生植物的生长习性有了进一步的了解，则不断改进栽培技术，创造适合植物生长发育的条件，同时进行选择和培育，使野生植物逐步驯化、演化成为有经济价值的栽培作物。

广义的农业，包括种植业、林业、牧业、副业、渔业，又称大农业。狭义的农业，是指种植业，一般指作物栽培业。作物栽培，是以种植农作物为对象的生产事业，是自然再生产和经济再生产互相交织在一起的物质能量转化的生产。它科学地综合利用土地、种子、肥料、水利、耕畜、农机具和其他生产资料，促进农作物生长发育，将无机物质转化为有机物质和化学潜能，它既受自然条件和其他生产条件的影响，又受科学技术和社会经济发展水平的制约。

农作物生产在国民经济发展中具有重要的战略地位。农作物生产是人类社会赖以生存和发展的基础，人们吃、穿、用和文化生活用品的生产都同农作物生产的发展有着非常密切的关系。我国人民衣食要求的95%和纺织工业原料的2/3都直接或间接地来自农作物生产，食品工业及酿造业的原料绝大部分来自农作物生产。因此，农业生产的发展是经济发展、社会安定、国家自立的基础，没有农业现代化，就不能有整个国民经济的现代化。

想一想：

“人之情不能无衣食，衣食之道必始于耕织”这句话说明了什么道理？

子项目一 作物概述

一、作物的概念、分类

（一）作物的概念

广义的作物，是指对人类有利用价值并为人类栽培的各种植物，包括各种农作物、蔬菜、果树、绿肥和牧草等。地球上约有 39 万种植物，其中被人类所利用的植物有 2 500～3 000 种，为人类所栽培的作物有 1 500 余种。

狭义的作物，主要是指粮食、棉花、薯类、油料、麻类、糖料以及烟草等在大田里栽培，面积较大的栽培植物，即农作物，俗称庄稼。

目前栽培的农作物，大都起源于自然野生植物，是原始野生种在长期被人类栽培利用过程中，不断经过自然选择和人工培育逐渐演化而来的，是人类劳动的产物和成果。

我国是农作物种类及品种资源十分丰富的国家。世界上栽培植物（不包括花卉）近 1 200 种，其中有 200 种起源于我国，在粮食作物中，稻、粟、稷、荞麦、大豆、小豆和豇豆等均起源于我国。我国农作物类型也多，据不完全统计，目前全国共保存各种农作物品种 25 万份，是我国十分宝贵的财富。

（二）作物的分类

作物的种类繁多，世界各国栽培的大田作物 90 余种，我国常见的农作物有 60 多种，它们分属于植物学上的不同科、属、种。作物的分类方法很多，最常用的是按产品用途和植物学系统相结合的分类方法，其他还有按作物对温光条件的要求、对光周期的反应和对 CO_2 的同化途径等进行分类的方法。

1. 根据作物的生理生态特性分类

（1）按作物对温度条件的要求，可分为喜温作物和耐寒作物。喜温作物生长发育的最低温度为 10℃左右，其全生育期需要较高的积温。稻、玉米、高粱、谷子、棉花、花生和烟草等均属于此类作物。耐寒作物生长发育的最低温度在 1～3℃，需求积温一般也较低，如小麦、大麦、黑麦、燕麦、马铃薯、豌豆和油菜等均属于耐寒作物。

（2）按作物对光周期的反应，可分为长日照作物、短日照作物和中性作物。凡在日照变长时开花的作物称长日照作物，如麦类作物、油菜等。凡在日照变短时开花的作物称短日照作物，如稻、玉米、大豆、棉花和烟草等。中性作物是指那些对日照长短没有严格要求的作物，如荞麦等。

（3）根据作物对 CO_2 同化途径的特点，又可分为三碳（C_3）作物和四碳（C_4）作物。三碳作物光合作用的 CO_2 补偿点高。水稻、小麦、大豆、棉花和烟草等属于三碳作物。四碳作物光合作用的 CO_2 补偿点低，光呼吸作用也低。四碳作物在强光高温下光合作用能力比三碳作物高。玉米、高粱、谷子和甘蔗等均属于四碳作物。

此外，在生产上，因播种期不同，可分为春播作物、夏播作物和秋播作物，在南方还有冬播作物。按种植密度和田间管理方式不同，还可分为密植作物和中耕作物等。

2. 根据作物用途和植物学系统相结合分类

这是通常采用的最主要的分类法，按照这一分类法可将作物分成四大部分九大类别。

(1)粮食作物(或称食用作物)

①谷类作物(也叫禾谷类作物)　绝大部分属禾本科。主要作物有小麦、大麦(包括皮大麦和裸大麦)、燕麦(包括皮燕麦和裸燕麦)、黑麦、稻、玉米、谷子、高粱、黍、稷、稗、龙爪稷、蜡烛稗和薏苡等。荞麦属蓼科,其谷粒可供食用,习惯上也将其列入此类。

②豆类作物(或称菽谷类作物)　均属豆科,主要提供植物性蛋白质。常见的作物有大豆、豌豆、绿豆、赤豆、蚕豆、豇豆、菜豆、小扁豆、蔓豆和鹰嘴豆等。

③薯芋类作物(或称根茎类作物)　属于植物学上不同的科、属,主要生产淀粉类食物。常见的有甘薯、马铃薯、木薯、豆薯、山药(薯蓣)、芋、菊芋和蕉藕等。

(2)经济作物(或称工业原料作物)

①纤维作物　其中有种子纤维,如棉花;韧皮纤维,如大麻、亚麻、洋麻、黄麻、苘麻和苎麻等;叶纤维,如龙舌兰麻、蕉麻和菠萝麻等。

②油料作物　常见的有花生、油菜、芝麻、向日葵、蓖麻、苏子和红花等。大豆有时也归于此类。

③糖料作物　南方有甘蔗,北方有甜菜,此外还有甜叶菊、芦粟等。

④其他作物(有些是嗜好作物)　主要有烟草、茶叶、薄荷、咖啡、啤酒花和代代花等,此外还有挥发性油料作物,如香茅草等。

(3)饲料和绿肥作物　豆科中常见的有苜蓿、苕子、紫云英、草木樨、田菁、柽麻、三叶草和沙打旺等;禾本科中常见的有苏丹草、黑麦草和雀麦草等;其他如红萍、水葫芦、水浮莲和水花生等也属此类。这类作物常常既可作饲料,又可作绿肥。

(4)药用作物　主要有人参、党参、黄芪和甘草等。

有些作物可能有几种用途,例如大豆既可食用,又可榨油;亚麻既是纤维作物,种子又是油料;玉米既可食用,又可作青饲青储饲料;马铃薯既可作粮食,又可作蔬菜;红花的花是药材,其种子是油料。因此,上述分类不是绝对的,同一作物,根据需要,有时被划在这一类,有时又把它划到另一类。

想一想:

1. 为什么四碳作物在强光高温下光合作用能力比三碳作物高?
2. 为什么同一作物有时被划在这一类,有时又把它划到另一类?

查一查:

栽培作物与其野生祖先之间有什么差别?

子项目二　作物栽培

一、作物栽培的性质

作物栽培学是研究作物生长发育、产量和品质形成规律及其与环境条件的关系,并在此基础上采取栽培技术措施以达到作物高产、稳产、优质、高效目的的一门应用科学。简言之,作物栽培学是研究作物高产、稳产、优质、高效生产理论和技术措施的科学。

作物是有机体,有机体有其自身生长发育、器官建成、产量和产品形成的规律。作物生长发育离不开外界环境条件,即光、热、水、气、肥等。不同的作物、不同的品种以至于不同的生育阶段、不同器官的形成过程,对外界环境有着不同的要求。因此,作物与外界环境条件之间的关系也是作物栽培学必须研究的。了解作物的特征特性,懂得作物要求什么样的条件,还要相应地采用整地、施肥、播种、灌溉、中耕除草、防病治虫等各种栽培技术和措施去满足作物的要求,促进作物的生长发育,使之产量高且品质好。另外,从经营管理的角度上说,还应当注意到降低成本,提高效益。作物栽培学是一门综合性很强的直接服务于作物生产的科学。

二、作物栽培的任务和特点

(一)作物栽培的任务

栽培作物包括作物、环境和措施三个环节。决定作物产量和品质的,首先是品种,作物品种的基因型和遗传性在农作物生产中是第一性的。然而,并不是说有了优良的品种就一定会有高产量和高品质,因为作物品种基因型如何完全表达,遗传性如何充分发挥,还要靠栽培技术和措施。

作物栽培的任务在于根据作物品种的要求,为其提供适宜的环境条件,采取与之相配套的栽培技术措施,使作物品种的基因型得以表达,使其遗传潜力得以发挥。因此,要完成农作物生产的任务,必须掌握与作物、环境和措施三个环节有密切关系的各种知识,懂得作物要求什么样的环境条件,懂得选择和创造环境条件以满足作物的要求,还要掌握并学会采用相应的措施和手段以调控作物的生长发育和产量形成。

(二)作物栽培的特点

作物生产以土地为基本生产资料,受自然条件的影响较大,生产的周期较长,与其他社会物质生产相比,具有以下几个鲜明的特点:

1. 复杂性

多种多样的作物都是有机体,而且各自又有其不同的特征特性。每种作物又有不同的品种,每个品种也有不同的特征特性。环境条件不同、栽培措施不同也会对作物的生长发育带来影响。

2. 季节性

作物生产具有严格的季节性,天时和农时不可违背,违背了天时、农时,就是违背了自然规律,就可能影响到全年的生产,有时甚至将间接地影响下一年或下一季的生产。因此,在作物生产上,历来遵循“不违农时”的原则。

3. 地区性

作物生产又具有严格的地区性。从大处说,不同的地区适于栽培不同的作物;从小处说,即使在同一地点(县、乡、村)的不同地块(阳坡、阴坡、高燥、平缓、低洼地等)所种植的作物也不应当强求一律。

4. 变动性

随着人们对作物产量和品质形成规律认识的加深,随着新作物新品种的引种和创新,以及随着新技术新措施的引进,栽培作物的方法措施等也要不断变化,不可墨守成规。

想一想:

为什么为了种好庄稼必须"摸透庄稼的脾气"?

查一查:

我国作物栽培技术的发展大致经历了哪四个阶段?

子项目三 耕作制度

一、作物布局

(一)作物布局的意义

作物布局是指一个地区或一个生产单位(或农户)作物组成(结构)与配置的总称。作物组成(结构)是指作物种类、品种、面积及占有比例等,配置是指作物在区域或田块上的分布。作物布局要解决的问题是:在一定的区域或农田上种什么作物、种多少、种在什么地方。这是建立合理种植制度的主要内容和基础。

作物布局的意义,在于作物布局是否合理,不仅影响当年作物产量,也影响各种作物均衡增产和持续增产,进一步影响到一个地区或生产单位的生产结构,即农、林、牧、副、渔各业的全面发展。另外,农业生产中的复种、轮作及种植方式都必须以作物布局为基础。所以,作物布局不仅是具体从事农业生产的战术措施,也是建立科学耕作制度的战略措施。

(二)作物布局的原则

1. 因地制宜充分利用当地自然条件和生产条件

对作物布局起决定作用因素,在大范围内,首先决定于自然条件、气候因素,尤其是热量和水分;其次是土壤、地貌等。在一个小范围内,气候条件差异很小,影响作物布局变化的主要自然因素是土壤、肥力和地下水等。一种作物只能在一定环境条件下生长发育,这就是作物生态适应性,但作物生态适应性有宽有窄,适应性较宽的作物,分布就广。因此,一个地区总有其最适宜和较适宜生长的作物,就有其最佳作物布局方案。

作物布局还必须考虑与当地劳畜力、水肥条件和机械化程度相适应,在全年农事活动中尽量克服用水、用肥的矛盾,减少劳畜力、机械作业忙闲不均的情况,以充分发挥生产条件的作用,保证不违农时,提高产量和提高劳动生产率。

2. 要与市场要求有效对接

自然条件因素和生产条件只是反映某种作物在地区种植上的可能性,要确定作物的合理布局,还必须考虑不同地区的各种经济条件因素,以及社会的需求。

随着国内市场体制的逐步完善和国际市场一体化形式的到来,农业正全面地转向商品经济和市场农业状态。农产品要转变为商品,要由使用价值实现为价值,其数量结构、品种结构乃至品质结构就必须与市场需求结构精准对接,这不仅是一个基本原则,而且也是一个不可漠视的客观规律。

3. 既要适当集中,又要防止单一化

适当集中,可以充分利用和发挥地区性自然优势,提高经济效益。也就是一个地区作物布局在作物构成上分清主次,作物种类适当、适宜,以当地常年高产稳产作物为主,其他作物适当搭配,以便解决争肥、争水、争畜力、争农时的矛盾,同时有利于作物轮作换茬。

在某种作物集中产区,应当防止作物种类单一化。如果某一种作物种植面积比重过大,也会出现生产安排不协调,特别是遇到严重自然灾害,单一化的作物布局可能造成农业生产大幅度减产。

4. 土地用养结合,保证作物均衡增产

土壤是作物生产基地,不同作物其生物学特性,对土壤要求特性都不同,作物布局要针对不同地块,不同茬口因土种植,同时要注意合理轮作,防止土壤养分单一消耗,造成土壤肥力减退,以期达到土地用养结合,供求平衡,作物持续增产和各作物均衡增产的目的。

想一想:

为什么在一个小范围内,影响作物布局变化的主要自然因素是土壤、肥力和地下水等?

查一查:

作物布局的步骤与内容。

二、种植方式

(一)复种与间、套作

1. 复种

(1)复种的概念　复种是指在一块田地上于同一年内播种一茬以上生育季节不同的作物。复种的方式,可以是前后茬作物单作接茬复种,也可以是前后茬作物套播复种。

复种可以充分利用土地,一般用复种指数来表示土地利用的高低,它是指全年作物收获总面积占耕地面积的百分数。即

$$\text{复种指数}=\frac{\text{全年作物收获总面积}}{\text{耕地面积}}\times 100\%$$

当复种指数为100%时,表示没有复种;小于100%,即表示尚有休闲或撂荒;大于100%,即表示有一定程度的复种。

复种不仅充分利用光能,还可以充分利用当地水、热资源,在一年内增加对环境资源利用次数。扩大复种面积,增加作物种类可以适当解决粮食作物、经济作物、蔬菜和饲料作物争地的矛盾,有利于各种作物的发展,促进农牧结合。复种还可以增加地面全年绿色覆盖时间,对丘陵地区的水土保持具有良好作用。

(2)提高复种指数的条件

①热量条件　一个地区能否复种和复种的程度,首先决定于当地的热量条件能否满足上下两茬作物对热量的要求。一般以积温进行概算,≥10℃积温在2 500～3 600℃只能复种早熟青饲作物,3 600～4 000℃则可一年两熟。还可以作物生长期作为热量指标,大于10℃的日

数在 180～250 d 范围内可以一年两熟，250 d 以上可以实行一年三熟。

②水分条件　在热量条件能满足复种的地区，能否实行复种决定于当地水分条件。如华北地区，一年两熟需要 700 mm 降水量，高产的小麦—玉米一年两熟需要 900 mm 以上降水量。

③肥料条件　增施肥料是保证复种增产的重要条件。肥料充足能保证高产多收，地力不足、肥料少，往往出现两季不如一季的现象。

④劳畜力、机械化条件　复种主要是从时间上充分利光、热和地力的措施，上茬作物收获后，播种下茬作物需要短时间及时完成。因此，要有劳畜力和机械条件的保证。

⑤经济效益大小　复种是一种集约化种植，需要有高投入才能高产出，只有经济效益增长时，复种才有意义。

2. 间、套作

(1)间、套作的概念

①单作　指在同一块田地上只种植一种作物的种植方式。特点是便于统一种植、管理和机械化作业。

②混作　指在同一块田地上，同期混合种植两种或两种以上作物的种植方式。特点是能充分利用空间，但不便于管理和收获，是一种较为原始的种植方式。

③间作　指在一个生长季节内，在同一块田地上分行或分带间隔种植两种或两种以上作物的种植方式。特点是成行或成带种植，可以分别管理，但群体结构复杂，种、管、收要求较高。

④套作　指在前季作物生长后期在其行间播种或移栽后季作物的种植方式。

(2)间、套作的作用

①充分利用光照、气、热和水肥环境资源，达到提高作物总产量的目的。

②具有某种程度养地作用，使用地和养地相结合。如利用禾谷类作物与豆科作物间作，利用豆科作物根瘤菌固定空气中氮素的特性来提高土壤肥力。间、套作可使农田内根系增多，增加土壤有机质恢复和创造团粒结构来提高土壤肥力。

③水土严重流失的丘陵地区，间、套作能增加地面覆盖度或延长覆盖时间，减少和防止水土流失。

④间、套作可增加作物抗逆能力，减轻灾害带来影响，总产量比较稳定。

(3)间、套作的技术要点

①选择好适宜的作物组合及品种搭配。作物种类搭配要依据作物对通风透光和对肥水要求不同的特性合理安排。如株型上看，应是“一高一矮、一疏一密”；按叶片形状搭配是“一圆一尖”；按根系搭配应是“一深一浅”；按生育期搭配应是“一长一短、一早一晚”。

在作物品种搭配上也要相互适应。如玉米、大豆间作，要选择适当早熟的品种，玉米要选择株型不太高大，比较收敛的抗倒伏品种。如玉米、谷子间作，由于谷子植株较高，玉米要选择植株较高的品种，使株高有明显的差异。此外，间作还要考虑到田间作业方便。

②合理安排田间结构，确定配置比例。田间结构包括行比、间距、密度以及作物组合彼此相适应的株行距等。配置比例与产量关系非常密切。

③加强管理。为了使间套作达到高产高效，在栽培技术上应做到：适时播种，保证全苗，促苗早发；适当增施肥料，合理施肥，在共生期间要早间苗，早补苗，早追肥，早除草，早治虫；施用生长调节剂，控制高层作物生长，促进低层作物生长，协调各作物正常生长发育；及时综合防治病虫；适时收获。

想一想:

在间、套作中为什么作物种类搭配要依据作物对通风透光和对肥水要求不同的特性合理安排?

(二)轮作换茬

1. 轮作换茬的概念

一种作物收获后换种另一种作物,称为换茬。在一块农田上年度间有顺序轮换种植不同作物的方式,称为轮作。轮作中的前作物称为前茬,后作物称为后茬。

同轮作相反,在同一块农田上年年连续种植同一种作物,称为连作或重茬。另外,在生产上常见到在同一块农田上隔年种植同一种作物的方式,称为迎茬。迎茬不同于连作,但也会加重病虫危害,造成作物减产。

2. 轮作的作用

如农谚所说,"倒茬如上粪"、"三年两头倒,地肥人吃饱"、"油见油,三年愁"、"豆后谷,享大福;谷后谷,坐着哭"等,都是各地农民对轮作意义的形象概括,说明轮作是一项促进用地、养地协调,持续、均衡增产的经济而有效的农业技术措施。

(1)轮作能均衡利用土壤养分。不同作物对土壤营养元素的要求和吸收能力有差异,不同作物的根系深浅分布也有差异。因此不同作物实行轮作,可以全面均衡地利用土壤中各种养分,充分发挥土壤的生产潜力。

(2)轮作可改善土壤的理化性状。作物的残茬落叶和根系是土壤有机质的重要来源。不同作物有机质的数量、种类和质量不同,分解利用的程度不同,对土壤有机质和养分的补充也有不同的作用。有些作物根系分泌物(如大豆、西瓜)对本身的生长发育有毒害作用,轮作就可避开有毒物质的侵害。水田在长年淹水条件下,土壤结构恶化、有毒物质增多,水旱轮作能明显地改善土壤的理化性状。

(3)轮作可减轻作物的病虫草害。有些病虫害是通过土壤传播感染的,如水稻纹枯病、大豆胞囊线虫病、甘薯黑斑病和玉米食根虫等。每种病虫对寄主都有一定的选择性,因此选择抗病虫作物与易感病虫作物进行定期轮作,便可消灭或减少病虫害发生。特别是水旱轮作,生态条件改变剧烈,更能显著减轻病虫为害。有些农田杂草的生长发育习性和要求的生态条件,往往与伴生作物或寄生作物相似,如大豆田中的菟丝子、谷地中的谷莠子、稻田中的稗草、麦田的燕麦草等,实行合理轮作,可有效抑制或消灭杂草。

(4)轮作有利于合理利用农业资源。根据作物的生理、生态特性,在轮作中前后作物搭配,茬口衔接紧密,既有利于充分利用土地和光、热、水等自然资源,又有利于合理均衡地使用农机具、肥料、农药、水资源以及资金等社会资源,还能错开农时季节。

3. 作物茬口特性

作物茬口特性是轮作换茬的基本依据,合理轮作是根据茬口特性安排适宜前茬和轮作顺序,以利年年增产,提高轮作周期总产量。

茬口,是作物在轮作中给予后作以种种影响的前茬作物及其茬地的泛称。茬口特性是指耕作栽培后的土壤生产性能,它是作物生物学特性及耕作栽培措施对土壤共同作用的结果。评价茬口特性,是从土壤养分、水分、空气、热量状况及土壤耕性等各方面进行分析。

第一，按土壤养分(特别是有效肥力)来分，分为油茬和白茬。豆类、瓜类和芝麻等作物茬地有效肥力高，其后作在施肥少的情况下也能有较好的收成，为好茬口，称为油茬(黑茬)。甜菜、向日葵等茬地有效肥力低，是不好的茬口，称为白茬。麦类、玉米等茬口称为中间茬、平茬或叫调剂茬。

第二，按积累有机质多少来分，分为耗地作物和养地作物。中耕作物一般属于耗地作物，玉米、绿肥、牧草和大豆属养地作物，有补充土壤有机质培肥地力的作用。

第三，按土壤耕性好坏来分，分为硬茬和软茬。高粱、谷子、糜子和向日葵等茬口，土壤紧实，耕作时易起坷垃，称硬茬。由于这类茬口有坚韧的根系，土壤易板结，必须消除根茬，细致整地才能种好下茬作物。豆类、麦类茬口则土壤松软，易于整地，称为软茬。

第四，根据茬地土壤温度状况和影响下茬作物发苗程度来分，分为冷茬和热茬。甜菜、荞麦茬因植物荫蔽性强，或收获较晚，没有晒田的机会，土壤养分转化慢，土壤物理性状不良，影响后作发小苗，称为冷茬。小麦、玉米和谷子等茬口，其覆盖度小，中耕次数多或收获早，有晒田的时间，土壤温度高，土壤养分转化快，称为热茬。

第五，按土壤积累水分多少来分，分为干茬和润茬。甜菜、荞麦等茬口为干茬，玉米等作物茬口为润茬。

评价茬口的好坏，最终体现在后作物生育状况和产量上。茬口特性是相对的，茬口好坏也是相对的，是互相比较而言的，要看在什么地方以及什么条件下。豆类作物含有氮多，对禾谷类作物是个好茬口，而种植茄科的烟草，则不是好茬口。因此，分析茬口特性一定要全面考虑，前后衔接要扬长避短，趋利避害。

4. 合理轮作的实施

(1)确定轮作中作物组成。安排轮作首先要选择种植作物种类。作物种类应根据生产任务、生产条件、经济价值及作物生态适应性而定。轮作区土地应该尽量集中连片，便于耕作管理。至于零星或条件特殊的土地可不列入轮作区中。

作物种类确定之后，要考虑各种作物主次地位及所占的面积比例，在此基础上确定轮作区面积。

(2)确定适宜的轮作年限。轮作中作物种类多，主要作物比重大，则要求年限长一点，否则应短一些。不耐连作的作物参加轮作的年限应长一些，间隔年限就多，如亚麻、甜菜、烟草最好4年以上。比较耐连作的作物轮作年限收缩性较大，可长可短，如小麦、玉米等。

(3)确定轮作顺序

①轮作中前作和后作合理搭配。前作尽可能为后作创造良好条件，后作利用前作优越条件弥补自己之短，抑或是前作不能给后作创造优良条件，也要考虑不会有不良影响。

②把主要作物，经济价值较高的作物安排在最好茬口上。但在生产上最好茬口总有一定限度，必须分清主次，做到全面合理安排。

③充分利用养地茬口及其后效，但不宜重茬和迎茬。如以大豆为主体轮作，大豆面积不能过大，一般不超过本单位耕地面积1/3，同时要从作物布局上全面考虑。

随着现代化农业深入发展和科学技术进步，农村土地连片集中及家庭农场出现，建立合理轮作制度已经提到日程，各地应积极探索，为制定科学轮作制度提供理论和实践经验。

5. 连作的应用

(1)连作存在的原因 长期连作会使土壤中某种营养元素缺乏，加剧土壤养分供给与作物需要之间的矛盾，容易引起土壤病虫为害和田间杂草蔓延，如大豆重茬和迎茬，会遭受一些毁灭性病害蔓延。长期连作会导致作物生长不良，产品质量下降。但在农业生产中，不可能完全避免连作，其原因是：

第一，某些地区气候、土壤条件比较适宜发展某种作物，或因生产需要，某些作物种植面积较大，不可避免有一定年限连作，如国有农场的小麦、水田区的水稻等。

第二，不同作物对连作反映不同，有的耐长期连作，如水稻和棉花；有些作物能耐一定年限连作，如麦类、玉米和甘薯等，但年限过长仍要减产，如小麦等。

第三，不同作物耐连作程度大小受品种、土壤性状、栽培技术的影响，可以采取适当的措施使其缓解。发生病害也可用药剂进行防治，土壤物理性状变坏可以通过施肥加以改善。

因此，在农业生产中并不是绝对排除某种作物短期连作，有时甚至是必要的。

(2)连作的应用　精耕细作，保持良好的耕层结构和田间清洁度，并定期加深耕作层，充分发挥土壤的潜在肥力；合理施肥，防止某种营养元素的片面消耗而造成的养分不平衡现象。需要基肥、种肥和追肥相结合，有机肥料为主，和化学肥料结合；更换品种，采用耐病高产品种；控制病虫草害，采用药剂进行防治。

想一想：

1. 为什么轮作可减轻作物的病虫草害？
2. 为什么说茬口特性是相对的，茬口的好坏也是相对的？

查一查：

影响作物茬口特性的因素有哪些？

三、土壤耕作技术

(一)土壤耕作的概念和依据

1. 土壤耕作的概念

土壤耕作，是通过农机具的机械力量作用于土壤，调节耕层和地面状况，以调节土壤水分、空气、温度、养分的关系，为作物播种、出苗和生长发育提供适宜的土壤环境和措施。

在农业生态系统中，土壤是能量转移和物质循环的一个库，土壤耕作措施就是对土壤库进行有益的管理和控制，以维护并调整成为高效率的生态平衡和土壤生产率，从而使作物—环境—土壤之间的矛盾关系在高产、稳产、持续增产的基础上统一起来。

2. 土壤耕作的依据

(1)作物对土壤耕层的要求　作物对土壤耕层的要求，是利于扎根、便于出苗，要求根系扩展面大，能不断地供应所要求的水、肥、气和热条件，从土壤耕作上考虑，即要求土壤耕层深厚与适宜的松紧度。

耕层深厚可以储存较多的水分和养分，使作物根系发育良好。良好的土壤，一般土层 1 m 以上，耕层 20～30 cm 为宜，同时耕层绵软而致密。

土壤过松，大孔隙多不利于扎根，虽透水性能好，但持水性差，土壤温度也不稳定；土壤过紧，通透性不良，耕层中水分和空气比例失调，影响水、肥、气和热供应，更影响根系的发育。

(2)气候条件　气候条件变化既直接影响作物生长发育，又通过土壤给予间接影响，土壤耕作措施要考虑气候条件及季节的变化。

(3)土壤特性　土壤耕作措施要以不同土壤特性为依据,如黑土类孔隙性好;白浆土的土壤耕作要保护表层和改善白浆层构造,增强通气性;盐碱土的土壤耕作要求切断毛细管,不使盐分集中于表土;沙性土的土壤耕作以保墒为主。

不同地形地势土壤水分状况不同,如水岗地和二洼地耕层中水分的自然分布充足,也比较稳定,土壤耕作蓄水保墒任务不十分迫切;旱岗地及坡地,水分不稳定,常常缺水,土壤耕作应创造蓄水保墒耕层构造和防止水土流失;低平地和洼地地下水位高,常有外水流入,土壤耕作需要排水和保墒。

(4)土壤宜耕性　土壤宜耕性是决定土壤耕作措施时间与质量的重要依据。影响土壤耕作难易和土壤耕作质量的属性称土壤耕性。土壤最适宜耕作的含水量范围的时期称宜耕期。

宜耕期长短,是由土壤结持力,黏着力和可塑性决定的。结持力是指土壤颗粒间相互凝结抵抗农具破碎土壤的阻力。黏着力是指黏着农具的一种阻力。可塑性是指土壤在外力作用下引起土体变形,当外力排除后继续保持变形的性能。黏土在土壤水分少时结持力大,水分逐渐增多时结持力逐渐减少,但黏着力和可塑性又逐渐增加。当黏重而结构差的土壤进行耕作时,农具所受阻力大,耕地质量也差。因此,土壤耕性在水分少时主要受结持力影响,水分多到一定程度又受黏着力影响,可塑性不影响耕作的难易,却关系到耕作质量。

在农业生产上掌握宜耕期,选择土壤水分适宜时进行土壤耕作,即结持力已减小,黏着力尚未产生的时期为土壤宜耕状态。从理论上讲,土壤耕作后能达到作业标准,在具体操作上是于土壤保持持水量的60%时进行作业。其表现是土壤地表干湿相间,脚踢地面土块散碎,抓一把耕层5～10 cm处的土壤,手握成团但不出水,手无湿印,落地散碎。这样状态下的土壤结持力、黏着力、可塑性都小。

(二)土壤耕作的方法

土壤耕作分为基本耕作和表土耕作。基本耕作的耕作深度是整个土壤耕层,能改变整个耕层的性质。表土耕作是在基本耕作的基础上,对土壤表面进行较浅作业的措施。

1. 基本耕作

凡是农具的作业部件入土较深,动土量较大,作用于整个耕层的土壤耕作,称基本耕作。基本耕作包括耕翻和深松耕等,是影响整个耕作层的一项作业,对土层的影响最大,耗费动力也大。

(1)翻耕　翻耕又称耕翻、犁地和翻地。是用有犁壁的犁铲切入土壤成土垡,并借犁壁使土垡上升,翻转而后抛入犁沟中的作业。翻耕的目的是改善耕作层的土壤结构,翻埋和拌混肥料,促使土壤融合,加速土壤熟化,并有保蓄水分、灭除杂草、杀灭虫卵等作用。

①翻耕方法　由于采用犁壁形式不同,给土壤带来不同的影响,垡片的翻转有全翻垡、半翻垡和分层翻垡三种。耕翻绿肥、牧草地、荒地,采用螺旋形犁壁,将垡片翻转180°,称为全翻垡。熟地采用熟地型犁壁,垡片翻转135°翻后垡片彼此相连,与地面呈45°角,有较好的碎土作用,称为半翻垡。复式犁是在主犁铧前方安装一个小铧,耕深为主犁铧的一半,耕幅为主犁铧的2/3,作业时小犁铧将上层残根和比较板结厚约10 cm土层翻到犁沟中去,翻转180°,再由主铧把下层土翻到上面,称为分层翻垡。

②翻耕时期　翻地时期有春翻、伏翻、秋翻三个时期。不同时期翻地效果主要受气候条件

和翻后距下茬作物播种之间时期而定。这是由于它们重新形成毛管孔隙连续程度和重新在表层形成好气性微生物区系程度而异。距离播种时间越长，连通性毛细管孔隙越多，提墒能力越强，有效养分越多，利于发苗。

伏秋翻地能接纳和蓄积伏秋季雨水，减少地面径流，保存土壤水分；土壤熟化时间长，经冬春冻融交替，耕层下沉，松紧度适宜，土壤有效肥力高；也能有效清除杂草，打乱病菌、害虫生活条件，加以清除。因此，要在夏收作物收获后及时伏翻，秋收作物收获后及时秋翻。

春翻地会使土壤水分大量散失，耕得越深，损失越多，只有不得已时才进行春翻。春翻要在返浆期进行，要翻、耙、压连续作业，翻地要浅，以 16～18 cm 为宜。

③翻耕深度　适宜耕翻深度，应根据土壤特性和作物生物学特性决定。黑土土层深厚，黏土质地黏重，盐碱土耕层紧实易返碱，都可以适当加深；沙质土质地粗不宜深翻。一般原则是黑土层厚的应深些，浅的则应浅些，通常以 18～22 cm 为宜，也可以加深到 25 cm。生产实践中将翻地深度 14～18 cm 称为浅翻，20～22 cm 为普通深翻，超过 22 cm 为深翻。

(2)深松耕　是利用无壁犁、深松铲或凿形铲对耕层进行全面或间隔地深位松土但不翻土的耕作。耕深可达 25～30 cm，最深为 50 cm。这种耕作能使土层疏松，能破除犁底层，改善耕层构造。

2. 表土耕作

表土耕作作为翻地辅助作业，其目的是配合翻地为作物创造良好的播种出苗条件和生长条件。表土耕作的作用范围一般是 0～10 cm 的表土层。

(1)耙地　耙地的作用是疏松表土、耙碎土块、破除板结、透气保墒、平整地面、混合肥料、耙碎根茬、清除杂草以及覆盖种子等。耙地工具有圆盘耙、钉齿耙、弹簧耙 3 种。圆盘耙碎土能力强，也有些翻土作用，适用于黏重潮湿土壤，也用于翻地前耙地，也有用重型耙直接耕地进行耙茬作业的。钉齿耙适用于土壤疏松和水分适宜的土壤。弹簧耙多用于草多和石砾多的土壤。

(2)耢地　地又叫盖地、擦地、耱地。耢地作用是平整田面，并有碎土作用，在干旱地区能减少地面蒸发，起到保墒作用。耢地主要作用于表土 3 cm 左右深度，其工具有铁制和木制的拖板，或用枝条编制的树枝耢子。

(3)镇压　镇压使用的工具有 V 形镇压器、网形镇压器和圆筒形镇压器。镇压的主要作用是破碎土块，压紧耕层，平整地面和提墒。镇压一般作用于土壤表层 3～4 cm，重型镇压器可达 9～10 cm。播前镇压，因土壤过松可以压紧土层，以减少土壤水分扩散的损失，并增加土壤毛管孔隙，使底层水分上升到表层，供给种子发芽利用。播种后镇压，可使种子与土壤紧密接触，以便吸水发芽和扎根，特别是小粒种子更为重要。但镇压如果运用不当，会引起一些不良后果，如在黏土地或土壤过湿情况下镇压，会使土壤板结；盐碱地镇压会加重土壤返盐。

(4)起垄　起垄的优点是防风、保蓄水分、提高地温、改善土壤通气。我国东北地区及各地山区盛行垄作。起垄的工具一般用犁，垄宽 50～80 cm，具体宽度由耕作习惯、种植作物及起垄农机具而定。垄作有先起垄后播种、边起垄边播种、先播种后起垄等做法。

(5)中耕　中耕又称铲蹚，是垄作耕法出苗后田间管理中主要的土壤耕作措施，是垄沟部位的深耕及除草、培土作业。一般进行 2～3 次铲蹚，以此加强垄体透气性，促使作物根系快速伸展至底土层，增强作物幼苗的抗旱能力，同时也为迎接雨季增加储水。一般是先用锄头人工铲地,然后用犁蹚地,对喜温作物铲后1～2 d再蹚地,怕旱的作物随铲随蹚。并在垄沟中留有松土覆盖(坐犁土),防止水分蒸发和犁底层干裂。

想一想:

1. 为什么说伏翻好于秋翻,秋翻好于春翻?
2. 在农业生产上如何掌握宜耕期?

(三)免耕法与少耕法

1. 免耕法与少耕法的概念

(1)免耕法　免耕是播种前不用犁、耙进行整地,直接在茬地上播种,作物生育期间不使用农具进行土壤管理的方法。免耕法常有3个环节组成:一是利用前作残茬或控制生长的牧草及其他物质做覆盖物,覆盖全田或行间,借以减轻风蚀、水蚀和土壤水分蒸发;二是采用联合作业的免耕播种机播种、覆土、镇压一次完成作业;三是应用广谱性除草剂于播种前或播后进行土壤处理,杀除杂草。

在作物生长过程中机车进地作业减至最低程度,一般为3次,即播种、喷药和收获各一次,从而避免机具过分压实土壤,破坏耕层构造,并能降低耗油与成本。

(2)少耕法　是指在常规作业基础上尽量减少土壤耕作次数的方法,是针对平翻耕法多耕而言。

2. 少耕法体系

少耕法体系目前主要有以下几种:

(1)保留翻地而去掉翻后耙耢或镇压措施,立即播种的方法　这种方法必须在土壤宜耕状态翻地,要求在翻地质量高,底土储水较多条件下应用。

(2)保留翻、耙、耢作业环节,去掉中耕作业的少耕法　据试验,在翻地基础上可连续3～4年减少中耕次数,但以不少于2次为宜。

(3)去掉翻地连年耙茬的少耕法　连年耙茬耕法,是指作物收获后不翻地,直接用圆盘耙耙地的耕作方法。具体技术是平地先交叉耙后斜顺耙,对有垄地先顺耙后交叉耙,一般需耙3～4次。其主要作用,一是创造了适宜的种床和根床,呈现表层松、下层紧的上松下实的耕层构造;二是有较强的抗御干旱能力;三是土壤孔隙少,水分较多,热容量加大,吸收太阳能较多并很快传到深层,有利于提高整个耕层温度;四是保肥力强,可利用土壤耕层肥沃、下层瘠薄,上层根系多、下层分布少的规律,使根系处在营养丰富的耕层,土壤微生物群落完整,春天能较快恢复机能,释放活化养分供给幼苗应用,因而对恢复、保持土壤结构和提高地力有良好作用;五是能减轻风蚀、水蚀,减少田间作业工序,作业效率高,对争取农时极为有利。

(4)旋耕　是指用旋耕机全面旋松10 cm土层代替翻地的表土耕作。其优点是碎土能力强,能打碎残茬,耕层松碎平整,较翻地省工省力,降低成本。但不能连年旋耕,否则失掉底土的深耕后效,造成底土过硬。

查一查:

当地5种主栽作物的种植面积、种植方式、耕整地技术、总产和单产情况。

复习思考

一、名词

1. 作物 2. 作物布局 3. 复种 4. 单作 5. 混作 6. 间作 7. 套作 8. 轮作 9. 连作 10. 茬口 11. 土壤耕作 12. 基本耕作

二、填空

1. 按作物对温度条件的要求,可分为(　　)作物和(　　)作物。
2. 按作物对光周期的反应,可分为(　　)作物、(　　)作物、(　　)作物。
3. 根据作物对 CO_2 同化途径的特点,可分为(　　)作物和(　　)作物。
4. 作物的茬口特性,按土壤养分来分,分为(　　)和(　　)。
5. 作物的茬口特性,按积累有机质多少来分,分为(　　)和(　　)。
6. 作物的茬口特性,按土壤耕性好坏来分,分为(　　)和(　　)。
7. 作物的茬口特性,根据茬地土壤温度状况和影响下茬作物发苗程度来分,分为(　　)和(　　)。
8. 作物的茬口特性,按土壤积累水分多少来分,分为(　　)和(　　)。
9. 良好的土壤,一般土层(　　)以上,耕层(　　)为宜,同时耕层绵软而致密。
10. 翻地中垡片的翻转有(　　)垡、(　　)垡和(　　)垡 3 种。
11. 翻地时期有(　　)、(　　)和(　　)3 个时期。

三、简答

1. 什么是作物?作物有哪些分类方法?
2. 作物栽培学的性质和任务是什么?
3. 作物的种植方式有哪些?间、套作的技术要点是什么?
4. 轮作的作用有哪些?合理轮作的实施要点有哪些?
5. 什么是作物布局?作物布局的原则是什么?
6. 什么是土壤耕作?其主要包括哪些内容?

项目二　小麦栽培技术

【知识目标】

了解小麦的一生，掌握小麦生长发育规律及其与外界环境条件的关系，掌握小麦高产、优质、高效栽培理论，掌握小麦产量形成及其调控原理。

【技能目标】

掌握小麦播前准备、播种、田间管理技术和收获储藏技术。

【项目导入】

适当密植可提高小麦产量，但并非愈密愈好。在1958年“人有多大胆，地有多大产”的“大跃进”时期，人们尤其是各级领导的思想被扭曲，理智被狂热的“左”倾狂想冲垮替代，有些科技工作者也被迫违心地制定“小麦亩产万斤丰产栽培技术规程”。如某县领导在一个村的“卫星田”里，每公顷播种15 000 kg，手工播种。当时算账，一粒种子长出一个穗、每穗结两粒，每公顷产量就可达到30 000 kg；每穗结10粒，每公顷产量就可达到150 000 kg。结果小麦出苗不久就成了一块草坪，一个麦穗也没抽出，白白浪费了大量麦种、肥料及劳动力。

小麦是世界主要的粮食作物之一，全世界1/3以上的人口以小麦为主粮。小麦是我国的主要粮食作物，也是国家重要的储备粮食，其总产量约占粮食总产量的1/4，是北方人民的重要口粮。小麦籽粒中含有人类所必需的营养物质，其中碳水化合物含量60%～80%，蛋白质8%～15%，脂肪1.5%～2.0%，矿物质1.5%～2.0%，以及各种维生素等。小麦是我国食品工业的重要原料，小麦粉能制出烘烤食品、蒸煮食品和各种各样的方便食品、保健食品，其制品数量之大、花样之多，居各类作物之首，在食品中占有重要地位。麦麸是优良的精饲料，麦秆是编织、造纸的好原料。

小麦是北方耕作制度中的主体作物，北部冬麦区和黄淮冬麦区冬小麦具有秋播、耐寒、高产稳产的特点，能够利用冬季和早春自然资源，适合间套复种，是间作套种的主体作物，因而发展小麦生产有利于提高复种指数，缓和作物之间争地的矛盾，可提高土地利用率，增加单位土地面积产量。

新中国成立以来，我国各地在研究小麦生长发育规律与外界环境条件的关系及其控制调节措施方面做了大量工作，对指导小麦生产起到重要作用。经过长期的研究和积累，研究成功并推广了适应不同麦区的栽培技术，如冬小麦精播半精播高产栽培技术、冬小麦氮肥后移优质高产栽培技术、小麦节水高产栽培技术、旱地小麦地膜覆盖与秸秆覆盖技术等。从长期发展来说，小麦栽培技术应达到高产、优质、高效、生态、安全的目标，在主攻单产的同时必须兼顾优质、高效、生态和食品安全问题，要根据我国小麦主产区的生态特点与生产条件，积极探索能满足以上五个方面综合要求的、先进的简化栽培方法，完善各类品种、各类麦田的配套栽培技术体系，使我国的小麦栽培技术达到一个新的水平。

查一查：

1. 我国小麦生产在世界小麦生产中的地位。我国及你所在地区小麦的播种面积、单产、总产分别是多少？

2. 我国小麦的种植区划。你所在地区属于哪个区域？

子项目一　小麦栽培基础

一、小麦的一生

(一)生育期

小麦的一生是指从种子萌发到产生新的种子的过程。由于种子在土中萌发出苗过程受土壤温度、水分的影响较大，生产上一般将出苗至成熟的天数称为生育期。小麦生育期长短，因纬度、海拔、品种特性、气候条件和播种早晚的不同而有很大差异。冬小麦(秋季播种)多为230 d左右或以上，春小麦(春季播种)多为100～120 d。

(二)物候期、生育时期

1. 物候期

在小麦一生中，随着季节和气候的变化，由于新器官的出现，使植株在外部形态上发生明显的变化，当一定数量的植株发生这一变化的短暂时刻称为物候期。小麦各物候期的记载标准如下：

(1)出苗期　小麦的第一真叶露出地表2 cm时为出苗，田间有50%以上麦苗达到此标准时的日期为出苗期。

(2)三叶期　全田50%以上的麦苗主茎第三片绿叶伸出2 cm的日期。

(3)分蘖期　全田50%以上的麦苗第一分蘖露出叶鞘2 cm的日期。

(4)越冬期　当冬前日平均气温稳定在2～4℃，植株地上部基本停止生长的日期。

(5)返青期　春季气温回升，植株恢复生长，田间50%以上的麦苗主茎心叶新生部分露出叶鞘1 cm的日期。

(6)起身期　春季麦苗由匍匐状开始转为直立，主茎春一叶叶鞘拉长并和冬前最后一叶叶耳距离达1.5 cm左右，茎部第一节间开始伸长，但尚未伸出地面的日期。

(7)拔节期　全田50%以上植株茎部第一节间露出地面2 cm的日期。

(8)孕穗期(挑旗期)　全田50%茎蘖旗叶展开，叶耳露出叶鞘的日期。

(9)抽穗期　全田50%以上麦穗(不包括芒)由叶鞘中露出穗长1/2的日期。

(10)开花期　全田50%以上麦穗中上部的内外颖张开，花药散粉的日期。

(11)灌浆期　全田50%以上麦穗中的籽粒长度达到最大长度的80%，开始沉积淀粉(即灌浆)的日期,在开花后 10 d 左右。

(12)成熟期　胚乳呈蜡状,籽粒开始变硬的日期。此时为最适收获期,接着籽粒很快变硬,为完熟期。

2. 生育时期

在生产上,为便于栽培管理,人们常根据植株器官形成的顺序和明显的外部特征,将小麦的一生划分为若干生育时期,常为两个物候期之间的一段时间,如返青期到起身期的一段时间称为返青时期,起身期到拔节期的一段时间称为起身时期。小麦一生各生育时期包括出苗、分蘖、起身(生物学拔节)、拔节(农艺拔节)、挑旗(孕穗)、抽穗、开花、灌浆和成熟等生育时期,有明显越冬期的冬小麦还有越冬和返青期(图 2-1)。

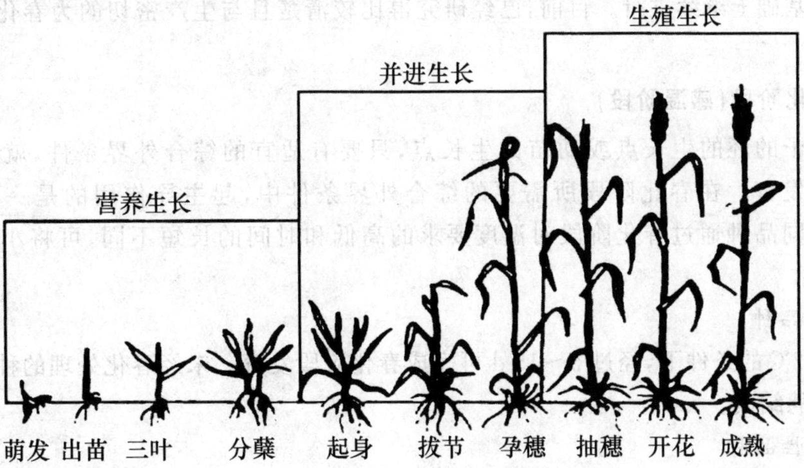

图 2-1　小麦一生的生长过程

(三)生育阶段

在栽培上,根据所形成器官的类型和生育特点的不同,将小麦一生划分为三大生育阶段,关系如下:

1. 营养生长阶段(通称前期)

小麦自出苗到起身为营养生长阶段,以长根、叶、蘖等营养器官为主。该阶段是促蘖、生根、培育壮苗、奠定穗数的重要时期,同时也是为下一阶段壮秆大穗打基础的时期。

2. 营养生长与生殖生长并进阶段(通称中期)

小麦从起身到抽穗为营养生长与生殖生长并进阶段,是营养器官和结实器官都加速生长的时期。该阶段一方面继续长叶、长根,茎的节间依次伸长,另一方面又进行幼穗的分化发育。除籽粒以外,全部器官形成。此阶段是争取壮秆大穗的重要时期,同时也是为下一阶段提高粒重打好基础的时期。

3. 生殖生长阶段(通称后期)

小麦从抽穗至成熟为生殖生长阶段,根、茎、叶等营养器官的生长趋于停止,以籽粒形成与灌浆成熟为主。此阶段是决定粒重和最后决定结实粒数的重要时期,也是决定小麦产量和籽粒品质的重要时期。

以上三个生育阶段是相互联系的,前一阶段是后一阶段的基础,后一阶段是前一阶段的发展，但生长中心不同，栽培管理的主攻方向也不一样。

二、小麦的阶段发育

在小麦生产实践中，若将典型的冬小麦春播或把北方的冬小麦引到南方秋播，即使肥水条件适宜，但小麦往往会处于分蘖状态而不能抽穗或结实。小麦从种子萌发到成熟的生活周期内，必须经过几个循序渐进的质变阶段，才能开始进行生殖生长，完成生活周期。这种阶段性质变发育过程称为小麦的阶段发育。每一质变过程即为一个发育阶段，每个发育阶段要求一定的外界条件，如温度、光照、水分、养分等，而其中有一两个因素起主导作用，如果缺少这个条件或不能满足要求，则这个发育阶段就不能顺利进行或中途停止，待条件适宜时，在原发育阶段的基础上继续进行。目前，已经研究得比较清楚且与生产密切的为春化阶段和光照阶段。

(一)春化阶段(感温阶段)

萌动种子的胚的生长点或幼苗的生长点，只要有适宜的综合外界条件，就能开始并通过春化阶段发育。在春化阶段所需要的综合外界条件中，起主导作用的是一定时间的低温。根据不同品种通过春化阶段对温度要求的高低和时间的长短不同，可将小麦划分为以下几种类型：

1. 春性品种

在 0～12℃的条件下，经过 5～15 d 可完成春化阶段发育。未经春化处理的种子在春天播种能正常抽穗结实。

2. 半冬性品种

在 0～7℃的条件下，经过 15～35 d 即可通过春化阶段。未经春化处理的种子春播，不能抽穗或延迟抽穗，抽穗极不整齐。

3. 冬性品种

对温度要求极为敏感，在 0～3℃条件下，经过 40～50 d 才能完成春化阶段发育。未经春化处理的种子春播，不能抽穗结实。

(二)光照阶段(感光阶段)

小麦在完成春化阶段后，在适宜条件下进入光照阶段。小麦是长日照作物，光照阶段首先要求一定天数的长日照，其次要求比较高的温度。此阶段如果不满足长日照条件，有些品种就不能通过光照阶段，不能抽穗结实。根据小麦对光照长短的反应，可分为三种类型：

1. 反应迟钝型

在每日 8～12 h 的光照条件下，经 16 d 以上就能顺利通过光照阶段而抽穗，不因日照长短而有明显差异。一般南方低纬度地区冬播的春性品种属于此类。

2. 反应中等型

在每日 8 h 的光照条件下不能通过光照阶段，但在 12 h 的光照条件下，经 24 d 以上可以通过光照阶段而抽穗。一般半冬性类型的小麦品种属于此类。

3. 反应敏感型

在每日 8～12 h 的光照条件下不能通过光照阶段，每日 12 h 以上，经过 30～40 d 才能通过光照阶段而正常抽穗。冬性品种一般属于此类。

温度对光照阶段的进行也有较大的影响。据研究，4℃以下时光照阶段不能进行，15～20℃为最适温度。因此，有的冬小麦品种冬前可以完成春化阶段发育，但当时气温低于4℃，便不能进入光照阶段。小麦进入光照阶段后，新陈代谢作用明显加强，抗寒力降低，所以，上述特性利于防止冬小麦冬季遭受冻害。

(三)阶段发育与器官形成的关系

小麦阶段性的质变是器官形成的基础，即每一器官的形成必须在一定的阶段发育基础上才能实现。当麦苗尚未通过春化阶段，茎生长锥的分生组织主要分化叶片、茎节、分蘖和次生根等营养器官；小麦穗分化达二棱期，春化阶段结束，进入光照阶段；到雌、雄蕊原基形成时，光照阶段结束。春化阶段是决定叶片、茎节、分蘖和次生根数多少的时期，光照阶段是决定小穗数多少的时期。春化阶段较长的冬性小麦的绿叶和分蘖数多于春化阶段短的春性小麦。延长春化阶段可增加分蘖数；延长光照阶段有利于增加小穗数和小花数，从而形成大穗。

(四)阶段发育理论在小麦生产中的应用

1. 引种

小麦品种有很严格的地域性，如果南方引用北方品种，因南方温度高，日照时间短，而表现春化和光照发育迟缓，常表现迟熟；南方品种北移，由于北方温度低，日照较长，一般表现发育早，冻害严重。因此，必须从纬度、海拔和气候条件比较接近的地区引种。

2. 栽培

应根据品种的阶段发育特性，综合考虑品种布局、适宜的播种期和播种密度，以避免冻害，建立合理的群体结构。例如，秋种时应先播种冬性品种，后播种半冬性品种；冬性品种的春化阶段较长，分蘖力强，基本苗应适当少些。

三、小麦植株器官的形成和发育

(一)种子萌发与出苗

1. 种子的构造

小麦的籽粒常称为种子，在植物学上属于颖果。整个种子由皮层、胚乳和胚三部分构成。

(1)皮层　包括果皮与种皮，占种子重量的5%～7.5%，起保护胚和胚乳的作用。有红皮种子（“红粒”）和白皮种子（“白粒”）之分。一般红皮种子皮层较厚，透性较差，休眠期较长；白皮种子皮层较薄，透性强，休眠期较短，收获前遇雨易在穗上发芽。

(2)胚乳　由糊粉层和淀粉层构成，占种子重量的90%～93%。胚乳又可分为硬质（角质）胚乳、软质（粉质）胚乳和半硬质（半角质）胚乳。硬质胚乳含蛋白质较多，质地透明，结构紧实，面筋含量高；软质胚乳充满淀粉粒，只有少量蛋白质。

(3)胚　是最富有生命力的小麦新个体的原始体，由胚根、胚轴、胚芽和盾片组成，占种子重量的2%～3%。

2. 种子萌发出苗及其环境条件

(1)种子萌发出苗过程　通过休眠期的有活力的种子，播种后，在适宜的条件下萌发。当胚根伸出种皮达种子的长度，胚芽伸出达种子长度一半时，称发芽。发芽后，胚芽鞘继续伸长，顶出表土，见光后停止伸长，接着第一绿叶由胚芽鞘中伸出，达 2 cm 左右时称为出苗。

第一片绿叶出现 5～7 d 后，第二片绿叶长出，同时，胚芽鞘和第一片绿叶之间的节间(上胚轴)伸长，将生长锥推到接近地表处，这段伸长的节间称为地中茎或根茎。地中茎的长短与品种和播种深度有关。播种深则长，播种浅则短或不伸长。地中茎过长，消耗营养过多，麦苗瘦弱。

(2)种子萌发要求的环境条件

①温度　种子萌发要求的最低温度 1～2℃，最适温度 15～20℃，最高温度为 35～40℃。在适宜温度范围内，温度越高，发芽出苗的天数越少。正常情况下，播种至出苗需 0℃以上积温 100～120℃。北方冬小麦播种后，若冬前积温＜80℃则当年不出土，俗称“土里捂”。

②水分与氧气　种子萌发出苗的最适土壤水分为田间持水量的 70%～80%，一般相当于沙土 15%～16%，壤土 17%～18%，黏土 21%～22%。土壤干旱，种子不能吸足水分，则不能发芽或推迟出苗；土壤湿度过大、板结和播种过深时，种子因缺氧而不能萌动，甚至霉烂，即使出苗生长也瘦弱。

(二)根、茎、叶的生长与环境

1. 根系的生长与环境

(1)根的生长　小麦的根系为须根系，由初生根群和次生根群组成。初生根由种子生出，又称种子根或胚根。当种子萌发时，从胚的基部首先长出一条主胚根，继之长出一对或两对或更多的侧胚根。当第一片绿叶展开后，初生根停止发生，其数目一般 3～5 条，多者可达 7～8 条，根细而坚韧，有分枝，倾向于垂直向下生长，入土较深，冬小麦可深达 3 m 以下。次生根着生于分蘖节上，又称节根，伴随分蘖的发生，在主茎分蘖节上，自下而上逐节发根，每节发根数 1～3 条。分蘖形成后也依此模式长出自己的次生根。一般到开花期，次生根数达最大值，每株有 20～70 条，高者可达 100 条以上。次生根比初生根粗壮，且多分枝和根毛，下伸角度大，入土较浅，开花时极少部分可达 1 m 以下，绝大部分(80%以上)分布于 0～40 cm 土层内。

初生根出生早、扎根深，不仅在幼苗生长初期起着重要的吸收作用，而且其功能期可延续到灌浆以后，对后期干旱条件下利用深层土壤水分具有特殊意义。中国农业大学在河北省吴桥县经过多年的试验研究，充分发挥初生根的作用是晚播麦高产节水栽培技术原理之一，即选用初生根数目多的深根系品种，并通过栽培调控增加单位面积的初生根数量和初生根与次生根的比例。

次生根数量大，功能强，是根系的主体部分，与高产有密切的关系。由于根系生长高峰与干物质积累高峰早于地上部，因而根系发育的好坏、根系活力与延续时间长短，直接关系到地上部的生长和产量形成。

(2)影响根系生长的因素　小麦根系生长对土壤水分的反应敏感，最适宜的土壤水分含量为田间持水量的 70%～80%。水分过多，氧气不足，生长受抑；水分过少，根量少，且易早衰。但土壤上层适度干旱会促使根系下扎。

土壤肥力高，根系发达。氮肥适宜，可促进根系生长，提高根系活力，但氮肥过多，地上部旺长，根系生长减弱。磷能促进根系伸长和分枝，由于小麦苗期土壤温度低供磷强度弱，生产上增施磷肥往往有促根壮苗的效应。

根系生长的最适温度为 16～22℃，最低温度为 2℃(上闲下忙)，超过 30℃根系生长受到抑制。适期早播，根量多，下扎深；过晚播，根少而分布浅。

良好的耕作技术有利于根系发育，长期浅耕或同一深度的耕作，极易形成坚硬的犁底层，造成大量根系横向生长，是后期不抗旱易青干的重要原因。因此，深耕打破犁底层，是促进根系发育的良好措施。

2. 茎的生长与环境

(1)茎的生长　茎由茎节和节间组成。地下节间不伸长，密集而成分蘖节；地上 4～6 节，节间伸长(多为 5 个伸长节间)，形成茎秆。茎秆节间的伸长速度均表现“慢—快—慢”的规律，相邻两个节间有快慢重叠的共伸期，如第一节间快速伸长期正是第二节间缓慢伸长期，也是第三节间伸长开始期，依此类推，直到开花或开花后期，最上一个节间即穗下节间伸长结束，茎高或株高固定下来。伴随茎秆伸长，茎秆的干重也不断增加，通常在籽粒进入快速灌浆期前后茎秆干重达最大值，此后由于茎秆储藏物质向穗部运转，干重下降。

(2)茎秆特性与穗部生产力和抗倒伏力　茎秆不仅作为同化物运输器官，而且作为同化物暂储器官，对产量形成起重要作用。据观察，基部节间大维管束数与分化的小穗数呈显著正相关，穗下节间大维管束数与分化小穗数约为 1∶1 的对应关系。

小麦株高以 75～85 cm 中矮秆较好，茎秆过高容易倒伏，过矮则因叶片距离近而通风不良，后期极易发生青枯或落黄不良，粒重降低。小麦高产栽培要求茎秆健壮，基部第一、二节间短，机械组织发达，秆壁厚，韧性强，抗倒伏，并能储存和运输更多的养分，形成壮秆大穗。这些性状与品种特性、栽培环境有密切关系。

据研究，建立合理的群体结构，改善株内行间的光照条件，改善有机营养状况，控制拔节期基部节间伸长，有利于小麦茎秆基部节间粗短，秆壁厚，机械组织发达，增加节间有机物质储藏，维管束数目多，直径大，利于养分运转，对提高穗粒重和抗倒性均有利。

(3)影响茎秆生长的因素　茎秆生长除受品种特性制约外，受外界环境的影响也很大。茎秆一般在 10℃以上开始伸长，12～16℃形成的茎秆较粗壮，高于 20℃茎伸长快，细弱易倒伏。强光对节间伸长有抑制作用。拔节期群体过大，田间郁闭，通风透光不良，常引起基部节间发育不良而倒伏。充足的水分和氮素促进节间伸长，磷素和钾素能促使茎壁加厚增粗。干旱条件下节间伸长受到抑制，高产麦田在拔节前控水蹲苗有利防倒伏。因此，生产上应选用高产抗倒伏品种，适当控制群体密度，并采用合理的肥水运筹，促使茎的基部节间稳健伸长，形成壮秆大穗，增强植株的抗倒伏能力。

3. 叶的生长与环境

(1)叶的建成　小麦的完全叶由叶片、叶鞘、叶耳和叶舌组成。叶鞘有增强茎秆强度的作用。当主茎 n 叶片开始伸长时，与其同时伸长的器官是 $n-1$ 叶鞘和 $n-2$ 节间。叶的建成历经分化、伸长和定型过程。除幼苗 1～3(或 4)叶是在种子胚中早已分化外，其余叶均由茎生长锥分化形成。叶的伸长由叶尖开始，先叶片伸长，后叶鞘伸长。叶片伸长初期呈锥状体，称为心叶。心叶继续伸长逐渐展开，到叶片全部展开，基部可见叶耳和叶舌时即定型，不再伸长。叶片从露尖到定型为伸长期，从定型到衰枯前为功能期。叶片在功能期间光合功能旺盛，有较多的光合产物输出，功能期的长短因品种、叶位、气候以及栽培条件而异。

(2)叶片分组及其功能　小麦主茎叶片的多少，受品种、播期及栽培条件的不同而不同。我国北方冬小麦，冬前出叶数因播期不同差别很大，适期播种的一般 5～7 片；春生叶片数为 6～7 片(多为 6 片)。小麦主茎叶片是在植株生长发育过程中陆续发生的，其发生的时间、着生的位置及其作用功能均有所不同。一般分为两个功能叶组(图 2-2)。

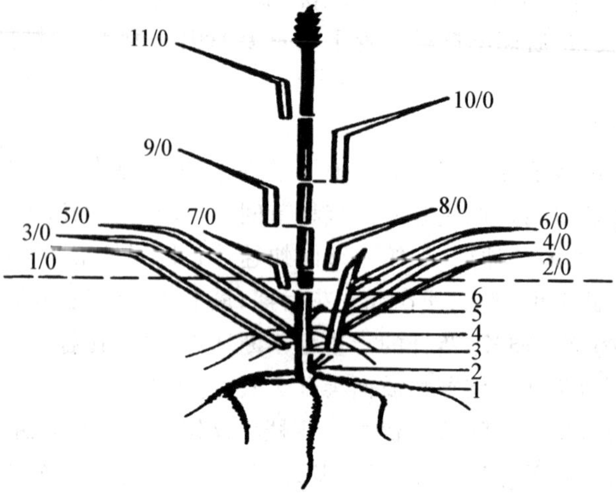

图 2-2 小麦主茎叶片结构示意图

①近根叶组 着生于分蘖节不伸长的茎节上，是从出苗到起身期陆续长出的。叶片数的多少，主要由品种的温光特性、播期早晚及栽培条件所决定。其功能期主要在拔节前，其光合产物主要供应根、分蘖、中下部叶片的生长及早期幼穗发育的需要。一般到抽穗开花期已枯死，对籽粒生长不起直接作用。

②茎生叶组 除最下面的一片叶着生于未伸长的茎节外，其余均着生于伸长的茎节上。叶数 4～6 片，多为 5 片，其功能主要是供给茎、穗和籽粒生长所需的营养。旗叶和倒二叶是籽粒灌浆物质的重要制造者，特别是旗叶，光合效率高。

(3)影响叶片生长的环境因素 温度、光照尤其是肥水等环境条件对叶片大小有明显影响。土壤干旱时，植株吸水不足，叶片短小，角质化程度高；水分充足，叶片长得比较宽大。氮肥充足，可使叶片增大，功能期延长，叶色浓绿；氮肥不足，则叶片窄瘦，叶色淡黄。缺磷时，小麦叶片缩小，叶片常呈紫绿或暗绿色。因此，控制好肥水，特别是氮肥的供应，是调整叶片大小和叶色浓淡的主要手段。

小麦叶片大小、颜色深浅直接关系其光合能力的强弱，对器官建成和产量形成有重大影响。因此，生产上人们常以叶片的长势、长相、叶色等作为科学制定栽培措施的依据。瘦小而色淡的叶片，光合效率低，不能为整体植株提供充足的有机营养物质，因而植株生长势弱，穗小粒少、产量低；如果叶片长得过于肥大，叶色浓绿，光合能力虽较强，但常因叶子本身消耗有机养分过多，相对造成其他器官营养不足，生长削弱。只有叶片比较宽大而不下披，叶色深绿而不过浓，群体叶面积指数适宜，才能既保持较高的光合效率，又能促进各器官协调生长。

(三)分蘖规律与成穗

1. 分蘖的发生

(1)分蘖节及其作用 分蘖节是小麦分蘖发生的位置，是植株地下不伸长的节间、节、腋芽密集在一起的节群。分蘖节不仅分化叶片、分蘖、次生根，而且还是养分的储藏器官。幼苗时期，分蘖节不断分化出叶片、蘖芽和次生根。分蘖芽的顶端生长锥同样可分化出叶片和次一级的蘖芽和次生根。分蘖节内布满了大量的维管束，联络着根系、主茎和分蘖，成为整个植株的输导枢纽。分蘖节内还储藏有营养物质。冬小麦越冬期间，分蘖节中储藏的碳水化合物使分蘖节具有高度抗寒力，即使已长出的叶片全部冻枯，只要分蘖节保持完好，春季仍能恢复生机。所以，保护分蘖节不受冻害是麦苗安全越冬的关键。

小麦分蘖节一般分布在地表以下 2～4 cm 处，因品种和播种深度的不同而有差异，冬性品种分蘖节距地表较深，多 3～4 cm；半冬性品种较浅，多 2 cm 左右。如播种过浅，使分蘖节距地表太浅，易受旱，次生根生长不良，容易发生倒伏。也要防止播种过深，以免地中茎伸的过长形成弱苗。为防止分蘖节受冻害、旱害、受湿缺氧，应分别采取浇水、保墒和松土等措施。

(2)分蘖发生的规律　在分蘖节上按照由下而上的顺序产生分蘖，分蘖位置低的叫低位蘖，分蘖位置高的叫高位蘖；主茎上直接长出的分蘖叫作一级分蘖，由一级分蘖产生的分蘖称为二级分蘖，依此类推。

小麦分蘖的产生与主茎出叶数有一定对应关系，即所谓的叶蘖“同伸关系”。其基本规律是：主茎伸出第三叶时，由胚芽鞘中长出分蘖，称为胚芽鞘分蘖。此蘖发生与否和品种特性、播种深度、地力水平有关，一般大田生产条件下该分蘖很少发生。当主茎伸出第四叶时，在主茎第一叶腋中长出第一个一级分蘖；主茎出现第五片叶时，主茎第二叶腋中长出第二个一级分蘖；依此类推。当一级分蘖本身伸出第三片叶时，长出分蘖鞘分蘖，依此类推。因此，在胚芽鞘分蘖不发生的情况下，当一株麦苗主茎叶龄分别达到 3、4、5、6、7、8 时，该麦苗包含主茎在内的理论分蘖数(也称总茎数)分别是 1、2、3、5、8、13 (不包括胚芽鞘分蘖)。即主茎 3 片叶时，没有胚芽鞘分蘖产生，只有 1 个主茎；当主茎 4 片叶时，第一叶腋中产生 1 个分蘖，总茎数是 2；依此类推。在生产上，常常根据分蘖与主茎叶片的同伸关系，预测分蘖发展趋势，作为分蘖期促进或控制的参考。但实际生产中，小麦田间实际出蘖情况与理论分蘖并不一定完全吻合。当外界环境条件不利于分蘖发生时，则有关分蘖受到抑制不能出现，即使以后条件改善，受抑制的分蘖仍不发生，即产生“过期不候”现象，如播种过深、播种过早时，第一个一级分蘖常不出现。

(3)影响分蘖发生的因素　小麦单株产生分蘖多少的能力称为分蘖力。分蘖力存在品种间的差异，并受种子质量和播种质量、栽培环境的影响。分蘖的最低温度 2～4℃，6～13℃下分蘖生长缓慢，比较健壮；14℃分蘖生长加快，但健壮程度较差；18℃以上分蘖受抑。适宜于分蘖的土壤水分为田间持水量的 70%左右，渍水和干旱均不利于分蘖发生。基本苗少、光照条件好、幼苗健壮，分蘖力强。播种过深、地中茎过长、出苗延迟，苗弱蘖少。分蘖期适宜的氮、磷营养，促进分蘖发生。

2. 分蘖的成穗

(1)群体分蘖消长动态　北方冬麦区，正常播期条件下，出苗后 15～20 d 开始分蘖，以后随主茎叶片数的增加，分蘖不断增加，形成冬前分蘖高峰。越冬期间分蘖停止生长，黄淮冬麦区在冬暖年份仍有少量分蘖增加。翌春，当温度上升至 3℃以上时，春季分蘖开始，气温升至 10℃以上时，春蘖大量发生，形成春季分蘖高峰。晚播冬小麦冬前无分蘖或分蘖少，只有春季分蘖高峰。

通常在主茎开始拔节前(起身期前后)，全田总茎数(包括主茎和分蘖)达最大值。此后，由于小麦植株代谢中心的转移及蘖位的差别，分蘖开始两极分化，小分蘖逐渐衰亡，变为无效蘖；早生的低位大分蘖易发育成穗，成为有效蘖。分蘖衰亡表现出“迟到早退”的特点，即晚出现的分蘖先衰亡。拔节至孕穗期是无效蘖集中衰亡的时期。据研究，分蘖消长动态变化受播种密度与施肥水平影响较大，密度比施肥影响更大，低密度与高氮肥时，分蘖持续时间长，分蘖高峰期延迟，单株成穗率较高。

单个分蘖的死亡由幼穗开始，有的刚长一点新叶即停止伸长，迟迟不出，形成“喇叭口”状的空心蘖；有的则是心叶先枯黄，形成枯心苗状的缩心蘖。空心蘖和缩心蘖的出现，标志着分蘖的停止和两极分化的开始。

(2)影响分蘖成穗的因素　个体和群体中分蘖的成穗比例，因植株的生长发育状况、群体环境条件不同而有很大差异。从植株本身看，通常只有那些在拔节时有足够的光合面积和自身根系，能够保证独立生长以至拔节、抽穗的分蘖，才能成为有效分蘖。因此，冬前发生的低位早蘖容易成穗，而冬前晚出分蘖和春生分蘖成穗率低。从外部环境看，分蘖的受光状况对成穗率有很大影响，播量太多，群体过大，田间郁蔽，光照不足，常导致成穗率显著下降。提高分蘖成穗率的主要途径是适当降低基本苗数，提高土壤供肥能力，培育冬前多蘖壮苗。

(四)穗的分化与形成

1. 穗的结构

小麦穗为复穗状花序，由穗轴和小穗两部分组成。穗轴由节片构成，每节片着生一枚小穗。小穗互生，每小穗由一个小穗轴、两个颖片和若干小花构成。一般每小穗有小花3～9朵，但通常仅有2～3朵小花结实。一个发育完全的小花包括1片外稃、1片内稃、3枚雄蕊、1枚雌蕊和2枚鳞片。有芒品种外稃着生芒。

2. 穗的分化与形成

(1)穗分化过程　小麦穗是由茎生长锥分化形成的。根据穗分化过程中所出现的明显的形态特征，可分为以下几个时期，每个时期均以其始期为标准划分。

①茎叶原基分化期(未伸长期)　茎生长锥未伸长，基部宽大于高，呈半圆形，在基部陆续分化新的叶、腋芽和茎节原基，未开始穗的分化。此期历时长短，因品种春化特性和播期而异。

②生长锥伸长期　生长锥伸长，高度大于宽度，标志着由茎叶原基分化开始向穗的分化过渡。

③单棱期(穗轴节片分化期)　生长锥进一步伸长，在生长锥基部自下而上分化出环状苞叶原基突起，由于苞叶原基呈棱形故称单棱期。苞叶原基出现后不久即退化，两苞叶原基之间形成穗轴节片。

④二棱期(小穗原基分化期)　在生长锥中下部苞叶原基叶腋内出现小突起，即小穗原基。尔后向上向下在苞叶原基叶腋内继续出现小穗原基。因小穗原基与苞叶原基相间呈二棱状，故称二棱期。此期持续时间较长，又分为三个时期：

二棱初期：生长锥中部最初出现小穗原基，二棱状尚不明显。

二棱中期：小穗原基数量逐渐增多，体积增大；幼穗的正面观超过苞叶原基，侧面观二棱状最为明显。

二棱末期：苞叶原基退化，小穗原基进一步增大，同侧相邻小穗原基部分重叠，二棱状已不再明显。

⑤小花原基分化期　在最先出现的小穗原基基部分化出颖片原基后不久，即在颖片原基内侧分化出第一小花的外稃原基，进入小花原基分化期。在同一小穗内，小花原基的分化呈向顶式，在整个幼穗上，则先从中部小穗开始，然后渐及上、下各小穗。

⑥雌雄蕊原基分化期　当幼穗中部小穗出现3～4个小花原基时，其基部小花的生长点几乎同时分化出内稃和3个半圆球形雄蕊原基突起，稍后在3个雄蕊原基间出现雌蕊原基，即进入雌雄蕊原基分化期。约在该期末、药隔期前，植株基部节间伸出地面1.5～2 cm时为农艺拔

节期。

⑦药隔形成期　雄蕊原基体积进一步增大，并沿中部自顶向下出现微凹纵沟。之后，花药分成四个花粉囊。同时，雌蕊原基顶部也凹陷，逐渐分化出两枚柱头突起，以后继续生长形成羽状柱头。

当幼穗分化进入药隔形成期后不久，颖片、内外稃等覆盖器官迅速伸长，穗体积和重量也迅速增加。

⑧四分体形成期　形成药隔的花药进一步发育，在花粉囊（小孢子囊）内形成花粉母细胞（小孢子母细胞）。同时，雌蕊柱头明显伸长呈二歧状，胚囊（大孢子囊）内形成胚囊母细胞（大孢子母细胞）。花粉母细胞经减数分裂形成二分体，再经有丝分裂形成四分体。此时旗叶全部展开，其叶耳与下一叶的叶耳距 3～5 cm。

(2)穗分化进程的差异

①群体内主茎与分蘖穗分化进程的差异　在同一块田的小麦群体内，主茎穗分化时期与速度较为接近，主茎与分蘖穗分化存在一定的差异。主要表现为分蘖穗分化开始晚，经历时间短，但分蘖穗发育快，在穗分化前期、中期（拔节前）都有分蘖赶主茎的趋势。同级分蘖之间一般相邻分蘖分化期相差一期。进入小花分化后，大田穗群分化趋于一致，此时正值拔节期。

②一穗内小穗小花分化发育的差异　幼穗内不同部位小穗小花发生时间不同，分化进程也存在明显差异，即同一小穗内小花从基部向顶部顺序分化，其中 1～4 朵小花分化强度大，平均 1～2 d 形成一朵，以后分化转缓，需 2～3 d 形成一朵；每穗内小穗的分化顺序是中、下部→中部→中、上部→基部→顶部，而不同小穗位的同位小花分化顺序却是中部→中、上部→中、下部→顶部→基部。顶部与基部小花发生顺序与小穗发生顺序颠倒，基部小穗发生虽较顶部早，但小花分化进程慢，故基部小穗小花多退化。

(3)穗分化时期与植株外部形态的关系　穗分化时期与春季主茎叶片生长关系比较密切，据此，可以通过外部形态来诊断内部穗分化的各个时期。北方冬麦区对应关系大致如下：

春生第一叶伸出后不久，开始进入单棱期；春生第二叶伸出后不久，开始进入二棱期；春生第三叶伸出后不久，开始进入小花分化期；春生第四叶伸出后不久，开始进入雌雄蕊分化期；春生第五叶伸出后不久，开始进入药隔形成期；春生第六叶展开，与倒二叶叶耳间距 3～4 cm，进入四分体形成期。

以上对应关系，只是在正常气象条件下和正常播期的小麦应用。在异常条件下，不仅影响生长过程，而且可能影响发育过程，在使用这一对应关系时要注意。

3. 小穗、小花的退化

当穗部发育最早的小花进入四分体期之后，1～2 d 内凡能分化到四分体的各小花，集中发育到四分体期。此时全穗已停止分化新的小花。凡未发育到四分体的小花均停止在原有的分化状态，在 4～5 d 内先后退化萎蔫。因此，四分体期是小花两极分化的转折点。

已形成四分体或花粉粒的小花，也可能因不良环境条件影响花粉发育或受精，导致不能结实。由于一穗内不同小穗小花分化时间差异和发育的不均衡性，同一小穗内晚形成的上位小花容易退化，穗基部和顶部小穗，特别是基部小穗容易成为不孕小穗（全部小花退化）。小花退化的生理机制尚不完全清楚，除发育时间限制外，营养限制可能是小花退化的重要原因。

由以上可见，促进穗大粒多的途径，一是增加每穗小穗和小花分化数；二是减少已分化的小穗和小花的退化，增加结实率；三是要选用多花高结实性的品种。

4. 影响穗分化的环境因素

(1)光照　短日照可延长光照阶段发育,有利于增加每穗小穗数。幼穗分化进入四分体期前后,特别需要强光照,此期光照不足会产生不孕的花粉粒和不正常的子房,退化小花增多。由此可见,小麦拔节以后麦田过于稠密,通风透光不良,不仅会造成茎秆基部生长细弱而易倒伏,也影响花粉粒发育和结实。

(2)温度　一般认为,幼穗分化过程中温度在10℃以下可延缓分化进程,延长分化时间,有利于形成大穗,俗话讲"春寒出大穗"。因此,春季气温回升慢的年份,易形成多粒的产量结构。

(3)水分　小麦幼穗分化期间,要求有足够的土壤水分供应。干旱会加快穗分化速度,缩短穗分化时间,使穗短而粒少。幼穗分化不同时期受旱,对穗的部位影响不同,单棱期受旱,穗子变短,每穗小穗数减少,但若后期条件改善,穗粒数和粒重不一定减低;小穗原基分化期受旱,会减少每穗小穗数,但所受影响比前一时期轻;小花分化期受旱,小花分化数减少,穗粒数降低;药隔形成至四分体形成期受旱,不孕小花数增多,结实率显著下降而使穗粒数减少。因此,药隔形成至四分体形成期是小麦对水分要求最迫切、反应最敏感时期(需水临界期),必须保证足够的水分供给。

(4)养分　氮素充足可增加小花分化数,药隔期施肥可减少退化小花数。但在高产条件下,不适当的增加氮肥,特别是拔节前施氮过多,常造成茎叶徒长,群体郁蔽,光照不足,从而降低小花结实率。

(五)籽粒形成与灌浆

1. 抽穗、开花和受精

麦穗从旗叶鞘中伸出一半时,称为抽穗。抽穗后3～5 d开花。全穗开花约持续3～5 d。开花时,花粉粒落在柱头上,一般经1～2 h即可发芽,并在24～36 h完成受精过程。

开花期间是小麦植株新陈代谢最旺盛的阶段,需要大量的能量和营养物质。开花的最低温度为9～11℃,最适温度为18～20℃,最高温度30℃,高于30℃且土壤干旱或有干热风时,影响受精能力而降低结实率。此期对缺水反应敏感,需保持良好的土壤水分条件。最适宜开花的大气湿度为70%～80%,湿度过大,花粉粒易吸水膨胀破裂。

2. 籽粒形成与灌浆成熟

小麦从开花受精到籽粒成熟,历时30～40 d,根据籽粒的变化可分为以下三个过程:

(1)籽粒形成过程　从受精坐脐至多半仁,历时10～12 d。该期明显的特点是籽粒长度增长最快,宽度和厚度增长缓慢;籽粒含水量急剧增加,含水率达70%以上,干物质增加很少。籽粒外观由灰白逐渐转为灰绿,胚乳由清水状变为清乳状。当籽粒长度达最大长度的3/4时(多半仁),该过程结束。

(2)籽粒灌浆过程　从多半仁开始,到蜡熟前结束,历经乳熟期和面团期两个时期。

①乳熟期　历时12～18 d,籽粒长度继续增长并达最大值,宽度和厚度也明显增加,并于开花后20～24 d达最大值,此时籽粒体积最大("顶满仓")。胚乳由清乳状最后成为乳状。籽粒外观由灰绿变鲜绿,继而转为绿黄色,表面有光泽。

②面团期　历时约3 d,籽粒含水率下降到40%～38%,干物重增加转慢,籽粒表面由绿黄色变为黄绿色,失去光泽,胚乳呈面筋状,体积开始缩减。此期是穗鲜重最大的时期。

(3)籽粒成熟过程　包括以下两个时期:

①蜡熟期。历时3～7 d,籽粒含水率由40%～38%急剧降至22%～20%,籽粒由黄绿色变为黄色,胚乳由面筋状变为蜡质状。叶片大部或全部枯黄,穗下节间呈金黄色。蜡熟末期籽粒干重达最大值,是生理成熟期,也是收获适期。

②完熟期 籽粒含水率继续下降到20%以下,干物质停止积累,体积缩小,籽粒变硬,不能用指甲掐断,即为硬仁。此期时间很短,如果在此期收获,不仅容易断穗落粒,且由于呼吸消耗,籽粒干重下降。

3. 熟相与粒重

小麦熟相指开花至成熟期间营养器官的形态与色相。它是生育后期植株整体功能的外在表现,与粒重有密切的关系,通常作为品种选择和栽培调控的重要依据。小麦熟相一般分为正常落黄、早衰和贪青三种类型。不同熟相间粒重差异显著,表现为正常落黄型的高于早衰型和贪青型。不同熟相的特点为:

(1)正常落黄型 营养器官正常衰老,物质输出过程与籽粒灌浆过程协调同步,营养器官转色适时而平稳,黄中带绿,熟而不枯,成熟正常呈金黄色。

(2)早衰型 营养器官过早衰老,物质输出过程早于籽粒灌浆过程,营养器官转色过早、过快,或未遇高温胁迫也提早衰亡,生育期缩短,导致非正常成熟——整株黄枯。此种类型籽粒灌浆受限于营养器官的物质生产,灌浆持续期短。

(3)贪青型 营养器官的衰老和物质输出过程落后于籽粒灌浆过程,营养器官转色晚而慢,生育期延迟,后期高温逼熟,导致非正常成熟(青枯)。该类型籽粒灌浆受限于营养体物质运转和输出量,灌浆持续期和灌浆强度均低。

小麦熟相受品种基因型和环境条件的制约。栽培中通过建立合理群体结构,保持氮、磷、钾及微量元素平衡,合理运筹肥水等,可在一定程度上调节熟相向正常落黄方向发展,保证籽粒灌浆正常进行。

4. 影响籽粒生长的环境因素

(1)温度 小麦籽粒形成和灌浆的最适温度为20～22℃,高于25℃和低于12℃均不利于灌浆。在适温范围内随温度升高,灌浆强度增大,但高于25℃以上时,会促进茎叶早衰,显著缩短灌浆持续时间,粒重降低。黄淮冬麦区小麦生育后期常受到干热风危害,造成青枯逼熟,粒重下降。在灌浆期间白天温度适宜,昼夜温差大,有利于增加粒重。

(2)光照 小麦籽粒产量主要来自开花后的光合产物,所以,抽穗开花后的光照强度和时间与籽粒灌浆及产量有极为密切的关系。光照不足影响光合作用,并阻碍光合产物向籽粒中转移,以致麦粒灌浆不充分,千粒重低。小麦灌浆期间多阴雨、光照弱是麦粒不饱满的原因之一。当群体过大时,中、下部叶片受光不足也影响粒重的提高。因此,应建立合理的群体结构,改善光照条件,增加粒重。

(3)土壤水分 籽粒生长期适宜的土壤水分为田间持水量的70%左右,过多过少均影响根、叶功能,不利灌浆。籽粒形成初期水分不足,影响茎叶中的养分向籽粒运输,引起籽粒败育;灌浆期间水分不足,特别是高温干旱,则上部叶片早衰,灌浆提早结束,籽粒瘦小。一般应在籽粒形成和灌浆前期保持较充足的水分供给,在灌浆后期维持土壤有效水分的下限,可加速茎叶储藏物质向籽粒运转,促进正常落黄,有利提高粒重。灌浆期间如果雨水过多,不能及时排水,根系活力下降,吸水能力下降;当雨后骤晴时常造成早衰逼熟,麦粒细小而减产。

(4)矿质营养 后期适当的氮素供给,有利维持叶片光合功能。但供氮过多会过分加强叶的合成作用，抑制水解作用，影响有机养分向籽粒输送，造成贪青晚熟，降低粒重。磷、钾营养充足可促进物质转化，提高籽粒灌浆强度，因此后期根外喷施磷、钾肥有利增加粒重。

想一想：

在北方，经常看到收麦时遗落在地里的麦粒长出的麦苗，入秋前无论长几片叶子也不会拔节，为什么？

提高小麦粒重的途径有哪些？

子项目二 小麦播前准备

做好小麦播前准备工作是提高播种质量的关键，是直接关系到小麦生长发育、实现小麦高产的前提。

一、种子准备

（一）选用良种

选用优良品种，做好品种合理布局，良种良法配套，是获得小麦优质高产的重要措施。

小麦良种应具备高产、稳产、优质、抗逆、适应性强的特点。但良种是相对的、有条件的。所以，在选用良种时，要联系本地具体条件，掌握以下基本原则。

1. 根据当地自然条件和土壤肥力选用品种

不同地区育成的品种，一般对本地的自然条件有较强的适应性，应尽量选用本地育成的品种。对于距本地较远的育种单位育成的品种，一定要经过试验，确认适合本地种植后才能选用。盲目引进新品种，常因为对本地气候、生产条件不适应而造成减产。

一般肥水条件好的高产田，要选用株矮抗倒、耐水耐肥、增产潜力大的品种；反之，肥水条件差的低产田，应选用耐旱耐瘠的品种。高产品种不能种在低肥地上，低产品种也不能种在高肥地上。

2. 根据当地常发自然灾害选用品种

选用品种时要考虑当地自然灾害特点。如北部冬麦区要选用抗寒性强的冬性品种；干热风严重地区应选用早熟、抗干热风的品种；干旱地区要选用抗旱品种等。

3. 根据当地栽培制度选用品种

如小麦、玉米两茬种植，小麦应注意品种的早熟性；棉麦套种时，小麦品种除要求早熟外，还要株矮、株型紧凑。

4. 根据不同加工食品的要求选用品种

根据加工食品对小麦品质的要求，选用相适应的优质专用品种。

选用良种，还要实施与之相适应的配套栽培技术，即做到良种良法配套，才能充分发挥良种的增产潜力。在品种搭配和布局上，一个县区、乡镇要通过试验、示范，根据生产条件的发展，选用表现最好、适于当地自然条件和栽培条件的高产稳产品种 1～2 个作为当家（主栽）品种，再选表现较好的1～2个作为搭配品种。此外，还应有接班品种。北方地区主栽和主推优良小麦品种见表2-1。

表2-1　小麦优良品种

品种名称	特征特性
山农20	半冬性，中晚熟。冬季抗寒性好，抗倒春寒能力较差。株高85 cm左右，株型较紧凑，茎秆弹性一般，抗倒性一般。适宜在黄淮冬麦区南片的河南（南阳、信阳除外）、安徽北部、江苏北部、陕西关中地区高中水肥地块早中茬种植。
新麦26	半冬性，中熟。冬季抗寒性较好，抗倒春寒能力较弱。株高80 cm左右，株型较紧凑，抗倒性中等。适宜在黄淮冬麦区南片的河南（信阳、南阳除外）、安徽北部、江苏北部、陕西关中地区高中水肥地块早中茬种植。在江苏北部、安徽北部和河南东部倒春寒频发地区种植应采取调整播期等措施，注意预防倒春寒。
郑麦9962	弱春性，中熟。冬季抗寒性中等，抗倒春寒能力较差。株高77 cm左右，抗倒性较好。适宜在黄淮冬麦区南片的河南（南部稻茬麦区除外）、安徽北部、江苏北部、陕西关中地区高中水肥地块中晚茬种植。
沧麦6005	半冬性，晚熟。株高80 cm左右，株型半紧凑，茎秆较细、弹性较好，抗倒性较好，抗倒春寒能力较差。适宜在黄淮冬麦区的山西南部、陕西咸阳和铜川、河南西北部的旱薄地种植。
保麦10号	冬性，中熟。株高76 cm左右，株型紧凑，抗倒性较好。穗层整齐，穗纺锤形。适宜在北部冬麦区的北京、天津、河北中北部、山西中部的水地种植，也适宜在新疆阿拉尔地区水地种植。
京冬18	冬性，中早熟。株高79 cm左右，株型紧凑，抗倒性较好。适宜在北部冬麦区的北京、天津、河北中北部、山西中部的水地种植，也适宜在新疆阿拉尔地区水地种植。
中麦415	冬性，中熟。株高70 cm左右，抗倒性较好，落黄好。适宜在北部冬麦区的北京、天津、河北中北部、山西中部中高水肥地块种植，也适宜在新疆阿拉尔地区水地种植。
赤麦7号	春性，早熟。株高83 cm左右，株型紧凑，茎秆强壮，抗倒性较好。适宜在辽宁沈阳、铁岭和锦州，内蒙古赤峰的春麦区种植。
辽春23号	春性，早熟。株高81 cm左右，株型紧凑，抗倒性较好。适宜在辽宁沈阳、铁岭和锦州，吉林公主岭，内蒙古赤峰和通辽及天津的春麦区种植。
龙麦33	春性，中晚熟。株高100 cm左右，抗倒性较好，熟相较好。适宜在东北春麦区的黑龙江北部及内蒙古呼伦贝尔地区种植。

（二）种子处理

1. 种子精选

机械筛选粒大饱满、整齐一致、无杂质的种子，以保证种子营养充足，达到苗齐、苗全、苗壮。由秕粒造成的弱苗难以通过管理转壮，晚播麦由于播种量大更应注意选种。

2. 晒种

晒种可促进种子后熟，提高生活力和发芽率，使出苗快而整齐。晒种一般在播前5 d左右进行。注意不要在水泥地上晒种，以免烫伤种子。

3. 发芽试验

进行发芽试验，为确定播种量提供依据。一般要求小麦种子的发芽率不低于85%，净度不低于98.0%，水分不高于13.0%。发芽率过低的种子不能做种用。

4. 药剂拌种及种子包衣

小麦播种期及冬前是病、虫、草害防治的关键时期，应根据当地常发病虫害进行药剂拌种或用种衣剂包衣。

(1)药剂拌种　以下列举几种药剂拌种方法：

①杀菌剂处理种子　预防全蚀病选用12.5%全蚀净(硅噻菌胺)200～300 mL,对水1 000 mL,拌麦种100 kg,搅拌均匀堆闷3 h播种；或4.8%适麦丹(2.4%苯醚甲环唑+2.4%咯菌腈)30～40 mL拌麦种20～25 kg,堆闷3 h播种；或6%戊唑醇悬浮种衣剂,按种子量的0.03%～0.05%(有效成分)拌种堆闷6 h后播种。

预防小麦散黑穗病、腥黑穗病、根腐病、纹枯病、白粉病等病害,可选4.8%适麦丹(2.4%苯醚甲环唑+2.4%咯菌腈)20 mL拌麦种20～25 kg,堆闷3 h播种；或3%苯醚甲环唑悬浮种衣剂20 mL加水对成100～150 mL药浆拌种10～15 kg；或6%戊唑醇悬浮种衣剂,按种子量的0.03%～0.05%(有效成分)拌种,堆闷6 h播种。

②杀虫剂处理种子　预防丛矮病、黄矮病,防治蛴螬、金针虫、蝼蛄、灰飞虱、蚜虫,选用70%吡虫啉粉剂70 g+40%甲基异柳磷乳油50 g,对水1.5～2 kg稀释成母液,均匀拌种20～25 kg,堆闷3～4 h播种。

③杀虫剂、杀菌剂合理混合处理种子　以上病害和虫害混发区,可根据病虫发生种类选用以上有关杀菌剂和杀虫剂混合拌种,达到一拌多防的效果,但要注意先拌杀虫剂,闷种晾干再拌杀菌剂；先拌乳剂,待吸收晾干再拌粉剂。拌后的种子一般不宜久放,要随拌随用。

(2)种子包衣　把杀虫剂、杀菌剂、微肥、植物生长调节剂通过科学配方复配,加入适量溶剂呈糊状,然后利用机械均匀搅拌并涂在种子上,即“包衣”。包衣后的种子晾干后即可播种。使用种子包衣省时、省工、成本低,增产显著。20世纪90年代始全国各地普遍推广应用这一技术。

二、播前耕作整地

小麦对土壤的适应性较强,但耕作层深厚、结构良好、有机质丰富、养分充足、通气性保水性良好的土壤,是小麦高产的基础。一般认为适宜的土壤条件为土壤容重在1.2 g/cm^3左右、孔隙度50%～55%、有机质含量在1.0%以上,土壤pH 6.8～7,土壤的氮、磷、钾营养元素丰富,且有效供肥能力强。

耕作整地是改善麦田土壤条件的基本措施之一。麦田的耕作整地一般包括深耕和播前整地两个环节。深耕可以加深耕作层,有利于小麦根系下扎,增加土壤通气性,提高蓄水、保肥能力。协调水、肥、气、热,提高土壤微生物活性,促进养分分解,保证小麦播后正常生长。在一般土壤上,耕地深度以20～25 cm为宜。播前整地可起到平整地表、破除板结、匀墒保墒等作用,是保证播种质量,达到苗全、苗匀、苗齐、苗壮的基础。

麦田耕作整地的质量要求是深、细、透、平、实、足,即深耕深翻加深耕层,耕透耙透不漏耕漏耙,土壤细碎无明暗坷垃,地面平整,上虚下实,底墒充足,为小麦播种和出苗创造良好条件。

目前,小麦在耕作整地方面存在的主要问题是耕翻深度较浅、土壤过暄不踏实,尤其是秸秆还田地块此现象更为严重,主要是多为旋耕作业,翻地深度较浅、旋耕后不进行耙压所致。近年来,许多省份在积极推广小麦深松耕技术,可打破由于多年浅耕造成的坚实犁底层,为小麦生长创造良好的土壤条件。

小麦玉米两熟地区玉米秸秆还田措施应用较为普遍,可以增加土壤有机质、培肥地力、减少环境污染,其整地质量要求更高,必须与相关技术措施配合运用,否则容易使土壤被秸秆架空、不踏实,影响播种质量,造成小麦缺苗断垄、黄苗、加重冻害死苗等,不利于培育冬前壮苗。

秸秆还田地块要求秸秆粉碎质量要高，底墒充足，深翻土壤，播前耙压，秸秆掩埋严实并与土壤充分混合，土壤踏实不架空。此外，为加快秸秆腐熟，应调整玉米秸秆的碳氮比，可在正常施底氮肥的基础上每公顷增施 75 kg 尿素或 225 kg 碳铵，或翻耕前在秸秆上喷撒催腐剂或微生物肥料，促进秸秆腐熟。

三、施用底肥

（一）小麦需肥规律

研究分析表明，随着产量水平的提高，小麦氮、磷、钾吸收总量相应增加。每生产 100 kg 籽粒，需氮(3.1±1.1)kg、磷(P_2O_5)(1.1±0.3)kg、钾(K_2O)(3.2±0.6)kg，大约比例为 2.8∶1.0∶3.0，但随着产量水平的提高，氮的相对吸收量减少，钾的相对吸收量增加，磷的相对吸收量基本稳定。随着小麦在生育进程中干物质积累量的增加，氮、磷、钾吸收总量也相应增加。起身前麦苗较小，氮、磷、钾吸收量较少，起身后植株迅速生长，养分需求量也急剧增加，拔节至孕穗期达到一生的吸收高峰期。对氮、磷的吸收量在成熟期达到最大值，对钾的吸收在抽穗期达最大累积量，其后钾的吸收出现负值。

（二）小麦施肥技术及底肥的施用

小麦的施肥技术应包括施肥量、施肥时期和施肥方法。小麦施肥量应根据产量指标、地力、肥料种类及栽培技术等综合确定。

$$\text{施肥量}(\mathrm{kg/hm^2})=\frac{\text{计划产量所需养分量}(\mathrm{kg/hm^2})-\text{土壤当季供给养分量}(\mathrm{kg/hm^2})}{\text{肥料养分含量}(\%)\times\text{肥料利用率}(\%)}$$

计划产量所需养分量可根据 100 kg 籽粒所需养分量来确定；土壤供肥状况一般以不施肥麦田产出小麦的养分量测知土壤提供的养分数量。在田间条件下，氮肥的当季利用率一般为 30%～50%；磷肥为 10%～20%，高者可达到 25%～30%；钾肥多为 40%～70%。有机肥的利用率因肥料种类和腐熟程度不同而差异很大，一般为 20%～25%。

小麦施肥原则应增施有机肥，合理搭配施用氮、磷、钾化肥，适当补充微肥，并采用科学施肥方法。一般有机肥及磷、钾化肥全部底施；氮素化肥 50%左右底施，50%左右于起身期或拔节期追施。

底肥施用应结合耕翻进行。对于秸秆还田的地块要适当增加底氮肥的用量，以解决秸秆腐烂与小麦争夺氮肥的矛盾。缺锌、锰的地块，每公顷可分别施硫酸锌、硫酸锰 15 kg 作底肥或 0.75 kg 拌种。

由于不同地区、不同地块土壤养分状况及产量水平存在着差异，所以，小麦对各种肥料的需求量及其比例也不同。只有进行测土配方施肥，才能最大限度地发挥肥料的增产效益。根据北方冬小麦高产单位的经验，在土壤肥力较好的情况下(0～20 cm 土层土壤有机质 1%，全氮 0.08%，水解氮 50 mg/kg，速效磷 20 mg/kg，速效钾 80 mg/kg)，产量为每公顷 7 500 kg 的小麦，大约每公顷需施优质有机肥 45 000 kg，标准氮肥(含氮 21%)750 kg 左右，标准磷肥(含 P_2O_5 14%)600～750 kg。缺钾地块应施用钾肥。

四、播前灌水

底墒充足、表墒适宜，是小麦苗全、苗齐、苗壮的重要条件。墒情不足，播后不仅影响全苗，而且出苗不齐，产生二次出苗，形成田间大小苗现象。北方地区多数年份入秋以后雨量较少，一般要浇足底墒水，以满足小麦发芽出苗和苗期生长对水分的需要，也可为中期生长奠定良好基础。一般不宜抢墒播种、播后浇蒙头水。玉米成熟较晚的，提倡玉米收获前洇地，起到“一水两用”的作用，确保小麦适时适墒播种。秋雨较多、底墒充足时（壤土含水量17%～18%、沙土16%、黏土20%），可不浇底墒水。

想一想：

小麦哪些病虫害需要拌种进行防治？

查一查：

1. 什么是测土配方施肥？查阅适合当地不同生产条件的小麦施肥技术方案。
2. 当地小麦生产中主要应用的品种有哪些？有什么优缺点？

子项目三 小麦播种技术

一、播种期

（一）适时播种的重要意义

适时播种可以使小麦苗期处于最佳的温、光条件下，充分利用冬前的光热资源培育壮苗，形成健壮的大分蘖和发达的根系，群体适宜，个体健壮，有利于安全越冬，并为穗多穗大奠定基础。

播种过早、过晚对小麦生长均不利。播种过早，一是冬前温度高，常因冬前徒长而形成冬前旺苗，植株体内积累营养物质少，抗寒力减弱，冬季易遭受冻害。尤其是半冬性品种，冬前通过春化阶段，抗寒力降低而发生冬季冻害。此外，冬前旺长的麦苗，年后返青晚，生长弱，“麦无二旺”。二是易遭虫害而缺苗断垄，或发生病毒病、叶锈病。播种过晚，一是冬前苗弱，体内积累营养物质少，抗逆力差，易受冻害。二是春季发育晚，成熟迟，灌浆期易遭干热风危害，影响粒重。三是春季发育晚，若调控措施不当，缩短了穗分化时期，易形成小穗。

（二）确定适宜播期的依据

1. 冬前积温

小麦冬前积温指播种到冬前停止生长之日的积温。播种到出苗一般需要积温120℃左右，冬前主茎每长一片叶平均需要75℃积温，据此，可求出冬前不同苗龄的总积温。如冬前要求主茎长出5～6片叶，则需要冬前积温495～570℃，根据当地气象资料即可确定适宜播期。目前小麦生产上多采取主茎和分蘖成穗并重的栽培途径（即中等播量），使冬前主茎叶片达到5～6片，容易获得高产；冬前主茎叶片达到7片以上时易形成旺苗，不利于培育壮苗和安全越冬。

近年来，受全球气候变暖的影响，各地冬前有效积温有了很大的提高，因此过去经验中的播种适期已不再适用，应根据试验及生产经验科学确定。例如，河北省中南部地区9月下旬播种的小麦会发生冬前旺长，甚至出现主茎第一个分蘖缺位，说明在当地“白露早、寒露迟，秋分种麦正当时"的古农谚已经过时。

2. 品种特性

一般冬性品种宜适当早播，半冬性品种可适当晚播。北方各麦区冬小麦的适宜播期为：冬性品种一般日均温16～18℃，弱冬性品种一般在14～16℃。在此范围内，还要根据当地的气候、土壤肥力、地形等特点进行调整。

3. 栽培体系

精播栽培，苗龄大，易早播；独秆栽培，冬前主茎3～4片叶，宜晚播。

北方春小麦主要分布在北纬35°以北的高纬度、高海拔地区，春季温度回升缓慢，为了延长苗期生长，争取分蘖和大穗，一般在气温稳定在0～2℃，表土化冻时即可播种。东北春麦区在3月中旬到4月中旬，宁夏、内蒙古及河北坝上约在3月中旬。

二、播种量

（一）确定适宜的基本苗

基本苗的多少，是小麦群体发展的起点，对小麦整个生育过程中群体与个体的协调及产量结构的协调增长有重大影响。穗数是构成产量的基础，而基本苗又是成穗的基础。所以，因地制宜地确定适宜的基本苗数是合理密植的核心。

确定适宜的基本苗，主要考虑播种期早晚、品种特性、土壤肥力和水肥条件等因素。适期播种，单株分蘖和成穗数较多，基本苗可适当少些；随着播种期的推迟，单株分蘖和成穗数都要减少，应适当增加基本苗数。分蘖力强、成穗率高的品种基本苗宜少；反之宜多。土壤肥力水平高、水肥条件好的麦田，单株分蘖及成穗较多，基本苗宜少；反之宜多。

小麦基本苗的确定还与所采用的高产途径有关。常规高产栽培，播期适宜，主茎与分蘖成穗并重，基本苗一般掌握每公顷300万左右；精播栽培，以分蘖成穗为主夺高产，播期偏早，基本苗一般为每公顷150万左右；独秆栽培，以主茎成穗为主，播期晚，基本苗一般为每公顷450万～600万。

（二）计算播种量

$$\text{每公顷播种量(kg)}=\frac{\text{每公顷计划基本苗数}\times\text{种子千粒重(g)}}{1\,000\times1\,000\times\text{种子发芽率(\%)}\times\text{田间出苗率(\%)}}$$

田间出苗率因整地质量、播种质量而有很大差异，一般腾茬地、整地及播种质量好的情况下，田间出苗率可达85%左右，秸秆还田地块、整地质量差的地块，田间出苗率要低些。由于种子千粒重多在35～50 g，种子发芽率及田间出苗率差异很大，所以生产中的"斤籽万苗"的说法不大科学。

三、播种方法

对播种质量的要求是行直垄正，沟直底平，下子均匀，播量准确，深浅适宜，覆土严实，不漏播，不重播。

1. 播种深度

覆土深浅对麦苗影响最大。覆土深，出苗晚，幼苗弱，分蘖发生晚。覆土过浅，种子易落干，影响全苗；分蘖节离地面太近，遇旱时影响根系发育，越冬期也易受冻。从防旱、防寒和培育壮苗两个方面考虑，播种深度宜掌握在 3～5 cm。早播宜深，晚播宜浅；土质疏松宜深，紧实土壤宜浅。

2. 播种方式

目前小麦播种多为机械播种，播种方式高产麦田以 12～15 cm 等行距为宜，以利于小麦植株在田间分布均匀，生长健壮。宽窄行播种方式适于套种其他作物。

3. 播后镇压

小麦播后镇压可以踏实土壤，提高整地质量，使种子与土壤密接，以利于种子吸水萌发，提高出苗率，保证苗全苗壮，是小麦节水栽培的重要措施。小麦玉米两熟区玉米秸秆直接还田的地块土壤较暄，播后镇压尤为重要。对于抢墒播种、墒情稍有不足的地块，播后镇压可提高抗旱能力，有利于苗全苗壮。

4. 酌情浇蒙头水

对于土壤水分不足以及秸秆还田土壤较暄的地块，可以在播后 3～4 d 浇蒙头水或出苗后 3～4 d 浇出苗水，其作用是踏实土壤、补充土壤水分，以保证出苗整齐及苗期正常生长。

查一查：

1. 当地小麦适宜播种期在何时？
2. 小麦良种标准是什么？

子项目四　小麦田间管理技术

小麦生长发育过程中，麦田管理的任务：一是通过肥水等措施满足小麦对肥水等条件的要求，保证植株良好发育；二是通过保护措施防御(治)病虫草害和自然灾害，保证小麦正常生长；三是通过促控措施使个体与群体协调生长，实现栽培目标。

一、前期管理

(一) 苗期的生育特点与管理目标

1. 生育特点

小麦生长前期是指从出苗到起身所经历的一段时间，时间长达 150 d 以上。包括越冬前、越冬、返青期等生育时期。其特点是以长叶、长根、长蘖的营养生长为中心，到起身期，分蘖几乎全部出现。所以，此期是决定每亩穗数的关键时期，尤其是冬前分蘖成穗率高。

2. 管理目标

在保证全苗、匀苗的基础上，促苗早发，促根壮蘖，培育冬前壮苗，使麦苗安全越冬；促早返青，提高冬前分蘖成穗率，狠抓穗数，为穗大粒多打下良好基础。

培育冬前壮苗是小麦前期的主攻目标之一。冬前壮苗指标参考如下：

①根系、叶片和早期分蘖应按期出生。即单株同伸关系正常，一般情况下，植株三叶一心时应有一个分蘖和两条次生根，其后在分蘖有效期内，各级分蘖和根系应按器官同伸规律出

生,低位蘖不缺位。常规栽培下(每公顷基本苗300万左右),冬前主茎长出5～6片叶,单株分蘖3～5个,次生根5～7条,叶色深绿,蘖大而壮是壮苗。低于上述指标是弱苗,高于上述指标是旺苗。

②叶片宽厚,长短适中。冬前最长叶鞘长不超过5 cm,最长叶片长度12～15 cm,叶宽0.6～0.7 cm。

③群体适宜,叶面积系数合理。常规栽培下冬前每公顷总茎数为1 050万～1 350万,叶面积系数1.0左右;返青至起身阶段每公顷总茎数为1 350万～1 650万,叶面积系数2左右。

(二)管理措施

1. 查苗补种,雨后破除板结

小麦出苗后要及时查苗,发现缺苗立即补种,也可浸种催芽补种。播种后出苗前遇雨,要及时耙地破除板结,以免影响出苗,黏性土壤尤为注意。

2. 冬前防治病虫

土蝗和传毒昆虫灰飞虱的防治是秋苗期的防治重点。对于早播田或靠近棉田、树林、沟渠等杂草多的地块,为防止土蝗、蟋蟀危害及丛矮病的发生,除播种前采取药剂拌种外,在小麦出苗率达50%时,及时选用有机磷类、菊酯类等药剂进行喷雾,一般沿麦田周围向里喷5～10 m的保护药带,对有危害趋势的要及时全田喷治。

3. 酌情浇蒙头水

对于抢墒播种的麦田,可浇蒙头水,以保证种子正常萌发出苗。秸秆还田整地质量差的麦田,浇蒙头水可踏实土壤,有利于苗全、苗匀、苗壮。

4. 化学除草

化学除草是北方麦区经济有效的措施。冬小麦田一般年份有冬前和春后两个出草高峰期,以冬前为主,冬前杂草发生量占总草量的80%左右。麦田化除应以冬前为主、春季为辅。

以播娘蒿、荠菜、藜、麦瓶草、猪殃殃等阔叶杂草为主的麦田,每公顷可用苯磺隆(或巨星)有效成分15 g;在多种阔叶杂草混合发生的麦田,每公顷可用40%唑草酮(快灭灵)60～75 g,或15%噻黄隆(麦草光)150 g;以禾本科杂草为主的麦田,每公顷可用6.9%精噁唑禾草灵(骠马)悬浮剂600～750 mL,或15%炔草酸(麦极)750 mL。以上药剂,每公顷对水450～600 kg,喷雾要均匀周到,以保证良好的防除效果。目前,麦田除草剂的种类很多,各地可根据当地麦田杂草优势种类和杂草群落,选用适宜的除草剂。

为提高麦田化学除草效果应注意的事项:在小麦3～5叶期、杂草2～4片期、气温5℃以上时,是冬前化学除草的关键时期,杂草处于幼苗期,耐药性差,防除效果好;无论冬前或春季,宜在土壤湿润、晴天9～16时用药,此时气温高、光照足,可增强杂草吸收药剂的能力;用水量要足,冬前每公顷用水量450～600 kg,春季600～750 kg;春季杂草草龄较大,要适当增加用药量;小麦拔节后严禁用药,以免产生药害;忌盲目将除草剂与杀虫剂、杀菌剂混用,以免影响药效和产生药害;施药时采用二次稀释法,对湿度低的田块可增加用水量;除草剂活性高,用过的器械要认真清洗,避免残留药剂对其他作物造成药害。

5. 适时冬灌

(1)冬灌的作用　适时冬灌可以缓和地温的剧烈变化,防止冻害;为返青保蓄水分,做到冬水春用;可以踏实土壤,粉碎坷垃,防止冷风吹根;可以消灭越冬害虫。总之,冬灌是小麦越冬期和早春防冻、防旱的重要措施,对安全越冬,稳产、增产具有重要作用。

(2)冬灌技术　冬灌要适时,以昼消夜冻时最为适宜,上冻前结束。但生产上要适当提前,以免有浇不上水的危险。浇水过早,失墒较多,起不到冬灌的作用,易受旱冻危害。浇水过晚,水不易下渗,地面积水结冰,使麦苗在冰下窒息,还会因冻融而产生的挤压力使分蘖节受伤害,甚至发生凌抬断根死苗。

越冬前土壤含水量为田间持水量80%以上,或底墒充足的晚麦田,可不冬灌,但要注意保墒。

结合冬灌是否要施肥?底肥施用充足的麦田不要施肥。对于因基肥不足而苗弱的麦田,可以结合冬灌追施少量化肥。这次追肥实际上是冬施春用,比返青追肥效果好,因为返青浇水容易降低地温,影响小麦生长。

浇水量一般每公顷 600～750 m^3,浇后应及时锄划一遍。

6. 冬季镇压

在冬至至立春期间,选择晴天下午用碌碡或镇压器普压一遍,以压碎坷垃、弥合裂缝,保墒、保苗安全越冬。

7. 早春锄划

早春的温度和水分是影响小麦返青生长的主要矛盾。早春中耕锄划可以提高地温、保墒,达到表土细碎、上虚下实,促进根系的生长,促苗早发快长。生产中一般在返青前后进行搂麦。

8. 酌施返青肥水

生产中一般返青期不追肥、不浇水。但对于失墒重,水分成为影响返青正常生长的主要因素的麦田,应浇返青水,俗称“救命水”。但不可过早,宜在新根长出时浇水。浇水量不宜过大,以每公顷 600 m^3左右为宜。越冬前有脱肥症状的,可以结合浇返青水少量追肥。浇水后要适时锄划,增温保墒,促苗早发。

9. 禁止麦田放牧

麦田放牧对麦苗有多种危害。一是减小绿叶面积,光合产物合成和积累能力下降;二是延缓返青进程,严重的会造成麦苗死亡;三是造成麦苗机械损伤,易引起病虫侵害,加重春季干旱和寒冷的危害。

二、中期管理

(一)生育特点与管理目标

1. 生育特点

小麦生长中期是指从起身到抽穗期所经历的一段时间,40～45 d,包括起身期、拔节期、孕穗期。

(1)是营养生长与生殖生长同时并进时期。根、叶继续生长,茎的节间依次伸长,同时穗进一步分化与最后形成,是争取穗大粒多的关键时期。生长速度快,尤其是拔节到孕穗是小麦一生中生长速度最快、生长量最大的时期。此期,植株对水肥要求十分迫切,反应也很敏感。

(2)生长发育中心发生了变化。起身之前,生长中心以营养生长为主,光合产物主要供植株分蘖生长,起身后进入生长并进阶段,生长中心转入茎、穗为主,光合产物主要供给茎、穗的发育。所以,此期是决定成穗率和争取壮秆大穗的关键时期。

(3)是群体与个体矛盾突出的时期。起身期是决定群体发展的关键时期,起身期前后春季分蘖进入高峰,虽然个体数目不再增加,但个体体积却迅速增大,群体通风透光差。挑旗前后,叶面积系数达最大,而地上节间尚未充分伸长,叶片密集于近地面 30～50 cm 的空间,很容易造成遮光荫蔽。

(4)病虫草进入高发期。随温度回升,各种病虫草害发生较重,如白粉病、锈病、黑穗病、全蚀病、赤霉病等病害及吸浆虫、麦蚜、黏虫、红蜘蛛等虫害,是田间防治的重要时期。

总之,此期植株内部器官之间,个体与群体之间,群体生长与栽培环境之间,矛盾表现得最为突出。

2. 管理目标

根据苗情类型,适时、适量的运用肥水等管理措施,协调地上部与地下部、营养器官与生殖器官、群体与个体之间的生长关系,促进分蘖两极分化,创造合理的群体结构,既达到壮秆大穗目的,又为后期生长奠定良好基础。

(二)管理措施

1. 合理运筹起身拔节期肥水

(1)起身拔节肥水的作用

①起身期肥水的作用　延缓分蘖两极分化,促大蘖成穗,提高成穗率,增加单位面积穗数;能促进小花分化,减少不孕小穗,有利于争取穗大粒多;能促进中部茎生叶面积增大,利于增加中后期光合产物,提高粒重。但起身肥水同时可促进茎基部一、二节间伸长,在群体较大时引起倒伏;也可能造成叶面积过大而郁蔽。因此,起身期肥水对群体小的麦田弊少利多,群体适中的利弊皆有,群体大的有弊无利。

②拔节期肥水的作用。减少不孕小穗和不孕小花数,有效提高穗粒数;促进中等蘖赶上大蘖,提高成穗整齐度;促进旗叶增大,延长叶片功能期,提高生育后期光合作用和根系活力,延缓衰老,增加开花后干物质积累,提高粒重;促进中上部节间伸长,有利于形成合理株型和大穗。

(2)因地因苗合理运筹起身拔节期肥水　根据起身期和拔节期肥水的作用及具体苗情,合理运筹肥水管理措施。

①起身期　对于群体较小、苗弱的麦田,要在起身初期施肥、浇水,以促进春季分蘖增生,提高成穗率;对于一般麦田在起身中期施肥、浇水;对旺苗、群体过大的麦田,应控制肥水,促进分蘖两极分化,防止过早封垄发生倒伏。

②拔节期　对于地力水平和墒情较好,群体适宜的壮苗,春季第一次肥水应在拔节期实施;对旺苗需推迟拔节水肥;返青期已经浇水施肥的麦田,也应该推迟到拔节期再施肥浇水;起身期已追肥浇水的麦田,在拔节期控制肥水。拔节期肥水的时间,应掌握瘦地、弱苗宜早,肥地、壮苗和旺苗宜晚的原则。

2. 控制旺长

旺长麦田群体偏大,通风透光不良,麦苗个体素质差,秆高茎弱,根冠失衡,抵抗能力下降,尤其是抗倒伏能力降低,后期遇风雨天气易倒伏减产。

控制小麦旺长的传统措施主要用镇压、深中耕断根、限制肥水等方法,但耗时费工,控制期短。目前,使用植物生长延缓剂进行化控是较为经济有效的手段,可调节小麦茎叶生长,使小麦基部节间缩短、粗壮,防止后期"茎倒"和后期根系早衰,提高小麦抗旱、抗寒、抗风的能力。可选用壮丰安、多效唑等化控产品,在小麦返青到起身期,每公顷用15%多效唑可湿性粉剂750 g,或每公顷用壮丰安(即20%甲多微乳剂)450～600 mL,对水375～600 kg稀释后喷洒。要求无风或微风天气喷施。在小麦拔节中后期不宜使用,以免形成药害和影响抽穗。

3. 浇好孕穗水

小麦孕穗期是四分体形成、小花集中退化时期。此期为需水临界期，缺水会加重小花退化、减少穗粒数，影响千粒重。良好的水肥条件，能促进花粉粒的正常发育，提高结实率，增加穗粒数，还有利于延长上部绿色部分功能期，促进籽粒灌浆。因此，孕穗期必须保证水分的供应。

此期一般不再施肥，但对于叶色发黄、有缺肥表现的麦田，可补施少量氮肥。叶色浓绿的麦田则不宜追肥，以免贪青晚熟。

4. 防治病虫草害

近年来，除麦蚜、白粉病等原常发病虫害外，纹枯病、根腐病、赤霉病、吸浆虫等病虫害发生也较为严重。由于收割机跨区作业等影响，麦田禾本科杂草种类也进一步增多。总的特点是病虫草害发生范围扩大，种类变化复杂，潜在危害加重。因此，应加强病虫草害的预测预报并及时防治。

小麦返青至拔节前，重点防治小麦纹枯病，当平均病株率达 10%～15%或病情指数达 5 时，用 12.5%烯唑醇可湿性粉剂稀释 3 000～4 000 倍，对准小麦茎基部喷雾。

孕穗至扬花期，重点防治小麦吸浆虫、麦蚜、小麦白粉病，监控赤霉病发生。防治小麦吸浆虫，一是蛹期处理，即在小麦孕穗中后期进行小麦吸浆虫中蛹期防治，每公顷用 40%甲基异柳磷乳油 2 250～3 000 mL 或 5%毒死蜱粉剂 9 000～13 500 g 对适量水，拌细土 375 kg 制成毒土，顺麦垄均匀撒施，然后浇水；或每公顷用 3%甲基异柳磷颗粒剂 30～37.5 kg，拌细土 150 kg，均匀撒施于土表后浇水。二是药杀成虫，一般在 70%～80%的小麦抽穗但未扬花之前，可用浆蚜灵、吡虫啉、高效氯氰菊酯 1 000 倍液，于下午 4 时后最好黄昏时喷雾防治。小麦抽穗扬花期，可混合施药、一喷多防，每公顷用 15%粉锈宁可湿性粉剂 900～1 200 g 加 10%吡虫啉可湿性粉剂 300 g 或 4.5%高效氯氰菊酯乳油 450 mL，对水 600～750 kg 喷雾，可一次施药兼治小麦吸浆虫、麦蚜、小麦白粉病。

5. 防止晚霜危害

小麦拔节至孕穗期间要防止晚霜冻害。拔节后，生长锥已处于地表以上，抗寒能力很弱，晚霜低温易造成冻害。据资料介绍，当夜间百叶箱温度降到－2～－5℃，地面温度降到－5～－10℃，如持续 6～7 h，对拔节以后（第二节间显著伸长）的植株危害严重，刚拔节的危害较轻。

浇水是预防和减轻晚霜冻害的有效措施。但浇水时间不同，防冻效果不同，在霜冻降温过程中浇水的，反而冻害严重。因此，应随时关注天气变化，根据天气预报，在低温寒潮到来之前采取灌水等措施，预防晚霜冻害，减轻不利天气的影响。返青以后如遇寒流应立即停止浇水，温度回升后再浇。

三、后期管理

(一)生育特点与管理目标

1. 生育特点

小麦生育后期是指小麦从抽穗至成熟的阶段。生育后期不再形成新的器官，生育中心转移到籽粒上来。小麦籽粒产量大部分来源于后期光合产物，产量越高比重越大。所以，此期是决定穗粒数、粒重和籽粒品质的关键时期。小麦茎叶和根系功能逐渐由盛而衰，如果管理措施不力，容易造成贪青或早衰，影响籽粒灌浆和产量。

2. 管理目标

保持根系的正常生理机能，延长上部叶片功能期，抗灾防病虫，防止早衰与贪青晚熟，促进光合产物向籽粒运转，实现粒多、粒重。

(二)管理措施

1. 浇水

小麦抽穗到籽粒形成期(约开花后10 d)，根系生活力依然较强，籽粒迅速膨大，对水分的要求极为迫切，如果水分不足，会影响光合产物的合成和运转，导致籽粒干缩退化，降低穗粒数。所以，抽穗扬花期必须保证水分充足供应。

进入灌浆期后，根系活力逐渐衰老，对环境条件的适应能力较弱，要求有平稳的地温和适宜的水气比例，水分以70%～75%为宜，以维持根系正常的呼吸和吸收。因此，浇好灌浆水，不仅可以满足小麦灌浆对水分的要求，还可降低地温，有利于防止根系早衰，达到以水养根，以根保叶，以叶保粒的作用。同时可减轻干热风危害。

所以，生育后期应根据土质、墒情、降雨和小麦生长情况，做好抽穗扬花期和灌浆期的水分运筹。由于后期穗子较重，应注意天气预报，防止浇后倒伏，遇风要停浇，浇水量也不要过大。

2. 叶面喷肥

对于叶色较淡，有早衰趋势的麦田可叶面喷洒2%～3%的尿素溶液，每公顷用量750 kg，以防早衰；对有贪青晚熟趋势的麦田，可喷0.3%～0.4%磷酸二氢钾溶液，每公顷用量750 kg，加速养分向籽粒中转移，提高灌浆速度。

3. 防治病虫害

及时防治麦蚜、吸浆虫、黏虫、白粉病、锈病、赤霉病等病虫害。以延长叶片功能期，提高光合强度，增加粒重。

生育后期将杀虫剂、杀菌剂、磷酸二氢钾(或其他能预防干热风的植物生长调节剂、微量元素肥料等)混配，一次喷药达到防治病害、防治虫害、防干热风、增加粒重的目的，称为“一喷三防”或“一喷多防”，是降低作业成本、减少用药次数的一项重要措施。杀虫剂、杀菌剂、磷酸二氢钾或其他生长调节剂的选用要有针对性，针对本地常发生、已发生的病虫害或干热风等问题，做到一喷多效、一喷综防。

查一查：

当地小麦生产中主要存在哪些病虫害？各种常发性病害的症状、发病规律及防治方法是什么？各种常发害虫的形态特征、发生规律及防治方法是什么？

子项目五 小麦收获储藏技术

一、收获

小麦适宜收获期很短，常遇风、雹、雨的威胁。收获过早，千粒重低、品质差，脱粒也困难；过晚易断穗、落粒。小麦的粒重以蜡熟末期至完熟期最高，籽粒品质也以这一阶段为最好，是最佳的收获时期。这一阶段小麦的外部特征是：麦穗变黄，叶片枯黄，茎秆金黄，茎节微绿；籽粒内部呈蜡质状，能被指甲切断。在此期间要抓住晴好天气，及时收获，防止烂场雨。目前，小麦收割多使用联合收割机，收割、脱粒、秸秆粉碎一次完成，可缩短收割时间，工效高。

二、储藏

小麦籽粒储藏前必须充分晾晒，使含水量低于13%以下时再入仓储藏，以免影响种子发芽率和活力。但作为种用的不宜过度暴晒，更不能在水泥地上面晒种，以免烫坏种子。要求储存麦种的仓库温度最好在20℃以下，通风干燥，还要注意防鼠、防虫。

复习思考

一、填空

1. 小麦自(　　)到(　　)为营养生长阶段，从(　　)到(　　)为营养生长与生殖生长并进阶段，从(　　)至(　　)为生殖生长阶段。

2. 小麦在春化阶段所需要的综合外界条件中，起主导作用的是一定时间的(　　)。

3. 小麦的根系为须根系，由(　　)根群和(　　)根群组成。

4. 小麦在胚芽鞘分蘖不发生的情况下，当一株麦苗主茎叶龄分别达到3、4、5、6、7、8时，该麦苗包含主茎在内的理论分蘖数(即总茎数)分别是(　　)、(　　)、(　　)、(　　)、(　　)个(不包括胚芽鞘分蘖)。

5. 小麦从受精坐脐至多半仁称为(　　)过程，从多半仁到蜡熟前称为(　　)过程。

6. 小麦熟相可分为(　　)、(　　)和(　　)三种类型。

二、简答

1. 小麦有哪些物候期？其记载标准分别是什么？
2. 小麦阶段发育的概念是什么？在生产上有何实践意义？
3. 适宜小麦种子萌发出苗的外界环境条件是什么？
4. 什么叫分蘖节？其作用是什么？
5. 小麦蘖叶同伸关系是怎样的？
6. 影响分蘖发生的因素有哪些？
7. 小麦群体分蘖消长动态是怎样的？
8. 外界环境条件对小麦幼穗分化有何影响？
9. 外界环境条件对籽粒发育有何影响？
10. 选用小麦良种的原则是什么？调查适宜当地推广的小麦品种有哪些？
11. 小麦适时播种有什么意义？确定适宜播种期的依据有哪些？
12. 小麦基本苗的确定要考虑哪些因素？如何计算播种量？
13. 小麦冬灌有什么意义？冬灌的时间如何掌握？
14. 小麦化学除草技术？
15. 小麦起身肥水、拔节肥水的作用分别是什么？如何合理运筹起身拔节肥水？
16. 如何控制小麦旺长？
17. 小麦前期、中期、后期管理的主攻目标是什么？有哪些管理措施？

项目三　水稻栽培技术

【知识目标】

了解水稻各生育阶段的特点，水稻的感光性、感温性、基本营养生长性，水稻三性在引种和生产上的应用。

【技能目标】

掌握水稻育苗技术、移栽技术、本田管理技术和收获储藏技术。

【项目导入】

居住在我国长江以南地区的少数民族，大部分都是自古以来以种稻谷为主要生产手段的稻作民族。这些民族一般都有稻种起源的神话传说，相传在远古时代，天神叫神犬把稻种带给人间。当神犬快到凡间时，因一时不小心把稻穗掉在了树杈上。因为犬不会爬树，拿不到树杈上的稻穗，正在着急的时候，一只麻雀飞到树上衔着稻穗飞到人间。但麻雀也不小心把稻穗掉在岩缝里面。这次麻雀也无能为力，拿不到稻穗了。这时一只水蛭爬进岩缝里，用身上的黏液黏住稻种，最终把稻种带给了人间。当初天神把稻种带给人间时，稻子整株都是穗子，凡间的人们竟然埋怨稻穗刺人，无处可抓，求天神想想办法。天神接受了人们的无理请求，命神犬把稻穗咬掉一把，好使人们在收割稻子时有地方可抓握。而神犬听成咬掉以后只留一把穗子，所以神犬把稻株下面的稻穗全都咬掉了，只留了上面的一小把，所以如今稻穗只有一把那么长。

水稻为禾本科稻属植物，是栽培稻的基本类型。普通栽培稻是野生稻经驯化演变最初形成的栽培稻种。普通栽培稻分布于世界各地，占栽培稻品种的99%以上。

国际上有许多学者认为水稻起源于热带亚洲的印度或是亚热带的广西，后由中南半岛传入中国的中原地区，在中国广为栽种后，逐渐传播到世界各地。在中国，水稻栽培历史悠久，1995年在中国湖南道县玉蟾岩遗址里，发现了四粒黄色的稻谷，测定年代为公元前一万年前，是目前世界上发现最早的稻谷，此外在长江下游河姆渡也曾出土了约7 000年前的稻种残留物、广东英德出土的约一万年前的人工栽培的水稻硅质体。中国的古稻有些甚至被科学家拿来重新种植，并加入杂交稻的品种当中。

水稻的主要种植区域在中国南方、中国台湾、日本、朝鲜半岛、东南亚、南亚、欧洲南部地中海沿岸、美国东南部、中美洲、大洋洲和非洲部分地区，中国北方沿河地区也种植稻。也就是说，除了南极洲之外，几乎大部分地方都有稻米种植。

根据国际粮农组织统计局的统计，目前中国是世界上最大的稻米生产国家，年产量达1亿9 300万t，占全世界35%的产量；印度位居第二，年产量达1亿4 800万t；印度尼西亚排第三，年产量6 000万t，连中国的1/3都不到；而孟加拉和越南分居第四和五位，年产量分别是 4 600 万 t 和 3 800 万 t。

近年来中国积极对水稻和旱稻进行研究，还将发展最快的杂交稻用以推动中国农业的发展，以此来帮助经济的发展，解决粮食安全等问题。

查一查：

1. 什么是“再生稻”、“杂交水稻”和“旱稻”？
2. 目前，世界水稻主产国分别是哪几个国家？我国的水稻产量居世界第几位？

子项目一 水稻栽培基础

一、水稻的一生

(一)植物学特征

水稻为禾本科稻属，一年生草本植物。

1. 根

水稻根属于须根系，由种子根（初生根）、不定根（次生根）组成。初生根由胚根发育而成，出苗后 2～3 d，第一片完全叶出现后，陆续形成初生根系。水稻的第二片、第三片完全叶长出的同时，在不完全叶的叶节上长出 5～6 条次生根。第三片完全叶展开时，幼苗根中基本形成通气组织，从此后，苗床或田面可以经常保持浅水层。水稻的初生根系如图 3-1 所示。

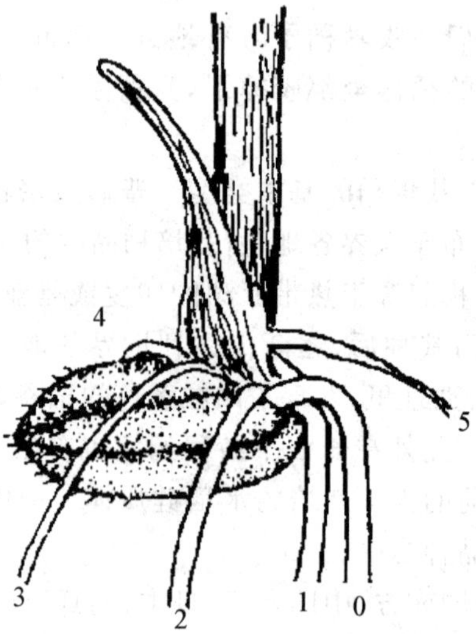

图 3-1 水稻的初生根系

0. 种子根 1～5. 次生胚根

分蘖期是水稻次生根系形成的主要时期。四叶期，第一叶节发生分蘖的同时发根。每增加 1 片叶，发生一轮新根，每层根 5～20 条。水稻的发根力随生长不断变化，出苗后 30 d，生根速度最快，40～50 d 发根力最大，最高分蘖期后 15 d 达到一生根量的高峰期。水稻的次生根系如图 3-2 所示。

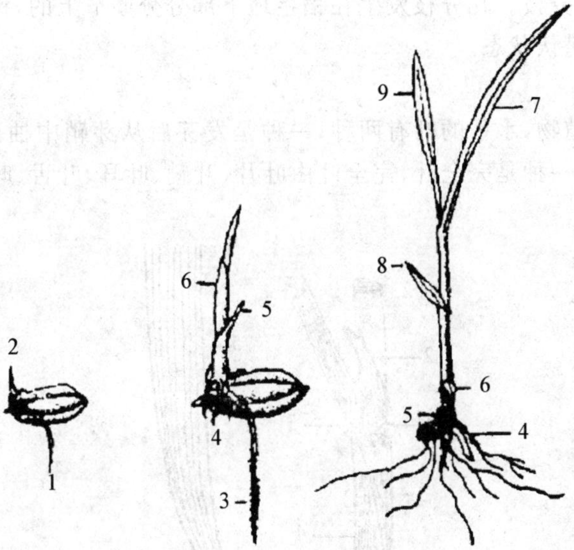

图 3-2　水稻的次生根系

1. 胚根　2. 胚芽　3. 种子根　4. 节根　5. 芽鞘　6. 不完全叶
7. 第二片完全叶　8. 第一片完全叶　9. 第三片完全叶

水稻根 75%～85%分布在 10 cm 耕层中，90%分布在 20 cm 的耕层中，拔节前，根在耕层中呈横椭圆形分布，拔节后向深层发展呈倒卵形。水稻的根系如图 3-3 所示。

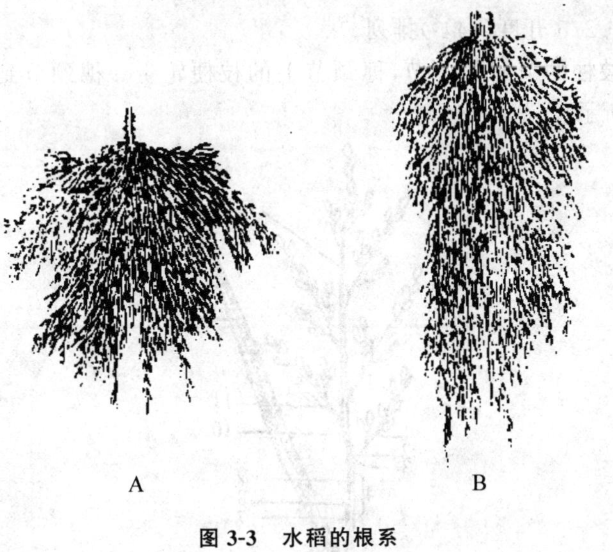

A　　B

图 3-3　水稻的根系

A. 分蘖期　B. 长穗结实期

2. 茎

稻茎一般为圆筒形，中空，茎上有节，上下两节之间称为节间。茎的基部茎节密集，节间不伸长，称为根节或分蘖节；茎的地上部分的节间可以伸长，称为伸长节。稻茎的高矮因品种和环境条件而变化很大，一般为70～110 cm。茎基部节间长短与粗壮程度和倒伏很有关系，短而粗的不易倒伏，长而细的容易倒伏。稻茎各节，除顶节外，都有一个腋芽。这些腋芽在适宜的条件下，都能发育成分枝。凡分枝发生在稻茎地下部分分蘖节上的，称为分蘖。稻茎地上部分各节的腋芽通常呈潜伏状态。

3. 叶

水稻属于单子叶植物，水稻的叶有两种，一种是发芽后从芽鞘中抽出的只有叶鞘，叶片高度退化的不完全叶；另一种是完全叶，完全叶由叶片、叶鞘、叶耳、叶舌、叶枕组成。水稻的叶如图3-4所示。

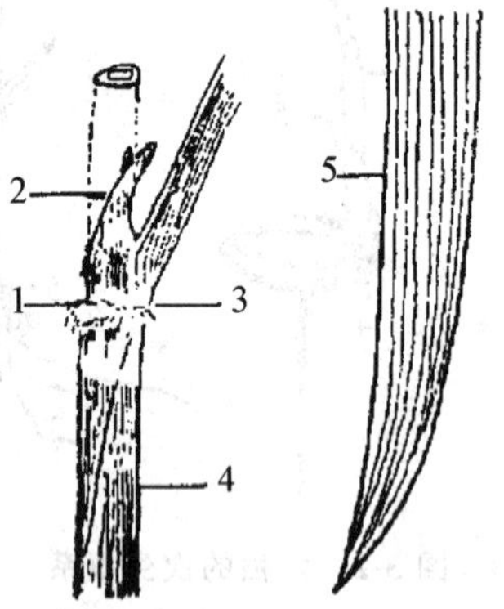

图3-4 水稻叶的结构

1.叶耳 2.叶舌 3.叶枕 4.叶鞘 5.叶片

4. 穗和颖花

稻穗为圆锥花序。穗的中央有一主轴叶穗轴，穗轴上有8～10个节，节上着生1次枝梗，1次枝梗在穗轴上呈2/5开度(144°)排列。

穗轴基部着生枝梗的节叫穗颈节，穗颈节上的枝梗轮生。穗颈节到剑叶叶耳间为穗颈。水稻的穗如图3-5所示。

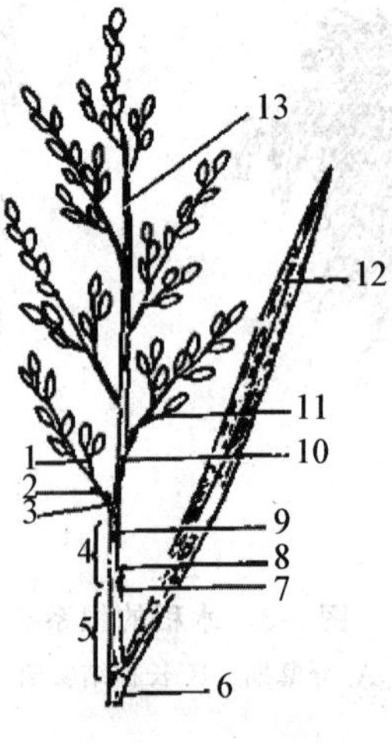

图3-5 水稻的穗

1.二次枝梗 2.退化二次枝梗 3.一次枝梗 4.穗节距 5.穗颈长 6.顶叶鞘 7.穗颈节 8.退化一次枝梗 9.穗轴 10.穗节 11.退化颖花 12.顶叶 13.退化生长点

一次枝梗上分生出二次枝梗，一次枝梗上着生 5～6 枚小穗；二次枝梗上着生 3～4 枚小穗。每个小穗是 1 朵可孕花。水稻颖花由小穗柄、小穗轴、副护颖、护颖、外颖、内颖、雄蕊、雌蕊、鳞片构成。水稻的颖花如图 3-6 所示。

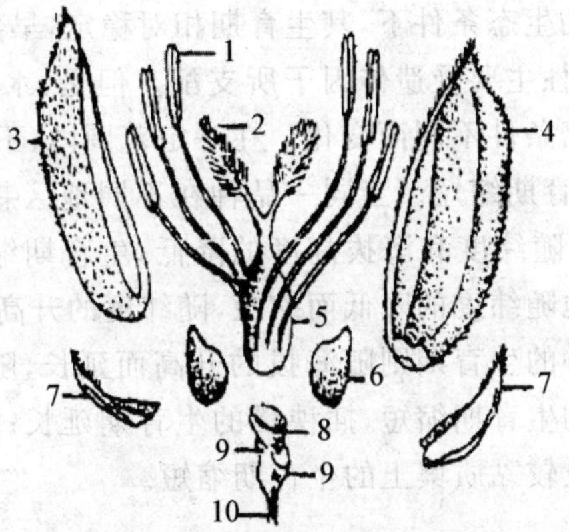

图 3-6　水稻的颖花

1. 花药　2. 柱头　3. 内颖　4. 外颖　5. 子房
6. 鳞片　7. 护颖　8. 小穗轴　9. 副护颖　10. 小穗梗

水稻是自花授粉作物，花朵开放前即已完成授粉，天然杂交率 0.2%～0.3%。

5. 种子

成熟的稻粒，生产上常称为种子。水稻的种子属颖果，千粒重一般为 25～30 g，由颖壳和糙米两个主要部分组成。水稻的种子如图 3-7 所示。

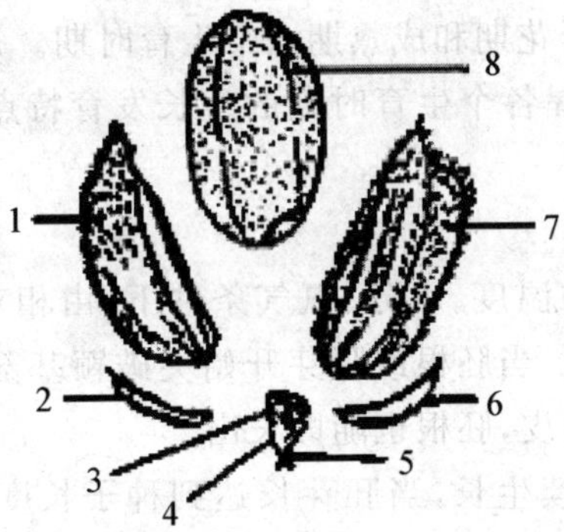

图 3-7　水稻的种子

1. 内颖　2. 第二护颖　3. 小花梗　4. 副护颖
5. 小穗梗　6. 第一护颖　7. 外颖　8. 米粒

(1)颖壳　颖壳由两个尖底船形的互相钩合着的内外颖构成，外颖的尖端为颖尖，有的品种外颖的尖端延伸形成芒，其长短因品种而异，最长的可达 6～7 cm。

(2)糙米　稻粒去掉颖壳即为糙米，糙米表面光滑，白色或半透明，也有红色、紫色和黑色的。未成熟的糙米呈绿色，成熟的糙米绿色消失而呈白色。糙米除了包在外边的薄薄的果皮外，主要由胚乳和胚两部分构成。胚乳重占种子总重的 83%，胚只占种子总重的 2%，但含有大量的高能营养物质，胚由胚芽、胚轴、胚根和盾片等组成。

(二)生育期

水稻从出苗到成熟所经历的天数称生育期。

水稻的生育期具有一定的稳定性，一般而言，同一品种在同一地区、同一季节、不同年份栽培，由于年际间都处于相似的生态条件下，其生育期相对稳定，早熟品种总是表现早熟，迟熟品种总是表现迟熟。这种稳定性主要受遗传因子所支配。但是，水稻生育期的长短也具有可变性，它会随着生态环境和栽培条件不同而变化。在一定范围内，不论何种品种，一般播种越早，生育期越长；播种延迟，则生育期缩短。当同一品种在不同地区栽培时，表现出随纬度和海拔的升高而生育期延长，相反，随纬度和海拔高度的降低，生育期缩短；当海拔相同而纬度不同时，同一品种的生育期明显地随纬度的降低而缩短，随纬度的升高而延长；而在纬度相同、海拔不同的情况下，同一水稻品种的生育期则随海拔的升高而延长，随海拔的降低而缩短。另外，从栽培措施看，一般插秧密的生育期缩短，插秧稀的生育期延长；多施氮肥比多施磷钾肥生育期延长；水稻种植于沙质壤土较黏质壤土的生育期缩短。

查一查：

根据水稻幼穗分化和拔节的先后关系，我国水稻品种可分为哪几个类型？

想一想：

根据水稻的生育期，不同地区引种时应注意哪些问题？

(三)生育时期

在水稻的一生中，根据植株的外部形态和内部生理特性，可将其划分为种子萌发期、幼苗期、分蘖期、拔节孕穗期、抽穗开花期和成熟期六个生育时期。每个生育时期的生育特点不同，对环境条件要求各异，只有掌握各个生育时期的生长发育特点，才能及时采取适当的促控措施，获得理想的产量和效益。

1. 种子萌发期

通过休眠的种子，在适宜的温度、水分、氧气条件下，由相对静止状态转变为显著变动状态，开始生长，这个过程叫萌发。当胚根或胚芽开始突破颖基部出现白点时，称为“破胸”。在一般情况下，胚芽鞘首先突破种皮，胚根也随即长出。

种子破胸后，胚根、胚芽继续生长，当胚芽长达到种子长度的一半，胚根长达到种子长度时，为发芽。发芽过程如图 3-8 所示。

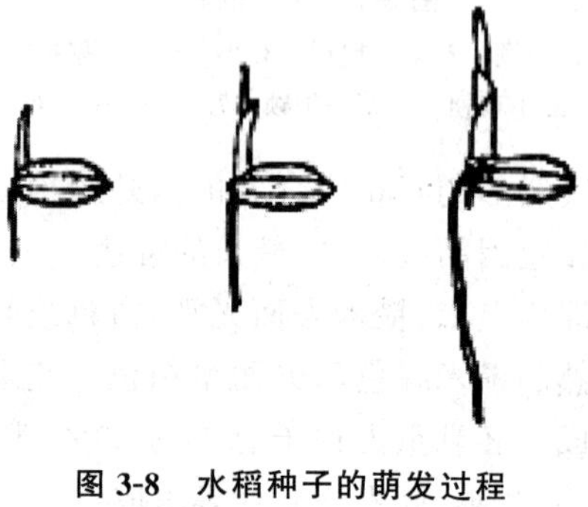

图 3-8 水稻种子的萌发过程

水稻种子的萌发，主要取决于种子的生活力以及外界条件：

(1)种子生活力的强弱 种子越成熟，发芽率越高；未成熟的种子，其生活力低，不但发芽速度缓慢，在萌发过程中容易霉烂，而且幼苗发育也差；种子储藏时含水量过高，或者受潮、发热、霉烂或受冻，胚的生活力都将受到影响，甚至完全失去生活力，导致不发芽。

(2)水分 种子只有吸足水分才能萌发。最适萌发吸水量为种子饱和吸水量的70%。种子吸水的速度与温度有关，在10～40℃范围内，吸水速度随水温升高而加快。

(3)温度 种子吸足水分后，还必须在一定的温度下才能萌发。据测定，黑龙江省水稻种子萌发的最低温度为9～10℃，但发芽缓慢；萌发的最适温度为25～30℃，发芽比较整齐健壮；种子发芽的最高温度为40℃，超过40℃就会抑制幼根、幼芽的伸长。

(4)氧气 随着水稻种子萌发的进展，由于呼吸作用逐渐增强，种子对氧气需求量逐渐增加。在催芽过程中，稻谷的呼吸作用比浸种(淹水)时的呼吸作用有所增加，到破胸阶段，呼吸作用又逐渐减弱。因此，要求催芽时，种堆不能过厚，水分不能过多，温度不能过高，且要勤翻动，使种子均匀受热通气，含水均匀一致，以防酒精中毒，导致烂籽烂芽。

2. 幼苗期

从出苗到第三片完全叶展开叫作幼苗期，但生产中把秧田期也叫作幼苗期。胚芽向上长出白色而挺立的芽鞘后，从芽鞘中伸出1片只有叶鞘的不完全叶，不完全叶的出现，标志幼苗从完全依靠胚乳供应养分转向通过光合作用独立营养的过程。

影响幼苗生长的因素：

(1)温度 粳稻出苗的最低温度为12℃，一般以日平均气温在20℃左右，对培育壮秧最为有利。此外，幼苗的耐低温能力，随着叶龄的增加而减弱。

(2)水分和氧气 水稻幼苗生长过程中，需要一定的水分和氧气，二者又是相互联系和制约的，幼苗在湿润而又不淹水的情况下，因氧气充足，根的呼吸作用良好，生长较快，且根毛多，吸收面积大，进而使幼苗生长健壮。因此，在幼苗根部通气组织形成前，不能长期淹水。

(3)养分 土壤有效养分的多少对幼苗生长有很大影响。水稻三叶期以前，幼苗中20%的氮是从土壤中吸收的。三叶期以后开始独立生活，因此，应适量施用氮肥，并配合施用磷钾肥。

(4)光照 水稻幼苗生长需要一定的光照条件。三叶以前，幼苗主要依靠胚乳供养生长，但光照不足幼苗白化细弱。三叶期以后，光照的强弱对秧苗素质影响很大，光照不足，叶色较淡，叶鞘和叶片生长细长，幼苗纤弱。因此，育苗时应选择光照条件好的秧田，播种时还应掌握适当的播种量。

3. 分蘖期

水稻第四片完全叶抽出，开始发生分蘖。从开始分蘖到开始拔节这段时间称为分蘖期。分蘖是由水稻茎部腋芽发育形成的“分枝”。水稻发生分蘖是个体生长正常的表现，而群体的发展，必须以个体正常生长为基础。如果水稻没有分蘖，说明个体生长受到严重的抑制，很难达到高产目的。因此，分蘖对水稻产量的形成有很大影响。分蘖期生长的特点是：分蘖的增加及以分蘖为中心的发根、出叶、茎的长粗等营养生长的进行。分蘖期决定单位面积有效穗数的关键时期，是为水稻穗发育奠定物质基础的时期。

分蘖在主茎上所处的叶位叫分蘖位。分蘖由下而上依次发生，低位分蘖发生的早，往往形成有效分蘖；高位分蘖发生得晚，容易形成无效分蘖。当全田10%的植株发生分蘖时叫分蘖始期；50%的植株发生分蘖叫分蘖期。分蘖增加速度最快的时期叫分蘖盛期，分蘖盛期的主茎叶龄等于主茎总叶数的1/2。当田间总茎数同收获的有效穗数相等的日期称为有效分蘖终止期，主茎有效分蘖发生的临界叶龄期等于一生总叶数与伸长节间数之差。当全田分蘖数达到最多的日期，称为最高分蘖期，以后由于无效分蘖消亡，田间总茎数下降，所以最高分蘖期也就是分蘖终止期。

北方多数水稻品种一般6月末到7月初进入有效分蘖高峰期。到最高分蘖期凡是具有3.5片绿叶，形成独立根系，株高达到一丛中最高茎2/3高度的分蘖可以形成有效分蘖，达不到这一指标或此期间每周出叶速度不到0.5片叶的分蘖，一般是无效分蘖。

影响分蘖生长的因素：

(1)分蘖发生与秧苗营养状况的关系　秧田期由于播种较密，养分、光照不足，基部节上的分蘖芽大都处于休眠状态。拔节以后生长中心转移，上部节上的分蘖芽也都潜伏而不萌发，所以一般只有中位节上的分蘖节可以发育。秧苗营养充足，生长粗壮，移栽质量保证，低位蘖多，成穗率高。

(2)分蘖发生与温度的关系　分蘖生长最适温度为25～30℃，低于15℃或高于37℃对分蘖生长不利。水温的影响大于气温。所以，分蘖期气温、水温高，有利于分蘖的早生快发，有利于营养体的生长。

(3)分蘖发生与光照的关系　在自然光照下，水稻返青后3 d开始分蘖；自然光照为50%时，返青后13 d开始分蘖；当光强降至自然光照强度的5%时，分蘖不发生，主茎也会死亡。

(4)分蘖发生与水分的关系　分蘖发生时需要充足的水分。在缺水或水分不足情况下，植株生理功能减退，分蘖养分供应不足，常会干枯致死，这就是“黄秧搁一搁，到老不发作”的原因。

(5)分蘖与插秧深度的关系　插秧深度在2～3 cm比较适宜，超过此界限插秧越深，对分蘖发生的影响越大。深插由于分蘖节处在通气不良、温度较低的土层中，不利分蘖。插秧过深时，分蘖节下部节间伸长，形成“地中茎”，把分蘖节送到上层适宜深处，才能开始分蘖，使得分蘖发生迟缓，降低成穗率。

此外，水稻分蘖还与品种特性有关，不同品种的分蘖力也有差别。

4. 拔节孕穗期

拔节孕穗期是水稻的营养生长与生殖生长的并进阶段，在叶数不断增长，节间伸长的同时，幼穗开始分化，发根力开始下降，根量不再增加，是产量形成的关键时期。

影响穗分化的因素：

(1)温度　幼穗分化期是水稻一生中对温度反应敏感的时期。幼穗发育最适温度为25～30℃，在一定范围内温度高、穗分化速度快，分化过程缩短；温度较低，穗分化延长，颖花较多。粳稻低于19℃不利于穗分化。

(2)水分　幼穗分化期水分不足，会导致颖花大量退化并产生不孕花而减产，因而生产中以建立水层为宜。

(3)光照　幼穗梗分化期和颖花分化期如果光照不足，则已形成的枝梗和颖花退化，推迟性细胞成熟，不孕花增多。

(4)养分 幼穗分化期是水稻一生中需肥最多的时期，吸收氮、磷、钾占一生吸收量的一半以上，特别是氮素对穗分化影响最大。叶片含氮量高，分化形成的颖花多；叶片含氮量低，则颖花少，谷壳容积也小，最后形成的籽粒也小，产量低。

5. 抽穗开花期

幼穗发育完成以后，稻穗顶端伸出剑叶叶鞘外时，称为抽穗。一株水稻的抽穗次序一般是主穗先抽，再依各分蘖发生的迟早而依次抽穗。生产上要选择抽穗整齐的品种，加强田间管理，使植株生长健壮、整齐。

在正常条件下，稻穗抽出剑叶的当天或经 1～2 d 即可开花。一个颖花的内外颖开始张开到闭合的过程，叫作开花。水稻属于自花授粉作用，异花授粉率仅在 1%以内。

(1)影响抽穗的因素 正常天气，稻穗从剑叶露出到全穗抽出 4～5 d。其中，第 3 天伸长最快。不同类型品种间，抽穗快慢有所不同，早熟品种抽穗快，晚熟品种抽穗慢；气温低或肥水不足抽穗慢，且易出现“包颈穗”而影响产量和质量。气温高则抽穗快，抽穗的最适温度为 25～35℃，过高或过低均不利于抽穗。据研究，水稻安全齐穗的平均气温必须在 25℃以上，最低气温在 15℃以上。

(2)影响开花的因素 开花期适宜温度为 30℃，高于 37℃花药易干枯，不利于授粉。低于 20℃开花缓慢，低于 17℃则不开花，而形成秕粒。水稻扬花期，北方常有冷空气侵入，农谚里说“水稻扬花，怕刮西北风”，这样的天气不利于水稻的授粉，此外，阴雨或低温天气，均不利于授粉受精。

开花期空气相对湿度在 50%～90%的范围内都能开花，但以 70%～80%为适宜，低于 50%则花药易干枯不开裂，花丝不伸长。

6. 结实期

花粉落在柱头上 2～3 min 即发芽，受精在开花后 18～24 h 完成。受精后，胚及胚乳开始发育，养分自茎叶向籽实转运，子房开始逐渐膨大，进入灌浆、结实阶段。开化后 4～5 d，幼胚已经分化，并开始灌浆。从灌浆开始谷粒增长很快，一般开花后 7～8 d 可达到最大长度，8～10 d 可接近最大宽度，约 15 d 接近最大厚度。此时，米粒基本定型，以后是胚乳的充实，进入成熟过程。

水稻的成熟过程，根据谷粒内容物的形态和色泽，可分为乳熟期、黄熟期(蜡熟)、完熟期 3 个时期。乳熟期，米粒内容开始有淀粉积累，且呈现白色乳液，之后浊液由淡转浓，再由浓变硬，浆液消失，如蜡状，谷壳转黄，米粒背面仍为绿色，蜡熟期开始。再经 8 d 左右，谷壳呈黄色，米粒硬固，背部绿色转淡，到背面纵沟褪色时，蜡熟期结束，完熟期开始。最后整个谷壳变黄，米粒呈白色，米质坚硬，干物质积累达最大值时，为完熟期。

影响灌浆结实的因素：

(1)灌浆的适宜温度为 25～32℃，在 15℃以下灌浆极为缓慢，秕粒或青米增加，水稻在 13℃以下灌浆将完全停止，空粒增加。

(2)水稻开花受精后，植株由穗的发育转向种子的发育，但为了维持茎叶生机不衰，特别是为了供给灌浆结实的需要，还需吸收部分养分。据研究测定，谷粒物质的 2/3 以上都来自抽穗后的光合产物。因此，这一时期要防止功能叶片早衰，提高光合效率，同时田间仍应有一定数量的速效养分，但不能过多，尤其速效养分，以免稻株贪青徒长而影响结实。

想一想：

生产中应如何防止水稻的空秕粒？

查一查：

在本田生长期间影响水稻米质的外部环境条件。

二、水稻的三性及应用

(一)水稻的三性

水稻的生育期因品种不同有明显差异，这是不同品种对温度、光照不同反应的结果。水稻的生育期包括营养生长期和生殖生长期两个时期。不同品种的生殖生长期即从幼穗开始分化到成熟的日数差异是不大的，品种间生育期长短的不同，主要是由于营养生长期的差异。水稻的发育特性是影响稻株从营养生长向生殖生长转变的若干特性。这些特性集中表现为品种的感光性、感温性和基本营养生长性，通称为水稻的“三性”。“三性”是水稻遗传特性的反应，依品种而异。

1. 水稻品种的感光性

水稻原产于亚热带地区，系短日照性植物。日照时间缩短，可加速其发育转变，使生育期缩短。日照时间延长，则可延缓发育转变，甚至不转变，使生育期延长；或长期处于营养生长状态而不抽穗、开花。水稻的这种因日照长短的影响而改变其发育转变，缩短或延长生育期的特性，称之为感光性。一般晚稻品种或愈是晚熟的品种，其感光性愈强，属于对日长反应敏感的类型；而早稻品种或愈是早熟的品种，其感光性愈弱，属于对日长反应迟钝或无感的类型。

2. 水稻品种的感温性

各类水稻品种，在其适于生长发育的温度范围内，高温可加速其转变，提早抽穗；而较低温度可延缓其发育转变，延迟抽穗，使生育期延长。水稻因温度高低的影响而改变其发育转变，缩短或延长生育期的特性，称感温性。

3. 水稻的基本营养性

水稻的生殖生长是在其营养生长的基础上进行的，其发育转变必须有一定的营养生长作为物质基础。因此，即使是稻株处在适于发育转变的短日照、高温条件下，必须有最低限度的营养生长，才能完成发育转变过程，开始幼穗分化。水稻进行生殖生长之前，不受短日照、高温影响而缩短营养生长期，称为基本营养生长期，或短日高温生育期。不同水稻品种的基本营养生长期，其长短各异。这种基本营养生长期的长短的差异特性，称之为品种的基本营养性。至于营养生长期受短日照、高温缩短的那部分生长期，则称之为可消营养生长期。

(二)“三性”在水稻生产中的应用

1. 在引种上的应用

不同地区的生态条件互有差异，在相互引种时必须考虑品种的光温反应特性。凡对温度、光照反应钝感而适应性广的品种，只要生育季节能够保证，且能满足品种所要求的有效积温，引种比较容易成功。

不同纬度地区之间的引种，如北种南引，由于原产地稻作期间日长一般较长，温度较低，而引种至南方后，稻作期间日长一般较短，温度增高，因而生长发育快，生育期一般都会缩短。因此北种南引，一般引用早熟品种；否则，因其对高温反应敏感，发育快而易出现早穗，穗小粒少，招致减产。南种北引，因光温条件由短日高温变为长日低温，致品种发育迟缓，生育期延长。如引种感光性弱的早稻早熟类型较易成功；而感光性强的晚稻则难以成功，不宜引用。

从低海拔地区向高海拔地区引种（低种高引），由于高海拔地区温度较低，品种发育延迟，生育期也相应延长，因而应引用早熟品种为宜。相反高种低引，应引用晚稻类型品种较为适宜。

在纬度、海拔大体相同的地区之间，因两地光温条件大体相同，相互引种的品种生育期变化较小，引种较易成功。

2. 在栽培上的应用

为满足各类稻田耕作制度对水稻品种搭配、播、插期安排等的要求，以保证高产稳产，同样需要考虑品种的光温特性。如我国南方稻区小麦、油菜三熟制双季稻制度，由于季节紧张，为了保证全年水稻高产，早稻品类型原则上应选感光性弱、感温性中等，而短日高温生育期稍长的迟熟早稻品种。迟熟品种要求有效积温较多，较耐迟播迟栽，秧龄稍长不易老化拔节；而早熟品种，由于全生育期所需有效积温较少，感温性较强，短日高温生育期缩短，如育秧期间温度偏高而不能及时揭膜，插入大田易早穗，使产量难以提高。因此，在栽培上，应注意培育适龄壮秧，并加强本田前期管理，争取在短期内发足所需的苗数。早稻品种“翻秋”作晚稻栽培，更应注意控制秧龄，加强前期管理，以防高温季节发育加快，营养生长期缩短而导致减产。

3. 在育种上的应用

在进行杂交育种时，为了使两亲本花期相遇，可根据亲本的光温反应特性加以调控。如对感光性强的亲本采取适当迟播；或者对感光性强的亲本进行人工短日处理，促使提早出穗、开花。同样也可采用延长光照时间，使出穗、开花延迟，借以调节两亲本的花期，另外，为了缩短育种进程，或者加速种子繁殖，育种工作者多利用济南和广西等省区秋、冬季节短日高温条件进行繁殖。

想一想：

1. 根据水稻的“三性”，栽培上怎样引种才容易成功？
2. 水稻北种南引可能会出现的结果。

子项目二 水稻育秧技术

水稻育苗移栽是寒地一种集约化栽培方式。可提早播种，充分利用热量与光能等自然资源；幼苗期便于集中管理，减少或避免直播种容易发生的自然灾害；按计划要求栽苗保证全苗。

从而有利于实行栽培技术规范化，进行计划栽培，实现高产的目标。

育苗是水稻栽培的主要环节，壮苗是水稻丰产的基础。因此，培育壮苗是育苗的主要任务。当前，北方寒地培育壮苗的育苗方法，主要有水稻旱育苗、营养钵体育苗和棚盘育苗三种方法。

一、旱育壮苗量化标准

(一)壮苗的形态特征

秧苗的长势旺，生长整齐一致；根系发达，短白根多，无黑根烂根；茎扁蒲状，粗壮有弹性；叶片短、宽、厚，绿中带黄，叶枕距短，无病虫害。

(二)水稻旱育壮苗外部形态五项标准

1. 根旺而白

移栽时秧苗的老根移到本田后多半会慢慢死亡，只有那些新发的白色短根才会继续生长，生产上旱育壮苗根系不少于10条，所以，白根多是秧田返青的基础。

2. 扁蒲粗壮

扁蒲粗壮的秧苗，腋芽发育粗壮，有利于早分蘖，粗壮秧苗茎内大维管束数量多，后期穗部一次枝梗多、穗大，同时扁蒲秧体内储存的养分较多，移栽后这部分养分可以转移到根部，使秧苗发根快，分蘖早，快而壮。

3. 苗挺叶绿

苗身硬朗有劲。秧苗叶态是挺挺弯弯，秧苗保持较多的绿叶，对于积累更多有机物，培育壮秧，促进早发有利。

4. 秧龄适当

秧苗足龄不缺龄，适龄不超龄。看适龄秧既要看秧苗在秧田生长时间，更要看秧苗的叶龄，这才实际反应秧苗的年龄。

5. 均匀整齐

秧苗高矮一致，粗细一致，没有楔子苗、病苗和徒长弱苗等。

二、选用良种

(一)良种的选用

选用良种是水稻高产、稳产的基础。北方稻作区选用的水稻优良品种，应具有高产、稳产、质优、耐肥、抗病、耐冷、不倒伏、熟期适中及适应性强等特性。以栽培中熟品种为主，早、中、晚熟合理搭配。优良的种子品种纯度达到99%以上，发芽率95%以上，净度99%，含水量14%以下。北方稻作区育苗移栽，宜选用大穗型、分蘖力强、后期叶片受光态势好及成熟速度快的品种。

(二)北方主要水稻优良品种

我国北方地区常见优良水稻品种见表3-1。

表 3-1　我国北方地区常见优良水稻品种

品种名称	特征特性
津原 D1	全生育期 175 d 左右。抗早衰，活棵成熟，米质优。稻瘟病综合抗性指数 4.5，穗颈瘟损失率最高级 5 级。适宜在北京市、天津市、河北省冀东及中北部的一季春稻区种植。
宁粳 43	全生育期 150～155 d，晚熟品种。主茎叶片 15 片，半直立穗型，穗大粒多，籽粒长粒型，无芒。耐肥抗倒，耐低温，抗稻瘟病和白叶枯病。适于宁夏引黄灌区中等肥力田块插秧种植。
辽星 20	沈阳地区生育期 156 d，属中熟品种。主茎 16 片叶，半散穗型，穗长 18～20 cm，穗粒数 113.6 粒，千粒重 25 g，颖壳黄褐色，无芒。适宜在辽宁省沈阳以北中熟稻区种植。
松粳 12	生育天数 132～135 d，需活动积温 2 600℃左右。分蘖力强，主蘖整齐，活秆成熟。米质优良，无垩白，秆强、秆粗、秆硬，植株挺拔，抗倒伏抗病性强。适于黑龙江省第一、第二积温带插秧栽培。
吉粳 88	属中晚熟偏晚品种，生育期 143～145 d，需≥10℃积温 2 900～3 100℃。千粒重 22.5 g。适于吉林省四平、吉林、辽源、通化、松原等中晚至晚熟平原稻作区。
龙粳 21	生育期 133 d 左右，需活动积温 2 516℃左右。株高 88 cm 左右，穗长 16 cm 左右，每穗粒数 96 粒左右，千粒重 26.2 g 左右。适于黑龙江省第二积温带插秧栽培。
龙粳 26	一般旱育稀植插秧栽培条件下生育日数 128～130 d，需活动积温 2 350℃左右。抗稻瘟病，耐寒性强。较喜肥，后期活秆成熟，耐早霜，秆强不倒。适于黑龙江省第二、三积温带。
五优稻 2 号	生育期 135～137 d，需活动积温 2 778.6℃左右。株高 85.1 cm 左右，穗长 17.3 cm 左右，每穗粒数 96 粒，千粒重 25.1 g，分蘖力中等偏上。适于黑龙江省第一积温带插秧栽培。
空育 131	生育期 127 d 左右，需活动积温 2 320℃左右。株高 80 cm 左右，穗长 14 cm 左右，每穗粒数 80 粒，千粒重 26.5 g，主茎叶数 11 片。分蘖力强，成穗率高。适于黑龙江省第三积温带插秧栽培。
上育 397	生育日数 125 d 左右，需有效积温 2 400℃左右。株高 80 cm 左右，穗长 15.5 cm 左右，每穗粒数 60 粒，千粒重 27.2 g。分蘖力中等，适于中等肥力条件栽培。适于黑龙江省第二积温带下限和第三积温带插秧栽培。

三、水稻育苗技术

(一)育苗前的准备工作

1. 苗床地的选择

固定旱育秧田，常年培肥地力，培养床土，不宜随意变动。选择无污染，背风，向阳，水源、电源方便，地势高，干燥，排水良好，土壤偏酸，无杂草，土壤肥沃，地势平坦，无农药残留且四周要有防风设施的旱田、园田地、菜地。尽量不在稻田中育苗，稻田土壤结构不好，土壤通透性差，并且育苗期间灌水，不能育出理想的壮苗。

2. 育苗面积及材料

面积一般按 1∶(80～100)，即育 80～100 m^2 的育苗面积，能插 1 hm^2 的水田面积。材料有塑料棚布，大棚钢架，每公顷用秧盘(钵盘)400～500 个，浸种灵，食盐等。

3. 整地做床

整地做床应在秋季进行，先浅翻 15 cm 左右，及时耕耙整平，再按不同的棚型，确定好秧床的长、宽，拉线修成高出地面 8～10 cm 的高床，粗平床面，利于土壤风化，挖好床间排水沟。

4. 床土处理

在秋整地、秋做床的基础上，春季化冻后，进一步耙碎整平，按规格做好苗床。

(1)苗床土的配制原则　要求床土疏松，肥沃，有团粒，渗透性良好，保水保肥能力强，偏酸性，无草籽和石块等。

(2)配制营养床土的具体方法　原土是配制床土的主要载体，山区、半山区用山地腐殖土最好；平原地区用旱田土(不打除草剂的土)，水田土；盐碱地区用总干渠底土。每公顷用土量为 2 500 kg，最好头一年运回备用。如果是当年取土最好早运回晾晒，打碎，过筛，一般用 5 孔目筛子将原土的杂草、碎石筛掉。为了提高床土有机质的含量，一般要加草炭或腐熟农肥。配制水稻营养土如图 3-9 所示。

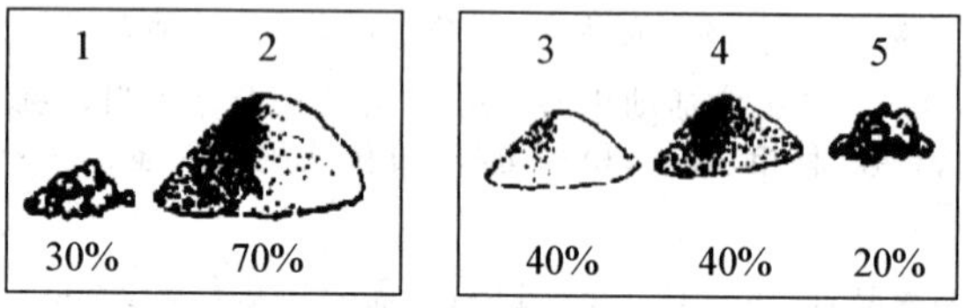

图 3-9　配制水稻苗床营养土(两种配方)

1.猪粪　2.旱田土　3.草炭　4.旱田地　5.猪粪

山地腐殖土。一般有机质含量都在 5%以上，同时又偏酸性，渗透良好，因此不必再加有机质。

旱田、水田土。一般比较肥沃的土壤的有机质也在 3%以下，因此必须加 10%左右腐熟好的猪粪或马粪，如加腐熟鸡粪，只能加 5%左右。

盐碱土壤。土壤结构差，有机质含量低，又偏碱，适当增加有机质的比例最为有利。一般加马粪 15%～20%。

有机质肥料同样用 5 孔目筛子筛一遍，然后同原土混拌过筛后备用。床土加有机质后还需要调酸，加化学肥料和消毒后才能叫营养床土。

配营养土的第一步配制调酸剂，山地腐殖土不用调酸。其他床土必须调酸，将床土调到 pH 在 4.5～5.5。一般生产上的做法是先将筛好的马粪或草炭进行酸化，用稀硫酸酸化，一般用 42.5 kg 水加 7.5 mL 浓硫酸，配制时把水称好放入缸内，后倒浓硫酸，倒入后搅拌一下，即成 15%左右的稀硫酸，用塑料喷壶往马粪上浇 15 kg 左右的稀硫酸。混拌均匀后闷半天即成酸化剂。一般情况下盐碱地区需准备浓硫酸 25 kg/hm^2，非盐碱地区准备浓硫酸 5～7 kg/hm^2。

第二步用酸化好的马粪或草炭进行床土调酸并加入化学肥料。先做小样试验，先用 4 kg 原土加 0.5 kg 酸化马粪，再称 4 kg 加 1 kg 酸化马粪，以此 4 kg 原土再加 1.5 kg 已酸化马粪作 5 份样品，分别拌均匀，用试纸测其 pH，使其在 4.5～5.5 范围。同时 1 000 kg 床土再加硫铵 2.5 kg，加 1.1 kg 二铵，1 kg 硫酸钾，0.1 kg 硫酸锌即制成了营养床土。

(二)种子处理

1.用种量

一般钵盘育苗用种量 25 kg/hm^2(发芽率在 95%以上)，一般旱育苗 30～40 kg/hm^2。

2.晒种

选择晴天，在干燥平坦地上平铺塑料布或在水泥场上摊开，铺种厚度 5～6 cm，晒 2～3 d，白天晒晚间装起来，在晒的时候经常翻动，保证其受热均匀，目的是提高种子活性。

3. 选种

成熟饱满的种子，发芽力强，幼苗生长整齐、苗壮。一般盐水选种。将盐水配制1∶13比重（约50 kg水加12 kg盐），其比重值在1.10～1.13为宜，将种子放在盐水内，边放边搅拌，使不饱满的种子漂浮在上面，捞出下沉的种子，去掉秕谷，用清水洗2～3遍，洗净种子表面的盐水。

4. 浸种消毒

把选好的种子用消毒剂恶苗净每袋100 g，加水50 kg，搅拌后浸种40 kg，常温浸种5～7 d，浸后不用清水洗可直接催芽播种。

5. 催芽

催芽在28～32℃温度条件下，芽整齐一致，如果有催芽器，用催芽器效果最好，正常情况下2 d左右就能发芽，当破胸露白80%以上时就开始降温，将种子堆温度控制在25℃适时催芽，芽长以1～2 mm为好，催好后放在阴凉处晾芽，等待播种。

6. 架棚作苗床

目前黑龙江省、吉林省多以大棚、中棚为主，小棚育苗很少。一般大棚的规格是宽5～6 m，长20 m，每棚可育苗100 m^2。棚以南北向较好，东西向亦可，在棚内作两个大的苗床，中间为30 cm宽的步道，四周挖排水沟，苗床上施腐熟农肥10～15 kg/m^2，浅翻8～10 cm，然后耧平，浇透底水。

(三)播种

1. 播种时期的确定

根据当地当年的气温和品种熟期确定适宜的播种日期。水稻发芽最低温为10～12℃，因此当气温稳定通过5～6℃时即可播种。

2. 播种量

播种量的多少直接影响到秧苗素质，只有稀播才能育壮秧。旱育苗播量标准以干籽150 g/m^2，芽籽200 g/m^2为宜，机械插秧盘育苗的播种量100 g/盘芽籽。钵盘育的播量为50 g/盘芽籽。超稀植栽培播量为35～40 g/盘催芽种子。

3. 播种方法

隔离层旱育苗播种：在浇透水的置床上铺打孔（孔距4 cm，孔径4 mm）塑料地膜，接着铺2.5～3 cm厚的营养土，浇1 500倍敌克松液5～6 kg/m^2；盐碱地区可浇少量酸水（水的pH为4），可用播种器播种，播种要均匀，播后轻轻压一下，使种子和床土紧贴在一起，再均匀覆土1 cm，然后用苗床除草剂封闭。播后在上边再平铺地膜，以保持苗床内的水分和温度，以利于整齐出苗。

秧盘育苗播种：秧盘（长60 cm，宽30 cm）育苗每盘装营养土3 kg，浇水0.75～1 kg，播种后每盘覆土1 kg，置床要平，摆盘时要盘盘挨紧，然后用苗床除草剂封闭。上面平铺地膜。

钵盘育苗播种：钵盘规格目前有两种规格，一种是每盘有561个孔的，另一种是每盘有434个孔的，后一种能育大苗，因此提倡用434个孔的钵盘。播种的方法是先将营养床土装入钵盘，浇透底水，用小型播种器播种，每孔播2～3粒。（也可用定量精量播种器），播后覆土刮平。

(四)秧田管理

秧苗管理要求管得细致，一般分四个阶段进行。

1. 播种至出苗

此期以密封保温为主。棚内温度控制在30℃左右，超过35℃时要通风降温。缺水时要及时补水，苗出齐后立即撤去地膜，以免烧苗。

2. 出苗至1.5叶期

出苗到1.5叶期幼苗对低温的抵抗能力强，注意床土不能过湿，否则影响根的生长，尽量少浇水，温度控制在20～25℃。当秧苗长到一叶一心时，用立枯净或特效抗枯灵药剂防治立枯病。

3. 1.5叶至3叶期

1.5叶至2.5叶是立枯病和青枯病的易发生期，也是培育壮秧的关键时期。这个时期对水分最不敏感，对低温抗性强。温度控制在20～25℃，高温晴天及时通风炼苗，防止秧苗徒长。在两叶一心期要追一次离乳肥，苗床追施硫酸铵30 g/m^2对水100倍喷浇，施后用清水冲洗一次，以免化肥烧叶。

4. 3叶期至插秧

此期不仅秧苗需大量水分，而且随着气温的升高，蒸发量也大，床土容易干燥，因此浇水要及时、充分，否则秧苗会干枯。温度应控制在25℃以内，加大通风，棚膜白天可以放下来，晚上外部在10℃以上时可不盖棚膜。

在插秧前3～4 d追一次“送嫁肥”，每平方米苗床施硫铵50～60 g，对水100倍，然后用清水洗一次。

为了预防潜叶蝇在插秧前用40%乐果乳液对水800倍在无露水时进行喷雾。插前用人工拔一遍大草。

起秧、运秧，要按当日插秧面积进行，不插隔日秧。

想一想：

水稻育苗期间应如何进行科学的管理？

查一查：

何为水稻标准化栽培？在水稻生产中有何意义？

子项目三　水稻移栽技术

一、稻田整地

（一）稻田整地的基本作业

稻田土壤耕作的目的是通过耕作改变土壤的理化性状，使之适于水稻生育；同时释放土壤中产生的还原性有毒物质；经过耕作，促使稻田含有的盐碱和酸性物质脱盐碱或转变土壤的生物化学性质，从而保证水稻稳产优质高产的土壤环境。

稻田整地的基本作业包括耕地、耙地、耢地。

1. 耕地

耕地能疏松土壤，改善耕层构造，混合肥料，翻埋根茬杂草，降低病虫危害，还能加深耕作层，较多的容纳水、肥。

耕地有秋耕、春耕之分，以秋耕为好。秋耕可以深耕，加厚耕作层，又能晒垡、冻垡，熟化土壤。如果来不及秋耕则要春耕。稻根85%以上分布在18 cm以内耕层中，从高产栽培角度看，秋耕一般应达到15～18 cm，春耕10～15 cm。具体掌握的原则是：肥地宜深，瘦地宜浅；不破坏犁底层，保水保肥；开荒新稻田，不要超过草根层3～5 cm。

2. 耙地

稻田耙地有干耙和水耙两种。干耙一般在春季进行，粉碎垡块，初平田面，再泡田5～7 d后进行水耙地，进一步平地，并泛起泥浆，使黏粒下沉，防止水田漏水。

3. 耢地

为进一步整平田面提高插秧和播种质量，为水层管理创造良好条件，插秧或播种前进行耢地，达到上有泥糊，下有团块，土块细碎，田面高低差不超过3 cm。

(二)各类稻田整地要点

1. 老稻田

老稻田土质比较黏重，有深厚的还原层，有害物质多。因此，在秋收后按地势先高后低的顺序进行秋耕。犁耕后通过冬春冻融交替，使土块自然破碎，便于整平耙细。春耕在水田化冻10 cm左右，趁冻底抢翻，深耕10～15 cm，沙性大或地势高的地块一般化冻快可早翻，机械翻不超过20 cm。秋翻地耕深18～20 cm，并于翌年早春化冻后，抓紧在适耕期内再旱耙1～2遍，以减少水分蒸发，防止垡块变硬，不易泡田。在插秧、播种前，根据土质和插秧期或播期适时灌水泡田，将土块浸透、泡软。在播种或插秧前2～3 d，将水撤成"花达水"开始水耙地。而后再用耢子进一步掩平田面，达到插秧或播种状态。

2. 新稻田

新开稻田、旱田改水田和播种年限短的水田，共同特点是漏水较重，田面不平，难以合理灌水。因此整地重点是早耙多耙，平整田面。耕地深度根据土质而定，黏土宜深，壤土宜浅，一般16～20 cm即可。同时应加强水耕水耙，促进犁底层的形成，防止漏水。

3. 盐碱地稻田

不论新老稻田，其首要任务是消除盐碱危害。盐碱地土质黏重，透水性差，耕翻晒垡更为重要。盐碱地翻耕晒垡的好处：一是将含盐量较高的表土翻到下层，并切断底土与耕作层的毛细管，减轻盐分向表土层的积累；二是增加冲洗时土壤与水的接触面；三是秋耕后经过冻融，使垡块松散，有利于春季洗盐；四是通过晒垡使垡心的盐分析出，洗盐时易于溶解，以免造成"闷碱"。

盐碱地翻耕应比非盐碱土深些。黑土层厚(30 cm左右)、盐碱化土层部位深，一般新开垦地要翻深15～18 cm，以后再隔年深翻，逐年加深，最深可达24～30 cm；黑土层薄、盐碱化土层部位高的，要浅翻，避免把盐碱土翻上来，加重耕作层盐碱化。盐碱地种过3～4年水稻后，物理黏粒移动速度加快，形成坚硬的犁底层，影响水稻根系正常发育，因此，利用深松机间隔35 cm，深松30 cm，达到不乱土层、全面松土，代替耕地，效果显著。

盐碱地整地前结合泡田洗盐，使20 cm耕层土壤全盐量降到对稻苗无害的界限以内，盐碱土全盐量0.25%～0.30%，含氯量达到0.1%，就要大量死苗，含盐量超过0.15%就要洗盐。碱地开发种水稻，一般应在4月中旬到5月中旬提早泡田，时间长，溶解盐分多。洗盐碱后耕层全盐量低于0.15%。全盐量0.5%以上的重盐碱地块应洗3～4次，0.5%以下的轻盐碱地洗2～3次，每次泡田3～4 d，则有显著的作用。值得注意的是：洗盐碱时要经常淹没垡块，防止落干，重新返盐。

想一想：

种植水稻应准备哪些农药？

查一查：

什么是测土配方施肥？水稻如何进行测土配方施肥？

二、移栽和合理密植

水稻秧苗从秧田移栽到本田，意味着幼苗期已经结束。水稻进入返青、分蘖期，是生长发育上的一个转折点，在水稻生产中是十分重要的环节。水稻移栽必须做到适时早栽，保证插秧质量，合理密植。

（一）移栽时期

水稻的移栽时期，要根据秧苗的类型（中苗或大苗），安全移栽期和安全抽穗期等来确定。适时早栽，能延长营养生长期，争得低位分蘖，增加有效分蘖，使稻株在穗分化前积累较多物质，有利于壮苗、大穗、增产。黑龙江旱育苗移栽早期界限是以当地气温稳定达13℃，地温达14℃时即可开始移栽，一般为5月中旬。

（二）移栽方法和质量要求

移栽的方法有机械插秧、人工手插或摆栽，要按确定的插秧规格拉标绳或划印。插秧的质量要求，旱育苗插的深度为2 cm左右，勿漂、勿深，深不超过3 cm。摆栽使钵体与地面平即可。浅插土温高、通气好、养分足，利于扎根分蘖，插的要直，不东倒西歪，行向直，行穴距一致。每穴的苗数要均匀，大面积插秧要周密制订计划、起秧、运秧、插秧配合好，防止中午晒秧，不插隔夜秧。插秧后要及时灌水，防止日晒萎蔫，促进返青。

1. 人工手插秧

（1）秧苗密度、手插秧规格　插秧规格有等距的正方形和宽行窄株两种形式。

等距的正方形，如18 cm×18 cm或15 cm×15 cm。优点是：秧苗受光均匀，有利于前期分蘖。但封行过早，造成中后期封闭，通风透光性差。

宽行窄株，它能改善群体通风透光的条件，有利于增加穗粒数，降低病害发生指数，提高光合效率。

（2）人工手插秧的质量要求　手插秧水稻，应该做到浅插、减轻植伤、插直、插匀。

浅插：移栽深度是影响移栽质量的最重要因素。浅插以不倒为原则，深不过寸，使秧苗根系和分蘖处于通风良好、土温较高、营养条件较好的泥层中，除造成返青慢、分蘖晚外，还会出现“二段根”或“三段根”。

减轻植伤：如果水稻移栽过程中受植伤，会影响返青和分蘖。因此，在移栽中必须减轻水稻受植伤的程度，其措施主要是提高秧苗素质，增强抗逆性能，保护秧苗根系。

插直：要求不插“顺风秧”、“烟斗秧”、“拳头秧”。这三种秧插得不牢，受风吹易漂倒，返青困难。

插匀：防止小苗插大棵，大苗插小棵，每穴苗数要均匀一致，行距、穴距大小也要均匀一致。这样，苗才能分布均匀，单株的营养面积和受光率才能保持均匀一致，稻株生长才能整齐一致。

2. 机械插秧

水稻机械化插秧技术是使用插秧机把适龄秧苗按农艺要求和规范，移栽到大田的技术，机械插秧技术具有栽插效率高，插秧质量好，用机械代替了人工，减轻劳动强度等优点。近年来研究推广的新型插秧技术，在总结吸收国内外工厂化育秧的基础上，采用软盘或双膜育秧，中小苗带土移栽，其秧田与大田比达 1∶100，可大量节省秧田并显著提高育秧工效，育秧成本大为降低，同时标准化育秧方式，为充分发挥插秧机的优越性以及后期的群体质量栽培奠定了良好的基础。

机械插秧农艺要求：插秧深度 1.5～2.0 cm，每穴株数 3～4 株，均匀度在 80%以上。行距 20～30 cm，株距 15～20 cm。行要直，不漂秧。

机械插秧对大田的要求：机械插秧的田块形状最好是矩形，田块要整平、耙细、泥烂、无杂物，泥脚深度不超过 30 cm，不得有 4 m^2 以上的田面露出水面；耙田后要视土质情况沉淀一段时间再插秧，一般沙土需沉淀 0.5～1 d，黏土 2～3 d，有的泥浆田要沉淀 7 d 左右；插秧时要保持水深在 2 cm 左右。

机械插秧对秧苗的要求：苗壮、茎粗、叶挺，叶色深绿，苗高 10～20 cm，土块厚度 2～2.5 cm，成苗 1.5～3 株/cm^2（杂交稻 1～2 株）秧根盘结不散。盘式秧苗要求四边整齐，连片不断，运送不挤伤、压伤秧苗。

机械插秧操作要求：作业前要将插秧机安装调试好，先空运转 10 min 左右，要保证安装牢固、调整准确、工作可靠。取秧及入土深度一致、运转平稳。先进行试插，检查机组运转情况和插秧质量，如不符合要求应进行再调整直至达到要求。行走方法一般采用梭形走法。机手和装秧手要密切配合。严格遵守起秧、装秧操作规程，秧苗要铺放平整并紧贴秧箱，不要在秧门处拱起。

机械插秧的质量要求：漏耕率不大于 5%，相对均匀度合格率要大于 80%，伤秧率不大于 4%，插秧深度 1.5～2.0 cm，插深一致。作业时要求临界行距一致，不压苗，不漏行。

水稻插秧是水田生产的特殊作业，标准化程度高，无论是采用机械插秧还是人工手插秧，都必须达到如下质量要求：

地平如镜，埂直如线，渠系配套，穴行一致，密度合理，保苗程度高，在有水层条件下作业，必须有健壮的秧苗，泥烂适中，上糊下松，泥烂糊状有利于插秧固苗，下松通气好利于发根。插秧当时的质量更为关键，要根据品种、产量、施肥水平等要求，确定合理的栽培密度和插秧形式和每穴插秧苗数；秧苗要全根下地，运秧、插秧不伤根，做到浅插不漂苗，插秧深度控制在 2～3 cm间，坚决克服深插，同时防止插窝脖苗。插后要及时补充，补苗是坚持插秧质量的保证。要求插后 3 d 内完成此项作业，要注意补充后封好窝，以防再次漂苗。

想一想：

如何根据当地的实际情况，确定水稻的插秧方法？

(三)合理密植

水稻合理密植是充分利用太阳光能和地力,使个体与群体发育协调进行,最终达到单位土地面积上穗多、粒多、粒重的一种丰产栽培措施。

1. 水稻产量构成因素及相互关系

水稻产量是单位面积的穗数、每穗粒数、粒重和结实率四个因素构成的,上述产量构成因素之间,存在相互制约的复杂关系,即单位面积穗数与穗粒数之间呈负相关,穗数增加则每穗粒数减少,穗数减少每穗粒数则增加;每穗颖花数与粒重、结实率之间为负相关,每穗粒数多粒重小、结实率低;粒数少则粒重大,结实率高。在产量构成因素中,单位面积穗数是对产量起主导作用的因素,其中,粒重一般变幅较小,是一个比较稳定的因素。因此,合理密植主要是调整穗数、每穗粒数和结实率之间的相互关系。水稻单位面积的密度是由单位面积的穴数和每穴苗数决定。密度是个群体,群体是由个体组成,对单位面积来说,穴数是个体,对每穴来说,每棵苗是个体,所以合理密植是指:单位面积插多少穴,每穴插几株苗,行穴距多少来决定。通过合理密植调整个体与群体的相互关系,使群体得到最大的发展,个体正常发育,以达到每公顷最大的总粒数,从而达到穗多、粒多、粒重、高产的目的。

2. 合理密植增加叶面积,提高光能利用率

水稻体内的干物质90%~95%是光合作用的产物。因此,合理密植扩大绿叶面积,提高光合作用产物的积累,是合理密植增产的主要技术环节之一。在一定范围内群全光合作用产物的积累是随着密度增加而增加,但超过一定的限度,则反而减少。不同水稻品种和同一品种不同生育时期,要求达到的叶面积大小范围是不一致的,目前生产上要求适宜的叶面积系数大体上是:分蘖期 3.0~3.5,拔节期 4~5,孕穗期 6~8,乳熟期 5.5,乳熟末期 4.5 左右。

3. 插秧规格与密度

水稻本田的密度是由单位面积的穴数和每穴苗数决定。实践证明,在旱育稀植育壮苗的基础上,用带蘖秧稀植,是进一步高产的方向。为充分发挥秧苗的生长能力,每穴苗数要根据单位面积穴数来确定,一般每穴以 4 株为限,多于 4 株出现夹心苗,穴内环境恶化,生育不良。如每穴 4 株苗达不到单位面积株数和穗数,可适当增加单位面积穴数,而不能增加每穴株数。确定密度时要根据品种特性(分蘖力强的要稀些,分蘖力弱的要密些;生育期长的稀些,生育期短的密些;植株收敛的密些,反之稀些),土壤肥力(肥力高的稀些,肥力低的密些),秧苗素质(壮苗宜稀,弱苗宜密),插秧时期(早插宜稀,晚插宜密)等条件具体安排。根据当前土壤肥力状况及主栽品种特性,一般行距采用 30 cm,穴距 13.3~16.5 cm,每穴 3~4 株。例如在黑龙江省的第一、第二积温带,可采用大垄单行,大行距 30 cm×穴距 16.5~20 cm,每穴 3~4 株,也可采用宽窄行,(大行距 40 cm+小行距 20 cm)×穴距 16.5~20 cm。例如,在黑龙江省的第三、第四积温带,可采用大垄单行,30 cm×13.3 cm、30 cm×10 cm 的较密规格,也可采用宽窄行(40 cm+20 cm)×13.3 cm、(40 cm+20 cm)×10 cm。

想一想:

生产上如何进行稀植栽培?

子项目四 水稻田间管理技术

加强水稻本田管理，以水调肥、以水调温、以水调气，综合防治病虫草害，促使秧苗快速返青、提早分蘖、壮根壮秆、足穗、大穗和增加粒重、确保安全成熟，才能获得水稻的高产、稳产、高效。

一、稻田水分管理

稻田水分管理是水稻栽培技术中的一项重要内容，包括灌水和排水两个方面，这两个方面互相协调，共同对水稻生长发育发生作用。合理的灌溉技术是根据水稻的生理需水和生态需水来制定的。了解水分对水稻生理的作用及其对生态环境的影响，才有可能根据各种复杂的栽培条件，因地制宜制定出合理的灌溉技术措施。

水稻一生中，返青期、拔节孕穗期、抽穗开花期和灌浆期对水分的反应较敏感，而幼苗期、分蘖期和结实期对水分反应较迟钝。因此，水稻各生育时期的水分管理，首先应保证重点生育时期对水分的要求，其次根据水稻生育状况和气候变化特点，进行合理灌溉。

(一)插秧前的水层管理

插秧前的水层管理，包括泡垡和耙地。北方一般 5 月初开始泡垡，时间为 1 周左右，时间不宜拖后，泡垡时间过晚，杂草没有萌发机会，达不到耙地封闭除草的目的。泡垡时水层以 2/3 的垡片浸没在水中，1/3 的垡片可见上部为适宜。泡垡要稳水灌溉，提高水温和地温，促进杂草早发，水分不足时要补水。

耙地和施基肥一般应同时进行，整地首先按泡垡的要求，一般水层在垡片的 1/3 处，封住池水口子施入化肥，再进行耙地。进一步平整田面提高插秧质量，为水层管理创造良好的条件，插秧前进行耪地，同一池子内地面高低差寸水不露泥。

(二)插秧至返青期的水层管理

稻田水层的深浅与插秧质量、插秧后的返青快慢有密切关系。寒地水稻旱育稀插秧时要做到花达水，插秧时地面无水或水层过深，都不利于提高插秧质量。插秧后，应立即建立苗高 1/2～2/3 的深水（一般 3～4 cm），以不淹没秧心为好，以水护苗，促进返青。返青后正常年份内保持 3 cm 左右浅水层，低温冷害年份为 5 cm 深，如在返青期遇到寒潮，水层可加深到 6～7 cm，提高水温、地温，以加速土壤养分转化。低温过后要立即放水，正常管理。

(三)分蘖期的水层管理

分蘖期稻田灌溉水层，直接影响水稻生育。在寒地稻区，水层的温度对分蘖发育的影响大于气温，水稻分蘖早生快发，除秧苗素质外，主要取决于水温。因此，促使分蘖早生快发，根系发达，稻株健壮，以浅水灌溉有利。因为浅灌可以提高水温和地温，增加土壤氧气和有效养分，并使稻株基部光照充足，能为水稻分蘖创造良好的环境条件。水层浅时分蘖早、分蘖节位低，不但能增加分蘖的数量，而且提高分蘖的质量。返青后到有效分蘖终止期间，一般灌 3～4 cm 水为宜，以提高水温。据调查，6 月 25 日稻田死水水温比活水水温高 1.2℃。低温连续出现，日平均水温低于17℃时，应加深水层保护稻苗。

分蘖末期为控制无效分蘖，一般采用两种方法：一是深灌10～12 cm水层，降低水温和地温，削弱稻株基部光照强度，以抑制后期无效分蘖。但应注意深灌时间不宜过长，一般以7 d左右为宜，否则会使根系发育不良，稻株生长软弱，引起后期倒伏，也可发生病害。二是排水晒田，使表层土壤水分减少，控制水稻对水分和养分的吸收，以抑制后期分蘖的发生，此种措施具有较多的优点，特别是在多肥高产栽培的低湿田，其增产效果较大。

如果采用井水灌溉，要昼停夜灌，采取设晒水池、延长灌水渠、加宽进水口、表层水灌溉等增温措施，防止或减轻水温低对水稻生长发育的影响。灌水要在日落前1～2 h到日出后1～2 h进行。

当田间茎数达到计划茎数的80%时，要对长势过旺、较早出现郁闭、叶黑、叶下披、不出现拔节黄及土质黏重、排水不良的低洼地块，撤水晒田5～7 d；相反则不晒，改为深水淹。晒田程度为田面发白、地面龟裂、池面见白根、叶色褪淡挺直，控上促下，促进壮秆。

(四)拔节孕穗期水层管理

水稻幼穗发育期，光合作用强，代谢作用旺盛，外界气温一般较高，水稻蒸腾量较大。此时生产1g干物质需要395～635 g水，是水稻一生生理需水最多的时期，特别是花粉母细胞减数分裂期，对水分最为敏感，为满足水稻生育中期的需水需求，把水层灌到6～7 cm比较适宜，并要求活水灌溉。在花粉线细胞减数分裂期出现低温时(平均气温低于18℃，最低气温为13℃)，应将水层加深到15～20 cm。这时大部分颖花处于地上8～14 cm高度，使幼穗淹没在水层之中，可免受低温冷害，低温过后立即正常灌水。在抽穗前3～5 d，可以进行间歇灌水，因为较长时间的深水灌溉，土壤中氧气不足，毒气增多，影响根系的生理机能。采取这一措施能够向土壤输送氧气，排除积存过多的有毒气体。

(五)抽穗开化期到成熟期水层管理

抽穗开花期也是水稻水分反应敏感的时期，如水分不足，会造成抽穗不全，受精不好，秕粒增加。因此，抽穗后土壤保持饱和水状态。为了维持叶片的活力，延长叶片功能时期，促进稻株光合作用，并使茎、叶中储存的有机养料顺利地转运到籽粒中去，增加粒重，减少秕粒，必须供给水分。但淹水会使土壤氧气供应不足，降低根系活力，导致叶片早衰。因此，抽穗后20～25 d采取间断灌水方法，使土壤保持饱和水状态。此后根据成熟情况停灌，一般蜡熟后期停灌(大致抽穗后30～35 d)，黄熟初期排干。漏水较高的稻田适当延长灌水时间，要防止土壤过早缺水，以免由于叶鞘含水量的降低从而引起倒伏或由于绿叶面积的过早减少，而增加垩白米，降低稻米质量。

想一想：

水稻不同时期应如何进行科学的水层管理？

二、稻田施肥

据分析，每生产100 kg稻谷，需要吸收氮素1.8～2.5 kg，磷素(P_2O_5)0.9～1.2 kg，钾素(K_2O)2.1～3.3 kg，三者比例约2∶1∶2.5。从上述数据可推算出水稻不同产量水平的养分需要量。水稻对营养元素的吸收，一般是插秧返青后逐渐提高，至抽穗前达最高，以后逐渐减少。

(一)基肥的施用

基肥应在施用有机肥料的基础上,同时配合一定数量的化学肥料,在施肥时要有计划地实施稻草还田,有机肥与无机肥配合,氮、磷、钾配合,化肥与微肥配合,提高肥料的利用率。化学肥料应遵循基肥为主,追肥为辅的原则。

1. 增施农肥

高产实践证明“水稻高产靠地力,小麦高产靠肥力”。为了不断培肥稻田,除合理耕作改良土壤外,在施肥方面要积极有计划的实施稻草还田,有机肥与无机肥配合,氮、磷、钾配合,化肥与微肥和激素配合,配比合理,提高肥料利用率。有机肥与无机肥配合施用,不但可以平衡土壤有机质,而且对营养元素的循环和平衡也有积极作用。稻草还田和施用有机肥,可增加土壤多种营养元素,并提供具有生长激素和生长素类化合物,保持土壤氮肥储量,对水稻具有特殊意义。因为在水稻土中,化肥氮素的残留量一般极少,甚至没有,而有机肥中的氮素,被当年水稻吸收利用一些后,仍有部分氮素残留在土壤中,可有1~2年的后效。有机肥料中的有机酸和腐殖酸,不但能与铁、铝等络合,而且腐殖酸还能在胶态氧化铁、铝表面形成保护膜,从而减少化学肥料磷被土壤的固定,提高施肥效果。要提倡氮、磷、钾三要素的合理配合,不但可以提高产量,还可以提高稻米品质,提高化肥利用率。稻田施用基肥,一般腐熟有机肥的施用量为15 000~22 000 kg/hm^2。

2. 深施化肥

用化肥做底肥,这是施肥技术上的一大改革。据各地试验表明,施尿素75~112.5 kg做基肥的比整地后施于地表的增产11.3%~16.5%。

具体施肥方法一般有如下三种:

第一,秋翻地块可在翻地前施入。已秋翻秋耙地块可在春季水耙前施入。春翻地在翻地前将化肥撒施田面。但这种施肥方法要求整地的基础一定要平。

第二,灌水泡田后,水耙前施用。先堵好水口,将化肥均匀地撒入田块,然后用手扶拖拉机或其他耙地工具,将化肥耙入耕层6~8 cm或更深些,使化肥与土壤充分混合在全耕层里。

第三,旋耕施入。有旋耕条件的地方,先把化肥撒在地表,随后用旋耕将其混拌在12~14 cm的耕层时。

总之,无论哪种施肥方法,都要注意到随施肥随翻耙,不可间隔时间过长,特别是第二种水耙前施肥,要注意耙后尽量少排水,必须排水的地块也要注意5~6 d后再排水,以防肥料流失。

(二)追肥的施用

1. 分蘖期的施肥

黑龙江省的水稻均属早粳类型,营养生长期较短,分蘖和穗分化关系为重叠型。插秧后一个月左右即进入幼穗分化,施足基肥和分蘖肥,稻体含氮量较高而进入幼穗分化期,促使枝梗和颖花分化。分蘖期施基肥可起到增蘖、增花的双重作用。分蘖期追施的氮肥,为使在分蘖期盛蘖叶位见到肥效,必须在插秧返青后立即施肥。以12叶品种为例,第6叶为盛蘖叶位,为使蘖肥在6叶期见肥效,必须在4叶期追肥,即4叶追肥,5叶和6叶见效最多。如施两次分蘖肥,第二次蘖肥应在6叶期施,使肥效反应在有效分蘖临界叶位以后,并有保蘖作用,但易增加无效分蘖。分蘖期追施氮肥用量，一般为全生育期总施氮量的30%左右。用尿素45～68 kg/hm²，以之补给分蘖所需养分，并调整水稻长势长相。施肥方法，一般先施计划用量的80%，过几天再用剩余的20%氮肥。浅水施肥，施肥后一般6～7 d不灌不排，缺水补水，使肥水渗入土中，再正常灌溉。

2. 穗肥的施用

施用穗肥的目的，既能促进颖花数量增多，又能防止颖花退化。一般在抽穗前15～18 d施用穗肥，穗肥施用时期，以倒数2叶长出一半左右时施用，使颖花分化期及花粉母细胞减数分裂期见到肥效，以防止颖花退化，扩大颖花容积。施肥量不宜超过总氮肥量的10%～20%。如果水稻长势过于繁茂或有稻瘟病发生的病兆，则不施穗肥，钾肥为全生育期用量的40%～50%。

3. 粒肥的施用

粒肥可以维持稻株的绿叶数和叶片含氮量，提高光合作用，防止稻株老化，增加结实率和粒重。但粒肥施用不当则引起贪青晚熟，一般是水稻必须在安全抽穗期前抽穗或水稻生长后期有早衰、脱肥现象时才能施用，施肥期应齐穗期至抽穗后10 d内施用。施肥量为全生育期总用氮量的10%左右，尿素15～22.5 kg/hm²。此外，采取根外追肥也是省肥防早衰，加速养分运转的好办法，每公顷用尿素7.5 kg，过磷酸钙15～30 kg，加水1 125～1 500 kg，过滤后叶面喷施；或用磷酸二氢钾2.25 kg/hm²，加水1 050～1 200 kg，叶面喷施效果也好。

想一想：

如何解决我国粳稻主产区施用氮肥过多的问题？

查一查：

1. 水稻穗肥应如何施用？
2. 水稻粒肥应如何施用？

三、水稻病虫草害的发生与防治

（一）水稻病害

寒地稻区主要有以下几种病害：稻瘟病、恶苗病、立枯病、白叶枯病、纹枯病、叶鞘腐败病，这几种病害发生面广、危害重，对产量影响较大。影响水稻病害发生的因素较复杂，与品种的抗病性、气候状况、栽培技术、药剂使用情况等密切相关。在不同省、不同地区病害的发生情况的差异很大，同一省不同地区和不同年份间差异也较大。

1. 稻瘟病

稻瘟病是气流传播型病害，当环境条件适宜时将造成大面积发病，所以它的威胁最大。每年都有不同程度发病现象，是寒地稻区防治的主要病害之一。

水稻稻瘟病主要危害水稻的叶片、茎秆、穗部。因危害时期、部位不同可分为苗瘟、叶瘟、节瘟、穗颈瘟、枝梗瘟、谷粒瘟。穗颈瘟最初形成褐色小点，发病后使穗颈部变褐，并会造成枯白穗，发病晚的造成秕谷，枝梗或穗轴受害造成小穗不实。

在发病期间及时进行药剂防治的综合措施：

(1)防治策略与范围　重点防治品种混杂、抗病性弱以及高肥、密植田，治点保面。由于稻瘟病存在着生理分化现象，不同地区生理小种的优势种群不同，水稻品种间的抗病力有显著的差异，因地制宜地选用抗病良种是防病丰产的经济有效措施。如黑龙江省很多大农场只选用空育131这一水稻良种而导致稻瘟病大面积蔓延。因此各地要搞好品种的合理布局，避免品种单一化种植。各地都有一定数量的抗病良种可以选用，要将主栽品种和搭配品种合理搭配。

(2)科学管理、合理灌溉　合理密植，氮肥使用不可过量，生长不可太旺。注意氮、磷、钾肥的配合施用。分蘖期晒田炼苗，浅水促进分蘖的发生；孕穗期大水拦腰；孕穗期寸水壮秧，保持田间干干湿湿；灌浆期湿润灌溉，促进成熟。

(3)注意在稻瘟病发病高峰期的防治　在北方粳稻区，拔节至孕穗期是稻瘟病发病高峰期，灌浆初期是第二个发病高峰。这期间如出现低温、多雨有利于病害发生。暴风雨后，稻叶造成大量伤口，病害易大发生。施氮肥过多、过迟发病较重。7月上旬进行查田，检查植株，如果水稻生长繁茂，叶片略有下披的田块，应及时喷药防治。并严格控制发病中心，8月上旬防治穗瘟。

(4)药剂防治　防治叶瘟要在发病初期喷药，及时消灭发病中心。防治穗瘟可在抽穗前和齐穗期各喷一次药。田间喷药，质量要高，时间要准，如发现有个别植株发病，应立即喷药，水稻分蘖期更要注意叶瘟的发生，如果发现中心病株，特别是急性病斑出现时，应及时喷药，以控制病害发展，在喷药过程中要特别注意质量问题，药量要施足，喷药要均匀、周到。在生产中可选用如下药剂：40％的瘟毕克可湿性粉剂、75％丰登可湿性粉剂、40％富士一号可湿性粉剂、40％稻瘟灵乳油、40％春雷霉素、灭稻瘟一号、30％新克瘟散、75％的三环唑可湿性粉剂等。

总之，水稻稻瘟病的防治要从多方面入手，采取综合防治的方法，方能收到良好的效果。

2. 水稻恶苗病

恶苗病又称公稻子，从苗期到抽穗期均可发生。恶苗病病菌寄生或附着在种子上，种子带菌是恶苗病发病的主要原因。重病种子往往不能发芽，或萌发后不久幼苗即可死亡。轻病的种子长出的病苗徒长，比健株高出1/3，植株细弱，全株呈黄绿色，根系发育不良，部分病苗在插秧前、后死亡。

水稻恶苗病是以种子传播为主的病害，种子带菌是主要的侵染来源，因此建立无病留种田、选留无病种子和做好种子处理是防治的关键。

(1)建立无病留种田　留种田应选择无病或发病轻的田块，单打单收，这是防治水稻恶苗病的根本措施。

(2)种子消毒处理　25％施保克、25％使百克分别用10 mL对水50 kg浸种40 kg。目前黑龙江省大面积应用的水稻浸种剂在生产上效果好，安全性高，且成本较低，但需要注意的是，同一类杀菌剂长期使用容易产生病菌的抗药性，因此应注意观察药效的变化情况，一旦药效下降应及时更换使用药剂，提倡不同类的药剂间轮换使用。

(3)改进管理技术　不在中午高温下插秧，不插隔夜秧；秧田或本田中发现个别病株时及时拔除烧毁；收获后的病田稻草尽快作燃料烧掉，不用病田稻草盖秧和作催芽时的覆盖物。

3. 水稻立枯病

立枯病是水稻旱育苗常见的病害。青枯多发生于幼苗三叶期前后，病苗叶尖不吐水，在气温突然升高时，幼苗迅速表现青枯，心叶及上部叶片"打绺"，幼苗叶色深绿，最后整株枯萎致死。

病菌在土壤及病残体上越冬。低温、阴雨、光照不足是诱发立枯病的重要条件，其中尤其以低温影响最大。因水稻是喜温作物，当低温时水稻抗病性降低，有利于病菌侵入发生病害。

如天气持续低温或阴雨后气温突然升高，由于低温根系发育不良，吸收水分的能力差，而突然高温水分蒸发速度快，幼苗吸收水分和叶片蒸发比例失调，常使幼苗发病。

（1）床土配制　选择地势高和地面平坦的地块做苗床，床土要选用有机质含量高、肥沃、疏松、偏酸性土壤。

（2）苗床管理　及时进行通风、炼苗，以培育壮秧，提高幼苗抗病性。要在秧苗一叶一心期开始通风炼苗，降低床内温度，防止秧苗徒长，避免立枯病的发生。

（3）药剂防治　播种时可用97%恶霉灵或者移栽灵做床土消毒，也可在发病初期使用。秧苗三叶期后青枯病严重的苗床应立即灌水上床，水层高度为苗床的2/3，进行串灌，如有条件应及早异地寄秧或及时插秧。

4. 水稻叶鞘腐败病

水稻叶鞘腐败病又叫鞘腐病，叶鞘腐败病病菌在种子和病残体上越冬，第二年病菌产生分生孢子从水稻的自然孔、伤口侵入，病菌侵入水稻体内经过一段潜伏期后表现出病状，一般在水稻孕穗期发病。

叶鞘腐败病发生受湿度和温度影响较大，一般孕穗期多雨年份易发病，温度达25～30℃发病快，氮肥施用过多可过迟发病加重，受飞虱、螟虫等危害造成伤口有利于病菌侵入。

防治措施主要有：

（1）选用无病种子，建立无病留种田。

（2）搞好农田基本建设，建立排灌系统，避免洪水淹没稻田，淹没的秧田应尽可能立即排水。

（3）种子消毒：可用施保克、二硫氢基甲烷浸种，结合防恶苗病。

（4）消灭菌源：对病稻草要及时处理，防止进入稻田。

（5）加强肥水管理：对氮、磷、钾配合施用，避免偏施氮肥或施用氮肥过晚，适时晒田，促使稻株健壮，提高抗病力。

（6）治虫防病：如稻田发生螟虫、飞虱等害虫时，应及时防治，避免咬出伤口，诱发病害发生。

（7）药剂防治：可用咪鲜胺类加叶面营养剂、植物生长调节剂进行喷施，用25%咪鲜胺0.75～0.9 L/hm^2在水稻孕穗期喷施。

5. 纹枯病

水稻纹枯病是由立枯丝核菌侵染引起的一种真菌病害。是目前寒地水稻发生最为普遍的主要病害之一，有的年份普遍发生，往往造成大片倒伏、谷粒不饱满，空壳率增加，严重的可引起植株倒伏枯死。

目前，尚无抗病品种，品种之间仅感染程度有差别。因此纹枯病的防治，重点应放在栽培管理上，采取消灭菌源及药剂保护的综合防治法。栽培管理措施中，主要是搞好水肥管理、实行浅水灌溉，中间晾田和晒田，控制群体不过大。打捞菌核是消灭菌源的有效措施，但应随时深埋或烧毁，切勿倒放在田埂上，如能连续多年打捞，效果更好。

药剂防治可用具有内吸、保护、治疗作用的井冈霉素40～60 mg/kg喷雾或50%多菌灵可湿性粉剂500倍液，用药两次效果更好；稻丰灵对防治纹枯病也有效，而且可兼治稻瘟病、二化螟及稻曲病等；三环唑也可防治纹枯病，使用方法同防治稻瘟病。药剂防治时一般在下午4时使用，并要做好以下两点：

(1)抓好以肥水管理为中心的栽培防病，肥料应注意稳施氮、磷，增施钾、锌肥。以施足基肥、保证穗肥为原则，水稻生长中期不宜施氮肥提苗。灌水要贯彻"前浅、中晒、后湿润"的原则。

(2)药剂防治：以保护稻株最后3～4片叶为主，施药不宜过早(拔节期以前)、过迟(抽穗期以后)。喷雾时要保证用水量，喷到稻株中、基部。

(二)水稻害虫的发生与防治

1. 水稻潜叶蝇

水稻潜叶蝇属双翅目水蝇科。潜叶蝇以幼虫潜食叶片内部，潜食叶肉为害，被害叶片留下两层表皮，呈现白条斑。为害严重时，会导致稻叶变黄干枯或腐烂，严重时全株枯死。受害田块大量死苗。对秧田期及本田前期稻苗发育威胁很大，是水稻重要害虫之一，主要分布在东北、华北等地。

防治方法：

(1)清除田边杂草　水稻潜叶蝇只有第1、2代为害水稻，其余各代则在田边杂草上繁殖。清除田边杂草，可减少虫源，减轻水稻受害。

(2)农业防治，浅水灌溉　使稻苗生长健壮挺直，减少产卵。当田间发生严重时，可排水晒田，降低田间温度，不利于幼虫发育，防治作用显著。

(3)药剂防治　药剂防治重点是秧田及早插本田。为防止从秧田将虫卵及幼虫带入本田，应在移栽前1～3 d进行秧田喷药，秧苗带药下本田。如需在本田施药，以水稻缓苗后为宜。常用的药剂有40%乐果乳油或50%甲胺磷乳油，750 mL/hm^2，对水600 kg喷雾，或90%晶体敌百虫800～1 000倍液喷雾。

2. 二化螟

二化螟属鳞翅目螟蛾科，是我国水稻上危害最为严重的常发性害虫之一，在分蘖期受害造成枯鞘、枯心苗，在穗期受害造成虫伤株和白穗，一般年份减产3%～5%，严重时减产在三成以上。

二化螟在我国分布比较广泛，北达黑龙江克山县，南至海南岛，二化螟分布以丘陵山区较多。以幼虫为害水稻，初孵幼虫群集叶鞘内为害，造成枯鞘，3龄以后幼虫蛀入稻株内为害，水稻分蘖期造成枯心苗，孕穗期造成枯孕穗，抽穗期造成白穗，成熟期造成虫伤株。

防治方法：

采取防、避、治相结合的防治策略，以农业防治为基础，在掌握害虫发生期、发生量和危害程度的基础上合理施用化学农药。

(1)农业防治　主要采取消灭越冬虫源、灌水灭虫、避害等措施。

①消灭越冬幼虫。在越冬幼虫化蛹前，处理完稻草或在越冬代成虫羽化时，在草垛上喷洒90%晶体敌百虫或50%甲胺磷乳油1 000倍液。每3～5 d喷一次，共喷4～5次。4月上中旬前翻耕田间稻茬，灌水淹田7～10 d，可杀死大量残留田间的幼虫。冬季或翌年早春3月底以前翻耕灌水。稻草要放到远离稻田的地方暴晒，以防转移危害；被虫危害的稻草则要在春暖后化蛹前做燃料处理，烧死幼虫和蛹。

②灌深水灭蛹。一代幼虫化蛹前，降低田间水位，使幼虫化蛹位置下移，幼虫化蛹高峰至蛾始盛期，再深灌水淹没稻桩3～5 d，能淹死大部分老熟幼虫和蛹，减少发生基数。

③适度推迟播种期，可有效避开二化螟越冬代成虫产卵高峰期，降低危害程度。

④水源比较充足的地区，可以根据水稻生长情况，在一代化蛹初期，先排干田水 2～5 d 或灌浅水，降低二化螟在稻株上的化蛹部位，然后灌水 7～10 cm 深，保持 3～4 d，可使蛹窒息死亡；二代二化螟 1～2 龄期在叶鞘危害，也可灌深水淹没叶鞘 2～3 d，能有效杀死害虫。

(2)药剂防治　为充分利用卵期天敌，应尽量避开卵孵盛期用药。一般在水稻分蘖期或孕穗期、抽穗期卵孵化高峰后 5～7 d，当枯鞘丛率达 5%～8%时，或每公顷稻田有中心受害株 1 500 株时，及时用药防治；未达到防治指标的田块可挑治枯鞘团。二化螟盛发时，水稻处于孕穗抽穗期，防治白穗和虫伤株，以卵盛孵期后 15～20 d 成熟的稻田作为重点防治对象田。在生产上使用较多的药剂品种是杀虫双、杀虫单、三唑磷等，一般每公顷用 78%精虫杀手可溶性粉剂 600～700 g 或 20%三唑磷乳油 100 mL，对水 40 ～50 L 喷雾。此外，施药期间要保持3～5 cm 浅水层 3～5 d，可提高防治效果。

3. 稻飞虱

稻飞虱，昆虫纲同翅目飞虱科害虫。以刺吸植株汁液为害水稻等作物。危害水稻的主要有褐飞虱、白背飞虱和灰飞虱。褐飞虱在中国北方各稻区均有分布。褐飞虱生长发育的适宜温度为 20～30℃，最适温度为 26～28℃，相对湿度 80%以上。白背飞虱对温度适应幅度较褐飞虱宽，能在 15～30℃下正常生存，要求相对湿度 80%～90%。

防治方法：

(1)选育抗虫品种　充分利用国内外水稻品种抗性基因，培育抗飞虱丰产品种和多抗品种，因地制宜推广种植。

(2)连片种植　对不同的品种或作物进行合理布局，避免稻飞虱辗转为害。同时要加强肥水管理，适时适量施肥和适时露田，避免长期浸水。

(3)保护天敌　在农业防治基础上科学用药，避免对天敌过量杀伤。

(4)药剂防治　根据虫情测报，掌握不同类型稻田飞虱发生情况和天敌数量。前期预防用 10%醚菊酯悬浮剂(稻飞龙)；暴发时使用预防和速效性药物，如醚菊酯(稻飞龙)、马拉硫磷、毒死蜱；用呋喃丹作根区施药。防治稻飞虱的药剂：毒死蜱、吡虫啉、马拉硫磷、吡蚜酮、醚菊酯等。

4. 水稻负泥虫

水稻负泥虫属鞘翅目叶甲科，主要发生在东北，是寒地稻作区主要水稻害虫之一。多发生在山区或丘陵地带，为害秧苗和稻田的禾苗。成虫、幼虫沿叶脉取食叶肉，在叶尖部分则食穿表皮。大发生年受害严重的禾苗全部变白，或造成禾苗生长黄弱，抽穗不齐，稻谷减产。

成虫在稻田附近的背风、向阳的山坡、田埂、沟边的石块下或禾本科杂草间或根际的土块下越冬。第二年 5 月中下旬开始活动，聚集在杂草上，当稻田插秧后，成虫则转移到稻田幼苗嫩叶上开始为害叶片，沿幼苗纵向取食叶肉。6 月上中旬成虫交尾产卵，卵经 1 周孵出幼虫，6 月中旬开始危害，6 月下旬至 7 月上旬为盛发期。负泥虫适宜的发生条件是阴雨连绵、低温高湿天气。

防治方法如下：

(1)人工防治　在田间大部分虫卵已孵化后，每天清晨用扫帚将潜伏在水稻叶片上的幼虫扫落水中，连续 3～4 d 就可取得很好效果。

(2)农业防治　一般于秋天或 5 月末 6 月初人工清除稻田附近的向阳坡、池埂上、沟渠边的杂草，可消灭部分越冬害虫，减轻危害。

(3)适时插秧　不可过早插秧，尤其离越冬场所近的稻田更不宜过早插秧，以避免稻田过早受害。距山区、丘陵区越近的稻田发生越重。

(4)化学防治　插秧后应经常对稻苗进行虫情调查，一旦发现有成虫发生危害，并有加重趋势时，就应进行喷药。如成虫危害不重，但幼虫开始危害并有加重趋势时，也进行喷药防治。可选择药剂如下：在多数虫卵已孵化，幼虫有米粒大小时，喷洒5%敌百虫粉剂22.5～30 kg/hm^2；90%敌百虫，1 500～2 250 g/hm^2，加水喷雾；50%杀螟硫磷乳油，1 125～1 500 mL/hm^2，加水喷雾；2.5%功夫乳油，300～450 mL/hm^2，加水喷雾。

(三)稻田杂草及防除

1. 稻田杂草情况

寒地稻区水田杂草种类很多，常见的有30多种，其中顽固且普遍的有稗草、异型莎草、眼子菜、牛毛草、鸭舌草等。

2. 化学药剂除草

化学药剂除草在北方稻区应用很广泛，效果明显。化学除草具有用量少、效果高、施用方便等优点，深受稻农欢迎。水田除草剂可分为秧田除草和本田除草两种。

(1)秧田化学除草　一般以苗床封闭为主，苗期施药为辅。秧田除草剂有乳剂和可湿性粉剂两种，采用毒土、喷雾法施药。

(2)直播田化学除草　直播田由于种子播种在地表，而且前期稗草比稻苗出土快，因此选择除草剂时，首先考虑稻苗的安全性以及对2叶期稗草的防治效果。一般在水稻一叶一心期，晒田复水后施药，采用毒土、毒肥、毒沙法施药。施药后稳定水层3～5 cm，保持5～7 d。

(3)插秧田化学除草　水稻插秧后5～7 d缓苗后施药，采用毒土、毒肥、毒沙法施药。施药后稳定水层3～5 cm，水层不要淹没心叶，保持7～10 d，只灌不排。

目前水稻田使用的高效化学除草剂种类很多，因此选择好除草剂同时掌握施药的时间、除草剂的用量以及浓度等，一定要按说明书的要求进行施药。

想一想：

根据当地具体情况和所学知识，分析当地发生冷害时可采取哪些应急措施。

查一查：

当地以哪种冷害为主，可以采取哪些主要防御对策？

子项目五　水稻收获储藏技术

一、收获时期

水稻的适宜收获时期，主要依据稻粒充实程度及稻粒含水量，同时考虑生产目的和收割方法。即在水稻充分成熟的前提下，种用收割时期，必须在初霜之前，免遭霜冻而降低发芽能力；商品粮在完熟期收割。一般稻粒变黄，含水量17%～20%，茎秆含水量60%～70%为水稻的生理成熟期，也是开始收获的适期。水稻收获适期的标准是水稻抽穗后 40 d 以上，活动积温 850℃以上，95%以上的籽粒颖壳变黄，2/3 以上穗轴变黄，95%以上的小穗轴和副护颖变黄，即黄化完熟率 95%以上。多数穗颖壳变黄，小穗轴及护颖变黄，水稻黄化完熟率 95%以上为收获适期。

二、收获方法

1. 直接收获

直接收获就是用联合收获机进行收获。枯霜后稻谷水分降至 16%时进行机械直收，严防稻谷捂堆现象发生，及时倒堆，降低水分，严防温度过高产生着色米而影响稻谷品质。水稻直收综合损失率 3%以内，降低滚筒转速，谷外糙米不超过 2%。

2. 机械分段收获

割茬 12～20 cm，晒铺 3～5 d，稻谷水分降至 16%左右时及时脱谷或人工捆捆码垛，严防干后遇雨，干湿交替，增加水稻惊纹率，降低稻谷品质。

3. 人工收割

人工收割要捆小捆，直径 20 cm 左右，码人字码，翻晒干燥，稻谷水分降至 16%时及时上小垛，防止因雨雪使稻谷反复干湿交替，增加裂纹率，降低稻谷品质，小垛码在池埂上，及时倒出地利于秋整地。

三、安全储藏

北方水稻种子从收获到播种，一般历时 8～11 个月的储藏时间。种子在储藏过程中不断进行呼吸，发生生理、生化代谢，如果没有适宜的储藏环境和相应的安全储藏措施，种子就会丧失生活力。因此，搞好种子安全储藏具有重要的意义。

针对水稻种子的储藏特点，为保证水稻种子在储藏过程中不发生劣变，要抓好下列措施：

(1)做好仓库的修补、清仓和消毒工作。种子入库前，应检查仓库、麻袋及其他器材，做到不残留种子，无仓储害虫，无农药和化肥污染。检查仓库密封性，发现缝隙应及时修补。

(2)留种稻谷要充分成熟。因为未充分成熟的稻谷青粒较多，而青粒越多，储藏越困难。

(3)霜前抢晴收割。水稻种子胶体结构疏松，易受冻害影响，所以要在霜前的晴天收割，以利稻谷储藏。

(4)分级储藏保管。水稻种子入库要严格检验分级，按不同品种、品质、水分等情况分批分级分仓储藏保管。每批种子都要用标签标明品种、种子品质状况，根据其不同的品质、水分采取适宜的保管措施。

(5)控制入库种子水分。为有效地控制种子内部的生理活动、微生物的繁育和仓库中螨类的滋生，稻谷在入库前必须降到安全水分标准才能进仓储藏。安全储藏水分标准应根据不同品种、温度而定，一般在高温季节稻谷含水量应在 13%以下，而在低温季节可放宽至 14%以下。

(6)控制种子净度。水稻种子的安全储藏还与稻谷的成熟度、净度、病粒、残粒等有关。如种子饱满、杂质少，基本上无损害及芽谷，安全程度就高；反之，安全程度就低。所以，稻谷收割入库前必须及时清选，剔除破损粒、秕粒和病虫粒，以利于安全储藏。

(7)做好治虫防霉工作。仓虫的大量繁殖会引起储藏种子发热，还会损伤种子的皮层和胚部，使种子完全失去种用价值。仓虫可采用药剂熏杀的方法进行控制。同时，采取措施降低储藏种子的水分，控制储藏环境的空气相对湿度，使它们都处于较低的水平下，以抑制霉菌的发生。

(8)选择合适的储藏方式。根据具体情况，如大量种子储藏和长期储藏可采用散装，如数量少、品种多和短期储藏可用袋装。

(9)要根据天气情况和储藏稻谷情况进行通风换气。必要时进行翻晒晾种。还要定期检查种温、水分及虫害，如发现异常情况，应立即采取措施，以防恶化。

查一查：

水稻生产成本由哪些项目构成？如何计算生产成本？

想一想：

提高稻米品质的主要栽培技术有哪些？

复习思考

一、名词

1. 安全齐穗期　2. 出叶间隔　3. 拔节长穗期　4. 保花肥　5. 促花肥　6. 抽穗　7. 稻米品质　8. 垩白米率　9. 稻谷催芽　10. 生态需水　11. 断奶肥　12. 返青分蘖期　13. 返青期　14. 分蘖节　15. 分蘖期　16. 水稻三性　17. 感光性　18. 感温性　19. 发育特性　20. 基本营养生长性　21. 高效叶面积　22. 高效叶面积率　23. 高峰苗期　24. 离乳期　25. 生殖生长期　26. 水稻抛秧　27. 水稻直播栽培　28. 水稻标准化栽培　29. 外观品质　30. 卫生品质　31. 无效分蘖　32. 无效分蘖期　33. 叶蘖同伸规则　34. 有效分蘖　35. 有效分蘖期　36. 总茎蘖数　37. 库容量　38. 心白　39. 再生稻　40. 重叠生育型　41. 衔接生育型　42. 分离生育型　43. 拔节期　44. 抽穗期　45. 营养生长期

二、填空

1. 水稻幼穗分化和拔节的先后顺序，可将水稻分为(　　)生育型、(　　)生育型和(　　)生育型3种类型。

2. 获得水稻目标产量的需(施)肥量主要取决于(　　)、(　　)、(　　)。

3. 决定穗数的关键时期是(　　)。

4. 水稻吸肥最多的时期是(　　)期。

5. 水稻种子催芽的过程可分为(　　)、(　　)催芽和(　　)三个阶段。

6. 一般而言，同一品种的生育期，在同一区域，随纬度增高，(　　)延长，纬度相近，随海拔增高，(　　)延长，在同一地点，随播期推迟，(　　)缩短。

7. 移栽水稻一生的生育时期可划分为(　　)期、(　　)期、(　　)期、(　　)期、(　　)期和(　　)期。

8. 北方的品种南引，因生育期间的日长变短，温度提高，品种的生育期(　　)，南种北引，因生育期间的日长变长，温度降低，品种的生育期(　　)。

9. 高海拔品种引至低海拔，生育期(　　)；低海拔品种引至高海拔，生育期(　　)。

10. 水稻的根系属于(　　)根系,由(　　)根和(　　)根组成。

11. 稻穗为(　　)花序,由(　　)、(　　)、(　　)、(　　)和(　　)组成。

12. 水稻产量是由(　　)、(　　)、(　　)、(　　)4个因素构成。

13. 在催芽过程中要求严格掌握温度,防止高温“烂包”。一般催芽过程可分为3个阶段(　　)、(　　)、(　　)。

14. 目前生产上栽插秧苗方法有以下几种:(　　)、(　　)、(　　)、(　　)。

15. 水稻生产上常把主茎拔节前(　　)d作为有效分蘖终止期。

三、简答

1. 按施肥(主要是氮肥)对水稻产量形成的作用,以及施肥量在水稻一生中的分配,简述水稻生产上常用的三种施肥法。

2. 简述壮秧的一般标准和意义。

3. 试述水稻品种南北引种后的预期反应。

4. 简述大穗型、穗粒兼顾型、穗数型三种类型水稻的增产途径。

5. 如何培育抛秧秧苗?

6. 请谈谈在大田生产上,影响水稻米质的外部环境条件。

项目四　玉米栽培技术

【知识目标】

了解玉米各生育阶段的特点，玉米常用生产资料准备，玉米重迎茬减产的原因。

【技能目标】

掌握玉米播前准备、播种、田间管理技术和收获储藏技术。

【项目导入】

詹姆斯·班德讲过一个农夫种植他的得奖玉米的故事。每年他的玉米都在全州博览会上赢得蓝带奖。有一年，一个记者采访他，得知了他如何种植玉米的趣闻。这个农夫将他的种子与他的邻居分享。“你怎么可以将你最好的玉米种子与你的邻居们分享呢？这些可是每年都为你赢得大奖的种子啊！”记者问道。“嗨，先生！”农夫说，“你可知道？风将成熟玉米的花粉吹来吹去，如果我的邻居种植差的玉米，交叉异花授粉就会逐渐降低我的玉米的品质。如果我想种植好的玉米，我就必须帮助我的邻居也种植好的玉米。”

他很明白生命是密不可分的道理。他自己的玉米品质无法提高，除非他邻居玉米的品质也提高。在其他方面也是如此，选择和平的人必须帮助他的邻居也获得和平。选择好好生活的人必须帮助他人好好生活，因为一个生命的价值是由它所接触的生命来衡量的。而选择快乐的人必须帮助他人找到快乐，因为每一个人的幸福与所有人的幸福是联系在一起的。

玉米亦称“玉蜀黍”、“包谷”、“包芦”、“珍珠米”等，属禾本科玉米属。据考证，玉米原产于南美洲，7 000 年前美洲的印第安人就已经开始种植玉米。1492 年哥伦布在古巴发现玉米，以后直到整个南北美洲都有栽培。由于玉米适合旱地种植，因此西欧殖民者侵入美洲后将玉米种子带回欧洲，之后在亚洲和欧洲被广泛种植。大约在 16 世纪中期，中国开始引进玉米，到目前为止，世界各大洲均有玉米种植，其中北美洲和中美洲的玉米种植面积最大。全世界玉米播种面积仅次于小麦、水稻而居第三位。就玉米利用而言，大体经历了作为人类口粮、牲畜饲料和工业生产原料的三个阶段，它的颗粒可以作为人类的食物，茎、叶等可以供牲畜食用，胚乳可以提取油料。

玉米是人类重要的粮食作物之一，在我国玉米的播种面积很大，分布也很广，是我国北方和西南山区及其他旱谷地区人民的主要粮食之一。山西种植玉米有记载的时间是从清朝康熙时开始的，道光六年的《太原县志》有种植玉米的记载；光绪十八年的《长治县志》也有：“御麦，今潞属广植，每灶必需，以饼与粥糜同煮，谓之疙瘩”的记载。新中国成立前，主要以硬粒型的农家种为主。1931 年，由山西农业大学的前身铭贤学校从英国引入的马齿型玉米“金皇后”，由于产量高，品质相对优良，很快在生产上大面积推广开来。到了 20 世纪 70 年代以后，由于农家种的产量较低，不能满足人民生活需求，生产上主要推广从苏联引入的双交种维尔 42、维尔 156 等品种，使产量上了一个台阶，但由于玉米大斑病危害很重，从 20 世纪 80 年代以后，主要推广我国自己培育的单交种以及新培育的系列杂交品种。20 世纪 90 年代，我国就收集并保存玉米品种资源 12 000 余份，主要分为硬粒型和马齿型两大类型。此外，还有 3 种类型，即糯玉米型、甜玉米型、爆粒玉米型。这 3 种类型产量不高，种植面积也不大。

玉米对人类健康是非常有益的，玉米籽粒的营养价值很高，它的粗纤维含量是精米、精面的 4～10 倍，还含有大量维生素、矿质元素、卵磷脂、不饱和脂肪酸、维生素 E、蛋白质、核黄素、胡萝卜素、钙、镁、磷、硒等，具有降低胆固醇、软化血管、延缓衰老、防癌抗癌等功效。从玉米胚芽中提炼出来的玉米胚芽油富含人体必需的维生素 E 和不饱和脂肪酸，如亚油酸和油酸，对心脑血管有保护作用。

玉米是重要的高产作物。玉米是 C_4 植物，由于具有光饱和点高，二氧化碳补偿点低，光合效率较高的特点，净光合率一般比 C_3 作物的小麦、水稻高 2～3 倍，因此玉米单位面积的产量潜力较高。2000 年阿坝州农业局在金川县做的玉米高产试验，川单 15 每公顷产量达到 15 000 kg 以上，阿单九号每公顷产量达到 13 500 kg 以上；美国高产试验田玉米每公顷产量已经达到 28 500 kg 以上，这是其他禾谷类作物很难达到的。

玉米是发展畜牧业的良好饲料。近代世界上玉米作为饲料用于生产奶、肉、油、蛋等畜产品约占总产量的 70%～75%。畜牧业发达的国家，几乎都与发展玉米配合饲料有密切关系。玉米鲜嫩的茎叶，营养丰富，每 100 kg 青储玉米秸秆含有 20 个饲料单位和 0.6 kg 可消化蛋白质，相当于 20 kg 籽粒的营养价值。畜牧业在经济发展中所占比重大、影响广，以发展玉米生产来支撑畜牧业是一条切实可行的路子。

玉米是重要的工业、食品、医药原料。随着科学技术的发展，玉米综合利用的“玉米工业”也蓬勃发展起来，目前以其籽粒和副产品为原料加工的工业产品已经达到 3 000 多种。近年来，人们还尝试使用玉米酿制乙醇，从而作为替代和补充汽油的燃料。但在“玉米工业”的开发上，我国与发达国家有着一定的差距。

玉米种植制度的灵活性大。玉米不仅具有单产高、适应性广、生产成本低等特点，而且品种、类型多，适应多种环境及栽培条件。在种植制度上，玉米既可春播，也可夏播；既可净作，也可与麦类、豆类、薯类等多种作物间、套作；既可露地种植，也可覆膜栽培。随着栽培制度的优化和各类型品种的选育推广，玉米在农业生产中将会起到更大的作用。

查一查：

1. 目前，世界上最大的玉米生产国是哪个国家？
2. 我国的玉米生产居于世界第几位？
3. 食用玉米有哪些好处？

子项目一 玉米栽培基础

一、玉米的一生

(一)植物学特征

1. 种子

玉米粒即种子,植物学上称颖果。有马齿型、硬粒型和中间型三大类。颜色有黄、白、紫、红、花斑等色,常见的多为黄色和白色。种子由皮层(果皮、种皮)、胚乳、胚和子叶组成。皮层起保护作用,胚乳是种子储藏营养物质的仓库。玉米的胚较大,由胚根、胚轴和胚芽组成,是种子内的原始植株。在胚和胚乳之间有一盾片称子叶,内含多种酶,有吸收、转送胚乳养分,供种子发芽和幼苗生长的作用。种子大小因品种、栽培水平而异,一般千粒重 250~350 g。种子的营养成分含量以淀粉最多,占种子干物重的 70%左右,蛋白质次之,占 9%~11%,油分含量为 4.1%~5.2%,还含有维生素、矿物质和纤维素等。玉米种子的结构如图 4-1 所示。

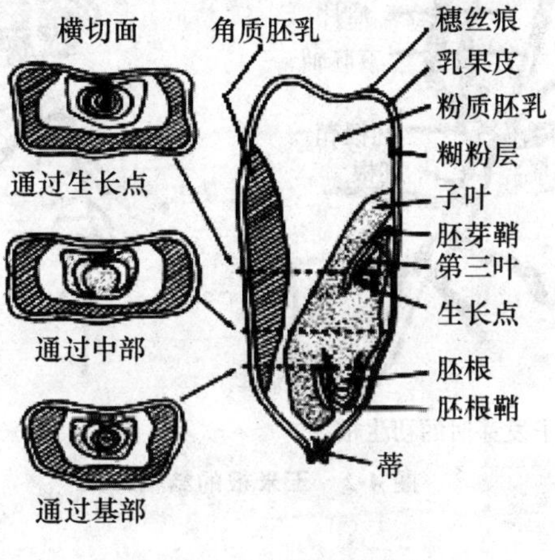

图 4-1 玉米种子的结构

2. 根

(1)根的组成与功能 玉米根属须根系,由初生根、次生根和支持根组成。初生根包括初生胚根和次生胚根,垂直向下生长,是玉米幼苗期吸收肥水的根系。次生根是随茎节的形成,自下而上一层一层地生于地下密集茎节上,又称节根或层根。次生根是玉米根系的主体,依品种不同,可形成 7~9 层,数量多达百余条,是决定玉米产量的主要根系。各层节根都呈辐射状倾斜伸长,拔节后节根伸展方向发生明显变化,由斜向伸长转为直向伸长。支持根是玉米地上茎近地面茎节上轮生的层根。一般 3 层左右,从抽雄前开始出现,发根迅速,先端分泌黏液、入土后产生侧根,能支持植株,增强抗倒能力,还有合成氨基酸,进一步形成蛋白质的作用。

(2)根的分布 玉米根深可达 2 m 以上,水平可达 1 m,但绝大部分集中在 30 cm 以内、距植株 20 cm 半径范围的土层中。玉米根在土壤中分布,不同生育时期不同。

苗期根系分布在 0~40 cm 土层中,其中 0~20 cm 土层根量占该期总根量的 90%左右;拔节期根的入土深度可达 100 cm,其中 0～40 cm 土层根量占该期总根量的 90%左右;至开花期,根系入土深度可达 160 cm,0～40 cm 土层根量占该期总根量的 80%左右;至蜡熟期,根系入土深度可达 180 cm,0～40 cm 根量占该期总根量的 55%左右,40～180 cm 土层根量占 45%左右。

玉米的主体根系分布在 0～40 cm 土层中,随着生育期的推迟,后期深层根量增加。因此,基肥深施有利于根系的吸收,追施化肥则以深施 10 cm 以上和距离植株 10 cm 较为合适。玉米根的结构如图 4-2 所示。

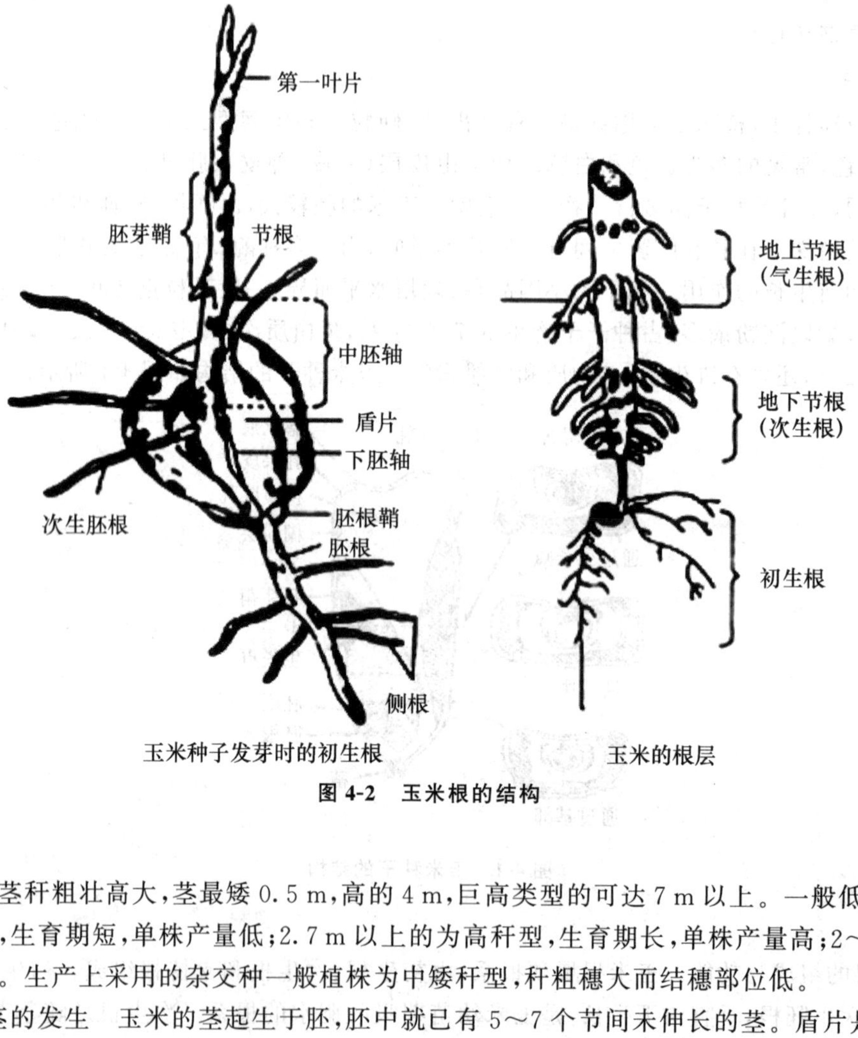

图 4-2 玉米根的结构

3. 茎

玉米茎秆粗壮高大,茎最矮 0.5 m,高的 4 m,巨高类型的可达 7 m 以上。一般低于 2 m 的为矮秆型,生育期短,单株产量低;2.7 m 以上的为高秆型,生育期长,单株产量高;2～2.7 m 的为中秆型。生产上采用的杂交种一般植株为中矮秆型,秆粗穗大而结穗部位低。

(1)茎的发生　玉米的茎起生于胚,胚中就已有 5～7 个节间未伸长的茎。盾片是第一叶,其着生处是茎的第一节,胚芽鞘是第二叶,其着生处是茎的第二节。下胚轴是第一节间,中胚轴是第二节间。

生产上,将出苗后中胚轴伸长的部位叫作"根颈"(地中茎)。胚芽鞘着生处叫作胚芽鞘节,第一完全叶着生位置叫作茎节第一节。胚芽鞘与主茎之间的第一个节间,叫第一节间,余者节位依此类推。

(2)茎的形态　玉米茎由节和节间组成,节的多少和节间长短依品种而异,节间数与叶片数一致。8～48 个节,其中 3～7 个茎节位于地面以下。第 1～4 节较紧密,节间很短,仅 0.1～0.5 cm,从第 5 节间开始伸长。地面以上的茎节数 6～30 个。节间的粗度由茎基部向顶端节间粗度逐渐变细；而节间长度从茎基部到顶端逐渐变长。

玉米茎节数目至拔节期已经形成。拔节后则主要是由居间分生组织增长，使节间不断伸长。各节间伸长的顺序是从下向上逐渐进行。至雄穗开花期，茎的高度不再增加。玉米的维管束无形成层，不能进行次生增粗生长，但可以借助初生分生组织进行增粗，使茎加粗。玉米茎秆的增长速度，一般小喇叭口期以前增长速度慢；从大喇叭口期到抽雄期增长速度最快；从抽雄到开花期，增长速度减慢。

(3)茎的功能　茎担负水分和养分的运输；支撑叶片，使之均匀分布，便于更好地进行光合作用；储藏养料的器官，后期将部分养分转运到籽粒中去。

(4)茎的结构特点　茎具有向光性和负向地性，当植株倒伏时，它又能够弯曲向上生长，使植株重站起来，减少损失。茎的基部节上的腋芽长成的侧枝称分蘖。一般情况下，分蘖结穗的经济意义不大，应及早摘除，但许多青饲玉米具有多分蘖是青体高产的特征。

4. 叶

(1)叶的形态特征　玉米完全叶由叶鞘、叶片、叶舌、叶环(叶枕)四部分组成。叶鞘包着节间，有保护茎秆和储藏养分的作用。叶片着生于叶鞘顶部的叶环之上，是光合作用的主要器官。叶片中央纵贯一条主脉，主脉两侧平行分布着许多侧脉。叶片边缘带有波状皱纹。玉米叶舌着生于叶鞘和叶片交接处，紧贴茎秆，有防止雨水、病菌、害虫侵入叶鞘内侧的作用。

玉米多数叶片正面有茸毛，只有基部第1～6片叶(早熟种少，晚熟种多)是光滑无毛的，这一特征可以作为判断玉米叶位的参考。鉴定叶位的方法：

①光、毛叶片法　基部1～5光，第6叶边缘开始有毛叫作过渡叶，称为“5光6毛”，有的把第6叶归为光叶类称“6光7毛”，一般早熟品种“4光5毛”，中熟品种“5光6毛”，晚熟品种“6光7毛”，在雨水充足时光叶数增加。

②叶脉法　除第一个叶片外，第2～9叶的叶位数等于其对应叶的一边的侧脉数减去$2(n-2)$。

③根层法　第n层节根上的叶即为第n叶。

(2)叶片的解剖特征　玉米叶片的横断面可分为表皮、叶肉及维管束。叶子的上下表皮都布满气孔。上表皮每平方厘米约有5 600个气孔，下表皮约有8 000个。

上表皮还有一些特殊的大型细胞，称运动细胞。这些细胞壁薄，液泡很大，有控制叶面水分蒸腾的作用。

在表皮以内叶肉组织，由薄壁细胞组成。叶肉维管束有特别发达的维管束鞘。维管束鞘细胞内含许多特殊化的叶绿体，这是该作物的重要特征。

(3)叶的分组　常根据着生位置、形态特征、生长速度、功能期长短及光合产物的主要流向，划分以下四组：

①基部叶组　一般着生在地下稍许伸长的茎节上。叶面积、增长速度、干物重和光合势均小，功能期短，多无茸毛。本组叶片是从出苗至拔节期逐渐伸展形成的。叶片制造的光合产物主要供给根系生长，故又称为根叶组。

②下部叶组　着生在地面以上的数个茎节上。叶面积、增长速度、干物重、光合势均迅速增长，功能期长，叶片上有茸毛。本组叶片是从拔节期至大喇叭口期(雌穗小花分化)伸展形成的。叶片制造的光合产物主要供给茎秆，其次满足雄穗生长发育的需要，故又称茎(雄)叶组。

③中部叶组　着生在果穗节及其上下几个茎节上。叶面积、增长速度、干物重、光合势均

表现大而稳，功能期长。本组叶片是从大喇叭口期至孕穗期伸展形成的。叶片制造的光合产物主要供给雌穗生长发育，故又称穗叶组。

④上部叶组 着生在雄穗以下几个茎节上。叶面积、增长速度、干物重、光合势均逐渐下降，功能期缩短。本组叶片是从孕穗至开花期伸展形成的。叶片制造的光合产物主要供给籽粒生长发育，故又称为粒叶组。

(4)叶面积大小与计算方法 玉米中部叶面积最大。一般果穗叶及其上下叶(棒三叶)叶片最长、最宽，叶面积最大，单叶干重最高。这种叶面积分布有利于果穗干物质的积累。

单株叶面积大小与品种和栽培条件有关，早熟种品种单株叶面积小，晚熟品种单株叶面积大，通常变化在 0.5～1 m^2；密度稀，条件好叶面积大，反之则小。单株叶面积发展动态在全生育期内呈单峰曲线趋势变化，出苗至孕穗期呈上升趋势；孕穗至灌浆期呈稳定状态；灌浆至成熟期呈下降趋势。

$$单叶叶面积(cm^2) = 叶片中脉长度(cm) \times 叶片最大宽度(cm) \times 0.75$$

5. 玉米的雌、雄穗

玉米为雌、雄同株异花作物，天然杂交率在 95%以上。

(1)雄穗 玉米雄穗又称雄花序，为圆锥花序，着生于茎秆顶端。由主轴、分枝、小穗和小花组成。主轴有 4～11 行成对小穗。主轴中、下部有 15～25 个分枝，上有 2 行成对小穗。

①雄小穗构成 每对雄小穗中，一为有柄小穗，位于上方，一为无柄小穗，位于下方。每个雄小穗基部两侧各着生一个颖片(护颖)，两颖片间生长 2 朵雄花。每朵雄性花由 1 片内稃(内颖)，1 片外稃(外颖)及 3 个雄蕊组成。每个雄蕊的花丝顶端着生 1 个花药。1 个正常雄穗，能产生 1 500 万～3 000 万个花粉粒。

②雄花开花特点 玉米雄穗抽出 2～5 d 开始开花。顺序是从主轴中上部开始，然后向上向下同时进行。各分枝的小花开放顺序同主轴。一个雄穗从开花到结束，一般需 7～10 d，长者达 11～13 d。天气晴朗时，以上午开花最多，下午显著减少，夜间更少。

玉米雄穗开花的最适温度是 20～28℃，温度低于 18℃或高于 38℃时，雄花不开放。开花最适相对湿度为 65%～90%。玉米雄穗小花的结构如图 4-3 所示。

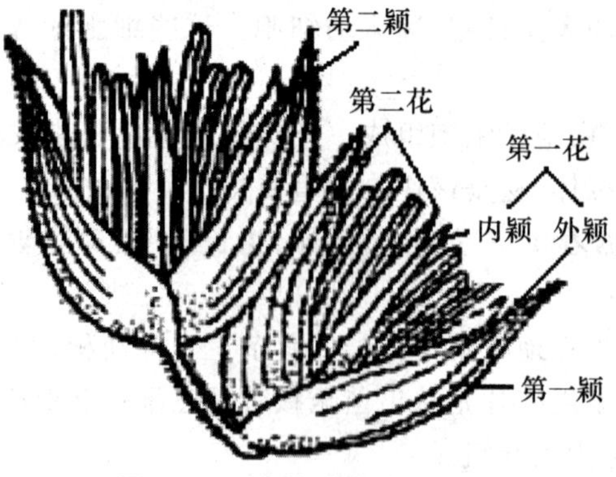

图 4-3 玉米雄穗小花的结构

(2)雌穗

①雌穗的发生 雌穗又称雌花序，为肉穗花序，由茎秆中部叶腋中的腋芽发育而成，果穗位于茎秆腰部(中部)。玉米除上部 4～6 节外，全部叶腋中都能形成腋芽，具有潜在的多穗性。

多数情况下，地上节上的腋芽进行穗分化到早期阶段停止，不能发育成果穗，只有上部1～2个腋芽正常发育形成果穗。在肥水管理不当的条件下，会出现多个腋芽发育成果穗的现象，但不是高产的标志，因形成的果穗较多，对养分竞争激烈，会导致各个果穗均发育不良的结果。

玉米的雌穗为变态的侧茎，穗柄为缩短的茎秆，节数随品种而异，各节着生1片仅具叶鞘的变态叶即苞叶，包着果穗，起保护作用。

②果穗的构成　由穗轴和雌小穗构成。穗轴白色或紫红色，重量占果穗总重量的20%～25%。穗轴节很密，每节着生两个无柄小穗，成对排列。每小穗内有两朵小花，上位花结实，下位花退化，故果穗上的行粒数为偶数，一般为12～18行，亦有8～30行的。每穗粒数有200～800粒或更多些，一般多为300～500粒。果穗的粒行数、行粒数和穗粒数的多少，均因品种和栽培条件而异。

③雌小穗构成　基部两侧各着生一个革质的短而稍宽的颖片(护颖)，颖片内有两个小花，其中一个退化的小花，仅留有膜质的内外稃(颖)和退化的雌、雄蕊痕迹。另外一个结实小花，包括内外稃(颖)和一个雌蕊及退化的雄蕊。雌蕊由子房、花柱和柱头组成。通常将花柱和柱头总称为花丝。花丝顶端分叉，密布茸毛分泌黏液，有黏着外来花粉的作用，花丝任何部位都有接受花粉的能力。

④雌穗的吐丝与授粉　雌穗一般比同株雄穗开始开花晚2～5 d，亦有同时开花的。一个雌穗从开始抽丝到全部抽出，需5～7 d。花丝长度15～30 cm，若长期得不到受精，可延长至50 cm左右。同一雌穗上，一般位于雌穗基部往上1/3处的小花先抽丝，然后向上下伸展，顶部小花的花丝最晚抽出，当粉源不足时，易发生顶部花丝得不到授粉而造成秃顶的现象。有些苞叶长的品种，基部花丝要伸得很长才能露出苞叶，抽丝很晚，也影响授粉，造成果穗基部缺粒。因此开花后期人工辅助授粉很重要。

玉米雄花序的花粉传到雌穗小花的柱头上叫授粉。微风时，散粉范围约1 m，风力较大时，可传播500～1 000 m。花粉落到花丝在适宜条件下10 min即发芽，30 min形成花粉管。2 h左右，花粉管进入子房，抵达胚乳，进行双受精。从花丝接收花粉到受精结束一般需要18～24 h，从花粉管进入子房至完成受精作用需2～4 h。花丝在受精后停止伸长，2～3 d变褐枯萎。玉米雌穗小花的结构如图4-4所示。

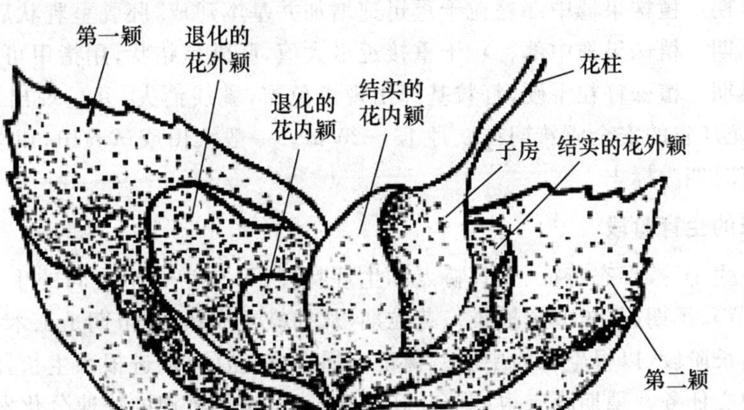

图4-4　玉米雌穗小花的结构

(二)生育期

玉米生育期的长短,主要取决于品种基因型,同时受环境(光照、温度、肥水等)影响。一般日照加长、温度变低时生育期加长。反之,则生育期缩短。一般我国北方的同一熟期划分的玉米生育期天数相对长于南方。根据玉米的生育期长短可分为早熟、中熟和晚熟三类。

(1)早熟种　春播生育期70～100 d(要求积温2 000～2 200℃)14～17片叶,千粒重150～250 g,夏播生育期70～85 d。

(2)中熟种　春播生育期100～120 d(要求积温2 300～2 600℃)18～20片叶子,千粒重200～300 g,夏播生育期85～95 d。

(3)晚熟种　春播生育期120～150 d(要求积温2 600～2 800℃)22～25片叶,千粒重300 g左右,夏播生育期96 d以上。

(三)生育时期

(1)出苗期　幼苗出土高约2 cm的日期。如黑龙江省的安全出苗期为5月20日左右,出苗过晚,会延长抽雄、抽丝期,使籽粒形成期得不到足够的热量。

(2)三叶期　植株第三片叶露出叶心2～3 cm。

(3)拔节期　植株雄穗伸长,茎节总长度达2～3 cm,叶龄指数30左右。如黑龙江省的安全拔节期是6月25日左右。

(4)小喇叭口期　雌穗进入伸长期,雄穗进入小花分化期,叶龄指数46左右。

(5)大喇叭口期　雌穗进入小花分化期、雄穗进入四分体期,叶龄指数60左右,雄穗主轴中上部小穗长度达0.8 cm左右,棒三叶甩开呈喇叭口状。

(6)抽雄期　植株雄穗尖端露出顶叶3～5 cm。

(7)开花期　植株雄穗开始散粉。

(8)抽丝期　植株雌穗的花丝从苞叶中伸出2 cm左右,如黑龙江省的安全抽雄、吐丝期在7月20～25日。

(9)籽粒形成期　植株果穗中部籽粒体积基本建成,胚乳呈清浆状,亦称灌浆期。

(10)乳熟期　植株果穗中部籽粒干重迅速增加并基本建成,胚乳呈乳状后至糊状。

(11)蜡熟期　植株果穗中部籽粒干重接近最大值,胚乳呈蜡状,用指甲可以划破。

(12)完熟期　植株籽粒干硬,籽粒基部出现黑色层,乳线消失,并呈现出品种固有的颜色和光泽,如黑龙江省的安全成熟期在9月15～20日。一般大田或试验田,以全田50%以上植株进入该生育时期为标志。

(四)玉米的生育阶段

在玉米一生中,按形态特征、生育特点和生理特性,可分为3个不同的生育阶段。即苗期(从出苗至拔节)、穗期(从拔节至抽雄)、花粒期(从抽雄至成熟)。苗期是玉米生根、长叶、分化茎节的营养生长阶段,以根生长为中心。保证一播全苗、苗匀,促进根系生长,培育壮苗是该期田间管理的中心任务。穗期既有根、茎、叶旺盛生长,也有雌雄穗的快速分化发育,大喇叭口期以前植株以营养生长为主,其后转为生殖生长为主。株壮穗大是穗期田间管理的中心任务,促进根系健壮发达,争取茎秆中下部节间短粗坚实,中部叶片宽大色浓。花粒期光合产物向籽粒转移,籽粒迅速生成、充实,防灾防倒,争取粒多、粒大、粒饱、高产,是该阶段田间管理的中心任务。玉米的一生如图 4-5 所示。

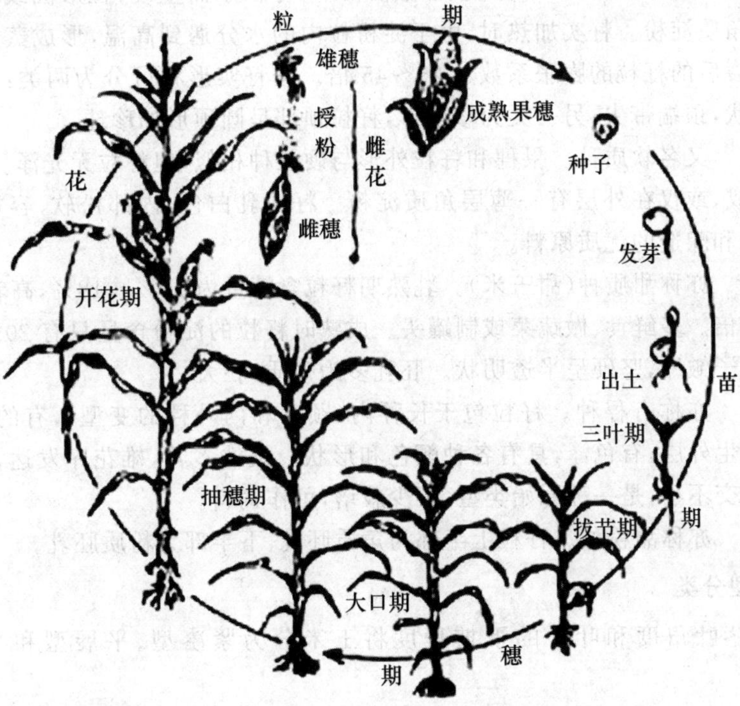

图 4-5 玉米的一生

二、玉米的类型

按照不同的划分方法,玉米分为不同的类型。

(一)按生育期长短分类

按生育期长短将玉米分为早熟品种、中熟品种和晚熟品种。

(二)按籽粒特征分类

(1)硬粒型 亦称硬粒种或燧石种。果穗多为圆锥形,籽粒坚硬饱满,平滑,有光泽。籽粒顶部和四周胚乳均为角质淀粉,仅中部有少量粉质淀粉。角质胚乳环生于外层,故籽粒外表透明,多为黄色。品质较好,适应性强,成熟较早,产量低较稳定。

(2)马齿型 亦称马牙种。果穗多呈圆柱形,籽粒扁平呈方形或长方形。角质胚乳分布于籽粒两侧,中央和顶部为粉质胚乳,成熟时顶部失水干燥较快,故籽粒顶部凹陷如马齿状。多为黄白两色,不透明,品质较差。植株高大,需肥水较多,产量较高。

(3)半马齿型 亦称中间型。籽粒顶端凹陷不明显或呈乳白色的圆顶,角质胚乳较多,种皮较厚,边缘较圆。植株、果穗的大小、形态和籽粒胚乳的特性都介于硬粒型与马齿型之间,籽粒的颜色、形状和大小具有多样性,产量一般较高,品质比马齿型好,是各地生产上普遍栽培的一种类型。

(4)糯质型 亦称蜡质型。胚乳全部为角质淀粉组成,籽粒不透明,坚硬平滑,暗淡无光泽如蜡状,水解后易形成胶黏状的糊精。蜡质型玉米的胚乳,遇碘呈褐红色反应。此种最早发现于我国,主要作为鲜食或食品玉米。

(5)爆裂型　亦称爆裂种。果穗较小,穗轴较细,籽粒小而坚硬,粒形圆或籽粒顶端突出,胚乳几乎全为角质淀粉。籽实加热时,由于淀粉粒内的水分遇到高温,形成蒸汽而爆裂,籽粒胀开如花。爆裂后的籽粒的膨胀系数达25~45倍。按籽实形状可分为两类:一类为米粒形,籽粒小如稻米状,顶端带尖;另一类为珍珠形,籽粒顶部呈圆顶形如珍珠。

(6)粉质型　又名软质种。果穗和籽粒外形与硬粒种相似,但籽粒无光泽。籽粒胚乳完全由粉质淀粉组成,或仅在外层有一薄层角质淀粉。籽粒乳白色,内部松软,容重很低,容易磨粉,是制造淀粉和酿造的优质原料。

(7)甜质型　亦称甜质种(甜玉米)。乳熟期籽粒含糖量为10%~18%,高者达25%,比普通玉米高2~4倍。多鲜食、做蔬菜或制罐头。成熟时籽粒的淀粉含量只有20%左右,脱水后表现凹陷,使种子皱缩,坚硬呈半透明状。胚乳多为角质,胚大。

(8)有稃型　亦称有稃种。籽粒包于长稃内(颖片和内外稃的变型),有的具芒。籽粒坚硬,角质胚乳环生外层,有色泽,具有各种颜色和形状。植株多叶,雄花序发达,常有着生籽粒的现象,高度自交不孕,是一种原始类型,很少栽培,可作饲料。

(9)甜粉型　亦称甜粉种。籽粒上半部为角质胚乳,下半部为粉质胚乳。

(三)按株型分类

依据植株茎叶角度和叶片的下披程度将玉米分为紧凑型、平展型和半紧凑型三种类型。

(1)紧凑型　表现为果穗以上叶片直立、上冲,叶片与茎秆之间的夹角小于30°。植株中部叶片比较长,而上部和下部叶比较短。紧凑型玉米群体的透光性能较好,对光能的利用率高,特别适合于高密度种植,具有较高的群体生产潜力,是目前高产玉米的主要类型。

(2)平展型　表现为果穗叶以上叶片平展,叶尖下垂,叶片与茎秆夹角大于45°。植株上部叶片较长,下部叶片较短,个体粗壮,群体透光性能差,不宜高密度种植。

(3)半紧凑型　株型介于紧凑型和平展型之间。

(四)按玉米利用途径和经济价值分类

可分为高油玉米、糯玉米、甜玉米、爆裂玉米、优质蛋白玉米、青饲青储玉米、高淀粉玉米、笋玉米等。

想一想:

玉米还有哪些类型?

三、玉米的生长环境

(一)玉米对光照的要求

玉米是短日照作物,喜光,全生育期都要求强烈的光照。出苗后在8~12 h的日照下,发育快、开花早,生育期缩短,反之则延长。保证玉米正常生长发育的最少日照时数一般要求从播种至乳熟每天至少7~9 h,乳熟至成熟每天要大于8 h。玉米的光补偿点较低,故不耐阴。玉米是喜光作物,属于C_4植物,与小麦、水稻等C_3作物相比,玉米的光饱和点较高,即使在盛夏中午强烈的光照下，也不表现光饱和状态。因此，要求适宜的密度，一播全苗、要匀留苗、留匀苗，否则，光照不足、大苗吃小苗，造成严重减产。

出苗后，如果长期处于短日照条件下，发育加快、植株矮小、提早抽雄开花而降低产量；如果处于长日照条件下，植株增高、茎叶繁茂、抽雄开花期延迟，甚至不能开花结实。玉米在强光照下，净光合生产率高，有机物质在体内移动得快，反之则低、慢。因此，在保证成熟的条件下，日照时数多，光照强，则产量高。

(二)玉米对温度的要求

玉米原产于热带，属于喜温、对温度反应敏感的作物。目前应用的玉米品种生育期要求总积温在 1 800～2 800℃。一般来说，温度较高时，生育期相应缩短，相反，则生育期延长。夏玉米的生育期比春玉米的短。不同生育时期对温度的要求不同，在土壤、水、气条件适宜的情况下，玉米种子在 10℃能正常发芽，以 24℃发芽最快。拔节最低温度为 18℃，最适温度为 20℃，最高温度为 25℃。开花期是玉米一生中对温度要求最高、反应最敏感的时期，最适温度为 25～28℃。温度高于 32～35℃，大气相对湿度低于 30%时，花粉粒因失水失去活力，花柱易枯萎，难于授粉、受精。所以，只有调节播期和适时浇水降温，提高大气相对湿度才能保证授粉、受精、籽粒的形成。花粒期要求日平均温度在 20～24℃，当气温降至 20℃粒重增加缓慢，降至 18℃粒重增加显著减慢，当降至 16℃粒重不再增加。如遇低于 16℃或高于 25℃，影响淀粉酶活性，养分合成、转移减慢，积累减少，成熟延迟，粒重降低减产。

(三)玉米对水分的要求及排灌

玉米需水较多，除苗期应适当控水外，其后都必须满足玉米对水分的要求，才能获得高产。玉米需水多受地区、气候、土壤及栽培条件影响。据资料证明，每公顷产 7 500 kg 的夏玉米耗水量约 4 500 m^3，形成 1 kg 籽粒大约需水 700 kg。还证明耗水量随产量提高而增加。玉米各生育时期耗水量有较大的差异。由于春、夏玉米的生育期长短和生育期间的气候变化的不同，春、夏玉米各生育时期耗水量也不同。总的趋势为：从播种到出苗需水量少。试验证明，播种时土壤田间最大持水量应保持在 60%～70%，才能保持全苗；出苗至拔节，需水增加，土壤水分应控制在田间最大持水量的 60%，为玉米苗期促根生长创造条件；拔节至抽雄需水剧增，抽雄至灌浆需水达到高峰，从开花前 8～10 d 开始，30 d 内的耗水量约占总耗水量的一半。该期间田间水分状况对玉米开花、授粉和籽粒的形成有重要影响，要求土壤保持田间最大持水量的 80%左右为宜，是玉米的水分临界期；灌浆至成熟仍耗水较多，乳熟以后逐渐减少。因此，要求在乳熟以前土壤仍保持田间最大持水量的 80%，乳熟以后则保持 60%为宜。如天津市地处华北平原东部滨海地区，玉米生育期间降水特点是两头少、中间多。即 4、5 月份少，6、7、8 月份较多，9 月份又较少，总降水量略高于玉米需水量，但变化不定、分布不均。所以，应根据具体情况进行灌水和排水。通常，播前要浇底墒水；大喇叭口期和抽雄后 20 d 左右，分别浇攻穗和攻粒水；当水分不足、叶片卷曲、近期又无雨时，应立即浇水，反之则可不浇。如果雨水多，田间积水，应及时排水，防止根系窒息死株。发芽出苗、幼苗期，应注意散墒，防止烂种芽涝。

(四)玉米对土壤的要求及改土

玉米对土壤条件要求并不严格，可以在多种土壤上种植。但以土层深厚、结构良好，肥力水平高、营养丰富，疏松通气、能蓄易排，近于中性，水、肥、气、热协调的土壤种植最为适宜。玉米地深耕以 33 cm 左右为宜，并注意随耕多施肥，耕后适当耙、勤中耕，多浇水，促进土壤熟化，逐步提高土壤肥力。改良土壤，根据具体情况，适当采用翻、垫、淤、掺等方法，改造土层，调剂土壤。土层厚逐渐深耕翻，加深土层，增加风化，加厚活土层；对土体中有砂姜、铁盘层的，深翻中拣出砂姜、铁盘，打破犁底层；对土层薄、肥力差的地块，应逐年垫土、增施肥料，逐步加厚、培肥地力；对河灌区，可以放淤加厚土层改良土壤；对沙、黏过重的土壤，采取沙掺黏、黏掺沙调节泥沙比例到 4 泥 6 沙的壤质状况，达到上粗下细、上沙下壤的土体结构。

玉米丰产必须要具有良好的土壤条件：

(1)熟化土层深厚(20～40 cm)，土壤结构良好。

(2)疏松通气，沙壤土较好。

(3)耕层有机质和速效养分含量高，pH 最适宜范围为 6.5～7.0。

(4)土壤渗水，保水性能好。

(五)玉米对养分的要求及施肥

玉米生育期短，生长发育快，需肥较多，对氮、磷、钾的吸收尤甚。其吸收量是氮大于钾，钾大于磷，且随产量的提高，需肥量亦明显增加；当产量达到一定高度时，出现需钾量大于需氮、磷量。如对每公顷产 4 500 kg 的玉米进分析，得到吸收氮、磷、钾的比例为 2.5∶1∶1.5；每公顷产 6 000 kg 时为 2.4∶1∶1.7；每公顷产 7 560 kg 时则为 3∶1∶4。钙、镁、硫、铁、锌、铜等元素严重不足时，亦能影响产量，特别是对高产栽培更为明显。玉米不同生育时期对氮、磷、钾三要素的吸收总趋势：苗期生长量小，吸收量也少；进入穗期随生长量的增加，吸收量也增多加快，到开花达最高峰；开花至灌浆有机养分集中向籽粒输送，吸收量仍较多，以后养分的吸收逐渐减少。可是，春、夏玉米各生育时期对氮、磷、钾的吸收总趋势有所不同，到开花、灌浆期春玉米吸收氮仅为所需氮量的 1/2，吸收磷为所需量的 2/3；而夏玉米此期吸收氮、磷均达所需量的 4/5。此外，中、低产田玉米以小喇叭口至抽雄期吸收量最多，开花后需要量很少；高产田玉米则以大喇叭口期至籽粒形成期吸收量最集中，开花至成熟需要量也很大。因此，种植制度不同，产量水平不同，在供肥量、肥料的分配比例和施肥时间均应有所区别、各有侧重。试验证明，玉米生长所需养分，从土壤中摄取的占 2/3，从当季肥料中摄取的只占 1/3。籽粒中的养分，一部分由营养器官转移而来，一部分是生育后期从土壤和肥料中摄取的养分在叶片等绿色部分制造的。以氮素为例，57%由营养器官转移而来，40%左右来自土壤和肥料。因而施肥既要考虑玉米自身生长发育特点及需肥规律，又要注意气候、土壤，地力及肥料本身的条件，做到合理用肥，经济用肥。玉米施肥应以基肥为主，追肥为辅；有机肥为主，化肥为辅；氮、磷、钾配比，“三肥”底施。应促、控结合，既要搭好身架，又要防止徒长，确保株壮、穗大、粒重、高产不倒。

(六)玉米对二氧化碳的要求

玉米具有 C_4 作物的特殊构造，从空气中摄取二氧化碳的能力极强，远远大于麦类和豆类作物。玉米的二氧化碳补偿点为 1～5 mg/m^3，说明玉米能从空气中二氧化碳浓度很低的情况下摄取二氧化碳，合成有机物质。玉米是低光呼吸高光效作物。

想一想：

还有哪些环境因素对玉米的生长有影响？

子项目二 玉米播前准备

一、选地与选茬

(1)选地 选择地势平坦，耕层深厚(土层厚度 80 cm 以上为宜)，肥力较高，营养元素丰富，保水保肥性能好，排灌方便的地块，土壤 pH 在 5～8，最好为 6.5～7.0，土质以黑土、黑黄土或沙壤土为宜，不宜选白浆土和盐碱土。

(2)选茬 前茬未使用长残效除草剂的大豆、小麦、马铃薯或玉米等肥沃的茬口，不要选用甜菜、向日葵、白菜等耗地较大的前茬。

二、整地与施肥

(一)耕整地

玉米播前土壤耕作包括深松、翻地、耙地、平整等工作任务，以下介绍玉米播种前进行的主要的土壤耕作方法。

1. 平翻耕法

平翻耕法是始终保持平整的耕作方法，由翻地、耙地和耢地等项作业组成，翻地的过程是把上下土层交换位置，并把土地表面的大量草籽、害虫、病菌孢子、作物残茬落叶或有机肥翻到下面去，而把底土翻上来，也称基本耕作。一般由机引铧式犁或畜力引犁完成。翻地深度一般 14～18 cm 为浅翻，20～22 cm 为普通深度，22 cm 以上为深翻。耕翻方法包括全翻垡、半翻垡和分层翻垡。

2. 垄作耕法

垄作是创造人为小地势的土壤耕作方式，一般多用旧式畜力犁，或向两边分土的耠子，在播前或在作物行间将土分向两侧成一个高垄，培土的多少、垄的高低视作物栽种要求而定。一般垄高 14～18 cm，垄距 60～70 cm。

3. 旋耕法

利用旋耕机一次完成耕、耙、平、压等作业。一般耕深 12～15 cm。在南方水田上整地极为普遍，华北地区常用于麦茬整地，近年来也有用于秋耕整地，具有方便、效率高的特点，但也容易破坏土壤结构，长期应用旋耕会使耕层变浅。多次旋耕后应适当进行一次深耕深松。

4. 少耕或免耕法

少耕或免耕法是防风蚀、水蚀、减少水分蒸发的耕作方法，可根据当地条件结合具体情况适当采用。耕地质量的一般标准见表 4-1。

表 4-1 耕地质量的一般标准

项目	评价等级		
	优等	合格	不合格
时期	于规定的前半期完成	于规定期内完成	延晚
宜耕性	宜		不适宜
深度	符合规定	宜	偏差大于 1 cm
耕深均匀性	全部耕地上保持一致	偏差小于 1 cm	偏差大于 1 cm
漏耕	无	偏差小于 1 cm	有
立、回垡	无	无	有
残茬、杂草	全部深埋	无	超过 5 处
地头、地边、地角	全部耕到	未埋杂草、残茬，在 $1hm^2$ 地上不超过 5 处 全部耕到	未全部耕到

5. 镇压

用机械播种多采用环形镇压器镇压；用耧播种的平作区多用石磙或木磙镇压；东北地区春季较干旱，一般在播种后，人工用脚在播种行上踩 1～2 遍（踩格子），然后再用木磙镇压 1 次。

6. 耢地

耢地又称盖地、擦地和耱地。

耢地经常与耙地连接使用。耙后耢地可耢平耙沟，平整地面，使地面形成一层紧密面疏松的覆盖层，减少蒸发。在冬季雨雪较多，经过冻融变酥的坷垃，可用耢地来破碎，春季雨后地面形成结皮的土壤，也可用耢地代替耙地来疏松表层。在镇压后为防止板结和水分丢失，也经常耢地。是平土，并有碎土和紧土的作用。在干旱地区能减少地面蒸发，起到保墒作用。耢地作用于表土的深度一般为 3 cm。耢地的工具是用荆条或其他耐摩擦树条编在框上而成。耙地质量的一般标准见表 4-2。

表 4-2 耙地质量的一般标准

项目	优等	合格	不合格
时期	规定的前半期完成	在规定期内完成	延期超过 2 d
宜耕性	宜	宜	不宜
耙深	符合规定	偏差在 1 cm 以内	偏差超过 1 cm
碎土程度	$1\ m^2$ 内少于 3 个土块	$1\ m^2$ 内有 3～5 个土块	$1m^2$ 超过 5 个土块
漏耙	无	无	有
地表平整度	平	平	不平
杂草、残茬切割情况	全部切割	全部切割	未全部切割

（二）秋整地

秋整地指的是秋季进行整地，秋整地是农村秋季工作的组成部分，是一季管两年的重要环节。东北秋、冬、春降水量少，只有保住土壤中有限的水量不失墒，春播时才能保证及时播种，出全苗、出齐苗、出壮苗。实践证明秋整地比春整地好，秋整地的项目有平翻、深翻、深松、旋耕、耙地、起垄、根茬粉碎还田等多项作业，它们的作用与好处各有各的不同。秋整地的好与坏，直接影响到农作物的产量与品质，关系到农民的经济收入。

(三)玉米需肥规律与施肥

1. 玉米施肥规律

(1)玉米整个生育期内对养分的需求量　玉米属于需肥较多的作物,通常随着产量的提高,所需营养元素量也增加。玉米全生育期从土壤中吸收多种矿质营养元素,其中以氮素最多,钾次之,磷居第三位。玉米对微量元素尽管需求较少,但不可忽视,特别是随着施肥水平的提高,微肥的增产效果更加明显。综合国内外资料,一般每生产 100 kg 籽粒,需要吸收氮 2.2～4.2 kg,磷(P_2O_5)0.5～1.5 kg,钾(K_2O)1.5～4 kg,肥料三要素比例约为 3∶1∶2。其中春玉米每生产 100 kg 籽粒,吸收氮、磷(P_2O_5)、钾(K_2O)分别为 3.47 kg、1.14 kg 和 3.02 kg,氮∶磷∶钾为 3∶1∶2.7。

(2)不同生长时期玉米对养分的需求特点　玉米苗期生长缓慢,施足基肥,施好种肥可满足其需要。拔节以后至抽雄前,茎叶生长旺盛,是玉米一生中养分需求最多的时期,必须供应较多的养分,达到穗大、粒多的目的。抽雄吐丝以后,籽粒灌浆时间较长,需要供应一定量的肥、水,防止早衰,确保正常灌浆。春玉米需肥有两个关键时期,一是拔节至孕穗期,二是抽雄至开花期。

玉米营养临界期:临界期对养分需求并不大,但养分要全面,比例要适宜。这个时期营养元素过多过少或者不平衡,对玉米生长发育都将产生明显不良影响,而且以后无论怎样补充缺乏的营养元素都无济于事。

玉米营养最大效率期:玉米最大效率期在大喇叭口期。这是玉米养分吸收最快最大的时期。这期间玉米需要养分的绝对数量和相对数量都最大,吸收速度也最快,肥料的作用最大,此时肥料施用量适宜,玉米增产效果最明显。

①氮　春玉米从苗期到拔节期吸收的氮占总氮量的 9.24%,拔节期到授粉期吸收的氮占总量的 64.85%,授粉至成熟期,吸收的氮占总氮量的 25.91%。在玉米全生育期中,氮肥吸收有两个高峰期,一是拔节期,吸收量占总氮量的 25%左右;二是大喇叭口期至抽雄期,吸收量占总氮量的 30%左右。玉米氮素临界期通常在营养生长转向生殖牛长的时期。

②磷　春玉米苗期至拔节期吸收的磷占总磷的 4.3%,拔节期至授粉期吸收磷占总磷量的 48.83%,授粉期至成熟期,吸收的磷占总磷量的 46.87%。玉米磷素营养临界期在三叶期,一般是种子营养转向土壤营养时期。

③钾　春玉米苗期对钾的吸收积累慢,数量少,拔节前钾的积累量占总钾量的 10.97%,拔节后吸收量急剧上升,拔节到授粉期积累量占总钾量的 85.1%,籽粒形成期处于静止状态。

2. 玉米施肥技术

(1)基肥　有机肥、全部磷肥、1/3 氮肥、全部的钾肥做基肥或种肥。可结合犁地起垄一次施入播种沟内,使肥料施到 10～15 cm 的耕层中。所有的化肥都可作基肥。

(2)种肥　种肥是最经济有效的施肥方法。种肥的施用方法多种,如拌种、浸种、条施、穴施。拌种可选用腐殖酸、生物肥以及微肥,将肥料溶解,喷洒在玉米种子上,边喷边拌,使肥料溶液均匀地沾在种子表面,阴干后播种。浸种:将肥料溶解配成一定浓度,把种子放入溶液中浸泡 12 h,阴干后随即播种。条施、穴施:化肥适宜条施、穴施,做种肥化肥用量 2～5 kg。但肥料一定与种子隔开;深施肥更好,深度以 10～15 cm 为宜。尿素、碳酸氢铵、氯化铵、氯化钾不宜作种肥。

(3)追肥　剩下 2/3 氮肥作追肥。追肥分苗肥、秆肥、穗肥和粒肥四种追肥时期。

想一想：

玉米施肥中有哪些技巧？

三、优良品种的选用

(一)玉米优良品种选择原则

品种是指一个种内具有共同来源和特有一致性状的一类栽培植物，其遗传性稳定，且有较高的经济价值。选择优良玉米品种应遵从以下几点：

1. 要根据品种的生育期和热量要求选用适宜的良种

北方地区如为春玉米，应选用生育期较长，增产潜力较大的品种，但要保证其霜前成熟。通常选用品种生育期内所需的活动积温应低于当地玉米生长季节活动积温 200～300℃。如为夏玉米品种则应越早播越好，当然也得根据当年气候条件，抢时早播是夏玉米获得高产的重要条件。

2. 要根据当地的自然条件、生产条件选用良种

优良品种都有一定的适应性，对自然条件、生产条件有一定的要求。在土壤肥沃、肥水充足且生产管理水平又比较高的地区，可以选用增产潜力高、增产潜力大的高产良种；而在土壤贫瘠、肥水不足、生产水平较低的地区，应选择耐瘠薄、适应性强的良种。

3. 选择高产品种，但不能盲目

优良的玉米品种是高产的前提，其增产作用可达到 30%～50%，所以高产是品种选择的重要条件。但不能走入"好品种"必然高产的误区，玉米能否实现高产受气候条件、品种潜力和管理水平等多方面因素的影响，同时也需要良种与良法配合。因目前经销商较多，对品种介绍有时容易误导农民，切忌依价格和依单穗大小判断品种好坏。单穗大小只是个体性状，还应考虑单位面积穗数、穗粒数、百粒重等条件，即以群体性状判断平均品种产量。

4. 选择高抗逆性品种，降低生产风险

高抗逆性品种是指品种在生产过程中、没有明显缺陷，不出现倒伏、空秆、秃尖、晚熟及严重丝黑穗病等问题。作为品种的使用者，在要求品种高产的同时，还要注重其广泛的适应性和优良的综合性状，确保玉米种植高产、稳产和安全。

5. 选择在当地至少进行了 3 年以上试验示范的品种，新品种要先试种

在当地经过 3 年或更长时间的试验示范以后，基本上可以知道品种在当地的适应性。选择多年多点表现较好的品种，生产上出现各种灾难性损失的可能性就较小。如果出现感兴趣的新品种最好先试种，因为不同地区、不同栽培技术以及不同生产单位的种子都有差别，为避免不可挽回的损失，最好经过试验。

6. 选用的品种要适合加工、销售需要

随着玉米深加工的发展，优质专用玉米品种越来越多，粮饲兼用玉米、高淀粉玉米、优质蛋白玉米、高油玉米、糯玉米、甜玉米等都有相应的品种，可以根据需要适当选用。了解当前市场行情，不要使种出来的玉米无路可销。

7. 根据前茬作物进行选择

玉米品种的增产增收与前茬种植有直接关系。若前茬种植的是豆类作物，则土壤肥力较高，宜选择需要高肥水的高产品种；若前茬种植的是麦类，则宜选择耐瘠薄的稳产品种；同一个品种不宜在同一地块连续种植三四年，否则会出现土壤贫瘠、品种退化现象，导致减产。

8. 选用合法品种

合法品种是指经过专门的品种审定委员会审定通过的品种，这样的品种一般都具有高产稳产性和高抗逆性等特点，另外，在发生意外损失时可以获取赔偿。

想一想：

根据当地情况应该怎样选用优良品种？

（二）优良玉米种子的标准与鉴别

品种与种子是两个完全不同的概念，某个品种的表现好坏与其种子质量的好坏是不同的，即好品种也有好种子和孬种子之分，赖品种当中也有好种子和孬种子之分。所以确定了品种后，要确保种子质量。优良玉米种子的标准与鉴别如下：

种子质量根据纯度、净度、发芽率、水分四项指标评定等级。2008 年国家对玉米种子质量标准进行了修订。玉米杂交种分级标准见表 4-3。

表 4-3　玉米杂交种分级标准（GB/T 4404.01—2008）　%

种子类别	纯度	净度	发芽率	水分
单交种	≥96.0	≥99.0	≥85.0	≤13.0
双交种	≥95.0	≥99.0	≥85.0	≤13.0
三交种	≥95.0	≥99.0	≥85.0	≤13.0

1. 种子的外部形态特征

待播种的种子应整齐一致，大小均匀，饱满度好，果皮（或种皮）色泽鲜亮，无瘪粒、无破粒，无虫眼、无霉层。

2. 种子纯度鉴别

纯度是表示种子特征特性方面典型一致的程度，是种子品质的重要指标之一，用本品种的种子数占供检本作物样品种子数的百分率表示。国家种子质量标准对每种作物不同等级的种子均有非常严格的规定，该指标的鉴别往往需要花费一个生长周期的时间，因此选购时，除了选用信誉好的种子生产与经营单位外，还应该进行简单目测，看一批种子中有无明显的外观不一致的现象。

一般种子纯度不符合标准有以下几种情况：

（1）掺有商品粮。

（2）混有制种田中父本籽粒，父本属自交系，产量低。

（3）混有其他品种的种子，适应性不同，会影响产量。

（4）常见的是制种时母本去雄不彻底，质量不合格。

3. 发芽率鉴别

发芽率指测试种子发芽数占测试种子总数的百分比。如100粒测试种子有95粒发芽，则发芽率为95%。发芽率是检测种子质量非常重要的指标之一，农业生产上常常依此来计算用种量种子发芽率的计算公式：

$$发芽率=发芽的种子数/共检测的种子数\times 100\%$$

4. 净度鉴别

净度表示种子的干净程度，该指标虽然没有发芽率和纯度重要，但也不能忽视，尤其是夹杂在其中的一些杂草种子，会给农业生产带来很多麻烦。种子净度的鉴别方法：取一定量的种子，挑出异作物种子、破损种子、土块、石块等无生命杂质，以及菌核等有生命杂质，测出杂质占所取样的百分重量，衡量其是否符合品质要求。

5. 含水量鉴别

含水量是一个安全储藏指标，可用手摸或牙咬，通过手感等进行简单鉴别。对已经准备好的含水量偏高的种子进行晾晒，达到安全含水量以后方可储藏，以免霉变造成损失。

(三)北方地区几种主栽主推玉米品种

我国北方地区适宜种植的优良玉米品种见表4-4。

表4-4 北方地区优良玉米品种

品种名称	特征特性
海玉9	生育期107～112 d，需≥10℃活动积温2 285～2 380℃。抗旱，秆强，大斑病轻，丝黑穗病发病率12.9%。适于黑龙江省第三积温带西部平原区种植。
农大80	夏播玉米品种，全生育期在北京99.7 d，抗病性强，抗大斑病、小斑病、矮花叶病。适于北京地区夏播种植。
先正达408	生育期123 d，需≥10℃活动积温2 700℃左右。抗大斑病、灰斑病，中抗弯孢病，高抗丝黑穗病、纹枯病和玉米螟。适于内蒙古自治区呼和浩特市、鄂尔多斯市、兴安盟、赤峰市种植。
真金202	生育期116 d，需≥10℃活动积温2 500℃。中抗大斑病，抗丝黑穗病，高抗茎腐病，感玉米螟。适于内蒙古自治区呼伦贝尔市、兴安盟、通辽市、赤峰市、呼和浩特市种植。
绥玉7	生育期108 d，需≥10℃活动积温2 240～2 300℃。中抗大斑病，高抗丝黑穗病，耐黑粉病、青枯病及病毒病，根系发达抗倒，耐旱能力强。适于黑龙江省北部第三积温带种植，同时扩展到了吉林省的延边和敦化地区及内蒙古等地区。
垦玉6	生育期116 d左右，需≥10℃活动积温2 300℃。大斑病3级，丝黑穗病发病率17.2%。适于黑龙江省第二积温带中部平原区种植。
龙单32	生育期115 d，需≥10℃活动积温2 300～2 350℃，大斑病2～3级，丝黑穗病发病率2.2%～23.8%。适于黑龙江省第二积温带种植。
哈丰2	生育期110～115 d，需≥10℃活动积温2 300℃左右。抗丝黑穗病及玉米大斑病、小斑病。适于黑龙江省第二、三积温带，种植区广泛，适应龙单13、吉单27熟期区域均可种植。
唐抗5号	生育期春播105～115 d，夏播88～92 d，需≥10℃活动积温2 300℃左右。高抗矮花叶病、粗缩病、青枯病、茎腐病，抗大斑病、丝黑穗病，中抗褐斑病、小斑病，抗旱、耐涝、适应性广。适于在河北的唐、沧、廊、衡、石、保及京、津地区麦收后复播，黑龙江省第一、二积温带春播。
吉玉301	生育期129 d，需≥10℃活动积温2 700℃左右。中抗大斑病，高抗丝黑穗病，中抗茎腐病，感玉米螟。适于内蒙古自治区兴安盟、赤峰市、呼和浩特市、鄂尔多斯市种植。

续表 4-4

品种名称	特征特性
合玉 19 号	生育期 113 d,需≥10℃活动积温 2 340℃左右。中感大斑病,抗丝黑穗病,抗旱,耐低温。适于黑龙江省佳木斯地区第二积温带和第三积温带上限地区种植,以及牡丹江、齐齐哈尔、绥化等地区的第二积温带及第三积温带上限地区种植。
丰禾 10 号	生育期 127 d,需≥10℃活动积温 2 650℃左右。高抗丝黑穗病、小斑病,中抗弯孢菌叶斑病、茎腐病,抗大斑病、灰斑病、玉米螟。适于黑龙江省第一积温带上限种植。
先玉 335	生育期 98 d 左右,需≥10℃活动积温 2 680℃左右。大斑病 1～3 级,丝黑穗病发病率 14.3%～21.7%。适于黑龙江省第一积温带上限种植。
吉单 517	生育期 123 d,需≥10℃活动积温 2 600℃左右。抗大斑病、弯孢菌叶斑病、丝黑穗病,高抗灰斑病、茎腐病,抗玉米螟。适于黑龙江省中晚熟地区种植。
龙单 38	生育期 110 d 左右,需≥10℃活动积温 2 350℃左右。高抗玉米大斑病、丝黑穗病,耐黑粉病及青枯病。适于黑龙江省第二积温带下限、第三积温带上限种植。
克单 9 号	生育期 110 d 左右,需≥10℃活动积温 2 100℃左右。中感大斑病,丝黑穗病发病率 11%。适于黑龙江省第四至第五积温带的过渡区种植,如嫩江、五大连池市、伊春、黑河、逊克、嘉荫、东宁等市县。
京玉 7 号	夏播玉米品种,全生育期在北京 99.3 d。高抗大斑病、小斑病、矮花叶病、弯孢菌叶斑病。适于北京地区夏播种植。
伟科 702	生育期 135 d,需≥10℃活动积温 2 900℃左右。中抗大斑病、弯孢菌叶斑病、丝黑穗病,高抗茎腐病,中抗玉米螟。适于内蒙古自治区巴彦淖尔市、赤峰市、通辽市种植。
农大 108	春播生育期 120 d 左右,抗倒、抗旱、耐瘠薄。抗大斑病、小斑病、黑粉病和青枯病。适于东北、西北、华北地区春播种植。
中科 11 号	生育期 98.6 d,需≥10℃有效积温 2 650℃左右。高抗矮花叶病,抗茎腐病,中抗大斑病、小斑病、瘤黑粉病和玉米螟,感弯孢菌叶斑病。适于河北、河南、山东、陕西、安徽北部、江苏北部、山西运城夏玉米区种植。

四、种子处理

玉米在播种前,可通过晒种、浸种和药剂拌种等方法,增加种子生活力,提高种子发芽势和发芽率,减轻病虫危害,以达到出苗早和苗齐、苗壮的目的。

(1)种子精选　播种前要对种子进行粒选和筛选,除去瘦小、破碎、混杂、霉变和受病虫危害的种子。

(2)晒种　晒种一般在播前 10～15 d 进行,选晴天将种子均匀地摊在干燥向阳的晒场上(注意不能直接摊放在柏油路面或水泥晒场上,防止温度过高烫伤种子),厚度 5～10 cm 为宜,白天经常翻动,夜间堆起盖好,一般连晒 2～3 d 即可。

(3)种子包衣　种衣剂是由杀虫剂、杀菌剂、微量元素、植物生长调节剂、缓释剂、成膜剂等加工制成的药肥复合型产品,用种衣剂包衣,既能预防病虫,又可促进玉米生长发育,具有提高产量和改进品质的功效,在生产上应该尽快普及应用。

(4)种子发芽试验　通过种子发芽试验需要测定种子的发芽率和发芽势。种子发芽率高、发芽势强,表明出苗快而整齐,苗壮;如果发芽率高,发芽势弱,预示出苗不齐,弱苗多。一般来说,陈种子发芽率不一定低,但发芽势不高;新种子发芽率和发芽势均较高,因此要选用新种子。

子项目三 玉米播种技术

一、玉米播种期的确定

生产上当土壤表层 5～10 cm 深处温度稳定在 8～10℃时开始播种为宜。播种过早、过晚，对玉米生长都不利，同时要结合土壤温度、水分等条件。在当地适宜的播种期范围内适当早播可以延长玉米的生育期，促进果穗发育，籽粒饱满，提高成熟度和产量。但播期过早，温度低，出苗慢，容易出现烂种现象，或苗期受霜冻危害严重。同一纬度山区要适当晚播。盐碱地土壤温度达到 13℃以上播种较为适宜。北方地区在 4 月上中旬进行春玉米播种，6 月上旬进行夏玉米播种。如黑龙江省玉米播种适宜期是 4 月 15 日至 5 月初（省内第一积温区）和 4 月 25 日至 5 月 10 日（省内第二积温区）。

二、玉米种植密度的确定

玉米种植密度的确定要根据品种特性、栽培环境与条件等确定。应遵循的一般原则是：根据当地的自然条件、土壤肥力、栽培技术和品种特性来确定，保证玉米群体和个体协调生长，使产量构成因素中的穗数、穗粒数和穗粒重的乘积达到最大值。

（一）品种

1. 株型

叶片上冲、株型紧凑的品种可更密些，适宜种植密度为 67 500～75 000 株/hm^2；平展型玉米植株与叶片之间容易遮光，适宜稀植，适宜密度为 45 000～52 500 株/hm^2；中间型玉米也叫半紧凑型玉米，群体光分布介于紧凑型与平展型之间，种植密度适中，适宜密度为 52 500～60 000 株/hm^2。

2. 生育期

同一生产环境下，植株矮小的早熟品种茎叶量较小，需要的个体营养面积也较小，可适当密些，适宜密度为 60 000～67 500 株/hm^2，如果株型紧凑可增加至 75 000 株以上/hm^2；一般晚熟品种生长期长，植株高大，茎叶繁茂，单株生产力高，需较大的个体营养面积，应适当稀一些，适宜种植密度为 52 500～60 000 株/hm^2，紧凑型玉米可增加至 67 500 株/hm^2以上。

通常在购买种子的包装袋上有该品种的适宜种植密度。

（二）肥水条件

地力较差，施肥水平较低，又无灌溉条件的地区，种植密度应低一些，通常采用该品种适宜密度的下限值，每公顷减少 7 500 株左右；土壤肥力高、施肥较多、灌溉条件好的，因为肥水充足，较小的营养面积，即可满足个体需要，所以，密度可以增大，通常采用该品种适宜密度的上限值，每公顷增加 7 500 株左右。

（三）地形

丘陵梯田通风透光条件好，在土壤肥沃、有灌溉条件时，应采用该品种适宜密度的上限；低洼地通风条件差，如果土壤黏重，应采用该品种适宜密度的下限。

(四)土壤质地

沙壤土、壤土地土壤疏松，透光性好，营养分解快，利用率高，玉米根系吸收好，应采用该品种适宜密度的上限。黏土地，土质黏重，土壤紧实，浇水后易板结，不利于根系生长与吸收，易导致穗粒数和粒重的下降，宜采用该品种适宜密度的下限。总体上讲，玉米种植密度为一般轻壤土＞中壤土＞重黏土＞黏土。

(五)生态条件

短日照、气温高，可促进玉米生长发育，缩短从出苗到抽穗所需日数；反之，生育期就延长。因此，同一类型品种，南方的适宜密度高于北方，夏播可密些，春播可稀些。

三、玉米播种量和播深的确定

(一)播种量

玉米播种量因种子大小、发芽率高低、种植密度、播种方法和栽培目的而不同。一般种子大，发芽率低，种植密度大时，播种量应适当增加。反之，可适当减少。条播一般 45～60 kg/hm^2，点播 37.5～52.5 kg/hm^2。做青储的玉米播种量比正常播种量增加 25％。

$$播种量=\frac{公顷计划保苗数\times百粒重(g)}{发芽率(\%)\times净度(\%)\times10^6\times[1-田间损失率(\%)]}$$

在确定播种量的基础上进行播量调试。田间损失率一般按 10％～15％计算。

(二)播种深度

玉米播种深浅要适宜，覆土厚度要一致，才能保证种子出苗整齐一致，利于消除大小苗。正常条件下，播种深度 5～6 cm 为宜。若土壤水分不足，应适当深播，可达 6～7 cm。土壤水分充足或小粒种子，可浅些。玉米的适宜播种深度，要根据土壤性质、土壤水分、种子大小来决定。质地黏重，应浅播；反之，质地疏松沙质应深些。大粒种子可深些，小粒可浅些。

四、玉米的播种方法

玉米播种方式主要有条播和点播两种。

(1)条播　条播又分为机播、耧播、犁播等，以机条播为好。

(2)点播　点播是将种子按株行距点种在沟内、穴内的一种播种方式。点播可以节省播种量，但费工。点播又分为机械精量点播和人工按行株距穴(点)播。人工点播容易出现播深不一致，出苗不齐的现象。

五、玉米的种植方式

玉米为非分蘖增产作物，单产提高的主要影响因素为密度，在种植方式上均围绕合理密度的确定为主，选择适宜的种植方式。玉米种植方式是指玉米种植时植株在田间布局的形式，主要涉及行距宽窄、株距大小以及植株在田间布局的均匀程度等。总的来讲有三种方式，即穴播、等行距种植、大小行种植。

(1)穴播　穴播也就是过去所讲的“一埯多株”，目前多用于那些不适宜机械化作业甚至不能使用牲畜作业的地块或水土容易流失的坡岗地。

(2)等行距种植　等行距种植指的是种植的行距相等，一般为 60～70 cm，株距随密度而定。

(3)大小行种植　大小行种植也称大小垄种植、宽窄行种植，指的是行距一宽一窄，宽行 80～90 cm，窄行 40～50 cm。

其中，等行距种植和大小行种植这两种种植方式是与现代农业及简化栽培相适应的种植方式。目前，我国玉米种植主要以等行距种植和宽窄行种植为主。

六、玉米播种质量的检查

(一)基本标准

玉米开沟、播种、覆土、镇压等需要一次性作业完成。播种粒距变异系数<40%，合格率<95%；双粒率(株距<5 cm 为双粒)<10%；空穴率(株距>28 cm 的为空穴)<5%。播深误差不超过 1 cm。行距一致，往复结合线不超过 5 cm，百米弯曲度不超过 10 cm。

(二)高产技术的机械播种质量检查验收标准

(1)行距误差不得超过 3 cm，六行播幅积累误差不大于 5 cm，邻接行误差不大于 7 cm，平均穴距误差不超过规定的 1/10。

(2)播种量和施肥量经过转动地轮实查，误差不超过规定量的±5%。全部地无漏播，地头起落整齐，并补好地头。

(3)播后种子全部播在湿土中(种子上面应有湿土覆盖着)，播种深度(按踩实后的土层计算)误差不超过规定的±1.5 cm，无露种现象。

(4)镇压不偏墒，种床压实均匀，压后地表有 0.5～1 cm 松土覆盖苗眼上，无龟裂现象。

(5)防风楼明显。

(6)保苗穴数及保苗率达到 90%，出苗整齐、健壮。

想一想：

玉米播种中有哪些注意事项？

子项目四　玉米田间管理技术

一、玉米生产苗期管理

(一)玉米苗期生育特点

(1)从器官建成角度讲　处于营养生长时期，主要生长发育的是植株的营养体，器官有根、茎、叶。

(2)从生长角度讲　其生长速度较慢，生长量较小，这一时期地面覆盖度较低，地面蒸发量较大，光合作用形成的产物也少，但这一时期根系生长较快，应创造良好的土壤通透条件，促进根系发育，形成庞大的根系。

(3)从新陈代谢角度讲　以代谢为主，其光合产物主要用于器官建成，这时期应保证氮的充足供给。

(4)从养分供给角度讲　三叶期以前靠种子胚乳的养分来建造营养体，这一时期生长发育的矛盾比较少，对外界环境的要求主要是土壤通气状况。

(二)玉米苗期对环境条件的要求

1. 温度

温度是影响幼苗生长的重要因素，在一定温度范围内，温度越高，生长越快。当地温在20～24℃时，根系生长健壮；4～5℃时，根系生长完全停止。玉米在苗期具有一定的抗低温能力，在出苗后20 d内，茎生长点一直处在地表以下，此期短时间遇－2～－3℃的霜冻也无损于地表以下的生长点。当－4℃低温持续1 h以上时，幼苗才能受到冻害，甚至死亡。苗期受到一般的霜冻，只要加强田间管理，幼苗在短期内尚能恢复正常生长，对产量不至于造成明显的影响。苗期一般的低温虽不能使植株死亡，但削弱对磷的吸收能力，叶片出现暗绿或紫红色。所以春玉米采取垄作覆膜方式，对提高地温，促进幼苗生育有一定作用。

2. 水分

玉米苗期由于植株较小，叶面积不大，蒸腾量低，需水量较小，同时种子根扎得较深，所以耐旱能力较强，但耐涝能力较弱，水分过多也影响玉米生长发育。此期玉米所需要的水分占玉米一生所需水分总量的21%～23%。土壤适宜含水量应保持在田间最大持水量的65%～70%。

玉米苗期有耐旱怕涝的特点，适当干旱有利于促根壮苗。土壤绝对含水量12%～16%比较适宜，土壤中水分过多，空气缺乏，容易形成黄苗、紫苗，造成“芽游”。

3. 养分

玉米幼苗在3片叶以前，所需养分由种子自身供给，从第4片叶开始，植株才从土壤中吸收养分。这个时期根系和叶片都不发达，生长缓慢，吸收养分较少。苗期吸收的氮量占全生育期所需总量的6.5%～7.2%。氮不足，苗弱且黄，根系少，生长缓慢。反之，氮过多，地上部分生长过旺，根系反而发育不良。对磷的需要量此期占全生育期所需总量的2%～3%。缺磷时根系发育不良，苗呈紫红色，生长发育延迟。4片叶以后对磷反应更敏感，需要量虽然不大，但不可缺少，原因在于磷有利于根系生长发育，并能促进对氮的吸收，此期为玉米需磷的临界期，一直到8叶期仍是需磷的重要时期。苗期对钾的吸收量占全生育期所需总量的6.5%～7.0%。充足的钾能促进对氮的吸收，有利于蛋白质形成。缺钾时植株生长缓慢，叶片是黄色或黄绿色，叶片边缘及叶尖干枯，呈灼烧状。锌不足时，植株发育不良，节间缩短，叶脉间失绿，出现黄绿条纹，缺锌严重时叶片呈白色，通常称之为“花白苗”。玉米苗期需要有适量的养分供应，才能保证植株正常生长发育的需要。幼苗期所需养分一是从土壤中吸收，二是从施入的种肥中摄取。苗期根际局部施肥过多，会使土壤溶液浓度过高，导致小苗叶片灰绿，严重时叶片卷曲，甚至死亡，出现烧苗。所以，播种时种肥施入要适量，并要与种子保持一定距离，免得出现烧种烧苗现象。

(三)玉米苗情调查

1. 玉米苗期的几个阶段

玉米苗期是指播种至拔节的一段时间，是以生根、分化茎叶为主的营养生长阶段。本阶段的生长表现为：根系发育较快，但地上部茎、叶量的增长比较缓慢。为此，田间管理的中心任务就是促进根系发育、控制地上部生长，培育壮苗，达到苗早、苗足、苗齐、苗壮的“四苗”要求，为玉米丰产打好基础。该阶段又分播种和拔节期两个时期。

(1)播种至三叶期 一粒有生命的种子埋入土中，当外界的温度在8℃以上，水分含量60%左右和通气条件较适宜时，一般经过4～6 d即可出苗。等到长到三叶期，种子储藏的营养耗尽，称为“离乳期”，这是玉米苗期的第一阶段。这个阶段土壤水分是影响出苗的主要因素，所以浇足底墒水对玉米产量起决定性的作用。另外，种子的大小和播种深度与幼苗的健壮也有很大关系，种子个大，储藏营养就多，幼苗就比较健壮；而播种深度直接影响到出苗的快慢，出苗早的幼苗一般比出苗晚的要健壮，据试验，播深每增加2.5 cm，出苗期平均延迟1 d，因此幼苗就弱。

(2)三叶期至拔节期 三叶期是玉米一生中的第一个转折点，玉米从自养生活转向异养生活。从三叶期到拔节，由于植株根系和叶片不发达，吸收和制造的营养物质有限，幼苗生长缓慢，主要是进行根、叶的生长和茎节的分化。

玉米苗期怕涝不怕旱，涝害轻则影响生长，重则造成死苗，轻度的干旱有利于根系的发育和下扎。

2. 苗情调查及主要农艺措施

(1)查苗补种(补栽) 田间出苗后应及时检查，对漏播、地头、田间障碍物附近播种不方便的缺苗断垄处及时补种或补栽，以达到全苗。

(2)间苗定苗 密播作物通过调节播种量来控制基本苗，中耕作物虽然也调整了播种量，但实际出苗数仍然高于需要的苗数，玉米就是典型的需要间苗的作物。

①目的作用 调整幼苗的营养生长面积和光照条件，达到苗匀、苗齐、苗壮的目的，并保证合理密度的要求。

②间苗、定苗时间 间苗时间宜早，在胚乳已耗尽的三叶期进行，这时作物开始自养，根系开始增多，对营养非常敏感，间苗过晚，形成“高脚苗”。早间苗可增产5%～10%，玉米间苗最好在晴天下午进行。凡是病株、虫株、小株、弱株、杂株等都要去掉。一般结合铲地进行，间苗后每穴留两棵大小一致的植株，两棵之间有3～5 cm的距离。

定苗时间要适时，主要以当地的地下害虫危害程度而定，春玉米地下害虫多，幼苗生长慢，可稍晚，通常在五叶期开始定苗，也有在五叶期一次完成间定苗的做法。五叶期次生根已经长出，幼苗两极分化已定型，在正常情况下，一般不会因霜冻、病虫、干旱等灾害再造成缺苗。定苗时留叶数相当、高矮一致的壮苗，双株留苗要使两株有13～17 cm的距离。一般在空穴处留双株。

(3)根据苗情采取促控措施 春玉米苗期通常采取“蹲苗”措施控制其地上部生长，促进根系生长。玉米苗期耐旱，在底墒好的情况下，即使是水浇地，也要控制浇水次数和浇水量。有旺长倾向的玉米田，在拔节前后不要浇水，而是通过“蹲苗”或深中耕控制地上茎叶生长，促进根系深扎，蹲苗后，根量多，植株变矮，基部节间缩短增粗、茎叶不徒长，果穗着生部位降低，机械组织发达，扩大根系吸收范围，增强耐旱、抗倒能力。蹲苗长短，应根据品种生育期长短、土壤墒情、土壤质地、气候状况等灵活掌握。

二、玉米生产中期田间管理

(一)玉米生长中期的生育特点

玉米从拔节开始到雄穗抽出，经过30～35 d，这一时期被称为玉米生长中期，这个阶段的生长发育特点是:营养生长和生殖生长同时进行,即叶片、茎节等营养器官旺盛生长和雌雄穗等生殖器官强烈分化并形成。这一时期是玉米一生中生长发育最旺盛的阶段,也是田间管理最关键的时期。这一阶段田间管理的主要目的是解决营养生长和生殖生长的矛盾,中心任务就是促进中上部叶片增大,茎秆敦实的丰产长相,以达到穗多、穗大的目的。这一阶段营养条件的好坏,不仅影响营养器官的大小,而且更能影响繁殖器官的分化数量及分化持续时间。

1. 从器官建成角度讲

既有营养体的生长,又有生殖体的生长,根、茎、叶属于营养体,花、穗属于生殖体,这些器官全面生长,并且全部建成,不再增加。根系中的初生根增加分枝,次生根不仅增加分枝,而且增加次生根数,直到全部定长;叶片大量增加、展开,叶面积达到最大值;小花分化达到最高点,然后向两极分化。

2. 从生长角度讲

生长速度最快,生长量最大,不管是叶片、节间、分枝还是小花分化,都在这一时期建成;植株高度、叶面积、根数都在这一时期达最高值。

3. 从发育角度讲

既有营养生长,又有生殖生长;既有生长,又有发育,处在并进时期,而且是从营养生长向生殖生长、从生长向发育的转折。

如黑龙江省玉米进入拔节期,一般早熟品种已展开6～7叶,中熟品种已展开7～8片叶,中晚熟品种展开9～10片叶。穗期阶段新叶不断出现,次生根也一层层地由下向上生长,迅速占据整个耕层,原来紧缩在一起的节间迅速由下向上伸长。玉米根、茎、叶增长量最大,株高增加4～5倍,75%以上的根系和85%左右的叶面积均在此期间形成。雄穗、雌穗不断分化形成,干物质逐渐增加,植株各部器官的生理活动都非常旺盛,从拔节开始转入了营养生长和生殖生长并进阶段。

(二)玉米生长中期的主攻方向

苗期主攻方向的核心是培育壮苗,中期是在壮苗的基础上,原则上促控结合,前控后促。玉米的主攻方向是壮秆大穗,防倒伏,减少小花退化,提高小花结实率,增加粒数。

(1)壮秆。是要蹲住基部各节间稳健伸长,最终基部节间要短,穗下节间要长,其余各节间和株高控制在适宜的范围内,这样才能防止倒伏,穗粒重增高。

(2)大穗。是指穗子要大,每穗的小穗数多、小花分化多。

(3)减少小花退化,提高小花结实率,增加粒数。这是中期管理的目的,减少小花退化,提高小花结实率,是增加粒数的主要途径。

(三)玉米追肥技术

玉米是一种高产作物,需肥量较大,根据玉米的需肥规律,确定合理的施肥方法,明确适宜的用肥比例,才能实现玉米稳产高产。而玉米追肥是玉米生长期满足玉米生长发育养分需要的补充,是实现玉米优质丰产的必要保证。

1. 追肥方案

玉米形成一定产量,需要从土壤和肥料中吸收相应的养分,产量越高,需肥料越多,根据产量水平、地力条件选择相适应的追肥方案十分必要。现有3种追肥方案可供选择:

高产田，地力基础好，追肥数量多，最好采用轻追苗肥、重追穗肥和补追粒肥的追肥方法：苗肥用量占总追肥量的30%，穗肥约占50%，粒肥约占20%。

中产田，肥力基础较好，追肥数量较多，宜采用施足苗肥和重追穗肥的二攻施肥法：苗肥约占40%，穗肥约占60%。

低产田，地力基础差，追肥数量少，应采用重追苗肥和轻追穗肥的追肥方法：苗肥约占60%，穗肥约占40%。

2. 追肥时间

依据玉米一生的需肥规律，在最佳的施肥时期进行追肥，就能充分发肥效，起到增产、增收的作用。

(1)苗肥　有促根、壮苗和促叶、壮秆之功效，为丰产搭架子，为穗大打基础。苗肥除施用速效氮肥外，还可同时施入磷肥和钾肥，亦可施入腐熟的有机肥。

(2)穗肥　玉米大喇叭口期正处在营养生长和生殖生长并进期，生长旺盛，需肥量大。这时施肥，既能满足穗分化对养分的要求，又能提高中上部叶片的光合作用率，使运入果穗的养分多，促进粒多和粒重。

(3)粒肥　玉米抽雄至开花期，转入生殖生长，施粒肥能延长绿叶功能期，提高光合作用效率，增加光合产物的积累，促进粒多、粒重。

另外，玉米生长后期叶面喷施磷肥，对促进养分向籽粒运输，增加千粒重有明显作用。一般用0.4%～0.5%磷酸二氢钾水溶液或用3%～4%的过磷酸钙澄清浸出液，每公顷用1 125～1 500 kg喷于茎叶上，效果显著。

3. 追肥浓度和部位

合适的施肥浓度和部位，能充分发挥肥效、减少肥料的损失，起到经济有效的施肥作用。用氮素化肥作追肥，必须深施入土，才能充分发挥肥效，提高氮肥利用率。一般氮肥深施10 cm左右为宜。苗肥施在距植株10～12 cm处，穗肥施在距植株15～20 cm处，有利于植株吸收利用。

4. 追肥方法

玉米生产中常用的追肥方法有三种，即垄台撒施，大犁蹚土覆盖；人工刨坑深施，覆土，再蹚一犁覆盖；垄沟追肥。

这三种方法效果最好的是人工垄台刨坑蹚土覆盖，这种方法不仅施肥深，而且覆盖严，比垄上撒施的增产3%～12%。其次是垄沟追肥，这种方法优点是方便省事，不足之处是肥料距根系密集区稍远，影响吸收，在使用时一定要求犁后有较多的坐犁土，把肥料盖严。垄台撒施的有时封垄不严，肥料裸露在外面，损失严重。玉米追肥深度在距植株7～10 cm处最有利于玉米根系吸收利用，若超过10 cm，肥料会流失，少于5 cm，会造成烧苗。施肥后及时覆土或结合铲耥二遍地覆土。

5. 追肥次数

玉米追肥在拔节期进行，如是用作追肥的数量较大，还可留作一部分在大喇叭口期(中熟品种10～11展叶期、中晚熟品种11～12展叶期、晚熟品种12～13展叶期)进行第二次追肥。两次追肥的分配原则是，第一次应占追肥总量的2/3，第二次占1/3。沙质土等轻质土壤，保肥性差，要少量多次追肥，以防止氮素的淋失。

6. 追肥数量

玉米追肥应根据土壤肥力、品种需肥特性、品种熟期等适量追肥，以满足玉米生长发育所需。土壤地力较薄的地块应加大追肥量，反之可适当少些。高肥力地块，尿素用量为 250～300 kg/hm^2；中肥力地块，尿素用量为 275～350 kg/hm^2；低肥力地块，尿素用量为 300～400 kg/hm^2。对于喜肥玉米品种，如四密 25、通吉 100 等，应加大追肥量，满足品种对肥料的需要，充分发挥品种增产潜力，尿素用量 300～400 kg/hm^2；对于不喜肥玉米品种，如四密 21 和吉单 180 等，应适当减少追肥用量，尿素用量每公顷 225～300 kg/hm^2。早熟品种追肥量少于晚熟品种，每公顷追施尿素 200 kg 左右。另外因密度和栽培方式不同，追肥用量也不同。密度大应加大追肥量，如郑单 958，先玉 335 等；玉米大垄双行植或保护性耕作方式更应提高施肥水平，每公顷地追肥 300～400 kg。

7. 其他事项

土壤干旱情况下，依据气象预报，在雨前追肥。还要根据玉米田间长势、苗情状况适量追肥，缺肥地块应及时补施，加大追肥量。在贪青晚熟地块，要增施磷、钾肥，促使玉米早成熟。特别是低温冷害年份应早施少施氮肥，并配施一定数量的磷、钾肥，以促早熟，提高玉米商品品质。

想一想：

玉米追肥中还有哪些注意事项？

(四)玉米中耕管理

玉米的中耕指在玉米生育期间对土壤进行的耕作活动的总称，主要在出苗之后封垄之前进行。这期间由于降雨，人、畜、机等在田间操作，耕层结构由松变紧。玉米中耕采用手锄、中耕犁、齿耙和各种耕耘器等工具。中耕的时间和次数因作物种类、苗情、杂草和土壤状况而异。玉米中耕管理的五个要点：查苗、补种、育壮苗；适时中耕、除草、培土；除去田间杂草，铲除争肥、争水等因素，确保玉米生长有充足的肥、水；适时适量追肥；去掉无效果穗。

想一想：

玉米中耕管理有哪些注意事项？

三、玉米生产后期田间管理

(一)玉米生长后期的生育特点

玉米生长后期是指抽穗开花至成熟的一段时期，故又称为成熟期。这一时期的生育特点是以生殖生长为主，茎叶生长基本停止，生育中心是开花散粉和受精结实，是决定有效穗数、结实粒数和粒重的关键时间，这一时期田间管理的中心任务是为玉米开花授粉、灌浆结实创造良好条件，管理措施应是灌溉、排水、追施粒肥、去雄授粉等。

(二)玉米生长后期的管理措施

1. 灌溉排水

早施粒肥，玉米抽雄开花期是全生育期中需水量最多的时期，此时，叶面积最大，蒸腾和光合作用都很旺盛，同时雌雄开花授粉、灌浆都需要大量的水分，如果土壤水分不足，不仅影响矿质营养的吸收，也使有机养料制造运输受到抑制。所以应及时灌溉，改善田间小气候，提高大气相对湿度。玉米开花结实期是一年的多雨季节，防旱的同时又要注意排涝。大雨后要及时清沟排水，以免受涝灾引起植株发黄早衰，造成灌浆结实差。粒肥施肥时期在玉米雌穗抽丝始期，每公顷施尿素 75 kg 左右效果显著。

2. 人工辅助授粉

人工辅助授粉增产的原因是保证有足量的花粉和花丝接触，使花丝选择最适合的花粉来受精，从而产生饱满的籽粒，提高千粒重。人工授粉在不良条件下还可以减少秃顶、缺粒，达到增产的效果。如果结合隔行去雄效果会更显著，因为去雄后会减少水分、养分的消耗，使雌穗的养分更充足。

人工辅助授粉的方法步骤是：先进行采粉，最好用牛皮纸制成纸盘作为采粉器。一手执采粉器，一手将玉米雄穗轻轻拉偏摇动，使花粉落在采粉器内。花粉采集后应马上进行授粉，授粉器一般用毛笔、小刷或竹筒，授粉时将授粉器对准花丝轻轻抖动，使花粉均匀撒在花丝上即可。人工授粉要特别注意的问题是，取粉时露水要干，露水不干，花粉不多，而且花粉容易吸水膨胀破裂，失去生活力。受粉时温度过高也会影响花粉的生活力，因此一天之内授粉时间应掌握在没有露水时上午 8～11 时为最佳。

四、玉米病虫草害的发生与防治

(一)玉米病害

1. 玉米大斑病

玉米大斑病也称作玉米条斑病、玉米煤纹病、玉米斑病、玉米枯叶病，是我国北方地区玉米主要病害之一。一般减产 15%～20%，大发生年减产 50%以上。在整个玉米生育期均可感染大斑病。往往从植株下部叶片开始发病，逐渐向上扩展。苗期很少发病，抽雄后发病逐渐加重。

防治方法：

(1)以选用抗病品种为主。

(2)减少菌源。彻底清除病残株和病叶，远离田间进行焚烧，或深耕深翻，压埋病原；用玉米秸秆做堆肥时必须经高温发酵杀死病菌。

(3)加强田间管理。及时中耕，使植株健壮；注意排灌，降低田间湿度；实行轮作。

(4)施足基肥，增施腐熟磷钾肥。

(5)药剂防治。心叶末期到抽雄期或发病初期喷洒 50%多菌灵可湿性粉剂 500 倍液、70%甲基硫菌灵(甲基托布津)可湿性粉剂 500～800 倍液、75%百菌清可湿性粉剂 800 倍液、25%苯菌灵乳油 800 倍液、50%退菌特可湿性粉剂 800 倍液、40%克瘟散乳油 80～1 000 倍液、80%代森锰锌(大生)可湿性粉剂 500 倍液、农抗 120 水剂 200 倍液，隔 10 d 防一次，连续防治 2～3 次，每公顷喷药液量为 1 500 L 左右。重点防治三叶及上部叶片。

2. 玉米瘤黑粉病

玉米瘤黑粉病又称疖黑粉病、普通黑粉病，为局部侵染病害。一般山区比平原、北方比南方发生普遍而且严重。产量损失程度根据发病的时期、发病的部位及病瘤的大小有关，发生早而且病瘤大，在果穗上及植株中部发病的对产量影响大，减产高达 15%以上，整个生育期均可发病。

防治方法：

(1)种植抗病品种。早熟、耐旱、果穗苞叶长而紧裹的品种较抗病，硬粒型玉米较抗病，马齿型次之，甜玉米易感病。

(2)实行轮作。大面积的轮作倒茬是防治该病的首要措施，重病区至少要实行3～4年的轮作倒茬。

(3)种子处理。可用50%福美双可湿性粉剂，或50%克菌丹可湿性粉剂，或12.5%速保利可湿性粉剂，按种子重量的0.2%拌种；或用25%三唑酮可湿性粉剂按种子量的0.3%药量拌种；也可以用50%多菌灵按种子量的0.7%药量拌种。

(4)加强田间管理。适期播种，合理密植；加强肥水管理，避免偏施氮肥，增施钾肥，使植株强壮；病瘤成熟之前及时摘除并深埋，收获玉米后要及时清除田间病残体，秋季深翻。

(5)药剂防治。在玉米未出土前，可以用15%三唑酮可湿性粉剂750～1 000倍液，或用50%克菌丹可湿性粉剂200倍液进行土表喷雾，减少初侵染菌源。高温、高湿或干旱天气多时，可喷施1∶1∶120的波尔多液预防。

3. 玉米丝黑穗病

玉米丝黑穗病俗称乌米、哑玉米。玉米丝黑穗病是玉米产区的重要病害，尤其以华北、西北、东北和南方冷凉山区的连作玉米地块发病较重，发病率2%～8%，严重地块可达60%～70%，造成严重减产。目前，丝黑穗病由次要病害上升为主要病害。苗期侵染，多在雌雄穗抽出后表现症状，严重的在苗期表现症状。

防治方法：

(1)种子处理。该病防治以种子处理为主，三唑类杀菌剂拌种可有效防治玉米丝黑穗病。用15%粉锈宁或羟锈宁可湿性粉剂，或50%甲基托布津粉剂，按种子重量的0.3%～0.5%拌种。或用96%恶霉灵每千克种子用1～1.5 g进行拌种。12.5%腈菌唑乳油100 mL加水8 L混合均匀后拌种子100 kg，稍加风干后即可播种。12.5%速保利可湿性粉剂按种子量的0.3%拌种，风干后播种。2%立克秀粉剂2 g加水1 L混合均匀后拌种子10 kg，风干后播种。在使用时不得任意加大药量，以免造成药害。

(2)选用抗病品种。

(3)加强田间管理。避免不适宜的早播，播种时气温稳定在12℃以上。提高播种质量，覆土厚薄适宜，合理施肥，培育壮苗。发现病株，及早拔除，要彻底，带出田外深埋。

(4)实行轮作，重病区实行3年以上轮作。土壤要深翻、耙压连续作业，储水保墒提高地温。

(5)药剂防治。苗期用96%恶霉灵水剂6 000倍喷施基部1～2次。

(二)玉米虫害

1. 玉米蚜

以成、若蚜在玉米苗期至成熟期均可发生为害。成、若蚜多群集于幼嫩的心叶区，也可密集在叶鞘上，刺吸植物组织汁液，为害叶片时分泌蜜露，产生黑色霉状物，引致叶片变黄或发红，轻者影响生长发育，严重时植株枯死。玉米蚜多群集在心叶。紧凑型玉米主要为害其雄花和上层1～5叶，叶片变黄枯死，雄穗不能开花散粉，影响结实，降低粒重，并传播病毒病(特别是矮花叶病毒)造成减产。

防治方法：

(1)农业防治。清除田边、沟边的禾本科杂草，消灭蚜虫繁殖基地；拔除中心蚜株的雄穗，减少虫量。

(2)种子处理。用玉米种子重量0.1%的10%吡虫啉可湿性粉剂浸、拌种。

(3)生物防治。玉米蚜的天敌有食蚜蝇、瓢虫、草蛉、蚜虫蜂、蜘蛛等。但尤以瓢虫食蚜量最大。

(4)药剂防治。在玉米心叶期,蚜虫盛发前,可用40%乐果乳油、40%氧化乐果乳油或80%敌敌畏乳油1 500～2 000倍液,或25%亚胺硫磷乳油500～1 000倍液,或2.5%溴氰菊酯乳油3 000～3 500倍液,1 800～1 950 kg/hm², 喷雾或灌心。用30%克百威颗粒剂,拌细土150～225 kg/hm²,掌握玉米蚜初发阶段,在植株根区周围开沟埋施。玉米蚜发生始盛期(7月底至8月上旬),有蚜株率达50%,百株蚜量达2 000头以上时,可用40%氧化乐果乳油50～100倍液,涂于茎的中部节间,每株涂30～40 cm²。

2. 玉米螟

玉米螟又称玉米钻心虫。玉米螟主要以幼虫蛀茎为害,破坏茎秆组织,影响养分输送,使植株受损,严重时茎秆遇风折断。初孵幼虫先取食嫩叶的叶肉,保留下表皮,3～4龄后咬食其他坚硬组织,心叶期则集中在心叶内为害。被害叶长出喇叭口后,呈现出不规则的半透明薄膜窗孔、孔洞或排孔,统称花叶;被害严重的叶片支离破碎不能展开,雄穗不能正常抽出。在孕穗时,心叶中的幼虫都集中到上部,为害幼嫩穗苞内未抽出的玉米雄穗。当玉米雄穗抽出后,大部分幼虫开始蛀入雄穗柄和雌穗以上的茎秆,造成雄穗及上部茎秆折断。到雌穗逐渐膨大或开始抽丝时,初孵幼虫喜集中在花丝内为害,其中部分大龄幼虫则向下转移蛀入雌穗着生节及其附近茎节,破坏营养物质的运输,严重影响雌穗的发育和籽粒的灌浆。这是蛀茎盛期,也是影响玉米产量最严重的时期。

防治方法:

(1)选用抗虫品种。玉米品种间在抗玉米螟方面有差异,选择高抗虫害玉米品种能科学有效地防治玉米螟的发生和发展。

(2)消灭越冬虫源。在春季蛹化羽之前(3月底以前)将上年的秸秆完全处理干净。把玉米秸秆及穗轴当燃料烧掉、秸秆粉碎还田或铡碎后沤制高温堆肥,穗轴也可用于生产糖醛,就可以消灭虫源。

(3)科学的种植方式。合理的间、混、套种能显著减少玉米的被害株数,天敌明显增多。如玉米与花生和红花苜蓿间作,玉米套红薯、间大豆、间花生等。

(4)人工去雄。在玉米螟为害严重的地区,在玉米抽雄初期,玉米螟多集中在即将抽出的雄穗上为害。人工去除2/3的雄穗,带出田外烧毁或深埋,可消灭一部分幼虫。

(5)物理防治

①利用螟蛾的趋光性。在成虫发生期,利用螟蛾的趋光性,高压汞灯对玉米螟成虫具有强烈的诱导作用。在田外村庄每隔150 m装一盏高压汞灯,灯下修直径为1.2 m的圆形水池,诱杀玉米螟成虫,将大量成虫消灭在田外村庄内,减少田间落卵量,减轻下代玉米螟危害,又不杀伤天敌。

②利用性信息素防治。利用玉米螟雄蛾对雌蛾释放的性信息素具有明显趋性的原理,采用人工合成的性信息素放于田间,诱杀雄虫或干扰雄虫寻觅雌虫交配的正常行为,使雌虫不育,减少下代玉米螟的数量,而达到控制玉米螟的目的。当越冬代玉米螟化蛹率50%,羽化率10%左右时开始,直到当代成虫发生末期的1个月时间内,在长势好的玉米行间,每公顷安放15个诱盆,使盆比作物高10～20 cm,把性诱芯挂在盆中间,盆中加水至2/3处,可以诱杀成虫,减

轻下代玉米螟的危害。

(6)生物防治

①释放赤眼蜂。赤眼蜂是一种卵寄生性昆虫天敌,能寄生在多种农、林、果、菜害虫的卵和幼虫中。用于防治玉米螟,安全、无毒、无公害、方法简单、效果好。在玉米螟产卵期释放赤眼蜂,选择晴天大面积连片放蜂。放蜂量和次数根据螟蛾卵量确定。一般每公顷释放15万～30万头,分两次释放,每公顷放45个点,在点上选择健壮玉米植株,在其中部一个叶面上,沿主脉撕成两半,取其中一半放上蜂卡,沿茎秆方向轻轻卷成筒状,叶片不要卷得太紧,将蜂卡用线、钉等钉牢。应掌握在赤眼蜂的蜂蛹后期,个别出蜂时释放,把蜂卡挂到田间1 d后即可大量出现。

②利用白僵菌。白僵菌封垛,白僵菌可寄生在玉米螟幼虫和蛹上。在早春越冬幼虫开始复苏化蛹前,对残存的秸秆,逐垛喷撒白僵菌粉封垛。方法是每立方米秸秆垛,用每克含100亿孢子的菌粉100 g,喷一个点,即将喷粉管插入垛内,摇动把子,当垛面有菌粉飞出即可;白僵菌丢心,一般在玉米心叶中期,用500 g含孢子量为50亿～100亿的白僵菌粉,对煤渣颗粒5 kg,每株施入2 g,可有效防治玉米螟的危害。

③利用Bt可湿性粉剂。在玉米螟卵孵化期,田间喷施每毫升100亿孢子Bt可湿性粉剂200倍液,有效控制虫害。

(7)药剂防治。敌敌畏与甲基异硫磷混合滞留熏蒸一代螟虫成虫,能有效控制玉米螟成虫产卵,减低幼虫数量;防治幼虫可在玉米心叶期,使用1.5%辛硫磷颗粒剂,以1∶15的比例与细煤渣拌匀,使用点施器施药,沿垄边走边点施,每株点施一下,将药剂点施于喇叭口内,在玉米抽穗期,用90%敌百虫800～1 000倍液,或50%甲胺磷乳油1 500倍液,每株5～10 mL,滴于雌穗花柱基部,灌注露雄的玉米雄穗。也可将上述药液施在雌穗顶端花柱基部,药液可渗入花柱,熏杀在雌穗的幼虫。

3. 地下害虫

地下害虫是指主要为害作物种子、地下根、茎等的一类害虫,亦称土壤害虫,是农业害虫中的一个特殊生态类群。我国已知地下害虫320余种,分属于昆虫纲的8目32科。包括蛴螬、金针虫、蝼蛄、地老虎、拟地甲、根蛆、根蝽、根蚜、根象甲、根叶甲、根天牛、根粉蚧、白蚁、蟋蟀和弹尾虫等10多类。其中玉米苗期以蛴螬、金针虫、蝼蛄、地老虎四类发生面积广,为害程度重,是地下害虫中常发性、灾害性的类群。

防治方法:

地下害虫是国内外公认的较难防治的一类害虫。地下害虫的防治应贯彻"预防为主,综合防治"的植保方针。根据虫情,因地因时制宜,将各项措施协调运用,做到地下害虫地上治,成虫、幼虫结合治,田内田外选择治,控制地下害虫的为害在经济允许水平以下。地下害虫的防治指标因种类、地区不同,各地报道差异较大。综合各地报道,提出地下害虫的防治指标:蝼蛄1 200头/hm^2;蛴螬30 000头/hm^2;金针虫45 000头/hm^2。在自然条件下,蝼蛄、蛴螬、金针虫等地下害虫混合发生,防治指标以22 500～30 000头/hm^2为宜。

(1)农业防治。搞好农田基建,消灭虫源滋生地。平整土地,深翻改土,消灭沟坎荒坡,植树种草,消灭地下害虫的滋生地,创造不利于地下害虫发生的环境;合理轮作倒茬。地下害虫最喜食禾谷类和块茎、块根类大田作物,对棉花、芝麻、油菜、麻类等直根系作物不喜取食。因此,合理轮作可以明显地减轻地下害虫为害;深耕翻犁。播前翻耕土壤和夏闲地伏耕,通过机械杀伤、暴晒、鸟雀啄食等一般可消灭蛴螬、金针虫 50%～70%；合理施肥。猪粪厩肥等农家有机肥料腐熟后方可施用，否则易招引金龟甲、蝼蛄等产卵；化学肥料深施既能提高肥效，又能因腐蚀、熏蒸作用起到一定杀伤地下害虫的作用；适时灌水。春季和夏季作物生长期间适时灌水，迫使上升土表的地下害虫下潜或死亡，可以减轻为害。

(2)生物防治。早在 20 世纪 70 年代，国外就已研制出了蛴螬乳状杆菌的商品制剂。我国于 20 世纪 70 年代从国外引进的同时，也进行了大量的调查研究工作，在豫、晋、鲁、冀、苏、陕、辽、黑、闽等许多省、自治区都发现了蛴螬乳状菌的自然分布。山东省助迁大黑臀钩土蜂防治大黑鳃金龟也取得了很大成绩。

(3)物理机械防治。蝼蛄、多种金龟甲、沟叩头甲雄虫等具有较强的趋光性，利用黑光灯进行诱杀，效果显著。试验表明，黑绿单管双光灯(一半绿光、一半黑光)诱杀效果更为理想；挖窝毁卵，消灭蝼蛄，蝼蛄产卵盛期结合夏锄，发现蝼蛄卵窝，深挖毁掉；堆草诱杀细胸叩头甲，田间堆小草堆每公顷 300～750 个，诱集细胸叩头甲成虫的成、若虫，早晨进行捕杀；人工捕捉，金龟甲晚上取食树叶时，振动树干，将假死坠地的成虫拣拾杀死。对蛴螬等也可采取犁后拾虫的方法消灭。对地老虎，每日清晨在被害苗根际周围扒土捕捉幼虫。也可用新鲜泡桐树叶，于傍晚均匀地分布在田间，第二天清晨在泡桐树叶下捕杀。

(4)药剂防治。种子处理：种子处理方法简便，用药量低，对环境安全，是保护种子和幼苗免遭地下害虫为害的理想方法。种子处理常用药剂有 50%辛硫磷乳油、40%甲基异柳磷乳油等。用药量为种子重量的 0.1%～0.2%。播种时先用种子重量 5%～10%的水将药剂稀释，用喷雾器均匀喷拌于种子上，堆闷 6～12 h，使药液充分渗透到种子内即可播种。土壤处理：结合播前整地，用药剂处理土壤。常用方法有：将药剂拌成毒土均匀撒施或喷施于地面，然后浅锄或犁入土中；撒施颗粒剂；将药剂与肥料混合施入，即使用肥料农药复合剂；沟施或穴施等。常用药剂有 50%辛硫磷乳油、40%甲基异柳磷乳油等每公顷 3 750～4 500 mL；4.5%甲敌粉、2%甲基异柳磷粉剂每公顷 22.5～37.5 kg；3%甲基异柳磷颗粒剂、5%辛硫磷颗粒剂、3%呋喃丹颗粒剂等每公顷 37.5 kg；10%二嗪磷颗粒剂(杀地虎)每公顷用杀地虎 6 000～7 500 g 拌 150 kg 毒土；撒施，或在播种时每公顷用药量 3%护地净(毒·唑磷)颗粒剂为 45～60 kg 进行穴施、沟施。乳油和粉剂农药除可喷雾或喷粉外，还可按每公顷用药量拌 300～450 kg 细土制成毒土撒施；颗粒剂可拌和 300～375 kg 细沙或煤渣撒施。近年来，许多地方推广 48%毒死蜱(乐斯本)乳油每公顷 6 000～7 500 mL 土壤处理或随水流大水漫灌，或每公顷 2 250～3 000 mL 对水顺根定向浇灌；毒饵诱杀，毒饵诱杀是防治蝼蛄和蟋蟀的理想方法之一。利用 90%晶体敌百虫、40%甲基异柳磷乳油等，用药量为饵料重量的 1%。先用适量水将药剂稀释，然后拌入炒香的谷子、麦麸、豆饼、米糠、玉米碎粒等饵料中，每公顷施用 22.5～37.5 kg。配制敌百虫毒饵时，应先用少量温水将敌百虫溶解，再加冷水至所需量；其他施药方法，许多金龟甲有取食补充营养习性，在成虫发生季节药剂防治，不仅可以减轻为害，还可减少田间蛴螬发生量。喷粉：选用 2.5%敌百虫粉剂、4%乙敌(乙基对硫磷＋敌百虫)粉剂等，每公顷 15～30 kg；喷雾：2.5%溴氰菊酯(敌杀死)乳油 3 000 倍液、20%甲氰菊酯(灭扫利)乳油 2 000 倍液等喷洒在寄主植物上，对多种食叶金龟甲均有较好的防治效果。对地老虎在其幼虫入土前，发现为害症状时，应及时喷药防治。可用 50%的甲胺磷或 40%氧化乐果 1 000 倍喷雾防治；内吸剂涂树干：在寄主树干离地面 1.5 m 左右处，将树干环刮去粗皮约 10 cm，涂上 50%久效磷乳油等内吸杀虫剂，致金龟甲食叶后中毒而死。

(三)玉米田杂草的防除

1. 玉米田化学除草技术

玉米化学除草大面积使用的方法有两种，一种是播后苗前土壤处理法，一种是苗后茎叶处理法。目前玉米生产中化学除草大面积使用的是播后苗前土壤处理法，苗后茎叶处理为辅助措施。

(1)土壤处理　土壤处理方法具有成本低、操作方便、不易使作物产生药害等特点。但土壤处理法受环境、气候等因素影响较大。如:土壤有机质、整地的平整、土壤的含水量等条件，对土壤处理均有不同程度的影响。播后苗前施药应在播后早期完成，播种与施药间隔时间越长，药效和作物安全性越差。为了提高土壤处理的防治效果，在施药过程中可提高公顷喷液量，也可采用耥蒙头土等办法。

目前播后苗前土壤处理可使用的除草剂有都尔、普乐宝、乙草胺(禾耐斯)、噻磺隆(宝收)、阿特拉津、唑嘧磺草胺(阔草清)、赛克(甲草嗪)、2,4-D丁酯，混配制剂有乙莠合剂(乙草胺+阿特拉津)、玉丰(异丙草胺+阿特拉津)、安威(嗪草酮+乙草胺)等。

阿特拉津(莠去津)属长残效除草剂，它受土壤有机质影响很大，不但用量大，不经济，而且每公顷用量超过有效成分2 kg时，第二年不能种水稻、大豆、小麦、甜菜、蔬菜等作物，有机质含量在3%以上的土壤使用阿特拉津超过有效成分2 kg对下茬作物均可造成药害。玉米苗前施药常受干旱影响，药效不佳，因此不推荐阿特拉津单用作土壤处理。嗪草酮(赛克)和安威(嗪草酮+乙草胺)在有机质含量低于2%的土壤中不宜使用。

①覆膜玉米的化学除草　随着覆膜玉米栽培田的不断扩大，覆膜玉米田的化学除草得到了迅速发展。覆膜玉米田应用的除草剂品种有:都尔、普乐宝、宝收等，这些除草剂对覆膜玉米安全，而且药效好。

②播后苗前土壤处理　可选用72%异丙甲草胺乳油(都尔，用法用量与覆膜玉米相同);72%异丙草胺(普乐宝)乳油，普乐宝的杀草谱与使用方法同都尔相同，使用方法和用量可参照都尔;50%乙草胺(禾耐斯)乳油;40%玉丰(异丙草胺+阿特拉津)悬浮剂;40%乙莠悬乳剂(乙草胺+阿特拉津);40%阿特拉津(莠去津)胶悬剂;50%安威(嗪草酮+乙草胺)乳油;72%2,4-D丁酯乳油等。

(2)茎叶处理　可选用1.4%烟嘧磺隆(玉农乐)悬浮剂;2.48%麦草畏(百草敌)水剂等。

2. 玉米田杂草综合治理措施

(1)农业防除　农业防除措施包括轮作、选种、施用腐熟的有机肥料、清除田边、沟边、路边杂草、合理密植、淹水灭草等。

①轮作灭草。由于不同作物与其所伴生的杂草所要求的生境相似，如用科学的方法即轮作倒茬，改变其生境，便可明显减轻杂草的危害。

②精选种子。杂草种子传播的途径之一是随作物种子传播，为了减少杂草种子的传播扩散，播种前对作物种子进行精选，清除混杂在作物种子中的杂草种子，是一种经济有效的方法。

③施用腐熟的厩肥。厩肥是农家的主要有机肥料。这些肥料有牲畜过腹的圈粪肥，有杂草、秸秆沤制的堆肥，也有饲料残渣、粮油加工的下脚料等，其中不同程度的带有一些杂草种子。如果这些肥料不经过腐熟而施入田间，所带的杂草种子也带到田间萌发生长，继续造成为害。

④清除农田周边杂草。

⑤合理密植，以密控草。农田杂草以其旺盛的长势与作物争水、争肥、争光。因此，科学的

合理密植，能加速作物的封行进程，利用作物自身的群体优势抑制杂草的生长，即以密控草，可以收到较好的防除效果。

⑥水层淹稗或淹灌灭草。

⑦休闲灭草。在地多人少，草多肥少的地方休闲灭草是特别有效的措施。凡是休闲的地块，当年不耕翻，暴露在地上的杂草草籽被鸟食，牲口吃能够消灭一部分，第二年多次耕翻促使大量杂草种子发芽出苗，有条件的地方可以种植绿肥或牧草，将绿肥进行耕翻或牧草收获后耕翻，这样不但消灭了大量杂草还改良了土壤物理性状，还提高了土壤肥力。

(2)机械防除

①深翻。深翻是防除多年生杂草如问荆、苣荬菜、田旋花、芦苇、小叶樟等杂草的有效措施之一。对防除一年生杂草效果更快更好。

②耙茬。从生产实践出发，在近期内耙茬可使杂草种子留在地表浅土层中，增加杂草种子出苗的机会，但在杂草大部分出土后，通过耕作或化学除草集中防除，则收效更大。进行少耕必须和化学除草密切配合，否则会造成严重的草害。播前耙地或播后苗前耙地，苗期中耕是疏松土壤、提高地温、防止土壤水分蒸发、促进作物生长发育和消灭杂草重要方法之一。

③生物除草。包括以菌灭草、以虫灭草、利用动物灭草、植物治草。

④植物检疫。植物检疫是防止国内外危险性杂草传播的主要手段，通过农产品检疫防止国外危险性杂草进入我国，同时也要防止省与省之间、地区与地区之间危险性杂草的传播。因此，加强危险性杂草的检疫工作是防除杂草的重要措施。

⑤物理灭草。覆盖可以阻止杂草的生长，通过遮光使杂草难以生存而致死，覆盖不仅可以除草而且可以免耕，有利于雨水下渗，对于保墒、增温、提高土壤肥力都有好处，用于除草的覆盖物一般为秸秆或地膜。

⑥药剂除草。使用化学农药进行灭草，化学除草有以下特点：第一，灭草及时、见效快、效果好。只要使用方法正确，对作物安全，除草效果一般在 90%以上，比人工除草彻底而且及时；第二，有利于增产，只要掌握除草剂正确使用技术，一般可以避免对作物的药害，即使有些轻微药害，也由于消灭了草害，改善了作物生长条件，增产十分显著；第三，化学除草可以节省劳动力，因它本身是一项先进技术，配合先进的施药机具，一人一天可以施药几公顷，与人工除草相比，可以节省大量劳动力，提高了劳动生产率，从而有利于农村发展多种经营，使农、林、牧、副、渔全面发展。

查一查：

玉米还有哪些常见病虫草害？如何防治？

子项目五　玉米收获储藏技术

一、玉米收获时期的确定

玉米在籽粒蜡熟末期，当果穗苞叶变黄，种皮光滑，籽粒变硬，呈现本品种固有的特征特性，出现黑层，说明已经成熟，可及时收获。籽粒成熟后，适时、及早收获，对种子产量和品质都有良好的作用。收获过早，种子成熟度差，瘦瘪粒多，产量低，品质差，不耐储藏；收获过迟，呼吸作用消耗物质多，往往还由于气候条件不适，如阴雨、干旱、低温等引起种子发芽、霉变、落粒、发芽率下降等现象发生，降低种子产量、品质和耐储藏性。因此，种子必须在霜前适时早收。这样，还可使种子有充足时间进行及时晾晒、脱粒，保证在结冻前种子含水量降至安全储藏水分以下。

二、玉米收获方法

玉米收获分为人工收获和机械收获。机械收获又分为分段收获法和联合收获法。联合收割法将摘穗、剥皮、茎秆放倒一次完成，可缩短收割时间，提高工效，是目前应用最多的收获方法。

三、玉米种子储藏

玉米种子入库前，必须经过清理与干燥，使水分降低到14%以下，达到纯、净、饱、壮、健、干的标准方可入库。如仓库密闭性能好，种子处在低温干燥的条件下，可以较长期储藏而不影响生活力。北方玉米成熟后期气温较低，收获时种子水分较高，又难晒干，易受低温冻害，因此如何安全越冬是种子储藏管理的重点。我们可以利用北方秋季凉爽干燥的气候条件，在低温来临之前将水分降至受冻害的临界水分以下，可以安全越冬。

种子入库后要合理堆码，严防混杂。要求仓库保持低温、通风、干燥，还要注意防霉、防虫、灭鼠、防雀。种子不能与化肥、农药放在一起，少量种子可用麻袋装，但不能用塑料袋或装大米的袋子装种子。种子储藏期间主要做如下方面的检查：一是检查种子是否受潮霉变；二是检查种子是否被虫蛀鼠咬；三是定期检查种子的发芽率和发芽势。

想一想：

1. 如何判断玉米的收获适期？
2. 影响玉米种子安全储藏的因素有哪些？

复习思考

一、填空

1. 玉米根属（　　　　），由（　　　　）、（　　　　）、（　　　　）组成。

2. 玉米为（　　　　）作物，雄穗又称（　　　　），为（　　　　）花序，着生于（　　　　），由（　　　　）、（　　　　）、（　　　　）、（　　　　）组成。

3. 根据玉米的生育期长短可分为（　　　　）、（　　　　）、（　　　　）3类。

4. 玉米按株型可分为（　　　　）、（　　　　）、（　　　　）3个类型。

5. 玉米播种前进行的主要的土壤耕作方法（　　　　）、（　　　　）、（　　　　）、（　　　　）、（　　　　）、（　　　　）。

6. 优良种子应符合（　　　　）、（　　　　）、（　　　　）、（　　　　）、（　　　　）5

个标准。

7. 播种前玉米种子应进行(　　)、(　　)、(　　)、(　　)4个方面的处理。

8. 黑龙江省不同积温带地区适宜种植的玉米品种有(　　)、(　　)、(　　)、(　　)、(　　)、(　　)、(　　)、(　　)、(　　)、(　　)。

9. 玉米常用农药类型有(　　)、(　　)、(　　)。

10. 玉米常用肥料类型有(　　)、(　　)、(　　)、(　　)、(　　)。

11. 玉米间苗时间宜早,在胚乳已耗尽的(　　)进行,定苗时间要适时,主要以当地的地下害虫危害程度而定,春玉米地下害虫多,幼苗生长慢,可稍晚,通常在(　　)开始定苗。

12. 玉米苗期常见的地下害虫有(　　)、(　　)、(　　)、(　　)4种。

13. 玉米生长中期常见的病害有(　　)、(　　)、(　　),虫害有(　　)、(　　)。

14. 玉米单位面积产量由(　　)、(　　)、(　　)、(　　)构成。

15. 影响储藏种子生命活动的因素有(　　)、(　　)、(　　)、(　　)、(　　)。

二、简答

1. 玉米一生分哪几个生育阶段?各阶段有何生育特点?
2. 玉米一生划分为哪些生育时期?说出各时期的生育标准。
3. 玉米的生长环境包括哪几方面?
4. 论述玉米对养分的需求规律,并说明生产上如何对玉米正确施肥。
5. 简述玉米合理密植的原则和主要种植方式。
6. 可以采用哪些方法提高玉米的出苗率?
7. 如何确定某地区玉米的适宜播种时期?
8. 种植密度的确定原则有哪些?如何计算种子播量?
9. 玉米籽粒成熟过程中主要经历哪几个时期?
10. 玉米的产量构成因素有哪些?
11. 如何进行玉米病虫草害的综合防治?
12. 如何判断玉米的收获适期?
13. 影响玉米种子安全储藏的因素有哪些?
14. 什么叫种子的后熟?没有经过后熟过程的种子播种会有什么后果?
15. 秋整地的技术要点有哪些?

项目五　大豆栽培技术

【知识目标】

了解大豆各生育阶段的特点，大豆根瘤固氮，结荚习性，大豆落花落荚的原因，重迎茬减产的原因。

【技能目标】

掌握大豆播前准备、播种、田间管理技术和收获储藏技术。

【项目导入】

中国历史上有一个有名的家庭，父亲曹操不仅是军事家和诗人，他的两个儿子曹丕和曹植在文学上也很有造诣。父子三人并称“三曹”，其中以曹植的文学成就为最高。

曹植是曹操的小儿子，从小就才华出众，很受父亲的疼爱。曹操死后，他的哥哥曹丕当上了魏国的皇帝。曹丕是一个忌妒心很重的人，他担心弟弟会威胁自己的皇位，就想害死他。

有一天，曹丕叫曹植到面前来，要曹植在七步之内作出一首诗，以证明他写诗的才华。如果他写不出，就等于是在欺骗皇上，要把他处死。曹植明知道哥哥是故意为难自己，但曹丕现在是皇帝，他只能唯命是从。想到迫害自己的人是自己的亲兄长，曹植感到异常悲愤。他强忍着心中的悲痛，努力地想着想着……果然，他就在七步之内作了一首诗，当场念出来：“煮豆燃豆萁，豆在釜中泣，本是同根生，相煎何太急。”皇帝曹丕听了这首诗，感到很惭愧，也就不再加害自己的弟弟了。

诗中的“豆”指的就是大豆。“七步诗”既是大豆起源于我国的证据，同时也说明了大豆的两个用途，豆可煮食，豆秸可以作燃料。

大豆起源于我国已是国内外早已公认的事实，我国是栽培大豆的起源地，这有多方面可靠的证据；第一，栽培大豆是由野生大豆进化而来，野生大豆遍及我国各地，而且有进化程度高低不同的各种类型；第二，我国是世界上最早有大豆文字记载的国家，商代甲骨文称大豆为菽豆的初文，秦汉后才改称菽为豆子。

1873 年，在奥地利首都维也纳举行的万国博览会上，第一次展出了金灿灿的中国大豆。消息传开以后，人们奔走相告，视为珍品，传为美谈。从此，中国的大豆名闻世界，物传万方，有人称中国为“大豆王国”。

大豆是人类重要的粮食作物之一，是具有高营养价值、高生理活性和广泛工业用途的宝贵农业资源。大豆籽粒蛋白质含量约 40%，含油量 20%左右，含有人体必需的 8 种氨基酸、亚油酸以及维生素 A、维生素 D 等营养物质，是唯一能替代动物性食品的植物产品。豆油是品质较好的植物油，且不含人体有害的芥酸，有防止血管硬化的功效。大豆饼(粕)及秸秆是畜禽的蛋白质饲料的来源。同时，大豆根瘤菌具有固定空气中氮素的作用，是良好的用地养地作物。所以，大豆在国民经济和人民生活中占有重要地位。

查一查：

1. 什么是“高油大豆”、“高蛋白大豆”和“双高大豆”？
2. 目前，世界大豆四大主产国分别是哪几个国家？我国的大豆生产居于世界第几位？

子项目一　大豆栽培基础

一、大豆的一生

（一）植物学特征

大豆为豆科大豆属一年生草本植物。

1. 根和根瘤

（1）根　大豆根属于直根系，由主根、侧根和根毛组成。初生根由胚根发育而成，侧根在发芽后3～7 d出现，一次侧根还再分生二、三次侧根。根毛是幼根表皮细胞外壁向外突出而形成的，根毛寿命短暂，大约几天更新一次。根的生长一直延续到地上部分不再增长为止。

（2）根瘤　大豆根瘤菌在适宜条件下，侵入大豆根毛后形成的瘤状物叫根瘤。初形成的根瘤呈淡绿色，不具固氮作用。健全根瘤呈粉红色，衰老的根瘤变褐色。出苗后2～3周，根瘤开始固氮，但固氮量很低，此时根瘤与大豆是寄生关系。开花期以后，固氮量增加，到籽粒形成初期是根瘤固氮高峰期，根瘤与大豆由寄生关系转为共生关系。以后由于籽粒发育，消耗了大量光合产物，根瘤获得养分受限，逐渐衰败，固氮作用迅速下降。一般地说，根瘤所固定的氮可供大豆一生需氮量的1/2～3/4。这说明，共生固氮是大豆的重要氮源，然而单靠根瘤固氮是不能满足其需要的。根瘤菌是嗜碱好气性微生物，在氧气充足、矿质营养丰富的土壤中固氮力强。大量施用氮肥，会抑制根瘤形成；施用磷钾肥能促进根瘤形成，提高固氮能力。大豆的根系如图5-1所示。

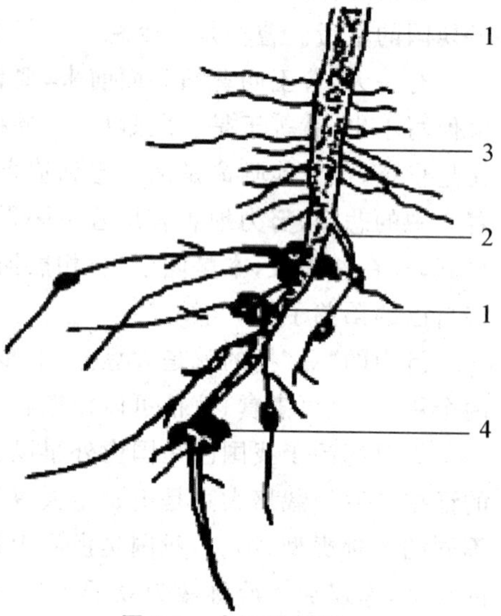

图5-1　大豆的根系

1. 主根　2. 侧根　3. 不定根　4. 根瘤

2. 茎

大豆的茎，近圆柱形略带棱角，包括主茎和分枝，一般主茎高度在30～150 cm。

大豆幼茎有绿色与紫色两种，绿茎开白花，紫茎开紫花。茎上生茸毛，呈灰白或棕色，茸毛多少和长短因品种而异。

按主茎生长形态，大豆可分为蔓生型、半直立型和直立型。栽培品种均属于直立型。

大豆主茎基部节的腋芽常分化为分枝，多者可达10个以上，少者1～2个分枝或不分枝。分枝与主茎所成角度的大小、分枝的多少及强弱决定着大豆栽培品种的株型。按分枝与主茎所成角度大小,可分为张开、半张开和收敛三种类型;按分枝的多少、强弱,又可将株型分为主茎型、中间型以及分枝型三种。

3. 叶

大豆属于双子叶植物,叶有子叶、真叶和复叶3种。

大豆小叶的形状、大小因品种而异。叶形可分为椭圆形、卵圆形、披针形和心脏形等。有的品种的叶片形状、大小不一,属变叶型。

叶片寿命30～70 d不等。下部叶变黄脱落较早,寿命最短。上部叶寿命也比较短,因出现晚却又随植株成熟而枯死。中部叶寿命最长。大豆的叶如图5-2所示。

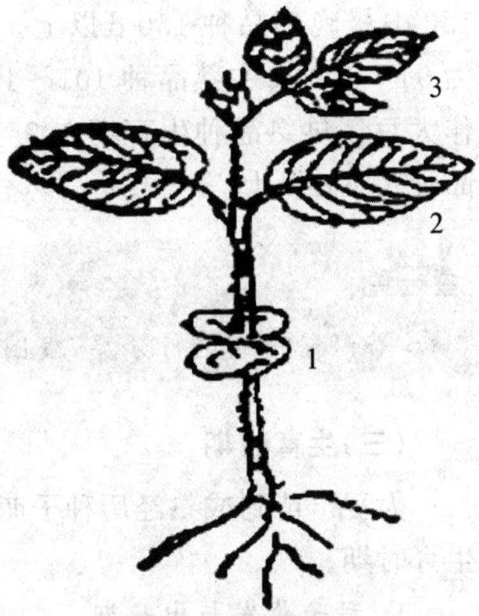

图5-2　大豆的叶

1. 子叶　2. 真叶　3. 复叶

4. 花和花序

大豆的花序着生在叶腋间或茎顶端,为总状花序。一个花序上的花朵通常是簇生的,俗称花簇。花的颜色分白色和紫色两种。

大豆是自花授粉作物,花朵开放前即已完成授粉,天然杂交率不到1%。

5. 荚和种子

大豆荚由子房发育而成。荚的表皮有茸毛,个别品种无茸毛。荚色有草黄、灰褐、褐、深褐以及黑色等。豆荚形状分直形、弯镰形和弯曲程度不同的中间形。有的品种在成熟时沿荚果的背腹缝自行开裂(炸裂)。

栽培品种每荚多含2～3粒种子。荚粒数与叶形有一定的相关性,披形叶大豆,四粒荚的比例很大,也有少数五粒荚,卵圆形叶、长卵圆形叶品种以二、三粒荚为多。种子形状可分为圆形、卵圆形、长卵圆形以及扁圆形等。种子大小通常以百粒重表示,百粒重14 g以下为小粒种,14～20 g为中粒种,20 g以上为大粒种。种皮颜色可分为黄色、青色、褐色、黑色和双色五种,以黄色居多。胚由两片子叶、胚芽和胚轴组成。

成熟的豆荚中常有发育不全的籽粒,或者只有一个小薄片,通称秕粒。秕粒率常在15%～40%。秕粒发生的原因是,受精后,结合子未得到足够的营养。一般先受精的先发育,粒饱满;后受精的后发育,常成秕粒。在同一个荚内,先豆由于先受精,养分供应好于中豆、基豆,故先豆饱满,而基豆则常常瘦秕。开花结荚期间,阴雨连绵,天气干旱均会造成秕粒。鼓粒期间改善水分、养分和光照条件有助于克服秕粒。

(二)生育期

大豆从出苗到成熟所经历的天数称生育期。

我国大豆按原产区生产条件下的生育期分为极早熟、早熟、中熟、晚熟和极晚熟五类。

北方春作大豆区,极早熟品种生育期在100 d以内;早熟品种为101～110 d;中早熟品种110～120 d;中熟品种121～130 d;晚熟品种130～140 d;极晚熟品种141 d以上。

黄淮海流域夏大豆区,春作大豆极早熟品种生育期在100 d以内;早熟品种为101～110 d;中熟品种110～120 d;晚熟品种121～130 d;极晚熟品种131 d以上。夏作大豆极早熟品种生育期在90 d以内;早熟品种为91～100 d;中熟品种101～110 d;晚熟品种111～120 d;极晚熟品种121 d以上。

南方大豆区，长江流域春作大豆极早熟品种生育期在95 d以内；早熟品种为96～105 d；中熟品种106～115 d；晚熟品种116～125 d；极晚熟品种126 d以上。夏作大豆极早熟品种生育期在120 d以内；早熟品种为121～130 d；中熟品种131～140 d；晚熟品种141～150 d；极晚熟品种150 d以上。南方春作大豆区极早熟品种生育期在90 d以内；早熟品种为91～100 d；中熟品种101～110 d；晚熟品种111～120 d；极晚熟品种121 d以上。南方秋作大豆区早熟品种生育期在95 d以内；中熟品种96～105 d；晚熟品种106～115 d；极晚熟品种116 d以上。

查一查：

若以播种期进行分类，我国大豆可分作哪几个类型？

（三）生育时期

大豆出苗到成熟经历种子萌发与出苗期、幼苗期、分枝期、开花结荚期和鼓粒成熟期五个生育时期。

1. 种子萌发与出苗期

当胚根与种子等长时为发芽；当子叶刚出土展平即为出苗。田间10%的大豆出苗为出苗始期；50%出苗叫出苗期。

2. 幼苗期

从出苗到分枝出现为幼苗期，即出苗期到田间10%的植株两片复叶刚展开时称幼苗期。大豆在第一对真叶期开始形成根瘤，第一复叶期根瘤开始固氮，但此时固氮量能力很低。幼苗期是大豆的营养生长时期，地下部生长快于地上部。

3. 分枝期

第一分枝出现到第一朵花出现为分枝期。大豆在第二复叶刚展开时开始发生分枝，田间10%的植株分枝，即为分枝期。每个叶腋中都有两个潜伏的腋芽，一个是枝芽，可以发育成分枝；另一个是花芽，可以发育成花序。一般植株上部的腋芽形成花序，下部的形成分枝。

分枝期是以营养生长为主的营养生长和生殖生长并进期，叶的光合产物具有同侧就近供应的特点，中部叶的光合产物向上供应生长点和新生茎、叶，向下供应不能独立进行光合作用的同侧弱小分枝。下部叶的光合产物则供给根和根瘤的发育。分枝期根瘤具有一定固氮能力。

种子萌发到始花为营养生长阶段，又称生育前期，约占全生育期的1/5。

4. 开花结荚期

从始花到终花为开花结荚期。田间有10%植株开花叫始花期；50%植株开花叫开花期；80%植株开花叫终花期。开花和结荚是两个并进的生育时期，始花到终花，占全生育期的3/5，又称生育中期。开花后形成软而小的绿色豆荚，当荚长达2 cm时叫结荚，田间50%植株结荚叫结荚期。开花结荚期是营养生长与生殖生长并进阶段，是植株生长最旺盛的时期。茎、叶大量生长，株高日平均增长1.4～1.9 cm，叶面积指数达到最大值，根瘤菌的固氮能力达到高峰。开花结荚期光合产物由主要供应营养生长逐渐转向以供应生殖生长为主，叶的功能分工更加明显。荚成为有机物的分配中心，光合产物主要供给自身叶腋中的豆荚，少量供给邻近豆荚，也具有同侧就近供应的特点。

(1)大豆的结荚习性 大豆的结荚习性一般可分为无限、有限和亚有限三种类型。

①无限结荚习性 茎秆尖削,始花期早,开花期长。主茎中、下部的腋芽首先分化开花,然后向上依次陆续分化开花。始花后,茎继续伸长,叶继续产生。如环境条件适宜,茎可生长很高。主茎与分枝顶部叶小,着荚分散,基部荚不多,顶端只有1～2个小荚,多数荚在植株的中部、中下部,每节一般着生2～5个荚。

②有限结荚习性 一般始花期较晚,当主茎生长高度接近成株高度前不久,才在茎的中上部开始开花,然后向上、向下逐节开花,花期集中。当主茎顶端出现一簇花后,茎的生长终结。茎秆不那么尖削,顶部叶大。

③亚有限结荚习性 这种结荚习性介乎以上两种习性之间而偏于无限习性。主茎较发达。开花顺序由下而上,主茎结荚较多,顶端有几个荚。大豆结荚习性类型如图5-3所示。

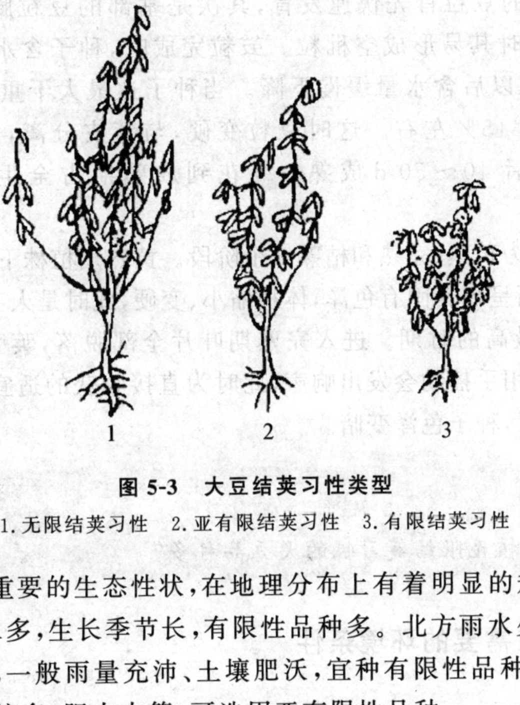

图 5-3 大豆结荚习性类型

1.无限结荚习性 2.亚有限结荚习性 3.有限结荚习性

大豆的结荚习性是重要的生态性状,在地理分布上有着明显的规律性和区域性。从全国范围看,一般南方雨水多,生长季节长,有限性品种多。北方雨水少,生长季节短,无限性品种多。从一个地区看,一般雨量充沛、土壤肥沃,宜种有限性品种;干旱少雨、土质瘠薄,宜种无限性品种。雨量较多、肥力中等,可选用亚有限性品种。

(2)大豆的落花落荚 大豆的落花落荚是影响大豆产量的主要原因,其呈现明显的规律性。不同结荚习性的大豆品种,落花落荚的部位和顺序不同。有限结荚习性大豆,靠近主茎顶端的花先落,然后向上、向下扩展,植株下部落花落荚多,中部次之,上部较少。无限结荚习性的大豆,主茎基部花荚脱落早,但上部脱落较多,中部次之,下部较少。在同一栽培条件下,花荚脱落盛期,早熟品种比中晚熟品种早;熟期相近的品种,单株开花数多的花荚脱落率高。在同一植株上,分枝比主茎花荚脱落率高;在同一花序上,花序顶端脱落率高。花荚脱落率高峰期,多出现在末花期至结荚期之间。

落花落荚的原因主要有:一是由于群体过大(如密度过大)、生育过旺,导致群体内通风透光不良,光合产物减少。同时群体内温度低,湿度大,大豆蒸腾作用降低,有机养分尤其是糖的供应不足;二是养分供应失调,土质瘠薄或施肥量少的地块,较肥沃或施肥多的地块，花荚脱落率高。徒长植株较健壮植株，花荚脱落率高；三是水分供应失调，进入生殖生长期，大豆对水分反应敏感，如旱灾，叶片失水，其吸水力大于子房，于是水分倒流引起花荚脱落。另外，植株受病虫为害或机具、风等外力作用，也会提高落花落荚率。

减少花荚脱落的措施包括：一是选用多花多荚的高产品种；二是精细整地，适时播种，加强田间管理，培育壮苗；三是增施有机肥作基肥，按需肥规律施肥，防止后期脱肥；四是开花结荚期及时灌水排涝；五是合理密植，实行间作、穴播，改善群体内小气候；六是应用生长调节剂防徒长；七是及时防治病虫害，建造农田防护林，增强抵御自然灾害的能力。

5. 鼓粒成熟期

大豆结荚后，叶片、叶柄、茎和荚皮中的养分不断向籽粒中运输，豆粒日益膨大，当豆荚平放，豆粒明显鼓起并充满荚腔时，称为鼓粒。田间50%植株鼓粒叫鼓粒期。

在一个荚中，顶部的豆粒首先快速发育，其次是基部的豆粒膨大，最后是中部的豆粒发育，当外界条件不良时其易形成空秕粒。鼓粒完成时，种子含水量为90%左右，随着种子成熟很快降到70%，以后含水量缓慢下降。当种子达最大干重时，含水量迅速降低，在7～14 d内由65%降到15%左右。这时豆粒变硬，与荚皮分离，呈现本品种固有的形状和色泽。种子在开花后40～50 d成熟。终花到成熟期占全生育期的1/5，又称生育后期。

大豆的成熟过程分为黄熟、完熟和枯熟3个阶段。黄熟期植株下部叶片大部分变黄脱落，豆荚由绿变黄，种子逐渐呈现其固有色泽，体积缩小、变硬，此时是人工收获或分段收获的适宜时期，也是大豆含油量最高的时期。进入完熟期叶片全部脱落，荚壳干缩，籽粒含水量降到15%，豆粒与荚皮分离，用手摇动会发出响声，此时为直接收获的适宜时期。到枯熟期时植株茎秆发脆，出现炸荚现象，种子色泽变暗。

想一想：

为什么北方地区种植无限结荚习性的大豆品种多？

二、大豆生长发育需要的环境条件

（一）光照

大豆是喜光作物。大豆的光饱和点是随着通风状况而变化的，通风状况好，光饱和点提高。大豆的光补偿点也受通气量影响，在低通气量下，光补偿点相对偏高；而在高通气量下，则相对偏低。在田间条件下，大豆群体冠层所接受的光照度是极不均匀的。大豆群体中、下层的光照是不足的，这里的叶片主要靠散射光进行光合作用。

大豆是短日照作物。大豆对日照长度反应极其敏感，即使极微弱的月光对大豆开花也有些影响。大豆开花结实要求较长的黑夜和较短的白天。每个大豆品种都有其对生长发育适宜的日照长度，只要日照长度比适宜的日照长度长，大豆植株即延迟开花；反之，则提早开花。但是，大豆对短日照的要求是有限度的，并非越短越好。一般品种每日12 h的光照即可起到促进开花抑制生长的作用，9 h光照对部分品种仍有促进开花的作用。当每日光照缩短为6 h，则营养生长和生殖生长均受到抑制。大豆结实器官的发育和形成要求短日照条件，不过早熟品种的短日性弱，晚熟品种的短日性强。

认识大豆的光周期特性，可以在引种上加以利用。同纬度地区间引种容易成功，低纬度地区大豆向高纬度地区引种，生育期延迟，一般霜前不能成熟。反之，高纬度地区大豆品种向低纬度地区引种，生育期缩短，产量下降。

(二)温度

大豆是喜温作物。不同品种在全生育期内所需要的大于或等于 10℃的活动积温相差很大，黑龙江省的中晚熟品种要求 2 700℃以上，而超早熟品种则要求 1 900℃左右。

大豆种子萌发的最低温度是 7～8℃，正常萌发出苗温度为 10～12℃，最适温度为 25～32℃。幼苗期生长的最低温度为 8～10℃，正常生长温度为 15～18℃，最适温度为 20～22℃，苗期可忍受－2～－3℃短时间的低温，当气温降到－5℃时幼苗就会被冻死。分枝期要求的适宜温度为 21～23℃。开花结荚期要求的最低温度为 16～18℃，最适温度为 22～25℃，低于 18℃或高于 25℃，花荚脱落增多。鼓粒期要求的最低温度为 13～14℃，成熟期为 8～9℃。一般 18～19℃有利于鼓粒，14～16℃有利于成熟。鼓粒成熟期昼夜温差大，有利于降低呼吸作用，促进同化产物的积累。

大豆不耐高温，当气温超过 40℃时，结荚率减少 57%～71%。大豆植株的不同器官，对温度反映的敏感性不同。茎对温度较敏感，叶次之，根不敏感。在较低温度条件下，叶重与茎重的比值有增高趋势，茎、叶重与根重的比值则有减少的趋势。

(三)水分

大豆是需水较多的作物。每形成 1 kg 籽粒，耗水 2 kg 左右。大豆不同生育时期对水分的需求不同：

播种到出苗期间，需水量占总需水量的 5%。种子萌发需水较多，约为种子重的 1～1.5 倍。土壤相对含水量在 70%时，出苗率可达 94%；相对含水量增至 80%时，出苗率降至 77.5%，且出现烂根现象。说明水分过多，透气性差，土温较低，影响出苗。种子萌发出苗适宜的土壤相对含水量为 70%。

幼苗期需水较少，占总需水量的 13%，此时抗旱能力强，抗涝能力弱。幼苗期根系生长快，茎、叶生长较慢，土壤水分蒸发量大，适宜的土壤相对含水量为 60%～70%。幼苗期适当干旱，有利于扎根，形成壮苗。

分枝期是大豆花芽分化的关键时期，需水量占总需水量的 17%，如果干旱，会影响花芽分化，适宜的土壤相对含水量为 70%～80%。

开花结荚期是大豆营养生长与生殖生长并进期，对水分反应敏感，是大豆一生中需水最多的时期，占总需水量的 45%，也是需水临界期。开花结荚期适宜的土壤相对含水量为 80%。

鼓粒成熟期营养生长停止，生殖生长旺盛进行，仍是需水较多的时期，需水量占总需水量的 20%，适宜的土壤相对含水量为 70%。

想一想：

怎样引种容易成功？“千里麦，百里豆”是什么意思？

子项目二 大豆播前准备

一、选地与选茬

(一)选地

耕层深厚,在20 cm以上,有机质含量3%以上,容重0.8～1.2 g/cm^3 的土壤,最适于大豆的生长。各种土壤均可种植大豆,以壤土最为适宜。

大豆要求pH为6.5～7.5的中性土壤。pH低于6.0的酸性土往往缺钼,也不利于根瘤菌的繁殖和发育;pH高于7.5的土壤往往缺铁、锰。大豆不耐盐碱,总盐量<0.18%,NaCl<0.03%,植株生育正常。

(二)选茬

大豆重迎茬会影响产量和品质。一是病虫害加重;二是根系分泌物和根茬腐解物对大豆产生毒害作用;三是土壤微生物种群发生变化,不利于大豆的微生物种群增加;四是土壤养分过度偏耗;五是土壤理化性状恶化,容重变大,不利于大豆的生长发育,使大豆产量降低,品质下降。

大豆对前作要求不严格,凡有耕翻基础的禾谷类、经济类作物,如小麦、玉米、高粱、谷子和亚麻等都是大豆的适宜前作。

玉米茬土壤疏松肥沃,杂草少;小麦茬根系入土较浅,土质疏松,土壤熟化时间长,速效养分含量高,土壤水分状况好,杂草少,都能为大豆生长发育提供良好的土壤环境。谷子和高粱等杂粮作物根系分布浅,土壤疏松,有利于大豆根系生长,但应结合秋翻整地,加大施肥量,特别是增施有机肥,才能确保丰产。大豆与浅根性禾谷类作物轮作,存留危害大豆的病虫少,可以分别利用土壤不同层次的养分,达到均衡利用土壤养分的目的。各地大豆主要轮作方式为:小麦→大豆→小麦;小麦→大豆→玉米;大豆→杂粮→玉米;小麦→大豆→杂粮→玉米;马铃薯→小麦→大豆→杂粮;大豆→甜菜→小麦→玉米。

想一想:

为什么说大豆茬是轮作中的好茬口?

二、整地与施肥

(一)耕整地

通过耕翻、深松、耕深达到18～35 cm,形成深厚耕层;通过耙地和耢地,使耕层土壤细碎、疏松、地面平整,10 m宽幅内高低差不超过3 cm、每平方米内直径3～5 cm土块不超过10个。

(1)耕翻　耕翻深度18～20 cm,以不打乱耕作层为限。伏翻宜深,秋翻宜浅;有深松配合宜浅,无深松配合宜深。不起大块,不出明条,翻垡整齐严密,不重耕不漏耕,耕幅、耕深一致，耕堑直，百米内直线误差不超过 20 cm，地表 10 m 内高低差不超过 15 cm，翻耙紧密结合。

(2)深松 无深松基础的地块应深松以打破犁底层，有深松基础的地块，每三年深松一次。深松深度一般 30 cm，多年未深松、犁底层较厚的地块，应逐年加深，深松深度达到耕层以下 5～15 cm 为宜。深松宜在夏季进行；秋季土壤水分较充足仍可进行深松，但土壤水分较少的易旱地块，秋耕不宜深松；地势较高、耕性好的地块，可先深松后耙茬，低平地、耕性差的地块，可先耙茬后深松、再耙茬。深松应做到，不重不漏，不起大块，松耙紧密结合。干旱条件下苗期不宜深松。

(3)耙地 耕翻、深松后应及时耙地。一种是冬前重耙两遍，耙深 15 cm 以上，耙透耙细；早春轻耙1～2 遍，深度达 8 cm 以上。另一种是有耕翻或深松基础的平播大豆，前茬多为小麦、亚麻等，在前作收获后，立即用双列圆盘耙耙地灭茬，对角耙 2～3 遍，耙深 12～15 cm，再轻耙 1～2 遍，耙平、耙细，播前耢平即可播种。

(4)耢地 耢地可与耙地同时进行。秋天耢地以平地保墒为主，春天前期耢地以碎土平地为主，后期以保墒为主。根据耢地的目的和时机，选择相应的机具类型。

(5)旋耕 有深松基础的玉米茬、高粱茬地块，在秋季或春季可用旋耕机旋耕 1～2 次，旋耕深度12～18 cm，再平播或起垄播种、镇压复式作业。

(二)需肥规律与施肥

1. 大豆的需肥规律

大豆所需氮素营养的一部分是由根瘤菌固氮作用提供的，占总需氮量的 25%～60%，其余的氮素为出苗后从土壤中吸收。第一复叶期大豆的根瘤固氮能力弱，根吸氮量少，处于“氮素饥饿期”，叶色转淡。幼苗期以后吸氮量不断增加，到结荚期达到高峰期，以后吸氮量逐渐减少。大豆一生的氮素吸收具有前少后多单峰曲线的特点。

大豆是“喜磷作物”，幼苗期到分枝期是磷的敏感期，缺磷器官发育受抑制，足磷对保证产量作用重大。大豆出苗后吸磷量迅速增加，到分枝期出现第一个吸收高峰，以后又渐渐下降；开花期以后吸磷量再次增加，到结荚期出现第二个高峰，以后又缓慢下降。大豆对磷的吸收具有前多后少双峰曲线的特征。

大豆具有喜钾特性。从出苗到开花期吸收占总吸收量的 32.2%，开花期到鼓粒期吸收约占 61.9%，鼓粒期到成熟期吸收占 5.9%。大豆一生需钙较多，又称钙性植物。

查一查：

大豆缺乏氮、磷、钾各有什么症状？

2. 施肥技术

(1)基肥 基肥应以有机肥为主，配合一定数量的化肥。根据地力情况有机肥施用量要达到每公顷 30 m^3 以上，化肥一般用尿素 52.5 kg/hm^2、二铵 150 kg/hm^2、氯化钾 75 kg/hm^2。基肥的施用方法因整地方法而异，最好在伏秋翻地前施入，通过耕翻和耙地将基肥翻耙入 18～20 cm 的土层中。如果秋季或春季破垄夹肥，可将底肥施入原垄沟，然后破茬打成新垄，使基肥正好深施于新垄台下。来不及秋翻施肥的地块，可在春季耙地前撒施肥料，通过深耙混入土层中。

(2)种肥　化肥做种肥要做到氮、磷、钾搭配并补充微肥，要提倡和推广测土配方平衡施肥。没有配方施肥条件的地方，应按减磷、增钾的原则确定施肥量和比例。中等肥力地块，一般施过磷酸钙 97.5～150 kg/hm² 或二铵 75～150 kg/hm²，硫酸钾 37.5～60 kg/hm²，一般不用氮肥做种肥。化肥应深施、分层施。施肥量大时，第一层施在种下 5～7 cm 处，占施肥总量 30%～40%；第二层施于种下 8～16 cm 处，占总量的 60%～70%。在施肥量偏少的情况下，第二层施在 8～10 cm 处。

(3)追肥　在土壤肥力不足的地块，大豆苗期生育弱，封垄有困难时应根据土壤肥力状况、大豆苗期长势结合中耕除草追肥。开花至鼓粒期是大豆需肥的高峰期，在此前的分枝期和初花期追肥，恰好可以满足大豆需肥高峰期的养分需求。施过基肥的地块，在初花期前 5 d 左右要重施一次追肥，可追尿素 75～112.5 kg/hm²，视苗情适当补施硫酸钾 75～105 kg/hm²，开沟条施。基肥施用量少的地块，除苗期早追肥外，应根据土壤肥力和大豆长势，在分枝至初花期追施尿素 75～150 kg/hm²，磷酸二铵 150～225 kg/hm²，氯化钾 75～150 kg/hm²。

根外追肥一般在初花到终花期喷施 1～2 次。用尿素 7.5～15 kg/hm²，钼酸铵 225～450 g/hm²，磷酸二氢钾 1.5～4.5 kg/hm²，对水 450～750 kg 根外追肥。其他微量元素不足的地块，可加硫酸锌 75～375 g/hm²（最终浓度为 0.01%～0.05%），硫酸锰 750 g/hm²（最终浓度为 0.1%），硼砂或硼酸 75 g/hm²（最终浓度 0.01%）。

想一想：

大豆有根瘤固氮，为什么还要施用氮肥？

查一查：

什么是测土配方施肥？大豆如何进行测土配方施肥？

三、优良品种的选用

（一）优良品种的标准

在一定的自然条件、耕作栽培条件下经人类选择，形成了丰富的大豆品种类型，每一品种都有一定的特点和适应性。例如：喜肥水、茎秆粗壮的有限或亚有限结荚习性的品种、主茎发达的大粒品种与植株高大、繁茂性强的中小粒品种，适宜在高肥水的条件下栽培；无限结荚习性的品种，适宜在瘠薄干旱条件下种植。可见，大豆的优良品种没有统一的标准，一般在栽培地区能够充分发挥其优质、高产、稳产特性的品种，就称为优良品种。

（二）大豆优良品种选用的依据

1. 根据无霜期和积温选用品种

根据当地积温和无霜期，选择熟期类型与之相适应的品种，能保证霜前正常成熟，又不浪费光热资源。种植与主栽品种熟期相近的品种，就不会有大问题。一般北方春作大豆品种生育期 90～155 d；黄淮流域春、夏播大豆生育期 90～150 d；南方春大豆生育期 95～110 d，夏大豆生育期为 120～150 d，秋大豆多生育期为 90～115 d。

2. 根据地势、土壤和肥水条件选用品种

阳坡地、沙质土地温高，可选用生育期稍长的品种；阴坡地和黏质土地温低，应选用生育期略短的品种。一般情况下，肥水条件好，管理水平高的地区，可选用熟期稍长，增产潜力大的品种；平川地、二洼地要选用耐肥、抗倒的高产品种；瘠薄干旱、施肥量不足的地区，应选用适应性强并耐瘠薄的品种。

3. 根据栽培方法选用品种

窄行密植要选用主茎发达、分枝少、秆强抗倒的中矮秆品种；大垄栽培与穴播要选用分枝能力强，中短分枝，茎秆直立，单株生产力高的品种；机械化收获应选用秆强不倒，株型收敛，结荚部位高，不易炸荚，籽粒破碎率低的品种。

4. 根据加工企业和市场需求选用品种

根据加工企业和市场需要选择高油、高蛋白或双高品种是选用品种的重要原则。

5. 特殊条件下的品种选用

在干旱、盐碱土地区宜选用耐旱、耐瘠和耐盐碱品种；在孢囊线虫、菌核病等危害严重的地区，要选用抗病虫品种；灌水栽培的大豆要选用抗倒伏的品种；重、迎茬多的地区，要注意选用多抗性品种。北方地区主栽和主推优良大豆品种见表 5-1。

表 5-1　优良大豆品种

品种名称	特征特性
合农 61	生育期 121 d 左右，亚有限结荚习性。中感花叶病毒病 1 号株系，感花叶病毒病 3 号株系，中抗灰斑病。适宜在黑龙江第二积温带、吉林蛟河和敦化地区、内蒙古兴安盟地区、新疆昌吉和新源地区春播种植。
黑农 65	在适应区出苗至成熟生育日数 115 d 左右，需≥10℃活动积温 2 350℃左右。亚有限结荚习性，株高 90 cm 左右，有分枝。适于黑龙江省第二积温带种植。
绥农 31	生育期 121 d 左右，无限结荚习性。中感灰斑病，中抗花叶病毒病 1 号株系，感花叶病毒病 3 号株系。适宜在黑龙江省第二积温带和第三积温带上限、吉林省白山和吉林地区、新疆维吾尔自治区昌吉和新源地区春播种植。
吉农 27	生育期 129 d 左右，圆叶、白花、亚有限结荚习性。感胞囊线虫病，中感灰斑病，抗花叶病毒病 1 号株系，中抗花叶病毒病 3 号株系。适宜吉林中南部、辽宁东部山区、甘肃西部、宁夏北部、新疆伊宁地区春播种植。
沈农 12	生育期 132 d 左右，圆叶，紫花，亚有限结荚习性。中感胞囊线虫病，中感花叶病毒病 1 号株系和 3 号株系。适宜在辽宁中南部、宁夏中北部、陕西关中平原地区春播种植。
登科 1	生育期 111 d 左右，长叶、紫花、无限结荚习性。中感灰斑病，中感花叶病毒病 1 号株系，感花叶病毒病 3 号株系。适宜在黑龙江第三积温带下限和第四积温带、吉林东部山区、内蒙古呼伦贝尔中部和南部、新疆北部地区春播种植。
中黄 13	春播生育期 130～135 d，夏播生育期 100～105 d。有限结荚习性，半矮秆，抗倒伏，中抗胞囊线虫和根腐病，抗花叶病毒病。适于华北北部、辽宁南部、四川春播；黄淮海地区夏播。
豫豆 29	生育期 109 d，有限结荚习性，抗倒、抗病性好。适宜在河南中部和北部、河北南部、山西南部、陕西中部、山东西南部夏播种植。
科丰 14	黄淮海南片夏播生育期 95 d，北片为 100 d。有限结荚习性，株型收敛，抗大豆花叶病毒病。适宜于北京、天津、河北、河南、山东、安徽、江苏、山西及陕西等地区夏播和部分地区春播种植。
徐豆 11	夏播生育期 104 d，适宜一年两熟制夏播。亚有限结荚习性，植株直立，主茎分枝少。适宜江苏淮北地区及鲁南、皖北、河南等地作夏大豆种植。

四、种子处理

(一)种子精选及发芽试验

播种前进行机械或人工精选，清除病虫粒、破碎粒、瘪粒和其他杂质。精选后的种子要达到二级良种以上标准，即品种纯度在98%以上，种子净度98%以上，发芽率90%以上，种子含水量不高于13%。

在种子精选前进行一次发芽试验，确定种子是否有选用的价值，如果没有种用价值就应更换，有种用价值的再进行精选。种子精选后再进行一次发芽试验，发芽率达到90%以上才能播种。

选种有机械选种和人工粒选两种方法。机械选种是通过筛选或空气浮力选种，清除杂质，选出粒大、饱满、完整的种子。人工选种通过逐粒选择，清除病虫粒、破碎粒、小粒、瘪粒和其他杂质。

(二)种子包衣

种衣剂是农药、微肥、生物激素的复合制剂，能促进幼苗生长，对地下害虫、大豆孢囊线虫、大豆根腐病、大豆根潜蝇等都有较好的防效。大豆种子包衣应根据需预防的病虫种类选择种衣剂，按使用说明的标注，将种衣剂与种子按比例快速混拌，使种衣剂在种子表面形成一层均匀的药膜即包衣，阴干后播种。目前大豆常用种衣剂有ND大豆专用种衣剂、30%多克福大豆种衣剂、25%呋多种衣剂等，用量为种子重的1%～1.5%。种子量较大时进行机械包衣，按药、种比例调节好计量装置，按操作要求进行作业。种子量小时可人工包衣，按比例分别称好药和种子，先把种子放到容器内，然后边加药边搅拌，使药剂均匀地包在种子表面。

(三)微肥拌种

主要采用钼酸铵、硫酸锌、硼砂、硫酸锰等微肥拌种。一般经过测土：土壤有效钼含量≤0.15 mg/kg；有效锌、有效硼含量≤0.5 mg/kg；有效锰含量≤5 mg/kg时，或经对比试验证明施用微肥有效时使用。

每千克豆种用5 g钼酸铵磨细，用非铁容器，先加少量热水溶化后稀释，总用水量为种子重的0.5%，用喷雾器喷在大豆种子上阴干后播种。每千克豆种用硫酸锌4～6 g，拌种用水量为种子重的0.5%。每千克豆种用硼砂0.4 g，先将硼砂溶于16 mL热水中，然后与种子均匀混拌。每千克种用硫酸锰10 g，溶于种子重1%的水中，喷在种子上拌匀阴干播种。

两种以上微肥拌种，总用水量不宜超过种子重的1%，防止种子皱缩，脱皮，影响播种质量。播种要注意墒情，适宜的土壤湿度为60%左右。微肥拌种不能与碳酸氢铵等碱性肥料混用。

(四)微生物菌剂拌种

根瘤菌是大豆常用的微生物菌剂，它可以固定空气中的氮素，直接供给大豆发育所需氮素营养。另外还有增产菌，它的作用是增强大豆对不良环境的抗性，即提高抗逆性，提高产量。

根瘤菌拌种时，用量为56.25 kg/hm^2。先用种子重2%的水把菌剂搅成糊状，然后与种子混拌均匀,阴干后24 h内播种;增产菌拌种时将粉剂10 g加适量的水搅匀,用喷雾器均匀地喷洒在5 kg大豆种子表面,边喷边搅,使种子表面都沾有菌液,阴干即可使用。

子项目三 大豆播种技术

一、播种时期

大豆适期播种可以合理利用当地的热量资源,保墒保苗,提高产量和脂肪含量。播种过早,地温低,出苗慢,容易感染病害,北方春大豆出苗过早也易受冻害。播种过晚易造成贪青晚熟,粒色发青。过早、过晚播种均可降低产量和籽粒含油量。

北方春作大豆区一般在5～10 cm土层稳定达到8℃时即可开始播种。播期为4月下旬至5月上中旬。早熟品种适当晚播,晚熟品种适当早播;土壤墒情好可适当晚播,墒情差应抢墒播种。黑龙江省南部于4月25日至5月10日,北部5月5～15日播种;吉林省平原地区4月20～30日,东部山区、半山区于4月25日至5月5日播种;辽宁省4月20至5月10日播种;内蒙古自治区4月20日至5月20日播种。其他省份4月下旬至5月上旬播种。

黄淮流域夏大豆区春播为4月上中旬;夏播为南部6月上旬,中、北部6月中旬;套作为5月中下旬。河北省、山东省一般6月中下旬夏播;山西省、陕西省、安徽省6月上中旬夏播,河南省6月15日前夏大豆套种。

二、种植密度及播种量

(一)种植密度

确定密度主要考虑品种、肥水条件、种植方式及气候条件等因素。

早熟品种宜密,晚熟品种宜稀;植株矮小欠繁茂宜密,植株高大繁茂宜稀;瘦地宜密,肥地宜稀;窄行密植宜密,精密播种、穴播宜稀;无霜期短宜密,无霜期长宜稀;晚播宜密,早播宜稀。清种宜密,间作宜稀。

北方春作大豆区土质肥沃,种植分枝性强的品种,一般保苗15万～19.95万株/hm^2。土质瘠薄,种植分枝性弱的品种,一般保苗24万～30万株/hm^2。高寒地区,种植早熟品种,一般保苗30万～45万株/hm^2。在种植大豆的极北限地区,极早熟品种,一般保苗45万～60万株/hm^2。如黑龙江省中、南部地区垄作一般保苗25.05万～34.5万株/hm^2,北部地区一般保苗28.5万～40.5万株/hm^2。吉林省垄作中部地区一般保苗18万～22.5万株/hm^2,西部地区一般保苗19.5万～22.5万株/hm^2,东部地区一般保苗18万～19.95万株/hm^2。辽宁省北部地区一般保苗19.5万～30万株/hm^2。山西北部一般保苗22.5万～37.5万株/hm^2。

黄淮流域夏大豆区一般保苗22.5万～45万株/hm^2。平坦肥沃,有灌溉条件的地块,一般保苗18万～24万株/hm^2。肥力中等及肥力一般的地块,一般保苗33万～45万株/hm^2。山东省一般保苗18万～27万株/hm^2,河南省一般保苗16.5万～22.5万株/hm^2,安徽省一般保苗22.5万～30万株/hm^2。

(二)播种量

按公顷保苗数要求,根据种子净度、发芽率、百粒重及田间损失率计算播种量。

播种量(kg/hm^2)=公顷保苗数×百粒重/[发芽率×净度×10^5×(1-田间损失率)]

田间损失率一般按10%计算。要求各排种口流量均匀,误差不超过±4%;播种量误差不超过±3%。

三、播种

(一)播种方法

(1)精量点播　机械垄上单、双行等距精量点播,双行间的间距为10~12 cm。人工点播,一般用杯耙开沟,人工摆籽,摆籽后立即覆土3~5 cm,镇压提墒。如土壤含水量高,待表土略干后再镇压,以免表土板结影响出苗。

(2)垄上机械双条播　双条间距10~12 cm,要求对准垄顶中心播种,偏差不超过±3 cm。

(3)窄行条播或点播　行距20~50 cm,实行播种、镇压连续作业。

(4)等距穴播　大豆等距穴播是利用植株高大、繁茂的品种,人工或利用机具,在垄上按相等穴距,穴内定株的播种方法。一般穴距15~25 cm,因种植密度而异,每穴点籽3~4粒。

无论采用何种播法,均要求覆土厚度3~5 cm。过浅,种子容易落干,过深,子叶出土困难。

查一查:

你所在的地区一般采用何种播种方式?

(二)播种质量检查

检查播种质量包括行距、播种深度、播种量三项内容。检查时按对角线方向随机选取10个以上测定点取平均值。

(1)检查行距　拨开相邻两行的覆土,直至发现种子,用直尺测量其种子幅宽中心距离是否符合规定的行距,要求行距误差不应超过2.5 cm。

(2)检查播种深度　每个测定点拨开覆土直至发现种子,顺播种方向贴地表水平放置直尺,再用另一根带刻度的直尺测量出种子至地表的垂直距离。平均播深与规定播深的偏差不应大于0.5~1.0 cm。

(3)检查播种量　在选定的测定点,顺播种行的走向拨开1 m长的覆土,直至露出种子,查种子粒数,即得1 m长度的播种行内实播种子数,与根据播种量计算出来的每米长度内应播种粒数比较。穴播还要检查各测点每穴播种粒数并测量穴距。每行应选3~5个测点,每个测点长度不应小于规定穴距的3倍,每穴种子粒数与规定粒数误差±1粒为合格;穴距与规定穴距±5 cm为合格。精密播种机播种,粒距±0.2 cm为合格。

查一查:

如何调整播种机的行距和播种量?

子项目四 大豆田间管理技术

一、查田补苗

在大豆出苗期间及时进行田间检查，查清各地块的缺苗程度、缺苗面积和分布状况，如果缺苗率超过5%，则需要进行补种或补栽。补种要及早进行，将种子播在湿土上，并加强肥水管理，使补种苗尽快赶上原苗；也可在地头或行间先播一些种子，长成预备苗，在出苗后进行坐水补栽。

二、间苗、定苗

通过间苗、定苗可以保证合理密度，调节植株田间分布，有利于个体发育，为建立高产大豆群体打下基础。

在大豆齐苗后，子叶展平开始间苗，打开死撮子。定苗时，按规定密度留苗，拔除弱苗、病苗和小苗，同时剔除苗眼草，并结合松土培根。

三、中耕培土

中耕具有抗旱保墒、疏松土壤、提高地温、除草、促进根瘤形成和幼苗生长的作用。

大豆生育期间应进行2～3次中耕。第一次在第一片复叶展开时进行，耕深10～12 cm，墒情好时可垄沟深松18～20 cm，要求垄沟和垄帮有较厚的活土层，坐犁土不应少于5 cm，培土厚度不超过子叶节，少培土形成张口垄。第二次在苗高20～25 cm时进行，耕深8～12 cm，培土厚度不应超过初生真叶节。第三次在封垄前结束，耕深8～12 cm，防止伤根。低洼地应高培垄，以利排涝。

想一想：

为什么大豆封垄后不宜再中耕？

四、科学灌水

(一)灌水原则

据苗情定灌水：需灌水的标志为生长缓慢，叶色老绿，中午叶片萎蔫，叶片含水量降低到70%以前应灌水。

(1)据墒情定灌水　当土壤含水量低于最适含水量时要及时灌水，地表有明水要及时排水。

(2)据雨情定灌、排水　久晴无雨或气温高，蒸发量大，土壤水分不足时要及早灌水，降雨偏多的年份，加强排涝。

(3)据地形和土质定灌水　沙壤土勤灌轻灌，土质黏重加大灌水量、减少灌水次数。

(二)灌水时期与定额

分枝期早熟、中早熟品种干旱时应灌水,中晚熟品种一般不灌,灌则少灌,一般灌水 300~450 t/hm²;开花结荚期干旱会严重减产,应勤灌水、多灌水,一般灌水 600~750 t/hm²;鼓粒期据降雨量决定是否灌水,干旱年份一般灌水 450~600 t/hm²。

(三)灌水方法

灌溉方法因各地气候条件、栽培方式、水利设施等情况而定。灌水效果喷灌好于沟灌,能节约用水 40%~50%。沟灌优于畦灌。有条件的可采用滴灌或地下多孔管渗灌。

想一想:

为什么开花结荚期干旱应勤灌水、多灌水?

五、化控技术(调节剂)的应用

(一)调节剂使用技术

大豆常用的调节剂有两类:一类是改善株型结构,防止徒长倒伏,减少郁蔽和花荚脱落,采用延缓抑制剂进行的调节;另一类是改善植株光合性能,调节体内营养分配,促进产量提高,采用营养促进剂进行的调节。生产上应用的调节剂主要有以下几种:

1. 多效唑

多效唑是一种三唑类植物生长调节剂,具有抑制徒长,促进根系发育,增加根瘤数量,增强抗逆性的作用。此外,多效唑还具有抑制杂草和灭菌的生态效应。在高肥水条件及使用无限结荚习性品种时,增产幅度可达 6.2%~18.3%。

大豆应用多效唑可以采用浸种和叶面喷洒的方法。

浸种方法简单,用量少,但技术要求严格,操作不好会影响出苗。一般用 200 mg/kg 多效唑溶液,按溶液与种子重 1∶10 的比例浸种。阴干后种皮不皱缩时播种,要求土壤墒情好。

叶面喷洒一般较稳妥,但用工量大,可重点用于高产田控制旺长、防倒伏。在大豆初花期,每公顷喷 150 mg/kg 多效唑溶液 750 kg(15%多效唑可湿性粉剂 750 g,对水 750 kg),在晴天下午均匀喷洒。不重喷,不漏喷,浓度误差不超过 10%。超低量喷雾,每公顷药液量不少于 225 kg。若喷后 6 h 降雨,要降低一半药量重喷。

多效唑必须在高肥水地块上施用,适当增加密度。在玉米与大豆间作时施用效果好。在有限结荚习性大豆品种上施用,浓度应适当降低。多效唑在土壤中易残留,不能连年使用。若浓度过高,大豆受药害时可喷洒赤霉素,追施氮肥,灌水缓解。

2. 烯效唑

烯效唑也是一种三唑类植物生长调节剂,具有矮化植株,增强抗倒能力,提高作物抗逆性和杀菌等功能。其活性高于多效唑,且不易发生药害,高效、低残留,对大豆安全。试验结果表明,烯效唑在 50~300 mg/kg 浓度范围内对大豆均有一定的增产效果,以 150 mg/kg 的增产幅度最高,可达 21.6%。

烯效唑宜在肥力水平高,生长过旺的田块使用,以大豆初花期至盛花期叶面喷洒为宜,浓度为 100~150 mg/kg。施用烯效唑注意事项与多效唑相同。

3. 维他灵

维他灵是一种以维生素B类为主体的农用生化制剂。在大豆上施用能促进根系发育和根瘤形成，增强抗逆性，控制株型，改善大豆田间受光状态，有利于光合作用和生殖生长。黑龙江省试验平均增产10.4%～14.6%。

维他灵可以与种衣剂混合拌种，也可以叶面喷洒。维他灵8号为大豆专用。拌种时，每公顷大豆种子用375 mL维他灵，与相应种衣剂混匀后进行种子包衣。叶面喷洒的最佳时间是初花期，两次施用效果更好。一般每公顷用375 mL维他灵，对水300～450 kg喷雾。

施用维他灵可与防治病虫、叶面施肥同时进行。维他灵的主要成分是维生素类物质，不含氮、磷、钾等营养元素，不能因施用维他灵后叶色变深而减少施肥量。

4. 三碘苯甲酸

2,3,5-三碘苯甲酸是一种多性能的植物生长调节剂，能抑制细胞分裂，消除顶端优势，增强抗倒能力，减轻花荚脱落。在植株高大，生长势强的中晚熟品种上应用，可增产10%～20%。

施用三碘苯甲酸以土质肥沃，生长高大、繁茂的豆田或高密度栽培地块为宜。在初花期叶面喷洒，喷施浓度100～200 mL/kg，每公顷喷液量375～450 kg。也可在盛花期施用，浓度为200 mL/kg，每公顷喷液量600～750 kg。在肥水不足，植株生长量小，不存在倒伏可能的地块上不能使用。

5. 亚硫酸氢钠

亚硫酸氢钠是一种光呼吸抑制剂，能降低大豆的光呼吸强度，提高净光合强度。在黑龙江省增产幅度为5%～15%，提早成熟2～5 d。

长势较弱的地块在初花期使用，一般地块在盛花期使用。喷施浓度为50～80 mg/kg，每公顷喷液量450～900 kg。在第一次喷施后7～10 d再喷一次，能提高增产效果。喷雾应在晴天上午进行，遇雨应重喷。施用亚硫酸氢钠的浓度不应高于100 mg/kg，否则会降低细胞壁和光合膜的透性。

(二)使用调节剂应注意的问题

使用植物生长调节剂是一项高产稳产新技术，但它不是灵丹妙药，必须以品种为基础，与其他栽培管理措施相配合才能发挥作用。

(1)根据需要选择适宜的调节剂。不同品种、肥力、环境条件和大豆的生育状况，需要调节的目的和要求不同。肥水条件差，长势弱，发育不良的地块，要选用促进型的调节剂。肥水条件好，密度高，长势旺的田块，为了控制徒长，防止倒伏，要选用抑制型的调节剂。干旱、生长不良的情况下切不可使用抑制型调节剂。

(2)严格掌握施用浓度和方法。根据调节剂的种类、使用时期、施用方法和气象条件，确定适宜的浓度，做到严格控制。在施用方法上，首先要选择适宜的时期，如防倒伏以初花期为宜；其次是使用方法应通过试验来确定，与化肥、农药混用，酸碱性不同时不能混用，不同性质的调节剂不能混用。

(3)注意环境因素的影响。用调节剂拌种或浸种时应避免阳光直射，叶面喷洒也应避开烈日照射时间，以上午9时前和下午4时后为宜。叶面喷洒应避开风雨天，喷后6 h遇雨要重喷。

(4)加强田间管理。如大豆使用多效唑等延缓抑制剂，必须同适时早播，适当增加密度，增加肥水投入，加强中耕除草和病虫害防治相结合，否则会使产量降低。

(5)防止发生药害。要严格控制使用浓度和剂量，把握准使用时期和方法。如果发生药害，要根据药害产生的原因和受害程度采取相应的补救措施。如用错了调节剂，可立即喷大量清水淋洗作物，或用与该调节剂特性相反的调节剂来挽救。已发生药害，在受害较轻时可补施速效氮肥、灌水；受害较重时应抓紧改种其他作物。造成土壤残留的，要用大水冲洗，以免影响下茬作物。

六、病虫草害防治

(一)大豆主要病害的防治

1. 大豆孢囊线虫病

大豆胞囊线虫病俗称"火龙秧子"，是我国大豆生产中普遍发生、危害严重的病害之一。主要分布于东北、华北、山东、江苏、河南、安徽等地，尤其在东三省的干旱、盐碱地区发生严重。一般减产10%～20%，重者可达30%～50%，甚至绝产。

胞囊线虫病在大豆整个生育期均可发生，田间常呈点片发黄状。大豆开花前后，病株明显矮化，瘦弱，叶片褪绿变黄，似缺水、缺氮状。病株根瘤少，根发育不良，须根增多，根上有大量0.5 mm大小的白色至黄白色的球状孢囊(线虫的雌成虫)。病株结荚少或不结荚，籽粒小而瘪。防治措施如下：

(1)大豆胞囊线虫主要以胞囊在土壤中或混杂在种子中越冬，其侵染力可达8年。生产中实行水旱轮作或与禾本科作物3年以上轮作，是有效的防治措施，且轮作年限越长效果越好。

(2)选种抗线6、7、8号，晋遗30号，中黄19，黑河38，辽豆13等抗、耐病品种，可减轻当年受害程度。

(3)加强栽培管理。加强检疫，严防大豆胞囊线虫传入无病区。不在沙壤土、沙土或干旱瘠薄的土壤及碱性土壤种植大豆。增施有机肥或喷施叶面肥，促进植株生长。高温干旱年份适当灌水。

(4)药剂防治。可选用3%米乐尔颗粒剂60～90 kg/hm^2、3%克线磷颗粒剂4.995 kg/hm^2、10%涕灭威颗粒剂33.75～75 kg/hm^2、5%甲拌磷颗粒剂120 kg/hm^2 等播种时撒在沟内。也可用含有呋喃丹的种衣剂包衣，对线虫有10～15 d的驱避作用。

2. 大豆根腐病

大豆根腐病是东北大豆产区的重要根部病害，我国主要分布于东北、内蒙古及西北地区。根腐病是各种根部腐烂病害的统称，由多种土壤习居菌侵染引起，从幼苗到成株均可发生。病菌主要以菌丝、菌核在土壤和病株体内越冬。不同病菌引起的病害症状不尽相同，但共同点是根部腐烂。大豆4～5片复叶期开始在田间点片发病，呈圆形或椭圆形"锅底坑"状分布。因根部受害，病株瘦小、变黄，叶脉绿色但叶片从叶缘向内变黄。严重时根部变褐腐烂，地上部枯死。土壤瘠薄、黏重、通透性差、低洼潮湿发病重，连作年限越长发病越重。防治措施如下：

(1)种子处理　每100 kg大豆种子用2.5%咯菌腈(适乐时)悬浮种衣剂600～800 mL拌种，或用种子重量0.3%～0.5%的50%多菌灵可湿性粉剂、50%福美双可湿性粉剂拌种。

(2)选地与轮作　选择土壤通透性好、肥沃、排灌良好的地块种植大豆；避免重迎茬，与禾本科作物2年以上轮作。

(3)提高播种质量　选用中黄13号等抗耐病品种大垄栽培。土温稳定在6～8℃时播种，播深不要超过 5 cm，湿度大时不能顶湿强播。

(4)加强田间管理 雨后及时排除田间积水、深松和中耕培土，勿过多施用氮肥，增施磷肥，及时防治地下害虫及根潜蝇，选用安全性好的除草剂，提高使用技术，减少苗期除草剂药害，减轻发病。

(5)生物防治 用种子重量 2%的保根菌拌种，阴干后播种，或用种子重量 1%的 2%菌克毒克水剂拌种，或用埃姆泌 45～75 kg/hm² 防治。

3. 大豆灰斑病

大豆灰斑病又名蛙眼病，世界各大豆产区均有发生，此病不仅影响产量，病粒还影响籽粒外观，品质变劣，商品豆降等降价。主要危害叶片，也可侵染茎、荚和种子。叶片和种子上产生边缘褐色、中央灰白色或灰褐色、直径 1～5 mm 的蛙眼状病斑，潮湿时叶背病斑中央密生灰色霉层。灰斑病病菌主要以菌丝体在种子或病残体上越冬，病残体为主要初侵染源，条件适宜时易大流行。一般连作、田间湿度大发病重。防治措施如下：

(1)选用抗(耐)病品种 种植晋遗 31 号、吉育 47 号、蒙豆 14 号、合丰 50 等抗病品种是防止病害流行的有效措施。但抗病品种的抗病性很不稳定，且持续时间短。

(2)加强栽培管理 合理轮作，避免重迎茬，合理密植，收获后及时清除病残体及翻耕等措施均可减轻发病。

(3)药剂防治 在发病初期或结荚盛期及时喷药防治。常用药剂有 50%多菌灵可湿性粉剂 1 000 倍液、50%苯菌灵可湿性粉剂 1 500 倍液、65%甲霉灵可湿性粉剂 1 000 倍液等。隔 7～10 d 喷药 1 次，连续用药 1～2 次。

4. 大豆褐纹病

大豆褐纹病也叫大豆褐叶病、大豆斑枯病，全国各大豆产区均有发生。东北地区发生普遍，苗期病株率可达 100%。大豆褐纹病从苗期到成株期均可发生，主要危害叶片，病株单叶甚至下部复叶长满病斑，造成层层脱落，对大豆产量影响很大。叶上产生多角形 1～5 mm 褐色或赤褐色略隆起病斑，中部色淡，稍有轮纹，上生小黑点，病斑周围组织黄化，多数病斑可汇合成黑色斑块，导致叶片由下向上提早枯黄脱落。一般种子带菌率高，种子带菌导致幼苗子叶发病。连作，温暖多雨，结露持续时间长发病重。防治措施如下：

(1)选用抗病品种并进行种子处理 选用抗病品种可减少产量损失。播前用种重 0.3%的 50%福美双可湿性粉剂或 50%多菌灵可湿性粉剂拌种，或用大豆种衣剂包衣处理。

(2)合理轮作，消灭菌源 与禾本科作物 3 年以上轮作，收获后及时清除病残体并深翻，豆秸若留作烧柴，应在雨季之前烧光。

(3)合理施肥 施足基肥及种肥，及时追肥。生育后期最好喷施多元复合叶面肥，增强抗病性。

(4)药剂防治 发病初期用 25%阿米西达 900～1 200 mL/hm²、50%多菌灵可湿性粉剂 1.125～1.5 kg/hm² 等对水喷雾，隔 7～10 d 喷 1 次，连用 2～3 次。也可用 47%春雷霉素可湿性粉剂 800 倍液、30%碱式硫酸铜悬浮剂 300 倍液等喷雾，隔 10 d 左右喷 1 次，连续用药 1～2 次。

5. 大豆菌核病

大豆菌核病又称白腐病，我国各大豆产区均有发生，是一种毁灭性的茎部病害，苗期至成株期均可发病，黑龙江、内蒙古危害较重。该病主要危害地上部分，花期、结荚后受害重，可产生苗枯、叶腐、茎腐、荚腐等症状。病部初为深绿色湿腐状，潮湿时产生白色棉絮状菌丝体，使病部逐渐变白，最后在受害部内外产生黑色鼠粪状菌核。成株期病株茎秆腐烂，苍白色，易折断，髓部中空，内有黑色鼠粪状菌核。防治措施如下：

(1)减少越冬菌源　病菌主要以菌核在土壤中、病残体内或混杂在种子中越冬，以初侵染为主，再侵染机会少。病菌不侵染禾本科植物，因此与禾本科作物3年以上轮作，是防病的有效措施。汰除混杂在种子中的菌核；避免在豆田周围或邻近种植向日葵、油菜等；大豆出苗后及时中耕培土，秋季深翻将菌核埋入3 cm以下土壤使其不能萌发。

(2)选种抗、耐病良种　选用株型紧凑、尖叶或叶片上举、通风透光性能好的耐病品种。

(3)药剂防治　发病前10～15 d或发病初期可选用40%菌核净可湿性粉剂800～1 200倍液、50%速克灵(腐霉利)可湿性粉剂2 000倍液、50%扑海因(异菌脲)可湿性粉剂1 000～1 500倍液，隔7～10 d喷一次，连用2～3次。喷药重点是近地面的花、幼荚等部位。

6. 大豆霜霉病

大豆霜霉病在我国各地普遍发生，东北、华北等冷凉多雨地区发病较重，造成早期落叶、百粒重降低，籽粒含油率和发芽率降低。大豆各生育期均可发生，主要为害叶片和籽粒。带菌种子长出的幼苗，真叶和复叶从叶基部开始沿叶脉出现褪绿大斑块，后全叶变褐枯死。叶片上再侵染可引起边缘不明显、散生的褪绿小点，后扩大成多角形、黄褐色病斑。潮湿时叶背均产生灰白色霉层。病荚内有大量杏黄色粉状物，病籽粒色白、无光泽，表面有一层黄白色粉末。大豆生长季节冷凉(10～24℃)高湿有利于病害发生流行。防治措施如下：

(1)选用抗病品种　推广吉育47号、蒙豆14号等抗病品种。

(2)选用无病种子，进行种子处理　带菌种子是最主要的初侵染源，应选无病田留种并精选种子。播种前用种子重量0.3%的35%甲霜灵(瑞毒霉)可湿性粉剂，或用种子重量0.3%的80%克霉灵可湿性粉剂拌种。

(3)合理轮作，铲除病苗　病菌可以卵孢子在病残体上越冬，轮作或清除病残体可减轻发病。结合田间管理铲除病苗，减少再侵染。

(4)药剂防治　发病初期，可选用25%甲霜灵(瑞毒霉)可湿性粉剂800倍液、58%甲霜灵锰锌可湿性粉剂600倍液、69%烯酰吗啉(安克锰锌)可湿性粉剂900～1 000倍液喷雾防治。隔7～10 d喷一次，连防2～3次。

7. 大豆菟丝子

大豆菟丝子又叫黄丝子、黄丝藤、金线草、黄豆丝、无根草和豆寄生等，为寄生性种子植物，在我国各大豆产区分布普遍，东北、山东等地危害严重。大豆菟丝子以丝状茎蔓缠绕大豆，并产生吸盘伸入大豆茎内吸取养分，被害植株矮小，茎叶变黄，结荚少，籽粒不饱满，严重时全株萎黄甚至枯死。菟丝子与大豆同时或稍早成熟，种子成熟后大部分落入土中，少部分混入大豆种子或粪肥中。菟丝子种子在土壤内可保持发芽率5～7年，且抗逆性很强。低洼地及多雨潮湿天气，菟丝子危害重。防治措施如下：

(1)严格种子检疫和精选种子　菟丝子为检疫对象，调种时应严格检查，防止传入新区。菟丝子种子小，千粒重仅1 g左右，通过筛选、风选等均能清除混杂在豆种中的菟丝子种子。

(2)合理轮作　菟丝子种子量大，未完全成熟的种子也能萌发。但菟丝子出土后长到5 cm内遇不到寄主即死亡，且菟丝子不能寄生在禾本科作物上，因此与禾本科作物3～5年轮作，可减轻危害。

(3)宽行条播 菟丝子出苗后2～3 d,若找不到合适的寄主就会死亡。因此,可采用宽行条播种植,降低菟丝子幼苗成活率,减轻危害。

(4)施用腐熟有机肥 菟丝子种子经过畜禽消化道后仍有生命力,含有菟丝子的畜禽粪肥必须充分腐熟后才能施入豆田。

(5)及时拔除病株 大豆出苗后,若发现有菟丝子缠绕在植株上,在菟丝子种子形成前拔除病株,清除残体。

(6)深翻土壤 由于菟丝子幼苗出土能力弱,种子在土表5 cm以下很难萌发出土。深耕10 cm以上,可将土表的菟丝子种子深埋入土。

(7)生物防治 用生物制剂鲁保一号(含活孢子15亿/g)菌剂7.5～1.2 kg/hm²,加水1 500 kg,在菟丝子幼苗期喷雾,隔5～7 d防治1次,连续2～3次。施药最好在阴天或傍晚进行,田间温度25～27℃、相对湿度90%为宜。

(8)药剂防治 可在大豆播前、播后苗前或苗后用除草剂防除。

①播后苗前土壤处理 用72%异丙甲草胺乳油2 250 mL/hm²,对水450～750 kg,在大豆播前或播后苗前将药液喷施于土表。天气干旱土壤墒情差时,施药后立即浅耙松土,把药物混入2～4 cm土层中,然后播种。也可用50%乙草胺1 500 mL/hm²,对水450～600 kg,在大豆播后苗前均匀喷雾,进行土壤封闭。

②苗后茎叶处理 用41%农达400倍液,或10%草甘膦100倍液,在菟丝子危害大豆初期,喷洒被害的大豆植株。药液最好只喷施在有菟丝子寄生的植株上,否则易产生药害。

(二)大豆主要虫害的防治

1. 大豆食心虫

大豆食心虫又称大豆蛀荚蛾、小红虫,是我国北方大豆产区的重要害虫,主要以幼虫蛀荚为害豆粒,对大豆的产量、质量影响很大。食心虫成虫为暗褐色小蛾子,体长5～6 mm。前翅暗褐色,前缘有10条左右黑紫色短斜纹,外缘内侧有一个银灰色椭圆形斑,斑内有3个紫褐色小斑。低龄幼虫黄白色,老熟幼虫鲜红色或橙红色。大豆食心虫在我国各地1年发生1代,以末龄幼虫在大豆田的土壤中作茧越冬。成虫有弱趋光性,飞翔力弱,下午在豆株上方成团飞舞。在3～5 cm长的豆荚、幼嫩豆荚、荚毛多、荚毛直立的品种豆荚上产卵多,极早熟或过晚熟品种着卵少,初孵幼虫在豆荚上爬行数小时后便蛀入荚内,并将豆粒咬成兔嘴状缺刻。防治措施如下:

(1)农业防治 选用抗(耐)虫品种,宜选用无荚毛或荚毛弯曲、成熟期适中的抗虫品种如吉育47号等,可有效减轻为害。大豆与甜菜、亚麻或玉米、小麦等禾本科作物2年以上轮作,最好不要与上年种植大豆的田块邻作;大豆收获后及时深翻,可增加越冬幼虫死亡率。适当提前播种,可减少豆荚着卵量,降低虫食率。

(2)生物防治 在成虫产卵盛期释放赤眼蜂,放蜂量为30万～40.5万头/hm²,可消灭大豆食心虫卵。

(3)药剂防治成虫 成虫在田间"打团"飞舞时即为防治适期。可选用2.5%敌杀死乳油405～600 mL/hm²、20%灭扫利乳油450 mL/hm²、48%乐斯本(毒死蜱)乳油120～1 500 mL/hm²等喷雾防治。喷药时,将喷头朝上,从根部向上喷,使下部枝叶和上部叶片背面着药。大豆封垄后,用长约30 cm的玉米秸等两节为一段,去皮的一节浸足敌敌畏药液,每隔4垄、在垄上间距5 m将药棒留皮的一端均匀插在垄台上,需药棒600～750根/hm²熏蒸杀死成虫。

2. 大豆蚜虫

大豆蚜虫俗称腻虫，繁殖力强，1头雌蚜可繁殖50～60头若蚜，若蚜在气候适宜时，5 d即能成熟进行生殖。1年可在大豆上繁殖15代。以成蚜和若蚜集中在豆株的顶叶、嫩叶、嫩茎刺吸汁液，严重时布满茎叶，幼荚也可受害。豆叶被害处叶绿素消失，形成鲜黄色的不规则黄斑，继后黄斑逐渐扩大，并变为褐色。受害严重的植株，叶卷缩，根系发育不良，发黄，植株矮小，分枝及结荚减少，百粒重降低，苗期发生严重时可使整株死亡。大豆蚜虫经常发生为害，干旱年份大发生时为害更为严重，如不及时防治，轻者减产20%～30%，重者减产50%以上。防治措施如下：

（1）种子处理　用含有内吸性杀虫剂的种衣剂包衣，对控制苗期蚜虫为害有一定作用。

（2）农业防治　选用抗蚜品种，及时铲除田边、沟边杂草，减少虫源。

（3）生物防治　大豆蚜的天敌种类较多，可保护和利用瓢虫、草蛉、食蚜蝇、小花蝽、蚜茧蜂、瘿蚊、蜘蛛、蚜毒菌等天敌来控制蚜虫。

（4）药剂防治　播种前先开沟，沟施3%呋喃丹颗粒剂30 kg/hm^2，盖少量土后再播种，可兼治多种地下害虫和苗期害虫。田间有蚜株率超过50%，且高温干旱，应及时防治。常用药剂有：50%辟蚜雾可湿性粉剂1 500倍液、10%吡虫啉1 000倍液、2.5%鱼藤酮乳油500倍液喷雾，药剂应轮换使用。

3. 大豆根潜蝇

大豆根潜蝇又名豆根蛇潜蝇、大豆根蛆，主要分布于黑龙江、吉林、辽宁、内蒙古，是我国北方大豆产区的重要害虫。大豆根潜蝇1年发生1代，成虫为体长2.2～2.4 mm的黑色小蝇子，复眼大、暗红色，触角具芒状。翅有紫色闪光，翅脉上有毛。幼虫为长约4 mm的乳白色至浅黄色小蛆，体圆筒形，半透明。成虫舔吸豆苗叶片的汁液，使叶面出现很多密集透明的小孔；幼虫钻蛀为害幼根，形成3～5 cm长的隧道，并使被害根变粗、变褐或纵裂，从而形成“破肚”现象，伤口导致根部侵染性病害发生。受害大豆幼苗植株矮小、叶色变黄。防治措施如下：

（1）农业防治　大豆根潜蝇为单食性害虫，只为害大豆和野生大豆，且飞翔力弱，成虫取食大豆叶片的汁液补充营养，因此轮作换茬可减轻为害。大豆收获后深翻，能把蛹埋入较深土壤中，降低成虫羽化率。秋耙地，可破坏大豆根潜蝇的越冬场所，并将部分土壤中越冬的蛹带到地表，增加死亡率。培育壮苗，提高耐害力适期早播，施足基肥，增施磷钾肥，加快大豆幼苗生长发育速度，提高根部木质化程度，使大豆幼苗期躲过幼虫盛发期，减轻受害程度。

（2）种子处理　用含有呋喃丹（克百威）的种衣剂包衣，如用种子重量1%～1.5%的35%多克福悬浮种衣剂包衣，也可用40%乐果乳油700 mL加水4 000～5 000 mL，喷拌100 kg大豆种子。

（3）药剂防治　用3%呋喃丹颗粒剂、10%涕灭威颗粒剂撒入播种穴或播种沟内，用药量15～33.75 kg/hm^2，然后播种；防治幼虫用80%敌敌畏乳剂800～1 000倍液、40%乐果乳油1 000倍液喷雾或灌根；在成虫盛发期，即大豆长出第一片复叶前，子叶表面出现黄斑，目测田间出现成虫时，药剂喷雾防治成虫。

（三）大豆化学除草

大豆田常见的主要禾本科杂草有马唐、牛筋草、狗尾草、稗草和野燕麦等，阔叶杂草有反枝苋、皱果苋、铁苋菜、龙葵、马齿苋、苍耳、鸭跖草、苘麻、藜及刺儿菜等。

1. 播前土壤处理

大豆田播种前土壤处理多采用混土处理方法，其优点是可防止挥发性和易光解除草剂的损失，在干旱年份也可达到较理想的防效，并能防治深层土中的一年生大粒种子的阔叶杂草，在东北地区由于气温低也可于上年秋季施药。操作时混土要均匀，混土深度要一致，土壤干旱时应适当增加施药量。可选用的除草剂有：

(1)氟乐灵　主要用于防除禾本科杂草和一部分小粒种子的阔叶杂草。一般在播前5～7 d用药，春大豆也可在去年秋天用药，48%氟乐灵用量为1.65～2.6 L/hm^2，施药后2 d内及时混土5～7 cm。

(2)灭草猛(卫农)　主要用于防除一年生禾本科杂草和部分阔叶杂草，88%灭草猛乳油用量为2.6～4.0 L/hm^2，混土5～7 cm。

(3)地乐胺　主要用于防除禾本科杂草和部分阔叶杂草，48%地乐胺乳油用量为沙质土2.25 L/hm^2、壤质土3.45 L/hm^2、黏土4.5～5.6 L/hm^2，混土5～7 cm。

2. 播后苗前土壤处理

(1)防除禾本科杂草　可选用的除草剂有：50%乙草胺乳油2.25～3 L/hm^2，沙质土壤及夏大豆田可适当降低用量；72%异丙甲草胺乳油1.5～2.7 L/hm^2；48%甲草胺(拉索)乳油4.5～7.0 L/hm^2；72%异丙草胺(普乐宝)乳油1.5～2.7 L/hm^2。

(2)防除阔叶杂草　可选用的除草剂有：80%茅毒可湿性粉剂2.25～2.7 kg/hm^2；50%速收可湿性粉剂0.12～0.18 kg/hm^2。

(3)防除阔叶杂草和禾本科杂草　常用的除草剂有：50%嗪草酮可湿性粉剂1.05～1.5 kg/hm^2，土壤有机质含量低于2%的土壤和沙质土不能应用；50%广灭灵乳油2.25～2.5 L/hm^2；5%普施特水剂1.5～2.0 L/hm^2，因对下茬油菜、水稻、甜菜和蔬菜等极易产生药害，在夏大豆种植区不宜应用。

此外，大豆田化学除草的土壤处理多以混用为主，常用的混用组合有：乙草胺＋嗪草酮、氟乐灵＋嗪草酮、拉索＋嗪草酮、都尔＋嗪草酮、广灭灵＋嗪草酮、氟乐灵＋广灭灵、氟乐灵＋普施特、氟乐灵＋茅毒、草猛＋嗪草酮、乙草胺＋广灭灵、乙草胺＋普施特、都尔＋普施特、都尔＋广灭灵、乙草胺＋速收、都尔＋速收以及氟乐灵＋速收等。

3. 苗后茎叶处理

(1)防除禾本科杂草　常用的除草剂有：20%拿捕净1.5～2.0 L/hm^2；12.5%盖草能乳油0.75～1.0 L/hm^{2}或10.8%高效盖草能乳油0.375～0.525 L/hm^2；15%精稳杀得乳油0.75～1.2 L/hm^2；10%禾草克乳油0.75～1.2 L/hm^{2}或5%精禾草克乳油0.45～0.9 L/hm^2；7.5%威霸浓乳剂0.45～0.75 L/hm^2；12%收乐通乳油0.525～0.6 L/hm^{2}以及4%喷特乳油0.6～1.0 L/hm^2。上述药剂均于杂草3～5叶期喷施。

(2)防除阔叶杂草　常用的除草剂有：21.4%杂草焚水剂1.0～1.5 L/hm^2；25%虎威水剂1.0～1.5 L/hm^2；48%苯达松水剂1.5～3.0 L/hm^2；44%克莠灵水剂1.5～2.0 L/hm^2；24%克阔乐乳油0.4～0.5 L/hm^2；10%利收乳油0.45～0.675 L/hm^2。上述药剂均需在大豆3片复叶前、杂草2～4叶期用药。

查一查：

1. 大豆田化学除草影响药效的因素有哪些？
2. 大豆发生除草剂药害采取哪些补救措施？

子项目五 大豆收获储藏技术

一、收获时期

大豆收获过早，籽粒尚未充分成熟，百粒重、蛋白质、脂肪含量均低；收获过晚，会造成炸荚落粒，品质下降。适宜收获时期因收获方法不同而异。直接收获的最适宜时期是在完熟初期，此时大豆叶片全部脱落，茎、荚和籽粒均呈现出原品种的固有色泽，籽粒含水量在20%～25%，用手摇动会发出响声。分段收获可提前到黄熟期，此时大豆已有70%～80%叶片脱落，籽粒开始变黄，部分豆荚仍为绿色，是割晒的最适时期。过早茎、叶含水量高，青粒多，易发霉；过晚则失去了分段收获的意义。

二、收获方法

(1)直接收获　就是用联合收割机直接收获。要求割茬高度以不留底荚为度，一般为5 cm，综合损失不超过4%，收割损失不超过2%，脱粒损失不超过2%，破碎粒不超过3%。

(2)机械分段收获　就是先用割晒机或经过改装的联合收获机，将大豆割倒放铺，晾干后再用联合收获机拾禾脱粒。分段收获与直接收获相比，具有收割早、损失率低、破碎粒和“泥花脸”少等优点。要求综合损失不超过3%，拾禾脱粒损失不超过2%，收割损失不超过1%。割后晒5～10 d，种子含水量在15%以下时，及时拾禾。

(3)人工收割　人工收割应在午前植株含水量高，不易炸荚时进行。要求割茬低，不留荚，放铺规整，及时拉打，损失率不超过2%。

三、安全储藏

大豆籽粒储藏前必须充分晾晒，使含水量低于12%～13%时，再入仓储藏。储藏的最适宜温度为3～10℃，种子含水量高，储藏温度不应超过5℃。种子含水量13%以下时，可以冷库储藏，库藏最好用麻袋包装堆放，堆高不超过8层麻袋高。露天储藏要堆底垫好防潮，堆顶苫盖，防止雨淋，防鼠。

查一查：

大豆生产成本由哪些项目构成？如何计算生产成本？

子项目六 东北地区推广的大豆栽培模式

一、“垄三”栽培模式

“垄三”栽培模式是以垄体深松、垄内分层深施肥和垄上精量播种三项技术为核心形成的大豆综合高产栽培技术体系。其增产机理主要表现在土壤深松，创造虚实并存的耕层结构；双条精密播种合理密植；分层施肥、深施肥，提高肥料利用率的增产作用上。

（一）选择优良品种

选用高产、优质、适期成熟、秆强、主茎发达、抗逆性强的优良品种，种子定期更换。由于实行精量播种，种子必须严格精选，清除病虫粒、杂质，使种子达到二级良种以上标准。种子精选后进行包衣处理。

（二）精细整地

"垄三"栽培技术对整地质量要求高，要达到伏、秋整地，耕层土壤细碎，地面平整，深松起垄，垄宽一致，垄向直。结合整地秋施有机肥，有条件的地区秋施化肥。在土壤耕作上坚持以深松为主，松、翻、耙、旋相结合，既能为大豆生长发育创造良好的耕层构造，又能降低成本。根据当地生产条件、生态特点及前作物情况确定具体的整地方法。无深翻、深松基础的地块，可伏、秋翻同时深松，或旋耕同时深松，也可耙茬深松。有深翻、深松基础的地块，可进行秋耙茬，垄作地块秋起垄，达到待播状态。玉米茬可在早春刨净茬子，耢平茬坑，或用灭茬机灭茬。有条件的地区，进行全方位深松，深松深度 40～45 cm。

（三）适时播种

根据土壤水分和温度情况适时播种。春季土壤墒情较好的地区，可以采用"垄三"耕播机一次完成深松、播种、施肥作业。在春旱较重，没有深松播种经验的地区，不宜采用一次作业法，应秋深松起垄，深施肥，分层施肥，春季垄上精密播种。根据保苗株数和种子质量计算好播种量，在垄距 65～70 cm 的垄上双行精密播种，双行间小行距 10～12 cm，一般保苗 30 万～34.5 万株/hm^2。播种深度以 4～5 cm 为宜，播种、镇压连续作业。"垄三"栽培种子、肥料分布如图 5-4 所示。

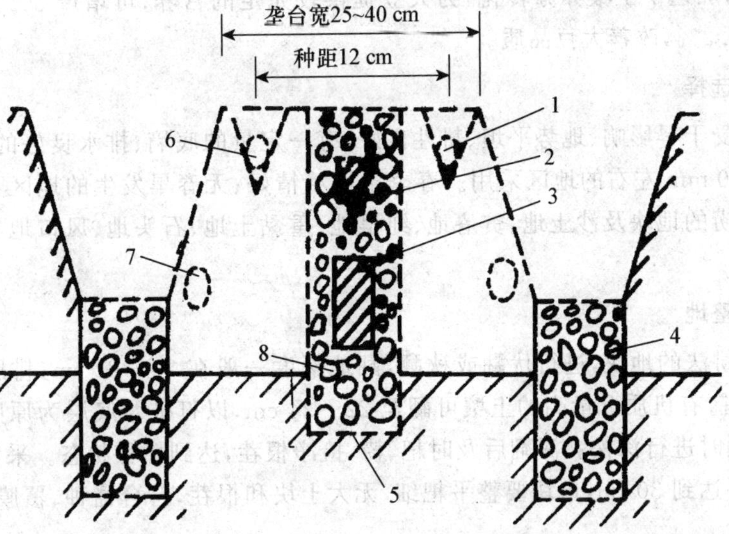

图 5-4　"垄三"栽培种子、肥料分布示意图

1. 播种深度（3～5 cm）　2. 种肥深度（4～7 cm）　3. 底肥深度（10～16 cm）
4. 垄沟深松部位　5. 垄底深松部位　6. 种子　7. 追肥部位　8. 犁底层

(四)合理施肥

施用有机肥是增加土壤有机质,改善土壤理化性状,提高土壤肥力的有效措施,结合整地起垄,每公顷施优质有机肥 15 t 以上。还可施用大豆有机复合肥。

化肥施用要做到氮、磷、钾配合,因地施用微肥,进行测土配方施肥。没有进行配方施肥的地区,一般每公顷施磷酸二铵 100～150 kg、硫酸钾 40～60 kg。利用"垄三"耕播机进行深施肥,当施肥量大时,第一层施在种下 4～5 cm 处,占施肥总量的 30%～40%;第二层施在种下 8～15 cm 处,占总量的 60%～70%。在施肥量小的情况下,第二层施在种下 8～10 cm 处。

对前期长势差的地块可在苗期适当追施氮肥,或在大豆初花期根外追施氮、磷、钾肥,并根据土壤中微量元素的丰缺,加入适量微肥。

(五)加强管理

采用适宜的药剂进行化学除草。大豆出苗后及时进行中耕,一般地区要进行三次中耕,铲趟伤苗率应低于 3%,生育后期在草籽尚未成熟前拔净田间大草。作好病虫害的预测预报工作,通过种子包衣解决地下病虫危害问题,及时防治大豆灰斑病、食心虫等常发病虫害。

在大豆达到黄熟末期时及时组织人力和机械力量收获,脱粒后进行精选,使产品质量达到三等以上标准。

二、"行间覆膜"栽培模式

大豆行间覆膜栽培是以地膜覆盖、土壤深松、化肥深施和精密播种四项技术为核心,利用地膜覆盖大豆行间,增温保墒,促进植株生长,以实现高产、优质、高效为目的综合栽培技术。

化肥施在膜内,减少挥发,提高肥料利用率 10%以上;降水能从膜边进入膜内,减少土壤水分蒸发,有利于保墒;可提高土壤温度 3～5℃,增加有效积温 200℃左右,为土壤微生物活动创造良好条件,加速了土壤养分转化,为大豆提供较充足的营养;可增产 30%左右,脂肪含量提高 0.8%～1.2%,改善大豆品质。

(一)地块选择

选择经常受干旱影响、地势平坦、耕性良好、有一定量的底墒、排水良好的平岗地,最好是在年降雨量 400 mm 左右的地区采用。春季土壤墒情好、无春旱发生的地区不宜采用该项技术;洼地、易内涝的地块及沙土地、贫瘠地、纯旱地、重黏土地、石头地、风口地等都不适合采用该技术。

(二)深耕整地

采用平翻耕法的地块,进行伏翻或秋翻,翻地深度一般在 20～22 cm,耕层薄的土壤可以 18～20 cm 为宜,有机质含量高的土壤可翻至 22～24 cm,以打破犁底层为原则。有条件的地区,在深翻的同时进行深松。深翻后及时耙、耢,捡净根茬,达到播种状态。采用深松耕法的地块,深松深度要达到 30 cm,地块要整平耙细,无大土块和根茬,符合播种、覆膜要求,确保作业质量。

(三)合理施肥

结合耕翻整地,每公顷施有机肥 15～22.5 t 作基肥。

化肥作种肥一次施入,每公顷施有效氮 30～35 kg,有效磷 55～70 kg,有效钾 30～40 kg。

化肥分层深施，第一层在种下 5～7 cm，第二层在种下 12～15 cm，施在种侧 5～10 cm。

土壤肥力低，天气干旱，幼苗长势弱的地块，可在大豆分枝期，结合化学除草，每公顷用尿素 5～7.5 kg，对水 600 kg，叶面喷洒。大豆盛花期如果长势弱，每公顷用尿素 7.5～10 kg，磷酸二氢钾 3 kg，对水 600 kg 叶面喷雾。

(四)播种覆膜

选用优质、高产、抗病、秆强、株型收敛、单株产量高、适期成熟的中熟抗倒伏品种，种子精选后包衣处理。5 cm 耕层土温稳定通过 7～8℃时开始播种。

使用 2BMS-2A 型覆膜精量播种机或 2MFB-2A 型大豆覆膜播种机，也可采用 4 膜 8 苗带或 5 膜 10 苗带覆膜机播种，施肥、播种、覆地膜、镇压一次完成作业。

采取平播覆膜，膜外侧播种，膜内施肥。苗带为单行精量点播，行距宽窄间隔，行距 75 cm 的间隔覆膜，行距 45 cm 的间隔不覆膜。离膜边外 5 cm 播种，施肥位置在膜边内 5 cm 左右。地膜要紧贴地面，膜边盖土严密，每隔 2～3 m 在膜上压一土带，地膜接头处和有孔处必须用土盖压严密。植株的田间分布如图 5-5 所示。

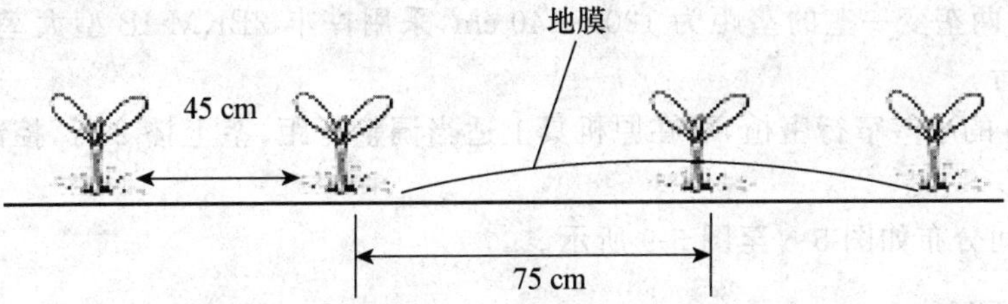

图 5-5 行间覆膜栽培

(五)加强管理

播种覆膜结束后，经常进行田间检查，发现破损处或被风撕裂处，用土压严。化学除草应坚持以苗前土壤处理为主，苗后茎叶处理为辅的原则。中耕作业次数应相对减少，可以在非膜区铲趟，如果田间杂草少，可以免中耕。根据大豆长势进行根外追肥，在封垄期揭除地膜。通过综合技术控制地下害虫、大豆孢囊线虫、根腐病、灰斑病、食心虫等病虫害。

三、"窄行密植"栽培模式

大豆窄行密植栽培是在引进、消化、嫁接国外平作窄行密植技术的基础上，结合黑龙江省的自然特点、生产条件，探索出来的密植高产栽培技术。其特点是选择矮秆或半矮秆品种、缩小行距、增加种植密度、结合化学除草创高产，一般比"垄三"栽培增产 15%以上。

大豆窄行密植栽培包括大垄窄行密植、小垄窄行密植和平作窄行密植三种形式。

(一)选择品种

大豆"窄行密植"技术要求品种不产生倒伏，否则就要减产。因此应选择抗倒伏、增产潜力大的矮秆或半矮秆品种。另外，选择比当地熟期稍早的品种对增产有利，可以作为选用品种的参考依据，但熟期不能过早，否则浪费积温，影响产量。种子精选后进行包衣处理。

(二)精细整地

平作窄行密植在生育期间不进行中耕，增温、防旱、抗涝能力减弱，要求有良好的耕层构造，协调各肥力因素，要达到耕层深厚、土壤细碎、地表平整。大垄窄行密植由于垄上增加了行数，给机械播种增加了难度，因此对整地要求比常规垄作更高，要求耕层深厚，垄上土壤细碎、平整、疏松、无根茬。

根据前茬土壤情况采用深翻、耙茬深松或耙茬的整地方法，平播地块秋整地后达到待播状态。大垄窄行密植和小垄窄行密植的地块在秋整地的基础上进行秋起垄。

（三）合理施肥

大豆窄行密植栽培要实现高产，必须增加肥料的投入，做到合理施肥。首先是增施有机肥，中等肥力地块的施用量应达到 22.5 t 以上。其次是化肥要氮、磷、钾配合，施用量比常规垄作增加 15%以上。有机肥和化肥都要做到深施或分层施。

（四）保证播种质量

平作窄行密植可采用 24 行播种机或大型联合耕播机播种，也可采用东北农业大学研制的依靠小四轮驱动的 1.4 m 精量点播机播种，行距 20～30 cm。

大垄窄行密植，起垄时由原三垄变两垄的垄距为 90～105 cm，采用 4 行精密播种机垄上播种；起垄时原两垄变一垄的垄距为 120～140 cm，采用桦丰 2BKM-IB 型大垄窄行专用播种机垄上播种 6 行。

45～50 cm 的小垄窄行密植，可在原机具上适当调整行距，垄上播 2 行，控制播种深度，播后及时镇压。

植株的田间分布如图 5-6 至图 5-9 所示。

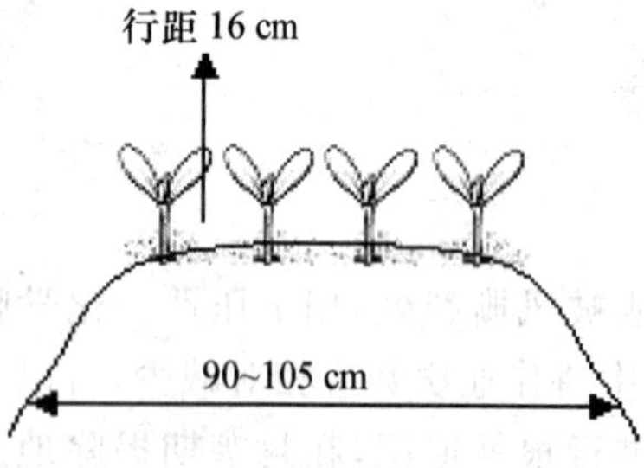

图 5-6　大垄窄行密植(4 行)

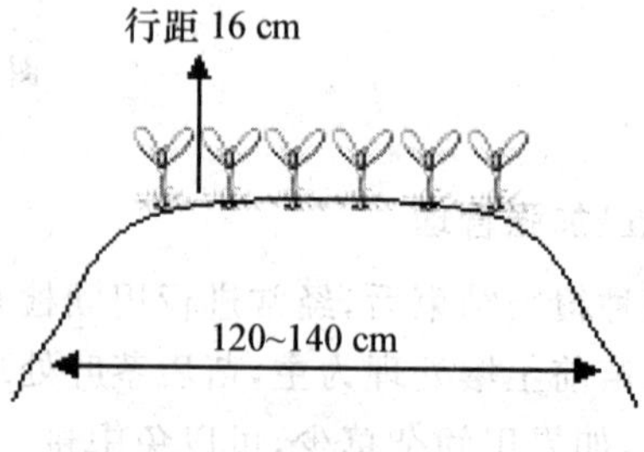

图 5-7　大垄窄行密植(6 行)

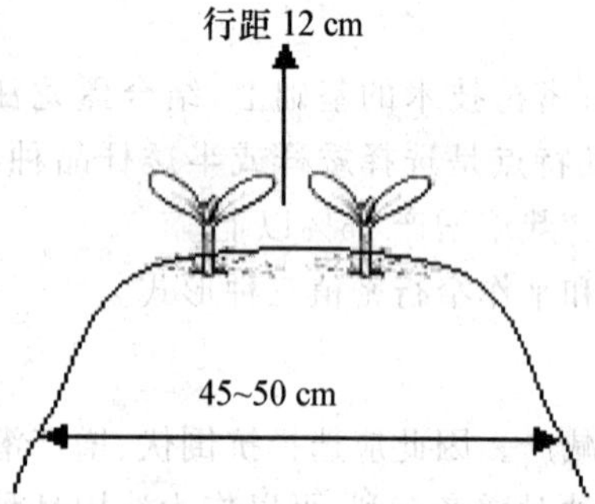

图 5-8　小垄窄行密植

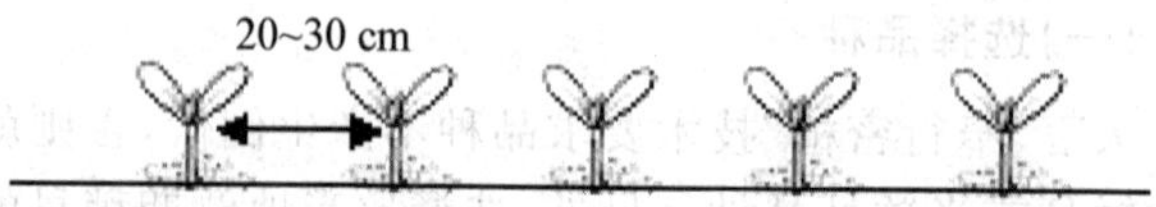

图 5-9　平作窄行密植

（五）加强管理

运用机械措施或化学措施控制田间杂草，加强病虫害防治；根据植株长势长相适时追肥；

在大豆初花期至盛花期，如果生长过旺，可施用多效唑、三碘苯甲酸、大豆丰收宝等化控剂，保花、保荚，防止倒伏。

复习思考

一、填空

1. 大豆营养丰富，其种子含蛋白质(　　)左右，脂肪(　　)左右。
2. 大豆根属于直根系，由(　　)、(　　)和(　　)组成。
3. 按主茎生长形态，大豆可分为(　　)型、(　　)型和(　　)型。
4. 按照分枝的多少，可将大豆分为(　　)型、(　　)型和(　　)型。
5. 大豆属于双子叶植物，叶有(　　)、(　　)和(　　)3种。
6. 大豆花的颜色分(　　)和(　　)两种。
7. 大豆的结荚习性一般可分为(　　)、(　　)和(　　)3种类型。
8. 大豆的成熟过程分为(　　)、(　　)和(　　)3个阶段。
9. 精选后的大豆种子要达到纯度(　　)以上，净度(　　)以上，发芽率(　　)以上，种子含水量不高于(　　)。
10. 大豆选种有(　　)和(　　)两种方法。
11. 大豆一般在5～10 cm土层稳定达到(　　)℃时即可开始播种。
12. 检查播种质量包括(　　)、(　　)和(　　)3项内容。
13. 如果大豆缺苗率超过(　　)，则需要进行补种或补栽。
14. 收获方法(　　)、(　　)和(　　)3种。
15. 大豆籽粒储藏前必须充分晾晒，使含水量低于(　　)时，再入仓储藏。

二、简答

1. 大豆各生育时期的生长发育特点如何？
2. 大豆生长发育需要什么样的环境条件？
3. 大豆落花落荚的原因及减少花荚脱落的措施？
4. 选择大豆品种的依据是什么？
5. 大豆的需肥特点如何？怎样科学施肥？
6. 种植大豆应如何进行土壤耕作？
7. 如何确定大豆栽培的合理密度？
8. 大豆的播种方法有几种？
9. 如何进行大豆的播种质量检查？
10. 大豆使用生物调节剂应注意的问题有哪些？
11. 东北地区推广的大豆栽培模式有哪几种？
12. 根据你所在的家乡的自然条件，提出发展大豆生产的具体措施。

项目六　棉花栽培技术

【知识目标】

了解棉花各生育阶段的特点，棉花的生育特性，棉花现蕾规律，蕾铃脱落规律、原因，棉花需水、需肥规律。

【技能目标】

掌握棉花育秧、播前准备、播种、田间管理技术及收获技术。

【项目导入】

传说，古时候有一个叫花儿的漂亮姑娘爱上了一个叫棉的放羊汉子。花儿家很有钱，而棉孤苦伶仃、无依无靠。花儿的父母不同意他们结合，百般阻挠，不让他们见面。花儿整日以泪洗面，茶饭不思，很快消瘦了下来，就这样也没能感动她的父母，两个相爱的人痛苦万分。

棉见不到心爱的花儿，就天天在她家的院子外唱歌，因为心里悲伤，其歌声也凄楚，姑娘听着爱人的歌，却见不了面，忧郁在心。

棉从叶子绿时唱到了下雪天，可还是见不到美丽的花儿。天气渐渐冷了，棉常常冻得发抖，就连歌声也有了颤音。

在一个寒冷的早晨，花儿终于抑郁而亡。后来在花儿的坟头长出了一种奇怪的植物，它在夏天开花，秋天结果，果实不能吃，却可以御寒，这种植物就是棉花。

人们都说是花儿不忍棉挨冻，所以化成棉花给心爱的人御寒。

传说只是传说，棉花原产地并不在我国。

棉花在植物分类学上属被子植物，锦葵科棉属。棉属植物多为一年生亚灌木、多年生灌木或小乔木。根据 Fryxell(1992)的分类，棉属分为 4 个亚属 50 个种。其中栽培种有 4 个，分别为草棉、亚洲棉、陆地棉和海岛棉。

草棉原产于非洲南部，是非洲大陆栽培和传播比较早的棉种，又称为非洲棉。亚洲棉原产于印度大陆，由于它在古代中国栽培、传播较早，故也称作中棉(俗称粗绒棉)。二者均为二倍体，被称为旧世界棉。

陆地棉(俗称细绒棉)原产于中美洲墨西哥的高地及加勒比海地区。目前棉花生产上所栽培的品种绝大多属陆地棉。海岛棉原产于南美洲、中美洲、加勒比海群岛和加拉帕戈斯群岛，由于其纤维长，又称为长绒棉。二者均为四倍体，被称为新世界棉。当前世界上栽培的棉花98%以上是陆地棉和海岛棉。

棉花是我国重要的经济作物，是纺织工业的重要原料，也是轻工、化工、医药和国防工业的重要原料，棉花机棉纺织品是我国重要的创汇物资。

棉籽仁含丰富的油脂和蛋白质，含油率高达35%～46%，精炼后的棉籽油色清透明，占我国食用植物油总量的1/4；蛋白质含量高达30%～35%，脱毒棉籽仁是良好的饲料。棉籽壳、棉秆、棉根等也均有重要用途。发展棉花生产对国民经济具有十分重要的意义。

查一查：

1. 我国的棉花生产在世界棉花生产中的地位。我国及你所在地区棉花的播种面积、产量水平是多少？

2. 我国棉花的种植区划。你所在地区属于哪个区域？

子项目一 棉花栽培基础

一、棉花的生育特性

棉花原产于亚热带地区，为多年生植物，引种到温带以后，经长期的人工选择和培育，逐渐成为一年生作物，但仍保留了原有的无限生长、喜温好光、再生能力强等生育特性。

(一)无限生长习性，株型具有可塑性

棉花的无限生长习性是指在适宜的环境条件下，棉株可以不断进行纵向和横向生长，生长期不断延长的特性。生产上采取的适期早播、地膜覆盖、育苗移栽及防止早衰等措施，均是利用棉花的无限生长习性，以期延长其生长期，增加有效结铃时间，充分发挥其增产潜力。

棉花株型具有很大的可塑性，棉株大小、群体长势、长相等，均受环境条件和栽培措施的影响而发生变化。

(二)喜温好光

棉花生长发育所需的温度较其他作物高。若温度偏低，则生长缓慢，生育推迟，从而造成减产、晚熟和品质降低。棉花生长发育的适宜温度为25～30℃，在适宜的温度范围内，其生育进程随温度的升高而加快。棉花完成其生长周期所需的积温也高于其他作物，从播种到吐絮需≥10℃的活动积温，早熟陆地棉品种为2 900～3 100℃，中早熟陆地棉品种为3 200～3 400℃。

日照长短和光照强度均会影响棉花的生育。据测定，棉花在每日12 h光照条件下发育最快；棉花单叶的光补偿点为1 000～1 200 lx，光饱和点为7万～8万lx，均高于其他作物，棉叶的向光运动，即是棉花喜光特性的表现。棉花产量潜力及纤维品质优劣与当地太阳辐射强度、全年日照时数及日照百分率密切相关。

(三)营养生长和生殖生长并进时间长

棉花从开始现蕾(严格讲在2～3片真叶时即开始花芽分化)到停止生长，一直都是营养生长与生殖生长并进阶段，约占整个生育期的4/5；棉株在长根、茎、叶的同时，不断分化花原基、现蕾、开花、结铃。这段时间内，营养生长和生殖生长既互相依赖，又互相制约，在营养物质分配以及对环境条件要求上存在着矛盾，现蕾、开花、结铃盛期尤为突出。

(四)适应性广,再生能力强,结铃有一定的自我调节能力

棉花根系强大,吸收肥水能力强,对旱涝和土壤盐分具有很强的耐受力。研究表明,在10～30 cm土层含水量8%～12%时,棉花仍能存活;在淹水3～4 d后,如能及时排水,仍可恢复生长;土壤含盐量在0.3%以下,棉花能出苗并正常生长发育。此外,棉花对土壤酸碱度的适应范围也较广,在pH值5.2～8.5的土壤中均能正常生长。

棉花的每个叶腋内都生有腋芽,当棉株遭灾受损后,只要有茎节,其中的腋芽就可长成枝条,直接或间接开花结铃而获得一定产量;棉花的幼根断伤之后,也能生长出更多的新根。

棉花结铃有很强的时空调节补偿能力,前、中期脱落多而结铃少时,后期结铃就会增多;内围脱落多时,外围结铃就会增多;反之亦然。

二、棉花的一生

(一)棉花的植物学特征及器官发育

1. 种子萌发与出苗

棉花种子为圆锥形,钝端为合点,是吸水通气的主要通道;尖端为珠孔,萌发时胚根由此伸出。轧花后的棉籽外披短绒,称毛籽;无短绒的称光籽。成熟棉籽为黑色或棕褐色,壳硬;未成熟棉籽种皮呈红棕色或黄色乃至白色,壳软。棉籽的大小常以百粒棉籽重(g)表示,称为籽指。陆地棉的籽指多为9～12 g。由于品种、种子形成时条件及棉铃着生部位不同,种子大小有一定差异。

健全的棉籽在适宜条件下吸水膨胀,储藏物质分解,胚细胞分化生长。当胚根伸长,从珠孔伸出时,称为萌动(露白);达种子长度一半时称为发芽。胚根向下生长形成主根,同时,胚轴伸长将子叶和胚芽推出地面,子叶脱壳出土并展开称为出苗。

棉籽萌发的最低温度为10.5～12℃,最适为25～30℃,最高为40～45℃,在临界温度范围内,温度越高,发芽越快。胚根维管束开始分化需要12～14℃,下胚轴伸长发育形成导管需要16℃以上,在16～32℃,胚轴与胚根生长随温度升高而加快;若温度在16℃以下,棉籽只发芽生根,幼茎不能出土。

棉籽吸收相当于种子风干重60%以上的水分才能萌发,适于棉籽萌发出苗的土壤水分为田间持水量的70%～80%。

棉籽含有较多的脂肪和蛋白质,这些物质氧化分解和利用时需消耗较多的氧气。氧气不足时,影响萌发;严重不足时,种子只能进行无氧呼吸,产生酒精,抑制萌发,甚至毒害种胚,导致烂种缺苗。

棉籽的生活力与储藏条件有很大关系。干燥状态下储藏的棉籽,生活力可保持3～4年,生产上要求使用1～2年的种子。

2. 根

棉花的根系为直根系,由主根、侧根、支根、毛根和根毛组成,网络层次分明,成倒圆锥形。主根由胚根向下生长而成,四周分生四列侧根,侧根上生支根,支根再生小支根,根尖端着生根毛。主根垂直向下,入土深度可达2 m以上;侧根横向伸长,上层可达60～100 cm,向下渐短,侧根主要分布在10～30 cm土层内。

由于生长环境差异,露地直播棉、地膜棉和育苗移栽棉的根系形态也有所差别(图6-1)。

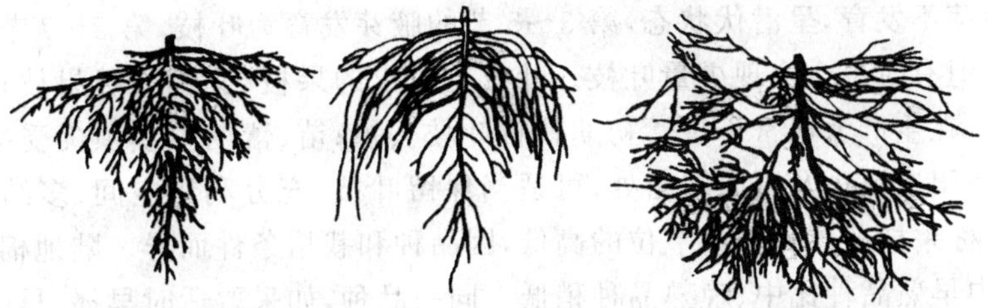

图 6-1　棉花的根系

根系在苗期以主根生长为主，现蕾后侧根生长加快，到开花前根系基本建成；开花后主、侧根生长开始减慢，到吐絮时基本停止生长；吐絮前，只要条件合适，根系可不断增长。棉花根系在开花结铃前有较强的再生能力，棉苗越小再生能力越强。棉花根系吸收养分和水分供地上部分器官生长，根系生长得好坏，直接影响地上部分生育状况。

3. 主茎与分枝

(1)主茎　棉花的主茎由上胚轴伸长、顶端生长点不断向上生长和分化而成；其生长一方面靠节数的增加，一方面靠节间的伸长。生产上要求棉株节数增加快些，节间延长慢些；这样的棉株节多，节间短，株型紧凑，生长稳健。随主茎逐渐成长、老熟，表皮组织内叶绿素与花青素的含量会发生变化，茎秆也会由下向上逐渐变为红褐色，这种颜色变化的速度直接反映棉花长势，常作为田间诊断指标。

棉花株高是指子叶节到最顶端分枝的基部的距离，以厘米表示。陆地棉株高一般为 60～120 cm。

棉花主茎苗期生长慢，现蕾以后逐渐加快，初花期达生长高峰，盛花后逐渐减慢，吐絮以后渐趋停止。主茎的生长速度是衡量棉花生育的重要长势指标，一般以株高日增长量表示。

(2)分枝　棉花的分枝有果枝(生殖枝)和叶枝(营养枝)两种(图 6-2 和表 6-1)。直接着生蕾、铃的为果枝；不能直接现蕾结铃，需要再生果枝后才能着生蕾铃的为叶枝。一般棉株基部

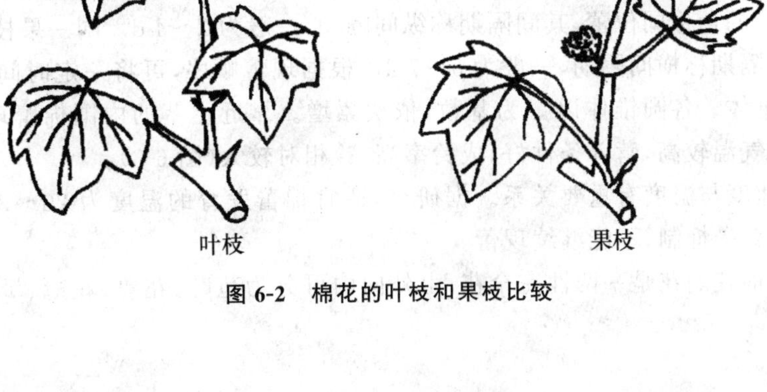

图 6-2　棉花的叶枝和果枝比较

第1～2节的腋芽不发育，呈潜伏状态，第3～5节的腋芽发育为叶枝，第5～7节以上各节的腋芽发育为果枝，但有时也会出现少量叶枝。叶枝上长出的果枝（又称二级果枝），一般开花晚，结铃迟，铃重低，在生产上通常于现蕾初期就将叶枝去掉；苗、蕾期主茎顶尖受损后，可培养叶枝代替主茎。在田边地头及田内缺苗处，可适当保留叶枝，充分利用空间，多结蕾铃。第一果枝着生的部位，称果枝节位。果枝节位的高低，因品种和栽培条件而异。陆地棉果枝节位一般在6～8节，其中早熟品种比中、晚熟品种稍低。同一品种，如采取适时早播、早间定苗、合理施用肥水、深中耕等措施，可以降低果枝节位，避免形成"高脚苗"。

表6-1　棉花果枝和叶枝的区别

项目	果枝	叶枝
节间伸长	奇数节间不伸长，偶数节间伸长	第一节间不伸长，其余节间伸长
发生部位	一般在主茎中上部5～7节以上	一般在主茎中上部5～7节以下
蕾铃着生方式	直接现蕾、开花、结铃	间接着生在二级果枝上
枝条形态	合轴分枝	单轴分枝
与主茎夹角	夹角大，几乎成直角	夹角小，成锐角
叶的着生方式	左右对生	呈螺旋形排列

果枝的节数的多少、节间长短与品种有很大关系，是确定密度和行距大小的主要依据之一。

4. 叶

棉叶有子叶、先出叶和真叶三种。

陆地棉的子叶两片，茧形，对生在子叶节上。先出叶位于枝条基部的左侧或右侧，是每个枝条的第一片叶，叶片很小。子叶和先出叶为不完全叶。

棉花真叶有主茎叶和果枝叶，为完全叶。叶片掌状，通常有3～5裂或更多。主茎第一片叶最小，全缘似桃形，第二片稍大有3个尖，第三片有3个裂片，第五片真叶以上有5～7个裂片；叶序多为3/8排列。果枝上的叶分左、右两行排列。

棉苗出土后，子叶展开，即进行光合作用。3片真叶以前，子叶是重要的光合器官，在中耕作业时要避免其受损伤。

5. 现蕾和开花

（1）现蕾　蕾是花的雏形，由果枝的顶芽分化发育而成。当棉株第一果枝上开始出现荞麦粒大小（约3 mm）的三角苞时，称作现蕾。一般一个果枝上可形成3～7个蕾。棉株现蕾顺序是由下而上，由内向外，以第一果枝第一果节为中心，呈螺旋曲线由内圈向外圈发展。相邻两个果枝同一节位的蕾称同位蕾，其间隔期称纵间隔期，一般为2～4 d。同一果枝相邻果节的蕾称邻位蕾，其间隔期称横间隔期，一般为5～7 d。根据现蕾顺序，可将一定时间内出现的棉蕾划分为若干圆锥体。各圆锥体以3为基数，依次累增。靠近主茎的内围棉蕾现蕾、开花结铃早，生长发育时气温较高，营养条件好，成铃率高、铃相对较大（图6-3）。

棉花现蕾速度与温度有重要关系。据研究，适宜棉蕾发育的温度为20～30℃，温度低于19℃时，果枝发育受抑制，不能继续现蕾。

（2）开花　棉花的花是一两性完全花，由外向内可分为苞叶、花萼、花冠、雄蕊及雌蕊五部分（图6-4）。

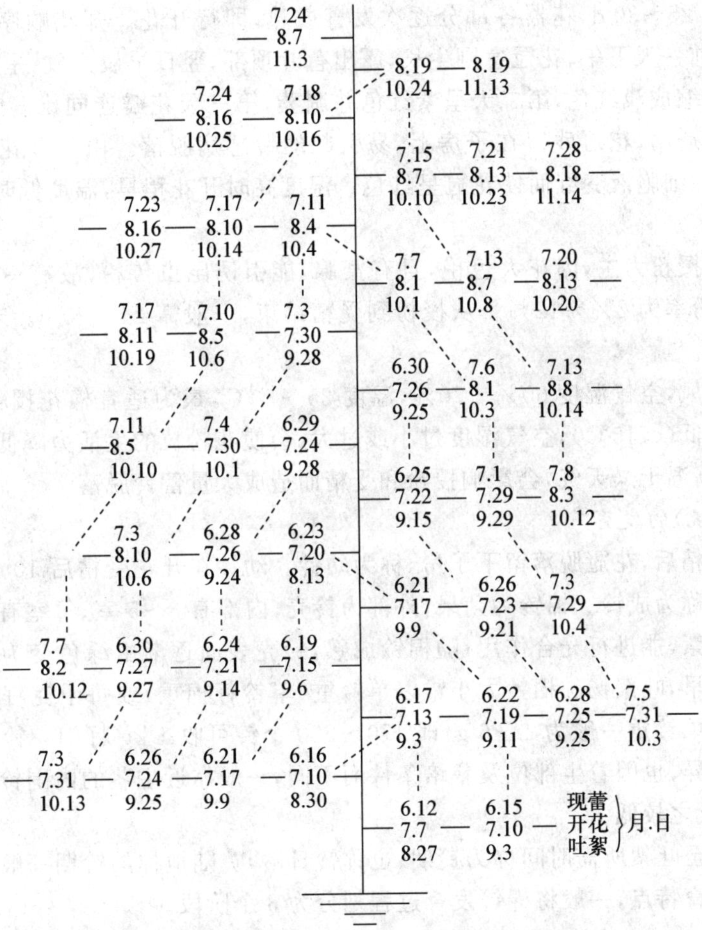

图 6-3　棉花各部位现蕾、开花、吐絮期

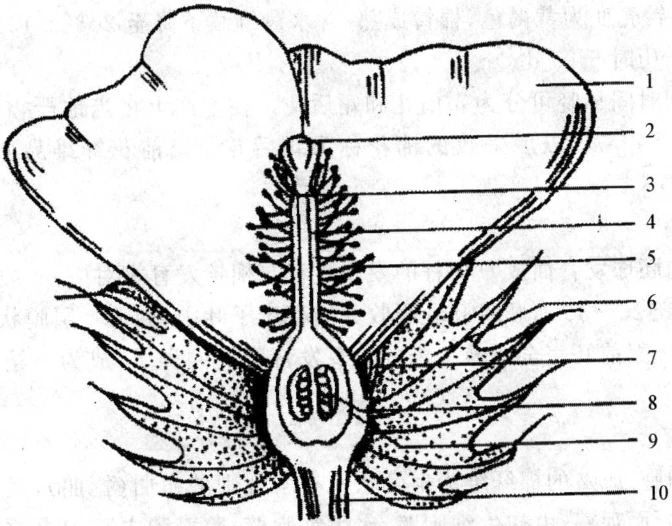

图 6-4　棉花花器官的纵剖面

1.花冠　2.柱头　3.花柱　4.雄蕊管　5.雌蕊　6.苞片　7.萼片　8.胚珠　9.子房　10.花柄

棉株现蕾后 25～30 d，花器各部分逐次发育成熟，即行开花。开花顺序与现蕾顺序相同(图 6-3)。开花前一天下午，花冠急剧生长，露出苞叶顶部，翌日早晨开放，呈乳白色，当日下午三四时后逐渐萎缩成浅红色，第二天呈紫红色并凋萎，第三天花瓣连同雄蕊管、花柱及柱头一起脱落。开花时遇雨，花冠残留在子房上，易引起幼铃感病脱落。由于开花后细胞液酸度增加，花青素遇酸性细胞液变红而使花冠呈红色。温度高时开花稍早，温度低时则稍迟且不易变色或时间推迟。

棉花以自花授粉为主，因花大色艳，且有蜜腺，能引诱昆虫传粉，故有一部分花为异花授粉，一般异花授粉率为 2%～12%。从授粉到受精结束，一般需 24～30 h。未受精胚珠，很快死亡成为不孕子。

天气晴朗微风，空气湿度 60%～70%，温度 25～30℃，最为适宜棉花授粉、受精。温度过高(>35℃)或过低(<15℃)，空气湿度过小或过大，会使花粉粒的生活力降低，因此，开花盛期遇高湿、高温或高温干燥天气，会影响授粉和受精而造成大量蕾铃脱落。

6. 棉铃(棉桃)的发育

棉花开花受精后，花冠脱落留下子房，称为幼铃。幼铃在开花受精后 10 d 左右，直径即可达到 2 cm 左右，称为成铃。棉铃为蒴果，外部为铃壳，内部有 3～5 室，每室有一瓣籽棉。绿色的铃壳内含叶绿素，能进行光合作用；随棉铃成熟，铃壳表面逐渐由绿色变为红褐色。一般铃壳薄的品种成熟早，吐絮畅。棉铃大小常以单铃重(单铃籽棉重)或每千克籽棉所需的铃数来表示。陆地棉的单铃重一般为 4～6 g，即 170～250 个铃可收 1 kg 籽棉。铃重的高低因品种不同而有较大差异，也因着生部位及栽培条件而不同，一般靠近主茎的内围铃及优越栽培条件下的铃重较高，反之较低。

棉铃自开花至吐絮所需时间称为铃期(也称铃日龄)。陆地棉的铃期一般为 50～60 d。根据棉铃的生长发育特点，一般将棉铃发育过程划分为 3 个阶段。

开花后 20～30 d 为棉铃的体积增大期，含水量大，幼嫩多汁，易受虫害；随后 25～35 d 是棉铃的充实时期，内部种子和纤维发育成长，铃壳内的储藏物质向种子和纤维转运，当含水量降到 65%～70%，铃壳变为黄褐色，棉铃成熟；含水量继续下降至 20%～15%，铃壳脱水，沿裂缝开裂，吐出棉絮，历时 5～7 d。

根据棉铃吐絮时间早晚可分为霜前花和霜后花。在生产上将当地严霜后 5 d 前所采摘的棉花称为霜前花，严霜 5 d 以后采收的棉花称为霜后花。霜前花纤维品质和铃重均优于霜后花。

7. 棉籽的发育

棉籽由受精的胚珠发育而成。棉籽的发育过程与棉铃发育相对应，一般受精后 20～30 d，体积达到最大；再经 25～30 d，胚将胚乳吸收并储存于子叶中，剩下一层膜状胚乳遗迹，此时胚已具有发芽能力；吐絮前胚完全成熟。未成熟及发育不良的种子，成为不孕子或秕子，影响产量和纺纱质量。

8. 纤维的发育

棉纤维是单细胞，成熟的棉纤维为扁管状并有不规则的扭曲(捻曲)，其外形可分为基部、中部和顶部；由横断面观察，由初生细胞壁、次生细胞壁、腔壁和中腔构成(图 6-5、图 6-6)。棉纤维的生长发育与棉铃和种子同步。其发育过程可分为伸长、加厚和捻曲 3 个时期。伸长期历时 25～30 d，纤维达到最大长度；一般受精后 3 d 内伸长的发育成长纤维，3 d 后开始伸长的形成短绒。水分是主要影响纤维伸长速度和长度的主要环境因素，当土壤水分低于田间最大持水量的55%时，纤维会缩短2～3 mm。此外，温度低于16℃及光照不足，也会使纤维变短。纤维细胞完成伸长后，即自初生细胞壁，由外向内每天沉积一层纤维素（纤维生长日轮），至裂铃时停止，需25～30 d。纤维加厚的速度和厚度因品种和环境条件而异，温度为主要环境影响因素，在20～30℃范围内，随温度升高而加快；20℃以下纤维停止加厚。棉铃成熟开裂，棉纤维细胞失水干燥死亡，由圆筒形变为扁管状，并形成不规则的天然捻曲，捻曲多的纤维，纺纱时纤维间抱合力大，纺纱强度大；捻曲期历时3～5 d。

棉纤维的长度，依品种和栽培条件而异，陆地棉的纤维长度以25～31 mm居多。棉籽上纤维的多少，常以“衣指”或“衣分”表示。衣指为100粒棉籽上纤维重量(g)，陆地棉的衣指一般为5～7 g，与籽指呈负相关；衣分指皮棉重量占籽棉重量的百分率，一般为36%～40%。

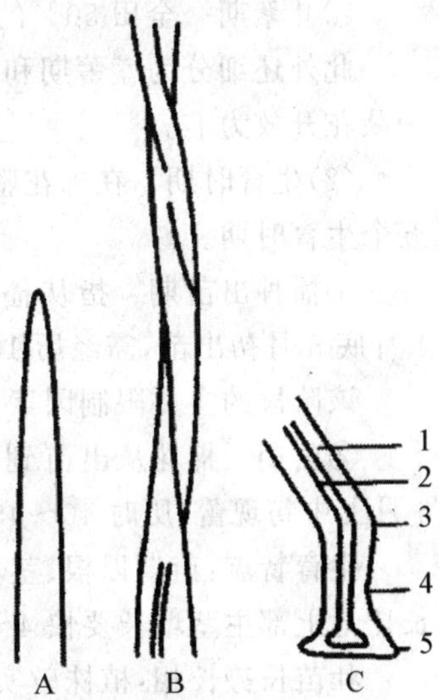

图6-5　棉纤维形态示意图

A.尖头　B.中部　C.基部

1.纤维壁　2.腔室　3.膝　4.胫　5.脚

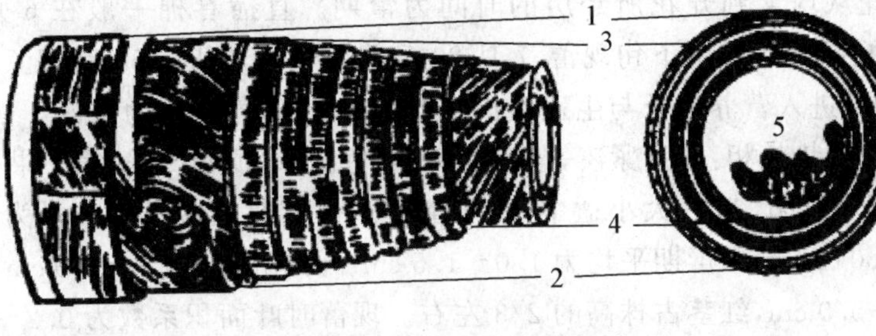

图6-6　棉纤维结构示意图

1.初生壁　2.次生壁外层　3.次生壁中层

4.次生壁内层　5.中腔内原生质的残迹

(二)生育期和生育时期

1. 生育期

棉花从播种到收花结束为大田生长期，其时间长短依霜期而定，一般200 d左右。

从出苗到开始吐絮所经历的时间，称为生育期。由于品种、气候及栽培条件等不同，生育期长短也不一样，据此可分为早熟、中熟和晚熟品种。一般早熟陆地棉品种105～115 d，中熟品种为126～135 d，晚熟品种在135 d以上。

2. 物候期和生育时期

(1)物候期　在棉花一生中，随着季节和气候的变化，新器官不断出现，致使植株在外部形态上发生明显的变化，当一定数量的植株发生这一变化的短暂时刻叫物候期。棉花的主要物候期有以下几个：

①出苗期　全田50%的幼苗子叶展开的日期。

②现蕾期　全田50%的植株第一果枝第一个幼蕾苞叶基部宽达3 mm的日期。

③开花期　全田50%的植株第一朵花开放的日期。

④吐絮期　全田50%的棉株第一个棉铃开裂，各室均显白絮的日期。

此外还细分为盛蕾期和盛花期，一般以全田50%棉株第四果枝第一蕾出现及第四果枝第一朵花开放为准。

(2)生育时期　在棉花整个生育过程中共经历播种出苗期、苗期、蕾期、花铃期和吐絮期等五个生育时期。

①播种出苗期　指从播种到出苗所经历的时间。北方棉区春棉一般4月中下旬播种，4月底5月初出苗，需经历10～15 d；夏播棉5月中下旬播种，5～7 d后出苗。

该阶段的主要限制因素为土壤温度、水分及空气状况。

②苗期　棉花从出苗到现蕾所经历的时间为苗期。直播春棉一般4月底5月初出苗，6月上中旬现蕾，历时40～45 d；夏播棉一般5月底全苗，6月中下旬现蕾，经历25～28 d。

生育特点：苗期以根、茎、叶生长为主，并开始花芽分化。此期根系生长速度最快，主根伸长比地上部主茎增长要快4～5倍，是这一时期的生长中心。

壮苗长势长相：植株敦实，宽大于高；茎粗节密，红绿各半；叶片平展，大小适中，叶色青绿。主茎平均日增长量0.3～0.5 cm；顶心凹陷，现蕾时株高12～15 cm。河北省劳模李文昌形象地提出了"二叶平，四叶横，六叶亭"的壮苗长相。

管理主攻方向：田间管理要求在全苗基础上，促进根系发育，达到壮苗早发。

③蕾期　棉花从现蕾到开花所经历的时间为蕾期。直播春棉一般在6月上中旬现蕾，7月上中旬开花；夏播棉6月中下旬现蕾，7月20日前后开花，历时25～30 d。

生育特点：棉花进入营养生长与生殖生长并进时期，以营养生长为主。

高产棉田棉株长势长相：株型紧凑，茎粗节密，叶色油绿，顶心凹陷；第一果枝着生节位低，果枝平伸、健壮，顶芽肥壮，叶片大小适中，蕾多蕾大。初蕾期主茎日增长量为0.5～1.0 cm，盛蕾期为1.5～2.0 cm，整个蕾期平均为1.0～1.5 cm。开花时株高50～60 cm，主茎下部定型节间长度为3.0～5.0 cm，红茎占株高的2/3左右。现蕾时叶面积系数为0.2～0.4，初花时达1.5～2.0。平均3 d左右长一果枝，开花时果枝数达8～10个，单株总果节数20个以上。

管理主攻方向：以肥、水管理为中心，协调营养生长与生殖生长的矛盾，搭好丰产架子，实现壮株稳长，节密蕾多。

④花铃期　从开花到吐絮称为花铃期。一般从7月上中旬至8月底9月上旬，历时50～60 d。花铃期又可分为初花期和盛花期，初花期历时15 d左右。

生育特点：初花期是棉花一生中营养生长最快的时期，株高、果节数、叶面积的日增长量均处于高峰，根系生长虽已减慢，但吸收能力达到最强；生殖生长明显加快，主要表现为大量现蕾，开花数渐增，脱落率一般较低，全株仍以营养生长为主。

进入盛花期后，株高、果节数、叶面积的日增量明显变慢，生殖生长开始占优势，运向生殖器官的营养物质日渐增多，棉株大量开花结铃；叶面积系数、干物质积累量均达到高峰期。此期是营养生长与生殖生长、个体与群体矛盾集中的时期，亦是蕾铃脱落的高峰期。

高产棉田棉株长势长相：株型紧凑，果枝健壮，节间短，叶色正常，花蕾肥大，脱落少，带桃封行。具体指标是：初花期主茎日增长量以2.0～2.5 cm为宜，盛花期以后以0.5～1.0 cm为宜；初花期红茎比例70%左右，盛花期后接近90%；初花期叶面积系数1.5～2，盛花期上升到3.5～4.0，吐絮初期降至2.5～3.0。大暑节前后带1～2个成铃封行，达到"下封上不封，中间一条缝"。打顶后，上部果枝可继续生长3～4个果节。

管理主攻方向：以肥水为中心，辅之以打顶整枝、化控，协调好棉株生长发育与外界环境条件、个体与群体、营养生长与生殖生长的关系，实现脱落少、三桃多、不早衰的目标。

⑤吐絮期　从吐絮到收花结束称为吐絮期。春棉一般8月底9月上旬开始吐絮，夏棉一般9月中旬吐絮。由于生产情况不同，吐絮期长短差别较大，30～70 d不等。

生育特点：进入吐絮期，营养生长逐渐停止，随时间推移，棉铃由下向上、由内向外逐步充实、成熟、吐絮；根系吸收能力渐趋衰退，棉株体内有机营养几乎90%供棉铃发育，为铃重增加的关键时期。

高产棉田棉株长势长相：早熟不早衰。棉株下部开始吐絮，上部继续开花，晚蕾很少，呈"绿叶托白絮，上下见双花"；生长健壮的棉花，顶部果枝平伸，长度20～30 cm，有大蕾3～4个；吐絮初期叶面积系数2.5左右，以后缓慢下降。

管理主攻方向：保根、保叶，促早熟、防贪青、防早衰，力争棉铃充分成熟，提高铃重，改善品质。

三、棉花的经济产量形成

（一）棉花经济产量的构成

棉花的经济产量是指籽棉或皮棉产量。棉花的经济系数，以籽棉计一般为0.35～0.40，以皮棉计为0.13～0.16。皮棉的产量构成因素为：

$$皮棉(kg/hm^2)=单位面积总铃数(个/hm^2)\times平均单铃重(g)\times衣分(\%)/1\,000$$

1. 单位面积铃数

单位面积铃数是产量构成的基本因素。在黄河流域棉区，中熟陆地棉品种的平均单铃重4 g左右，衣分36%～40%，皮棉产量为750 kg/hm^2，需成铃60万个左右；1 125 kg/hm^2，需成铃82.5万个左右；1 500 kg/hm^2，需成铃97.5万～105万个。因此，提高中、低产棉田产量应主攻单位面积铃数。新疆棉区由于单铃重高（一般为5～7 g），达到相应产量水平所需单位面积铃数要少。

影响单位面积铃数的因素：

(1)地力水平　研究表明，单位面积铃数与土壤有机质含量呈显著正相关，土壤有机质含量高，单位面积铃数多。

(2)种植密度　在一定密度范围内，密度增加，单位面积铃数增加，单产提高。但若密度过大，个体发育受影响，单株果节数减少，蕾铃脱落严重，单位面积结铃数减少，产量降低。

(3)水分　在缺水条件下，生物产量降低，群体结铃受到影响。

2. 单铃重

单铃重指棉花单株平均单个棉铃的籽棉重量(g)。在群体铃数相同的情况下，铃重是决定产量的主要因素。在高产条件下提高产量，必须挖掘铃重的潜力。

单铃重除受品种遗传特性影响外，主要受温度与热量条件的影响。棉铃发育的最适温度为25～30℃。在棉铃发育期间，当≥15℃的活动积温在1 300～1 500℃时，棉铃可以正常开裂吐絮；≥15℃的活动积温少于1 100℃时，大部分棉铃不能正常吐絮，铃重也随有效积温的递减而下降。其次，单铃重受肥水条件的影响，地力和肥水条件优越，栽培管理水平高，植株同化物合成能力强，单铃重高。

3. 衣分

衣分高低主要决定于品种的遗传特性,受外界环境条件影响较小。

(二)棉花成铃的时空分布

1. 棉花“三桃”及与产量的关系

棉花在不同时期开花所结的铃称为棉铃的时间分布。根据棉铃成铃时间的早晚,分为伏前桃、伏桃和秋桃,即生产上所谓的“三桃”。伏前桃指7月15日前所结的成铃;伏桃指7月16日至8月15日间所结的成铃(新疆棉区指7月16日至8月10日所结成铃);秋桃指8月16日以后所结的成铃。秋桃又可分为早秋桃(8月16~31日所结成铃)和晚秋桃(9月1日以后所结有效成铃)。

伏前桃位于棉株下部,结铃早,在三桃中所占比例不大(10%左右),但它是棉株早发稳长的重要标志。伏前桃存在,可促使棉株养分更多输向蕾铃,控制茎叶徒长,为棉株稳长、多结伏桃创造条件。因而,伏前桃是赢得高产的保障。但由于其位于植株下部,光照条件差,故品质较差,烂铃率也高。伏前桃过多会对营养生长早期抑制过量,导致棉株早衰,不利于后期结铃,更不利于在最佳结铃期内多结优质铃。

伏桃位于棉株中部和靠近主茎的内围,加之生长时的外界温光水条件适宜,单铃重高,品质好。高产棉田伏桃一般要占总铃数的60%左右,产量约占总产量的70%。所以,多结伏桃是优化成铃结构,夺取高产优质的关键。

早秋桃生长时的气温较高,昼夜温差大,光照充足,故铃重较大,品质较好,也是构成棉花高产优质的重要组成部分。一般高产棉田,早秋桃应占20%左右;两熟棉田和夏棉,早秋桃更是形成产量的主体桃。

晚秋桃着生于棉株上部和果枝外围,是在气温逐渐下降,棉株长势逐渐衰退条件下形成的,铃重轻、品质差。晚秋桃的多少可反映棉株生育后期的长势,晚秋桃过多,表明棉株贪青晚熟;晚秋桃比例过低,表示棉株衰退过早,伏桃和早秋桃的铃重和品质也会受到影响。一般晚秋桃以10%左右为宜。

2. 棉花成铃的空间分布

棉花成铃的空间分布与产量品质也有密切的关系。就纵向分布看,以中部(5~10果枝)的成铃率较高,铃大、品质好,下部(1~4果枝)次之,上部(11果枝以上)较低。但如管理不善,营养生长过旺,棉田过早封行,中下部蕾铃脱落严重,上部成铃率也会提高。从横向分布看,靠近主茎内围的1~2果节成铃率高,而且铃大,品质好,越远离主茎的外围果节成铃率越低,铃重越轻。栽培上适当密植增产主要的原因,就是增加了内围铃的比重。

四、棉花的蕾铃脱落及防止措施

棉花的蕾铃脱落,是棉株适应外界环境条件调节自身代谢过程的生理现象,一般脱落率在60%~70%。明晓蕾铃脱落的规律与原因,有利于通过农业技术措施,使棉株在最佳部位多结铃少脱落,获得优质高产。

(一)蕾铃脱落的规律

蕾铃脱落包括开花前的落蕾和开花后的落铃。在蕾铃脱落中,落蕾与落铃的比例,一般为

3：2。但不同年份、不同地区和栽培条件下，蕾铃脱落的比例有所变化。一般地力肥沃、密度偏低、生长健壮的棉株落铃率高于落蕾率；地力薄、密度较大、前期虫害或干旱严重时，落蕾率高于落铃率。

棉花从现蕾至吐絮均有脱落，其中以11～20 d幼蕾脱落最多，20 d以上的大蕾较少；开花后3～8 d的幼铃易脱落，10 d以上的大铃很少脱落。

下部果枝及靠近主茎的蕾铃脱落少，上部果枝、远离主茎的蕾铃脱落多；在密度过大，肥水过多，棉株徒长时，蕾铃脱落部位与上述相反。

初花期以前很少脱落，以后渐多，开花结铃盛期达到高峰。据研究，开花前脱落数仅占总脱落数的2%左右，开花结铃盛期脱落数约占总脱落数的56%左右。

（二）蕾铃脱落的原因

棉花的蕾铃脱落由多种因素造成，原因比较复杂，基本上可分为生理脱落、病虫为害和机械损伤。

1. 生理脱落

生理脱落是指在外界条件影响下，棉株内部果胶酶和纤维素酶的活动加剧，在蕾柄或铃柄处形成离层而导致的脱落。生理脱落是蕾铃脱落的基本原因，占总脱落率的70%左右。

(1)有机养料不足或分配不当。当外界环境条件不适合时，棉株生长瘦弱或徒长，引起棉株体内有机养料不足或分配不当，使蕾铃得不到充足的有机养料而脱落。

①肥料　在缺肥情况下，棉株吸收养分少，生长瘦弱，叶面积小，导致光合产物少，造成上部和外围蕾铃脱落多。肥沃棉田，施肥不当，特别是氮肥过多，不仅引起棉株徒长，田间荫蔽，削弱光合作用，制造的养分少；而且光合产物多用于合成蛋白质，供营养生长的多，输送到蕾铃中的少，也导致蕾铃大量脱落。磷素充足，能加快叶内糖分运往蕾铃的速度，可有效减少蕾铃脱落。

②水分　严重缺水时，棉株叶片萎蔫，蒸腾作用减弱，体温升高，呼吸作用加强，光合作用减弱，有机养料合成少，消耗多，蕾铃因营养不足而脱落。土壤水分过多，土壤通气不良，氧气不足，地温降低，影响根系的呼吸和吸收作用，也会造成蕾铃的大量脱落。

③光照　光照不足，棉花光合强度低，制造的有机养分少，合成的蛋白质多于糖类，且减慢有机养分向蕾铃输送的速度，造成蕾铃有机养分不足而脱落。

④温度　温度超过35℃时，光合作用受到抑制，超过40℃时，光合作用就会停止；高温还会提高叶片蒸腾拉力，减少或中断输向蕾铃的营养液流，甚至会引起幼蕾、幼铃内的养分倒流而导致蕾铃脱落。

(2)没有受精。未受精的幼铃，生长代谢强度弱，主动吸取养分的能力差，不能满足生长发育需要，必然导致脱落。开花时降雨、高温、干旱等不良环境条件，均会破坏花粉和授粉受精过程，造成子房不能受精。据石家庄农业气象站调查，棉花开放时，株间温度35℃以上，约有1/5的花药不能开裂，1/3的花粉不能发芽；上午或全天降雨，脱落可达80%～90%，下午或夜间降雨脱落为40%～70%，而晴天仅为20%～40%。

(3)植物激素平衡失调。棉株体内激素类物质的含量发生改变后，会使激素之间失去平衡状态，引起蕾铃脱落。

2. 病虫为害

病虫为害可直接或间接地引起蕾铃脱落。直接为害蕾铃的虫害有盲椿象、棉铃虫、金刚钻等，为害时间长而严重；间接为害的主要为蚜虫，造成卷叶，减少叶面积和光合产物而引起蕾铃脱落。造成蕾铃大量脱落病害主要有枯黄萎病和红叶茎枯病。

3. 机械损伤

田间作业不慎，或者遭到冰雹、暴风雨等的袭击，会损伤枝叶或蕾铃，直接或间接引起蕾铃脱落。

(三)保蕾保铃的途径

棉花蕾铃脱落的原因是多方面的，必须采取综合栽培措施，处理好棉花生育过程中的营养生长与生殖生长、个体与群体、棉花正常生长与自然灾害之间的矛盾，解决好有机营养的合成、运输与分配，以满足蕾铃发育的需要，减少蕾铃脱落。

(1)改善肥水条件。肥水供应不足的瘠薄棉田，植株生长受抑制，容易早衰。增肥、增水可显著减少蕾铃脱落。

(2)调节好营养生长与生殖生长的关系。对棉株容易徒长的肥沃棉田，通过肥水、中耕、整枝和使用生长调剂等综合栽培措施，协调好营养生长与生殖生长的关系，使有机养分分配合理，减少蕾铃脱落。

(3)合理密植，改善棉田光照条件。通过建立合理的群体结构，减少荫蔽改善田间光照条件、提高光能利用率，从而减少蕾铃脱落。

(4)加强病虫害的综合防治，把病虫害所引起的蕾铃脱落减少到最低限度。

查一查：

“二叶平，四叶横，六叶亭”的壮苗长相是何意思？

想一想：

如何正确认识棉花的蕾铃脱落？

子项目二　棉花播种技术

一、播前准备

(一)深耕整地

棉花对土壤要求不严格，但以富含有机质，质地疏松，保肥保水能力强，通透性良好，土层深厚的沙壤土为宜。黏土地“发老不发小”，应注意前期保苗和防止中后期旺长；沙土地“发小不发老”，要注意防止后期早衰。

棉花是深根作物，深耕的增产效果十分显著。据试验，深耕 20～33 cm 比浅耕 10～17 cm 增产皮棉 6.5%～18.3%。深耕结合增施有机肥料，能熟化土壤和提高土壤肥力，使耕层疏松透气，促进根系发展，扩大对肥、水的吸收范围；改善土壤结构，增强保水、保肥能力和通透性；加速土壤盐分淋洗，改良盐碱地；减轻棉田杂草和病虫害。

土壤耕翻以前作收获后进行效果最佳。冬前未深耕的棉田可在土壤解冻后春耕，耕后要及时耙耱保墒。深耕应结合增施有机肥，使土壤和肥料充分混合，以加速土壤熟化。高产棉田的耕地深度以 30 cm 左右为宜。

棉花子叶肥大,顶土出苗困难。棉田整地质量好坏,直接影响着棉花的发芽和出苗。在深耕基础上平整土地,耙耢保墒,达到地平土细,上虚下实、底墒足、表墒好,是一播全苗,培育壮苗的基础。

(二)肥料准备

1. 棉花的需肥规律

(1)营养元素对棉花生育的影响　棉花正常生长发育需要各种大量元素和微量元素,属全营养类型。其中碳、氢、氧占棉株重的95%,氮约占1.6%、磷占0.6%、钾占1.4%;另外,还有钙、硅、铝、镁、钠、氯、铁等含量较多的元素及锰、镉、铜、锌、钼等微量元素。

氮是构成细胞原生质的主要成分,也是合成叶绿素、多种纤维及核酸不可缺少的重要成分,对棉株的形态建成、干物质积累及产量形成有着很大影响。

磷是构成细胞核的必要成分,对碳水化合物的合成、分解和运转具有重要作用。

钾素参与光合作用中碳水化合物合成和移动的生理过程,能促进疏导组织和机械组织的正常发育,增强棉株抗病、抗倒伏能力,提高纤维品质。

微量元素在棉花生育中也起着重要作用。如硼可促进糖的合成和运输,保证花粉形成和受精作用正常进行,从而提高棉花的产量和品质。

(2)棉花不同生育时期的需肥特点　棉花从出苗到成熟,历经苗期、蕾期、花铃期和吐絮期4个时期,每个生育时期都有其生长中心。由于各生育期的生长中心不同,其养分的吸收、积累特点也不相同。

苗期以根系生长为中心,此时气温低,生长缓慢,棉株小,需求养分少。据李俊义、刘荣荣等(1985)对不同产量水平(940.5～1 416 kg/hm^2)棉花的测定,此期吸收的N、P_2O_5、K_2O的数量分别占一生总量的4.5%左右、3.0%～3.4%、3.7%～4.1%;棉株对各种养分的吸收强度也是各生育期最低的。苗期需肥虽少,但对肥料却十分敏感,棉花对磷、钾需求的临界期均出现在2～3叶期。

现蕾以后,植株生长加快,根系也迅速扩大,吸肥能力显著增加,吸收的N、P_2O_5、K_2O分别占总量的27.8%～30.4%、25.3%～28.7%、28.3%～31.6%;吸收氮、磷、钾的强度也明显高于苗期。现蕾初期是棉花氮素营养临界期。

花铃期是棉花一生中生长最快的时期,也是形成产量的关键时期。棉株吸收的N、P_2O_5、K_2O分别占一生总量的59.8%～62.4%、64.4%～67.1%、61.6%～63.2%,吸收强度和比例均达到高峰,是棉花养分的最大效率期(盛花始铃期)和需肥最多的时期。

吐絮以后,棉株对养分的吸收和需求减弱,养分吸收的数量和强度明显减少,吸收N、P_2O_5、K_2O的数量分别占一生总量的2.7%～7.8%、1.1%～6.9%、1.2%～6.3%。

另据研究,产量较低棉田、早熟品种、地膜棉和移栽棉比高产棉田、中晚熟品种、露地直播棉养分吸收高峰有所提前。

(3)棉花的产量水平与需肥量　棉花产量不同,需要的氮、磷、钾数量也不相同。据李俊义、刘荣荣等(1985)实验,一般每生产100 kg皮棉,吸收纯N 12～18 kg,P_2O_5 4～5 kg,K_2O 10～12 kg;随产量提高需肥量也增加,但产量增长与需肥量增加之间不成正比。在一定范围内,产量水平越高,每千克养分生产的皮棉越多,效益越高(表6-2)。

表 6-2 棉花不同产量的需肥量

皮棉产量 /(kg/hm²)	吸收养分数量/(kg/hm²)			每 100 kg 皮棉吸收养分数量/kg			N : P_2O_5 : K_2O	备注
	N	P_2O_5	K_2O	N	P_2O_5	K_2O		
940.5	127.95	45.00	90.00	13.60	4.78	9.56	1 : 0.35 : 0.71	
1 114.5	153.00	52.95	112.05	13.72	4.76	10.06	1 : 0.34 : 0.73	
1 416.0	183.00	64.05	156.00	12.92	4.52	11.02	1 : 0.35 : 0.85	
1 425～1 500	184.95	50.85	176.70	12.64	3.48	12.08	1 : 0.27 : 0.96	南疆
2 850～2 925	264.75	71.55	257.85	9.16	2.46	8.92	1 : 0.27 : 0.97	棉区

2. 基肥施用技术

棉花生育期长，根系分布深而广，需肥量大，为满足棉花全生育期在不同土层吸收养分的要求，除棉田浅层要有一定的肥力外，耕层深层也应保持较高的肥力，因此，必须施足基肥。基肥以有机肥为主，配合适量的磷、钾等肥；结合深耕，多种肥料混合施用，使之相互促进，提高肥效；肥效发挥平稳，前后期都有作用。肥料较少时，要集中条施。

高产棉田一般要求每公顷施优质圈肥 3.0 万～6.0 万 kg，纯 N 105～127.5 kg，P_2O_5 120 kg，缺钾土壤施 K_2O 75～112.5 kg（盐碱地不能施用氯化钾）。缺硼、缺锌的地区或棉田，可施硼砂 7.5～15 kg，硫酸锌 15～30 kg。

基肥最好结合秋冬耕施入土壤，以利于肥料腐熟分解，提高肥效，春季施肥则越早越好。作基肥用的磷、钾肥，应和有机肥同时施用。基肥中的氮肥，可在播种前随浅串或旋耕施下。

（三）底墒水准备

1. 棉花的需水规律

棉花主根入土深，根群发达，是比较耐旱的作物。但由于棉花生育期长，叶面积较大，生育旺盛期正值高温季节，所以棉花也是需水较多需补充灌溉的作物。

棉花的需水量一般随着产量的增加而相应增加，但不成比例。据河北省灌溉研究所研究，单产皮棉为 750 kg/hm² 的棉田总耗水量为 4 500～6 000 m³，单产皮棉为 1 500 kg/hm² 的棉田总耗水量为 6 750 m³ 左右。

棉花不同生育时期对水分的需求不同，总趋势与棉花的生长发育速度相一致。

播种到出苗期间，需水量不大。一般土壤水分为田间最大持水量的 70%左右时，发芽率高，出苗快。盐碱地棉田，在含盐量不超过 0.25%～0.3%的范围内，土壤含盐量越高，棉籽发芽出苗所需的土壤水分越高。

苗期需水较少，占总需水量的 10%～15%，此期根系生长快，茎、叶生长较慢，抗旱能力强，适宜的土壤相对含水量为 60%～70%。幼苗期适当干旱，有利于根系深扎和蹲苗，促进壮苗早发。

棉株现蕾后，生长转快，耗水量逐渐增多，对水分反应敏感，10～60 cm 土层的含水量以 60%～70%为宜。低于 55%或高于 80%均会妨碍棉株的正常生育，影响增蕾保蕾。

花铃期是棉花需水最多（约占总耗水量的一半）的时期，对水分需求很敏感。此期 10～80 cm 土层的含水量以保持田间最大持水量的 70%～80%为宜。此期土壤缺水，会造成棉株生理代谢受阻，引起蕾铃大量脱落；土壤水分过多，也会阻碍根系的吸收和呼吸作用，甚至会引起烂根烂株，增加蕾铃脱落和烂铃，降低产量和品质。

吐絮期的需水量显著减少，耗水量占总耗水量的 15%～20%。土壤干旱会引起棉株早衰，影响秋桃产量；水分过多会造成贪青晚熟，增加烂桃。土壤水分以田间最大持水量的55%～70%为宜。

2. 底墒水准备

浇足底墒水，是保证棉花适时播种，一播全苗的重要措施。同时，蓄足底墒，可以推迟棉花生育期第一次灌水，实现壮苗早发，生长稳健。

播前储备灌溉以秋(冬)灌为最好。秋(冬)灌不仅可以提供充足的土壤底墒，还可改良土壤结构，减轻越冬病虫害，避免春灌降低地温。秋(冬)灌以土壤封冻前10～15 d开始至封冻结束为宜，灌水定额为1 200 m^3/hm^2。

未进行秋(冬)灌或播前土壤墒情不足，可于耕地前5～7 d进行春灌，灌水量为750～900 m^3/hm^2；根据土壤情况及灌溉时间，水量可适当增减。耕后注意耙耱保墒。

(四)种子准备

1. 选用良种

根据当地的气候、土壤及生产条件，因地制宜地选用产量高、纤维品质优良的品种。在黄河流域中熟棉区，要选择前期生长势较强、中期发育较稳健、中上部成铃潜力大、株型较紧凑、铃重稳定、衣分高、中熟的优质高产品种；夏套棉可选择高产、优质、抗病、株型紧凑的短季棉品种。北部特早熟棉区，要选用生育期短的中早熟或早熟品种。

目前，棉花枯、黄萎病蔓延迅速，危害日趋严重，成为影响棉花产量的一大障碍因素，所以，生产上一定要选择抗病(或耐病)性强的品种，以减轻枯、黄萎病的危害。北方地区主栽和主推优良棉花品种见表6-3。

表6-3　优良棉花品种

品种名称	特征特性
鲁H968	生育期129 d，单铃重6.4 g，籽指11 g，衣分41%；株型呈松散塔形，结铃集中，吐絮畅，霜前花率高；高抗棉铃虫，抗旱耐涝，高抗枯萎病、高耐黄萎病；生长迅速，疯杈少，赘芽少、弱，易管理；适于山东、河北、河南、安徽、江苏等省份种植。
太空棉1号	生育期128 d，单铃重10～13 g，籽指11 g左右，衣分40.8%～42.1%；株型呈松散塔形，结铃性强，上中下分布均匀，吐絮畅，霜前花率高；高抗棉铃虫，抗枯萎、耐黄萎病；赘芽少、弱，易管理；适于黄河流域和长江流域中上等地力棉田春套或春直播种植。
大铃棉1268	早熟，单铃重8 g，衣分48%～41.8%；结铃均匀，蕾铃脱落少，后期不早衰；抗棉铃虫、红铃虫、盲椿象，抗枯萎、耐黄萎病；适于黄淮、华北、长江流域和新疆棉区种植。
中棉所60	生育期123 d，单铃重5.9 g，吐絮畅，霜前花率高；高抗棉铃虫、红铃虫等鳞翅目害虫，高抗枯萎、耐黄萎病；适于河北省中南部等棉区春播种植。
农大棉9号	生育期125 d左右，株高92 cm，第一果枝节位6.9，铃重6.3 g，籽指10.3 g，衣分40.6%，霜前花率高；抗棉铃虫、红铃虫等鳞翅目害虫，高抗枯萎病、耐黄萎病；适于河北省中南部棉区春播种植。
奥棉16	生育期120 d，株高108.4 cm，第一果枝节位6.3节，铃重6.3 g，籽指10.8 g，衣分43.6%；植株塔形，结铃性强，吐絮畅，易采摘，霜前花率高；高抗枯萎耐黄萎病；适于河南棉区春直播或麦棉套作种植。
中棉所84	生育期107 d，株高76.6 cm，第一果枝节位6.1节，铃重5.5 g，籽指10.9 g，衣分40.2%；植株塔形，结铃性较强，吐絮畅，霜前花率高；高抗枯萎、耐黄萎病；适于河南棉区夏播种植。

续表 6-3

品种名称	特征特性
新桑塔 6 号	生育期 139 d，株高 67.3 cm，Ⅱ式果枝，第一果枝节位 5.0 节，单株结铃 6.9 个，铃重 5.6 g，籽指 10.9 g，衣分 41.30%；植株塔形，霜前花率高；抗棉铃虫，耐枯萎病，感黄萎病；适于西北内陆早中熟棉区种植。
新陆中 51 号	生育期 139 d，株高 67.0 cm，Ⅱ式果枝，第一果枝节位 5.2 节，单株结铃 6.4 个，铃重 6.1 g，籽指 11.7 g，衣分 42.4%；植株塔形，霜前花率高；耐枯、黄萎病；适于西北内陆早中熟棉区种植。
新陆早 51 号	生育期 128 d，株高 71.0 cm，Ⅰ式分枝，第一果枝节位 5.4 节，单株结铃 6.7 个，铃重 5.5 g，籽指 12.1 g，衣分 38.7%；植株塔形，霜前花率高；抗枯萎病、耐黄萎病；适于新疆早熟棉区种植。

2. 种子精选、测定种子发芽率和晒种

(1)种子精选　充实饱满的种子是全苗、壮苗的先决条件。自己选留种子，要选留棉株中部且靠近主茎的、吐絮好、无病虫害的霜前花作种。轧花后进行粒选，去除破籽、虫籽、秕籽、异形籽、绿籽、光籽、稀毛籽、多毛大白籽等劣籽和退化籽，留下成熟饱满、符合本品种特性的正常棉籽作种。经过粒选的种子，品种纯度可达到 95%以上，发芽率在 90%以上。播种前结合浸种，再进行一次粒选，除去黄皮嫩籽。

(2)测定种子发芽率　棉籽发芽势和发芽率决定着出苗的多少、好坏、快慢和播种量的多少。测定棉籽发芽率的方法如下：

取浸泡吸足水分(55～60℃的温水浸泡 0.5 h 或冷水浸泡 24 h)的棉籽 100～200 粒，轻轻插入装有湿沙的培养皿或碗碟内，盖一层细沙或湿布，置于热炕或温箱内，保持 25～30℃，第 3 天发芽的百分数为发芽势，第 9 天发芽的百分数为发芽率。发芽标准为：棉花胚根的长度等于种子长度。也可将吸胀后完整的棉仁浸泡在 5%～10%红墨水(含苯胺)中 1～2 min，捞出洗净，观察染色程度。未染色的表示生活力强，有斑点的生活力差，全染色的说明已丧失生活力。

(3)晒种　晒种可促进种子后熟，加速水分和氧气的吸收，提高种子的发芽率，并有杀菌和减轻病害的作用。播前 15 d 左右，选择晴天连晒 4～5 d，晒到手摇种子发响时为止。晒种时，要薄摊、勤翻，使种子受热均匀，禁止在水泥地或石板上晒种，以免种子失水过多而形成硬籽。

3. 种子处理

(1)硫酸脱绒　硫酸脱绒可以杀灭种皮外的病菌，控制枯、黄萎病的传播，并有利于种子精选，提高发芽率；便于机械精量播种，节约用种和减少间、定苗用工；利于种子吸水，出苗早。以 100 kg 棉籽加 110～120℃的粗硫酸(比重 1.8 左右)15 kg 左右的比例，边倒边搅拌，至短绒全部溶解，种壳变黑、发亮为止，捞出后以清水反复冲洗，至水色不黄、无酸味，摊开晾干备用。

(2)浸种　毛籽应浸种和药剂拌种：

①温汤浸种　可杀死种子上的病菌，促使种子吸水，提早发芽。将棉籽倒入相当于种子重量的 2.5～3 倍左右温水中(3 份开水 1 份凉水)，上下搅拌均匀，保持水温 55～60℃ 30 min，加入凉水降温至 40℃以下，继续浸种 8～12 h，待种皮软化子叶分层时，捞出摊晾至短绒发白时催芽。该方法除具有杀菌催芽作用外，对防治棉花炭疽病也有一定效果。

也可在室温下用凉水浸种，浸种时间依浸种的水温而定。

②多菌灵浸种　多菌灵浸种可杀死种子上所带的病菌及播后种子周围土壤中的病菌。每100 kg 种子，用 40%多菌灵胶悬剂 1 kg，加水 200 kg，浸泡 24 h，捞出晾干备用。

③DPC 浸种　对于地膜棉、麦套夏棉等苗、蕾期易旺长的棉花，用 DPC 溶液浸种对促根壮苗，增强棉花的抗逆性具有良好的作用。可与药剂、硼、锰、钼微肥浸种相结合。

(3)药剂拌种　棉籽浸种后用 0.5%的多菌灵、甲(乙)基托布津、呋喃丹等药剂拌种，可防治苗期病害、虫害。

(4)种子包衣处理　种衣剂是将杀虫剂、杀菌剂、复合肥料、微量元素、植物生长调节剂和缓释剂等，经过特殊加工工艺制成的药肥复合剂。

随种子的萌发生长，包衣内的药、肥可被根系吸收，在一定生长期(45～60 d)内，能为棉株提供充足的养分和药物保护，起到防病、治虫、保苗的作用。据试验，种衣剂包衣比用呋喃丹拌种增产 8.9%。

包衣种子在使用时应注意几个问题：①播种前不能浸种，不能与其他农药和化肥混合，以免发生毒性和化学变化，造成药害。②包衣种子不耐储藏，应当年包衣，当年播种。③包衣种子有毒，不可榨油或做饲料。

二、播种

(一)播种时期

棉花适时播种是实现一播全苗，壮苗早发，提高产量与品质的重要措施。播种过早，温度低，出苗慢，种子容易感染病害，造成烂种、烂芽、病苗、死苗，出苗后遭遇晚霜冻害，影响全苗和壮苗。播种过晚，虽然出苗快，易全苗，但棉脚高迟发，结铃晚，缩短有效结铃期，晚熟减产、品质差。

“终霜前播种，终霜后出苗”是棉花播种原则，地膜覆盖棉田出苗快，应尤为注意。

棉花的适宜播种期，应根据当地的温度、终霜期、短期天气预报、墒情、土质等条件来确定。在土壤水分等条件适宜的情况下，一般以 5 cm 地温稳定通过 14℃或 20 cm 地温达到 15.5℃时播种为宜。

在同一地区，播种的先后顺序要根据具体情况而定，沙性土、向阳地先播；黏性地、低洼潮湿地后播；盐碱地适当晚播，一般在 5 cm 地温稳定在 16～17℃时播种。黄河流域棉区以 4 月 15～25 日播种为宜；新疆北疆棉区一般在 4 月 10～20 日，南疆棉区以 4 月 5～15 日播种为宜。

(二)合理密植及播种量

1. 合理密植

(1)种植密度　确定棉花的种植密度要综合考虑气候条件、土壤肥力、品种特性及栽培制度等因素。

①气候条件　棉花生长季节气温高、无霜期较长的地区，棉株生长较快，植株高大，宜适当稀植；气候温凉、无霜期较短的地区，宜适当密植。

②土壤肥力　土壤肥力高的棉田，棉株生长旺盛，植株高大，叶片大，果枝多，易造成棉田郁闭，加重中下部蕾铃脱落；土壤肥力低的棉田，棉株生长较矮小，田间郁闭的可能性小。因而在同样的气候条件下，肥田应比瘦田密度小。

③品种特性　生育期长，植株高大，株型松散，果枝长，叶片大的品种密度宜低；植株矮小，

叶片小，株型紧凑，果枝短的早熟品种密度宜高。

④栽培制度 粮棉或其他两熟制栽培的棉花，因受前茬作物的影响，一般播种期推迟，单株营养体较小，成熟期延迟，种植密度应较一熟棉田适当增加。

此外，棉田管理水平高，棉花早发稳长，密度可大些；反之应小些。

我国棉花种植密度，一般是北方高于南方，西部高于东部。综合多单位试验结果，黄河流域棉区春棉高产田的适宜密度为 4.5 万～6.0 万株/hm^2，夏棉为 7.5 万～12.0 万株/hm^2；西北内陆棉区种植密度为 15.0 万～21.0 万株/hm^2。地膜棉在相应的基础上要降低15%～20%。

棉花株高是综合条件的集中反映，因此，根据上年棉花株高也可以确定密度。河北棉区经验，一般株高 100～120 cm，留苗 4.5 万～5.25 万株/hm^2；株高 80～100 cm，留苗 5.25 万～6.0 万株/hm^2；株高 70～80 cm，留苗 6.0 万～6.75 万株/hm^2；株高 70 cm 以下，留苗 9.0 万株/hm^2 以上。

确定棉花种植密度，要坚持因时、因地制宜的原则，合理密度是相对的，要随生产条件的改变、品种的更新、管理技术的提高，不断加以调整，以便更好地发挥合理密植的增产作用。

(2)行株距的合理配置 合理配置行株距，能使棉株在田间分布合理，保持较好的通风透光条件，减小群体与个体的矛盾，便于田间管理。确定行株距，一般以带大桃搭叶封行为标准。目前普遍采用的配置方式主要有等行距和宽窄行两种。等行距有利于棉株平衡发育，结桃均匀，防倒能力强；行距大小因土壤肥力而异，高产田行距一般为 60～80 cm；中等肥力 50～60 cm；旱薄地 40 cm 左右。宽窄行，能推迟封垄时间，从而改善通风透光条件，有利于中下部结铃，减少脱落；一般高产田的宽行 80～90 cm，窄行 50 cm 左右；中等肥力棉田宽行为 60～80 cm，窄行 40 cm 左右。株距大小可按计划密度折算。

2. 播种量

播种量要根据播种方法、种子质量、留苗密度、土壤质地和气候等情况而定。

播量过少难于保证密度，影响产量；过多不但浪费棉种，还会造成棉苗拥挤，易形成高脚苗，增加间苗用工等。一般条播要求每米播种行内有棉籽 30～40 粒，每公顷用种 60～70 kg；点播每穴 3～4 粒，每公顷用种 30～40 kg。在种子发芽率低、土壤墒情差、土质黏或盐碱地、地下害虫严重时应酌情增加播种量。环境适宜的条件下，采用精量播种或人工点播，每公顷仅用种 15～22 kg。

播种量可按下式计算：

$$每公顷播种量(kg)=\frac{每公顷计划密度\times 每穴粒数}{每千克棉籽粒数\times 发芽率}$$

(三)播种

1. 播种方式

播种方式分条播和点播两种。条播易控制深度，出苗较整齐，易保证计划密度，田间管理方便，但株距不易一致，且用种量较多，现生产中已很少应用。点播用种节约，株距一致，幼苗顶土力强，间苗方便，但对整地质量要求高，播种深度不易掌握，易因病、虫、旱、涝害而缺苗，难以保证密度。采用机械条播或精量点播机播种，能将开沟、下种、覆土、镇压等作业一次完成，保墒好、工效高、质量好，有利于一播全苗。

土壤墒情不好，可采用抗旱播种方法。

无论采用何种播种方法，都要在行间或地边播种部分预备苗，以备移苗补缺。

2. 施用种肥

在土壤贫瘠，施肥水平较低，基肥不足或腐熟程度较差的情况下，施用种肥有较显著的增产效果；盐碱地施用腐熟有机肥作种肥还有防盐、保苗作用。

种肥宜选用高度腐熟的有机肥和速效性化肥以及细菌肥料。氮肥以硫酸铵较为适宜，磷肥宜选用过磷酸钙。种肥用量不宜过大，一般施硫酸铵 37.5～75 kg/hm^2，过磷酸钙 75～120 kg/hm^2。集中条施或穴施于播种沟(穴)下或一侧，深度以 6～8 cm 为宜。

3. 播种深度及播后镇压

棉花有“头大脖子软，顶土费劲出土难”的特点，因此，播深的掌握，是确保全苗、壮苗的关键。

播种过深，温度低，氧气少，发芽、出苗慢，顶土困难，消耗养分多，幼苗瘦弱，甚至引起烂籽、烂芽；播种过浅，种子易落干，造成缺苗断垄，或戴壳出土，影响壮苗。一般播深以 3～4 cm 为宜。

播深要根据情况灵活掌握，墒情好，土质黏，盐碱地，可适当浅些；反之可适当深些。

播后要及时镇压，使种子与土壤密接，利于种子吸水和发芽、出苗。

(四)播后管理

播种后，常会遇到低温、阴雨、干旱和病虫等不良环境条件的影响而造成出苗不全。因此，要做好棉花播种后至出苗阶段的管理，确保一播全苗。

播种后，要及时检查有无漏播、漏盖和烂种等情况。如有漏播、漏盖，应催芽补种和盖土；有落干危险时，底墒较好的可镇压提墒；底墒较差的，可立即采用在播种沟旁开沟浇水，促使棉籽发芽出苗。有轻度烂种或烂芽，应催芽补种，严重的要立即重种。

播种后遇雨，应顺播种行中耕松土，破除土壤板结，促进空气流通，增温保墒，使种子迅速发芽出苗；否则会烂种、烂芽，轻则缺苗断垄，重则造成毁种。

查一查：

1. 棉花缺乏各种营养元素有何症状？
2. 什么是“无毒棉”和转基因“双价棉”？
3. 你所在地区推广的棉花优良品种有哪些？
4. 当地抗旱播种有哪些方法？

子项目三 棉花育苗移栽技术

育苗移栽是棉花增产和提高品质的一项实用先进技术，一般较直播棉花增产 20%，可纺棉比例提高 20 个百分点，全国常年应用面积已达 300 余万 hm^2，约占全国面积的 50%。

移栽棉花的生育特点：第一，移栽棉花早发，现蕾早、结铃早，前期铃多。第二，移栽时，棉苗主根受损伤，根系入土浅，侧根强大，大部分根系分布在肥沃的耕层。第三，移栽棉花生育前期生长旺盛，后期不耐旱，易脱肥、缺水早衰。

一、传统育苗技术

(一)建床、制钵

(1)育苗方式　棉花传统育苗方式分营养钵育苗和营养块育苗。营养钵育苗是先用打钵器制钵(一般直径 5.5～6.0 cm，高 7.0～8.0 cm)，再在钵内播种育苗；此方式移栽不散钵，断根少，缓苗期短，成活率高，但较费工。营养块育苗则是在苗床划分方格，格内播种育苗，按格切块取苗移栽；此方式操作简便、费工少、易育壮苗，但起苗、运苗困难，易散块，缓苗期长，成活率低。

(2)苗床要求　选择避风向阳、无盐碱、排灌方便、离移栽大田近的地方建床。苗床与大田的比例为 1：(15～20)。床长 15～20 m，床宽 1.2 m 左右(依膜宽而定)，床深 15～20 cm，要求底平壁直，周围挖排水沟。

(3)配制床土　就地取棉田表土，掺入腐熟过筛的厩肥作床土。肥土按(2～3)：(7～8)的比例拌匀，并加入少许过磷酸钙(100 g/m^2)、氯化钾(50 g/m^2)和硫酸锌(3～5 g/m^2)；加 50%多菌灵可湿性粉剂(10 g/m^2)或 40%五氯硝基苯(5 g/m^2)进行床土消毒。盐离子含量超过 0.2%的盐碱土不能做床土。

(4)制钵　制钵前 1 d 将床土加适量水调匀(手紧握成团，齐胸落地散开)；第 2 天制钵。钵面要高低一致，排列紧密，钵缝填好土，浇足水待播。若营养块育苗，则把制好的床土填入苗床，耙平砘实后浇水，打洞播种或划格待播。

(二)播种

春棉育苗宜早且选用长势较强的中熟品种，在 3 月底育苗；麦套春棉，采用中早熟品种，4 月初育苗；夏棉品种则在 4 月底 5 月初育苗。每钵 1～2 粒棉种，播种后覆土 1.0～1.5 cm，采用弓架覆膜或铺膜。

(三)苗床管理

棉花齐苗后要及时间苗、拔草，并逐步通风炼苗，通风口大小和通风时间根据苗床湿度和温度而定，维持苗床温度在 25～30℃，中午高温不超过 35℃。4 月中旬以后，白天揭膜，下午或傍晚盖膜，移栽前 5～6 d 要昼夜揭膜炼苗。出真叶前及移栽前 10 d 搬钵两次，散湿、并拉断主根蹲苗。齐苗后选晴天用 1 000 倍多菌灵药液喷棉茎，每 10 d 一次，防治立枯病；用半量式波尔多液(0.5 kg 硫酸铜＋0.5 kg 生石灰＋100 kg 水)喷子叶，防治炭疽病。另外，注意防治棉苗蚜虫和棉蓟马的为害，棉苗过旺时，喷 10～15 mg/kg 的 DPC 或采用揭膜晒床等措施来调控。移栽前 5～7 d，施 0.5%的尿素液。

(四)移栽

温度条件是棉苗能否长出新根的主要因素。一般移栽期气温要在 15℃以上，5 cm 地温稳定在 17℃以上。移栽适宜苗龄为 2～3 片真叶，苗高 12～15 cm，叶色清秀，无病斑，茎粗子叶肥，苗茎红绿各半，健壮敦实。移栽时宜选择晴天。起苗时要轻起、轻运，尽量减少伤根、散钵损失。栽苗时要按计划密度留苗，开沟摆钵或挖穴栽钵，钵面低于地面 2 cm，覆土至钵体 2/3 处，然后顺沟浇水或穴浇，水量以土壤最大持水量 80%为度，水下渗后再覆土埋平。中耕松土，由远至近，由浅入深，促进发根缓苗。

(五)移栽后田间管理

栽后要及时查苗补缺。长势弱的棉苗用1%尿素液加4 000～6 000倍的“802”液促根提苗。缓苗后遇旱要及时浇透发棵水,适时中耕松土,破除板结,轻施提苗肥(尿素45～60 kg/hm^2),保棉苗发棵稳长。花铃期的肥水管理要适当提早并加大,切忌受旱或脱肥,以防早衰。

二、无土基质育苗,无载体裸苗移栽技术

传统育苗方式存在育苗时间长,移栽季节短,管理烦琐,劳动强度大,移栽成活率低,工业化、机械化作业程度低等缺点。无土育苗由于采用富含营养的育苗基质,在育苗过程中加施促根剂和保叶剂,苗床无烂籽、烂芽,所育棉苗具有无苗病,原生根量大,新根出生快,取苗容易,运苗轻便,移栽简便,栽后缓苗快,移栽成活率高,棉株根系发达,中下部茎粗节密,抗倒伏、防早衰等优点,可以充分实现省种、省地、省时、省力和省工。

(一)建床

床址选择同营养钵育苗,苗床与大田的比例为1∶(40～80)。苗床长方形,深15 cm,床宽依膜而定,床长依大田面积而定,底部铺塑料膜防渗,上铺10 cm厚无土育苗基质,浇足水(以手握成团不渗水为准)待播。

无土育苗基质由母体型基质与干净河沙(含水量不超过5%)按1∶8～9(重量比)或1∶1(体积比)均匀混合而成。

(二)播种

播种时间同营养钵育苗。按行距10 cm,株距3 cm的密度穴播,每穴一粒,播深2～3 cm,用基质覆盖,轻镇压,抹平床面,覆盖农膜,并搭好弓棚。

(三)苗床管理

棉苗子叶平展至一叶一心时,在行间均匀浇灌(忌喷施)100倍促根剂稀释液一次,用量为1.5～2.0 L/m^2。

其他如间苗、温度、水分及病、虫、草害等管理同营养钵育苗。

(四)移栽

移栽前2～4 d喷适量“送苗水”,并叶面喷施10～15倍保叶剂,以减少叶面蒸腾造成棉苗萎蔫,提高成苗率。起苗后,将棉苗根部在100倍促根剂稀释液浸泡10～15 min。按计划留苗密度,开沟或挖穴(深度10～12 cm),放苗入穴(沟),深度为苗高一半,扶正后周围壅土覆土,并轻轻挤压。栽后浇足“安家水”,底墒不足浇2～3次。

(五)移栽后田间管理

栽后要及时查苗补缺。长出第一片新叶时施75 kg/hm^{2}的尿素或叶面喷施1%～2%的尿素+0.1%的磷酸二氢钾溶液提苗。未地膜覆盖棉田及时中耕除草,防止土壤板结,促进棉苗发根和生长。

(六)注意事项

(1)无土育苗基质不能添加土壤,要按规定适当补充肥料。

(2)如果苗龄超过四片真叶仍不能按时移栽,要进行“假植”,减慢生长。方法是,在苗床一

头用手拨开基质，起出苗，制好床，以 5 cm 株距复栽于棉床，补少量水肥。

(3)为了节省成本，将用过的基质晾干后装入袋中，或放入石砖砌置的小池中，翌年加入 1/3 的母体型基质，适当补充营养，充分混合继续使用。

此种育苗方式是近几年中国农科院棉花研究所研发的新技术，可结合工厂化育苗，机械化移栽，实现棉花栽培的"两无两化"。

查一查：

1. 当地育苗移栽棉花、地膜覆盖棉花及露地棉花种植面积和产量水平。
2. 当地育苗移栽棉花种植采用何种方式？技术瓶颈是什么？

子项目四　棉花田间管理技术

种好是基础，管好是关键。棉田管理的中心任务是：根据棉花各生育时期的生育特点，运用看苗诊断技术，实行因苗管理，促控结合，协调好棉花生长发育与外界环境条件、地下部与地上部、个体与群体等之间的关系，满足棉花正常生长发育所需的温、光、肥、水、气等条件，使棉花沿着早发稳长，早熟不早衰的生育进程发展，力争少脱落，多结铃，结大铃，达到高产、优质、低成本的目的。

一、查田补苗

棉花显行后及时逐行检查。缺苗较多，应立即催芽补种；缺苗较少，进行芽苗移栽。选择气温在 18～26℃的晴天，就地取苗后置于水盆(防风干)，将棉苗放入深 6 cm，宽 3 cm 左右的土窝，用少量土把苗基部围住，浇少量水，待水下渗 1/3 左右时，轻轻覆土，覆土时勿按压，以防形成泥块影响成活。如补苗时间较晚，或盐碱地棉苗移栽，应采用带土移栽的方法，尽量多带土，适量多浇水。

二、间苗、定苗

棉苗出齐后要及早间苗，以互不搭叶为标准，留壮苗，去除弱、病、杂苗。定苗一般在两叶一心，茎秆开始木质化时进行。定苗要根据留苗密度，死尺活定。

三、中耕松土

中耕可疏松土壤，破除板结，疏通空气，提高地温，调节土壤水分，消灭杂草，增强土壤微生物的活动，加速养分分解，从而促进根系发育，利于壮苗早发。

1. 苗期中耕

根据气候、土质、墒情等情况，棉花苗期一般中耕 2～3 次。中耕深度由浅至深，行间逐渐加深到 10 cm 左右，株间逐渐加深至 4～5 cm。天旱墒差时要适当浅锄。苗期地温低，苗病发生严重时，应及时在株间扒窝晾墒，防止病害蔓延，促使病苗恢复生长。盐碱地棉田苗期应深锄 10 cm 以上，促使根系深扎，下小雨后不易使土壤表层积聚的盐分淋溶到根部，可显著减轻小雨后死苗。

2. 蕾期中耕

蕾期是棉花根系发育的重要时期，勤中耕、深中耕可以促进根系下扎，增强棉株的吸收能力和抗旱、抗倒伏能力，保证棉花发棵稳长。对有徒长趋势的棉田，深中耕可切断部分侧根，起到控制徒长的作用。中耕要逐渐加深，在盛蕾阶段，行间中耕深度可达 10 cm 以上，株旁和株间达到 5～6 cm。对于旱薄地棉田，主要是勤、细中耕保墒，不要中耕太深。中耕次数，以保持土不板结，无杂草为标准。

盛蕾期至花期结束，应结合中耕分次进行培土，培土高度 13～14 cm。

3. 花铃期中耕

花铃期正值高温多雨季节，土壤水分过多，空气减少，影响根系的呼吸作用，降低根系吸收肥水能力，甚至会造成棉株生理干旱，引起蕾铃大量脱落。因此，花铃期一定要做好中耕松土工作。由于花铃期棉株在近地面处滋生大量毛根，并且再生能力减少，所以中耕宜浅，以不超过 6 cm 为宜，避免伤根过多，造成早衰。

四、生育期施肥

追肥应掌握“轻施苗肥，稳施蕾肥，重施花铃肥，补施盖顶肥”的原则。

1. 苗肥

在基肥用量不足时，尤其是低、中产棉田，应重视苗肥的施用，以促根系发育、壮苗早发；一般施标准氮肥 45～75 kg/hm^2，基肥未施磷、钾肥的，适量施用磷、钾肥。基肥用量足的高产棉田，一般不施苗肥。

2. 蕾肥

棉花蕾期施肥讲究稳施、巧施，既可满足棉花发棵、搭丰产架子的需要，又可防止因施肥不当而造成棉株徒长。地力好、基肥足、长势偏旺的棉田，在初花期施肥；水肥充足，生长稳健的高产棉田，在盛蕾至初花期施用 75～120 kg/hm^2 标准氮肥；地力差，基肥不足，棉苗长势弱的棉田，要在现蕾初期重施，一般施标准氮肥 180～225 kg/hm^2。施肥深度掌握在 10 cm 以下，距苗 12～15 cm。

3. 花铃肥

花铃期是棉株生育旺盛时期，也是决定产量、品质的关键时期。该期大量开花形成优质有效棉铃，是一生中需要养分最多的时期，因而要重施花铃肥。

施肥数量和时间，要根据天气、土壤肥力和棉株长势长相而定。长势强的棉田，应在盛花期棉株基部坐住 1～2 个成铃时施用；土壤肥力一般、天旱墒情差和长势弱的棉田，花铃肥要初花期施用，做到“花施铃用”；移栽棉花、早熟品种、易早衰品种及密度大的棉田，也要适当早施，以防早衰减产。

一般情况下，花铃肥用量占总追肥量的 50%～60%，施标准氮肥 225～300 kg/hm^2；高产田可增至 450 kg/hm^2。施肥深度 6～9 cm 以下，距棉株 15 cm。

4. 盖顶肥

盖顶肥能防止棉株后期脱肥早衰，多结早秋桃，提高铃重和衣分。

地力充足，生长有后劲及盐碱地棉田，要少施或不施，以防贪青晚熟；地力差、有脱肥早衰趋势棉田，要早施、多施盖顶肥。盖顶肥的施用时间一般在立秋前后，标准氮肥用量为 75～

120 kg/hm²。

5. 叶面肥

8 月中旬至 9 月上旬，对有早衰趋势的棉田可喷施 1%～2%的尿素水溶液；长势一般、偏旺棉田，可根据长势喷 2%～3%的过磷酸钙浸出液或 300～500 倍的磷酸二氢钾、磷酸二铵溶液 1～3 次，每次 900～1 000 kg/hm²，对提高结铃率，增加铃重有一定效果。

五、生育期灌溉

棉花生育期间灌水要根据不同生育时期的长势长相，结合天气、土壤等情况综合考虑。

正常棉花苗期的红茎比约为 1/2，蕾期为 2/3，初花期为 70%左右，盛花期后接近 90%，超出此标准，说明棉田缺水；苗期主茎平均日增长量以 0.3～0.5 cm 为宜，初蕾期为 0.5～1.0 cm，盛蕾期为 1.5～2.0 cm，初花期为 2.0～2.5 cm，盛花期以后降至 0.5～1.0 cm，低于上述指标即可进行灌溉；叶色深绿发暗，顶心随太阳转动能力减弱；顶部第二展叶在中午萎蔫，下午 3～4 时仍不能恢复以及棉花顶尖低于最上部棉蕾也是棉花缺水的标志。

一般棉田在苗期不需灌水，高产棉田尽可能推迟头水，以控制营养生长，促进根系发育和生殖生长，减少蕾铃脱落。

棉田的第一水和最后一水尤为重要。第一水一般在 6 月底；最后一水不宜超过 9 月上旬。除盐碱地棉田外，灌水量一般为 450～675 m³/hm²，多采用隔沟轻浇方法，以免水量过大，造成棉花徒长。浇水后要及时中耕松土，促根下扎，增强棉花后期的抗旱能力。棉田积水或湿度过大，会阻碍根系的吸收和呼吸作用，甚至会引起烂根、烂株，增加蕾铃脱落和烂铃，降低产量和品质，因此，雨季还应做好排水防涝工作。

六、棉田整枝

适时整枝，对于调节养分分配，减少蕾铃脱落，改善棉田通风透光条件，减少烂铃，促进早熟，提高产量和品质具有重要的作用。棉花整枝包括去叶枝、打顶尖、打边尖、抹赘芽、打老叶等。生产上主要进行去叶枝、打顶尖等作业。

1. 去叶枝（抹油条）

现蕾初期，将第一果枝以下的叶枝及主茎基部老叶去掉，保留肥健叶，可促进主茎及果枝发育。弱苗、缺苗处或田边地头棉株，可选留 1～2 个叶枝，充分利用空间，增结蕾铃。一般株型松散的中熟品种需要去叶枝，株型紧凑的早熟品种可不去叶枝。

2. 打顶尖

棉花打顶可控制棉株纵向生长，消除顶端优势，调节光合产物的分配方向，增加下部结实器官中养分分配比例，加强同化产物向根系运输，增强根系活力和吸收养分的能力，进而提高成铃率，减轻蕾铃脱落，增加铃重，促进早熟。

打顶时间，要根据棉花的长势、地力、密度和当地初霜期等灵活掌握。群众的经验是“以密定枝，枝够打顶”、“时到不等枝，枝够不等时”。如每公顷 6 万株左右的棉花，一般单株留 12～14 个果枝。适宜的打顶时间宜在当地初霜前 90 d 左右。黄河流域棉区多在 7 月中旬打顶；土质肥沃、棉株长势强、密度小、霜期晚，可推迟到 7 月下旬打顶；土壤瘠薄、棉株长势弱、密度大、霜期早，可提早到 7 月上旬打顶。新疆棉区由于棉花生长后期气温下降快，需靠增加密度、减少单株果枝数争取早熟高产，一般在 7 月 15 日前打顶。在高密度栽培条件下，打顶时间应适当提前，南疆在 7 月 10～15 日，北疆在 7 月 5～10 日。

打顶要打小顶，即摘去顶尖连带一片小叶。棉株生长整齐应一次打顶，反之则分次打。

3. 打边尖(打群尖、打旁心)

打边尖就是打去果枝的顶尖，可控制果枝横向生长，改善田间通风透光条件，调节棉株营养分配，控制无效花蕾，提高成铃率，增加铃重，促进早熟。

打边尖应根据棉株长势、密度和初霜期等情况，本着"节够不等时，时到不等节"的原则，自下而上分期进行。一般棉株的下部果枝可留 2～3 个果节，中部果枝可留 3～4 个果节，上部果枝视长势留果节。打边尖最晚应在当地初霜期前 70 d 左右打完。黄河流域棉区打边尖时间一般在 8 月 10～15 日前，南疆在 8 月 15 日前，北疆在 8 月 5 日前。

4. 抹赘芽(抹耳子)

主茎果枝旁和果枝叶腋里滋生出来的芽为赘芽，由先出叶的腋芽发育而来，徒耗养分且影响通风透光，应及时打掉。在多氮肥、摘足及打顶过早时，赘芽发生较多。抹赘芽要做到"芽不过指，枝不过寸，抹小抹了"。

5. 剪空枝、打老叶

"立秋"后的蕾及"白露"前后的花，所形成的铃均为无效铃。因此，"白露"后要及时摘除无效花蕾。对后期长势旺，荫蔽严重的棉田，进行打老叶、剪空枝、空梢及趁墒"推株并垄"等作业，可改善棉田通风透光条件，减少养分消耗，有利于增秋桃，增铃重，促早熟，防烂铃。

七、棉花化学调控技术

(一)DPC 调控技术

DPC 有延缓主茎节间和果枝节间伸长，抑制后期赘芽、群尖生长；促进根系发育，提高根系活力；抑制叶片的扩展，调节棉叶的生理功能，延缓叶片衰老；促进蕾铃发育，减少脱落，提早结铃，增加铃重的作用。DPC 可以明显提高棉花品质，增加霜前花比例并对黄矮病有抑制作用。

1. DPC 调控的原则

(1)早控、轻控、勤控。地膜棉、苗期生长势强的品种，在出现 2 片真叶时进行第一次化控；苗期生长势较弱的品种，在 4～5 片真叶时进行第一次化控。苗、蕾期棉株日生长量较小，DPC 用量宜轻；施肥灌水后和花铃期的 DPC 用量应适当加大。一般壮苗棉田头水前可化控 1～2 次，全生育期可化控 3～4 次。

(2)分段化控，定向诱导。苗期化控可促进棉花根系发育，实现壮苗早发；蕾期化控可协调棉株营养生长与生殖生长的关系，保持棉株稳健生长；盛花期化控可控制中后期徒长，促进养分较多输入棉铃，提高成铃强度，减少蕾铃脱落。

(3)化学调控与肥水调控结合。综合运用肥水促控和化学调控措施，有利于培育理想株型和建立合理群体结构。一般在灌水前 3～5 d 化控，DPC 见效时灌水，使棉株在土壤肥水足，地上部受 DPC 控制的环境中稳长，营养生长与生殖生长比较协调。DPC 化控后，棉株吸肥能力增强，光合效率提高，吸肥高峰提前，花铃肥宜提早到盛蕾初花期施用。

(4)因地、因苗分类调控。DPC 化控要根据棉花品种特性、土壤肥力、气候情况、棉株发育进程及长势等灵活掌握。一般早熟品种对 DPC 敏感，用量宜轻；中晚熟品种和生长势强的品种用量相应大些；肥力较高，长势偏旺棉田，DPC 用量相应增加；土壤瘠薄和沙性大的棉田，棉株长势差，化控次数要少，用量宜轻。

2. DPC化学调控技术

（1）播种前浸种　高肥水条件下的地膜覆盖棉田、两熟棉田和营养钵育苗的苗床，可在播前用100～200 mg/kg（脱绒种子）或200～300 mg/kg（未脱绒种子）DPC浸种5～8 h，至种皮发软，子叶分层。

（2）苗期　播种前没有浸种，易形成高脚旺苗的地膜覆盖棉田和两熟棉田，在墒情足的情况下，一般在棉苗一叶一心至两叶一心时，用7.5～15.0 g/hm^{2}DPC（水量为225～300 kg/hm^2）化控一次。

（3）蕾期　棉花现蕾后，生长逐渐加快，节间开始伸长，一般在现蕾初期以7.5～15.0 g/hm^{2}化控一次，盛蕾期可增加到15.0～22.5 g/hm^2，水量为900～1 000 kg/hm^2。

（4）初花期　棉花进入开花期后，生长势较强，必须及时调控，防止营养生长过旺。一般在灌水前3～5 d或下雨后喷施，每公顷用量30.0～45.0 g，水量900～1 000 kg/hm^2。

（5）盛花结铃期　棉花打顶后主茎停止生长，顶部果枝开始伸长。在土壤墒情好的情况下，可在打顶后1周左右用45.0～60.0 g/hm^{2}化控，水量900～1 000 m^3/hm^2。

3. 喷施DPC的临界长势指标及施用量与株高关系

据河北农业大学研究，DPC具体施用时间与施用量可参考棉株高度、主茎日增长量等指标进行（表6-4、表6-5）。

表6-4　喷施DPC的临界长势指标

长势指标	现蕾	盛蕾	开花	盛花
主茎日增长量/cm	>1	>2.2	>2.5	
绿茎/%	>1/2	>1/3	>1/3	
主茎高度/cm	>20	>30	>60	

表6-5　DPC施用量与株高的关系

株高/cm	20	30	40	50	60	70	80	90
DPC量/(g/hm^2)	7.5	15	22.5	30	37.5	45	52.5	60

上述指标为中等肥力，密度为4.5～6.0万株/hm^{2}的施用标准，肥力水平提高，要在此基础上减少7.5 g/hm^2。

4. 喷施DPC的注意事项

喷施DPC宜在上午露水干后或下午3时以后，以傍晚为最好。喷后6 h如遇雨需减半重喷。DPC喷施浓度宜轻不宜重，要把握前轻后重，旱轻涝重，弱轻旺重的原则。如喷施过量，可灌水1 200 m^3/hm^{2}或喷施0.02%～0.04%“九二零”、1%尿素液、20～40 mg/kg GA缓解。DPC可与一般微肥、农药混合喷施，但不宜与农药混在一起连治棉蚜带化控，因为棉蚜重的棉棵较小，喷药易多，会使棉棵控制过重，不利均衡增产。

（二）乙烯利催熟技术

棉田喷施乙烯利，可加速棉铃开裂，减轻生育后期低温影响，增加霜前花产量，提高棉花品质。

乙烯利宜在后期长势较旺、贪青晚熟或需早腾茬的棉田使用，不能在单产水平低或种子田使用。喷施时间一般在距严霜期15～20 d，外围（上部）铃期40 d以上；日最高气温20℃以上。使用过早，会造成棉株提早落叶，棉铃迫熟，铃重减轻；使用过晚，气温低，乙烯释放速度慢，降低催熟效果。黄河流域棉区一般在10月上旬喷施。喷施浓度为0.08%～0.1%，每公顷药量750～900 kg，喷药时要尽量喷在青桃上，以提高催熟效果。喷后6 h内遇雨应重喷。乙烯利遇碱性物质分解，不可与农药混用。

棉花生育后期遇阴雨天气，易发生烂铃。将铃期40 d以上，有烂铃危险的棉桃摘下，在1%的乙烯利水溶液中稍浸泡后捞出摊晾，可得到吐絮较好的籽棉。

八、病、虫、草害及其防治

病、虫、草害是导致棉花死苗、蕾铃脱落的重要原因，直接影响棉花的产量和品质。棉花生育期间，要加强病情、虫情及草情测报，抓住战机，彻底防治。

（一）病害及其防治

1. 苗期主要病害

棉花苗期的病害主要有红腐病、立枯病、炭疽病、褐斑病和纹斑病等。

早播或低温多雨适于发病，温度越低病情越重。连作棉田、种子质量差、氮肥多发病严重，有机肥多病轻。死苗多发生在出苗后半个月，真叶出现后死苗少。

通过精细选种、与禾本科作物轮作、适时播种、温汤浸种及药剂（灵福合剂、多菌灵等）拌种可达到一定防治效果。

苗病发生后可用1∶1∶200的波尔多液或25%的多菌灵胶悬剂200～300倍液喷治。每7 d喷一次，喷2～3次。

2. 棉花枯萎病和黄萎病

枯、黄萎病是棉花生产上最严重的两种病害，至今尚缺乏有效防治药剂。

引种抗病品种是对枯、黄萎病较好的防治措施；与禾谷类作物轮作，加强管理，合理施用足量的氮、磷、钾肥；播种前撒施多菌灵、甲基托布津，生育期间滴施“枯黄一滴净”，也能取得一定的防治效果。

3. 棉铃病害

棉铃病害主要有疫病、炭疽病、角斑病、红腐病、红粉病、软腐病和黑果病。

烂铃的发生与结铃期气候条件、棉花生育状况、虫害程度和栽培管理密切相关。一般7月下旬开始发生，8月中下旬为发病盛期；棉铃增大期抗病性强，一般不发病；棉铃停止增大后，降雨量大，烂铃大量发生，开裂前10～15 d发病率最高。烂铃主要发生在棉株下部果枝内围节位上。

对于棉铃病害可通过合理密植；喷施生长调节剂，防止徒长；适时整枝，改善棉田通风透光条件；加强中耕松土及雨后排水等农业措施防治。

在铃病发生初期，用甲基托布津、多菌灵、回生灵、乙膦铝、代森锰锌等对棉铃喷雾，防效可达85%以上。

对于零星病铃要及时摘收，在田外晒干或晾干，剥壳收花。

（二）虫害及其防治

棉田害虫主要有棉蚜、棉铃虫（钻心虫）和棉花叶螨（棉红蜘蛛）等。

选用抗蚜品种，采取棉麦间作，均对棉蚜有一定防控作用。冬春深耕、灌水、中耕除草既可改善田间小气候，还可消灭棉铃虫部分卵、蛹与幼虫；棉田种植玉米带，清晨拍打玉米心叶可消灭棉铃虫幼虫；产卵期喷施2%的过磷酸钙浸出液驱蛾，用树枝把或黑光灯诱捕成虫等都有不错的防虫效果。

利用害虫天敌进行防治。棉田内蚜虫天敌有：七星瓢虫、食蚜蝇、蚜茧蜂、小花椿等；棉铃虫天敌有草蛉、赤眼蜂、瓢虫及苏云金杆菌、核多角体病毒；棉叶螨天敌有小花蝽、草蛉等。

防治棉田害虫化学药剂较多。如呋喃丹、3911乳油拌种或浸种；久效磷、辛硫磷、吡虫啉、灭多威等喷雾；40%氧化乐果、久效磷等涂茎(红绿交界处)；敌敌畏熏杀等都对棉蚜有很好的防除作用。有机磷类、菊酯类、氯基甲酸酯类等药剂对棉铃虫效果很好。三氯杀螨砜、双甲脒乳剂既能杀螨又能杀卵。

(三)草害及其防治

棉田杂草以荠菜、苦荬菜、小旋花、马唐、马齿苋、刺儿菜、苍耳、狗尾草等为主，一般3～4月间多种杂草发芽，夏后二年生春性杂草衰老，多数一年生杂草进入最盛时期，7月最重。

通过深耕翻、中耕及轮作倒茬可减轻杂草危害。

地膜棉覆膜前以氟乐灵喷洒土壤表面，对杂草有很好的封杀作用。

对非地膜棉，在播后、移栽前，以果尔乳油处理土壤；4叶后用阔乐乳油加高效盖草能乳油或精禾草克乳油定向喷雾；蕾后株高30 cm以上，用甘草膦水剂、农达水剂或克芜踪水剂在行间低位定向喷雾，都能取得很好的除草效果。

棉田除草剂类型较多，可根据当地杂草类型及实际生产情况而定。

九、棉花地膜覆盖栽培技术

(一)地膜覆盖棉花的生育特点

(1)生长发育加快，生育进程提前。地膜棉相对于露地棉，出叶、现蕾、开花、吐絮均有所提前，且生长发育进程明显加快。据调查，地膜棉比露地棉早出苗3～5 d，早现蕾5～9 d，早开花吐絮10 d左右，因而延长了有效结铃期。

(2)单株生产力高，产量结构合理，纤维品质优。地膜棉现蕾、开花提早，从而使伏前桃和伏桃比例明显增多，霜前花率高。据邯郸试验，覆膜棉花比对照单株铃数多2.1个，伏前桃多1.1个，伏桃多3.6个，秋桃少2.6个。

(3)根系发达，但分布浅，抗旱防倒能力差。地膜棉虽总根量多于露地棉，但下层根量所占比例较露地棉少，后期抗旱防倒能力低于露地棉。

(4)前期易旺长，后期易早衰。地膜棉前期生育条件好，根系生长快，吸收能力强，在开花以前明显优于露地棉，因此营养器官的生长快，如措施不当，易引起前期旺长。

地膜棉发育早，有效铃期长，开花结铃多且集中，需肥水较多；另外，地膜棉根系分布浅，后期根系活力明显下降，如不能合理供应肥水，很容易出现早衰。

(二)地膜覆盖棉花栽培技术要点

1. 播前准备

(1)精细整地、增施基肥。种植地膜棉要选择土层深厚，肥力中等以上，地势平坦的田块。为了提高覆膜质量，要精细整地，做到地平土碎无坷垃，地净墒足无根茬；0～20 cm土层含水量为田间最大持水量70%～75%为宜。

土壤覆膜后，有机质分解快，根系从土壤吸肥多、吸肥早，生长发育快，增产潜力大，故要增加基肥用量。施用量要因地制宜，中、上等的壤土地，保肥、供肥能力较强，一般基肥施用量占总量的45%左右；土壤偏沙的棉田，基肥以占总量的30%左右为宜。

底肥应以有机肥为主。根据经验，皮棉产量为1 800 kg/hm^2 棉田，一般要求施粗肥60～75 m^3/hm^2，碳铵450～600 kg/hm^2，过磷酸钙750～1 050 kg/hm^2，硫酸钾或氯化钾225 kg/hm^2。

(2)种植方式。有平作、垄作及沟覆沟种三种方式：

①平作　顺行平铺覆盖地面，不起垄，操作方便，保墒、防旱效果较好。但膜面容易积存雨水。点播、覆膜一次完成的机械播种即属此方式。

②垄作　在播种前整地起垄，一般垄体底宽90～100 cm，垄高7～8 cm，垄面65～70 cm，双行点播，行距一般50 cm左右。此方式根区土温高，利于壮苗早发，沟内灌水方便，但起垄费工多。

③沟覆沟种　适合中度盐碱地棉田。一般沟深10～17 cm，宽67 cm，种两行棉花，在沟底盖膜。

无论采用哪种方式，都要注意提高覆膜质量，将地膜拉紧、铺平，紧贴地面，薄膜四边用土埋压严实，膜面每隔5 m左右压一堆土，防止大风揭膜。

(3)选用良种。地膜棉花早发、产量高、后期易早衰，因此要选择丰产潜力大，后期长势强，抗逆性强，在当地偏晚熟的优良品种。

2. 覆膜方式

地膜覆盖播种方式可分为先播种后覆膜和先覆膜后播种两种。

(1)先播种后覆盖　能够保持播种时土壤墒情和土壤结构，保温效果好，出苗快，容易全苗。但破膜放苗费工，遇高温天气易发生膜下烧苗；破膜后棉苗遇低温易受冻伤；膜内外温度、湿度差距大，棉苗出苗后抗逆性差，易感病害、死苗。

(2)先覆膜后播种　可提前覆膜增温保墒，棉苗自然出土，不会发生烧苗现象，无须破膜放苗，省工；棉花出苗后，即能适应外界环境条件，抗逆能力强，苗较健壮。但出苗前保温效果差，出苗较慢；播后遇雨，易形成板结，影响出苗。

上述两种方式均有相应的播种机械。

3. 播种

地膜覆盖棉田，土壤温度、水分等条件较好，播种期较露地棉要提早5～7 d。黄河流域棉区一般在4月中旬播种，播后6～8 d出苗，可避过终霜冻害。

播种采用穴播方法，每穴播精选种子3～4粒，播种深度3 cm。先覆盖后播种可采取浅播封堆的办法，即打2～2.5 cm深的孔，下种后用一把湿土埋孔封堆。

地膜棉发棵早，长势旺，中下部结铃多，因此密度要比露地棉稀些，以充分发挥单株生产潜力，减少荫蔽、烂铃。

4. 田间管理

(1)破膜放苗。先播后盖的棉田，出苗后要及时放苗，膜孔直径以3～4 cm为宜。放苗要分次进行，当子叶变绿时将苗放出，待子叶上的水分风干，用土将放风口封堵严实，以防风揭膜、跑墒、降温，杂草丛生。放苗宜在无风晴天的早上或下午进行，阴天全天均可放苗。如遇高温天气，对刚顶土的棉苗,可先破一小孔,在孔上压少许细土,不使嫩芽露出土面,让幼苗自行顶土。

(2)间、定苗。地膜棉生长快,从1～3叶只有8～9 d,定苗晚易形成高脚苗。一般在2～3片真叶时一次间、定苗。

(3)水肥运筹。蕾期管理要注意促根控棵、促壮控旺,使棉株稳健生长。初蕾期喷施7.5～22.5 g/hm^2 DPC,控制营养生长,促进根系生长和生殖生长,实现稳长早发。保肥保水力差的棉田,在盛蕾期结合浇水,追施尿素120～150 kg/hm^2;地力壮的高产田要推迟到初花期。

地膜棉根系分布浅,对干旱敏感,初花期水肥不足,易造成早衰。此期追施尿素105～120 kg/hm^2,喷施30～45 g/hm^2 DPC,既可满足肥水供应,又可防止徒长。

盛花期追施尿素150～195 kg/hm^2,天旱时饱浇一次盛花水,满足大量开花结铃的需要。多雨年份,喷DPC45～75 g/hm^2,控制赘芽滋生,增加铃数,提高铃重。

8月份叶面喷洒60倍的尿素溶液或30倍的过磷酸钙溶液、500倍的磷酸二氢钾溶液、100倍的磷酸二铵溶液,防早衰,增铃重。用量为1 t/hm^2,每隔7 d喷一次,连喷2～3次。

(4)整枝。地膜棉整枝与露地棉不同,一是根据伏前桃多,遇上高温高湿天气易烂桃的特点,下部1～4个果枝要少留果节,一般留2个,这样可集中养分多结中部桃,还可改善下部通透条件,减少烂铃。二是单株果枝可多留2～3个,以充分利用时间和空间,争取较高的产量。据试验,6月下旬摘除6～8个蕾,现蕾晚摘除4～6个蕾,可增产16.6%,霜前花比例提高10%。

(5)虫害防治。地膜覆盖棉田蓟马发生严重,二代棉铃虫也比露地棉发生早且重,应及时防治。

(6)揭膜。一般棉区到6月底(盛蕾或初花前后),地膜的增温效应基本消失,应及时揭膜。旱地、特早熟棉区和丘陵棉区可适当延长覆膜时间或全生育期覆盖,以充分发挥地膜增温、保墒的效应。

查一查:

1. 你所在地区高产棉田的肥水运用技术。
2. 当地常发病害的症状、发病规律及防治方法是什么?
3. 当地常发害虫的形态特征、发生规律及防治方法是什么?

想一想:

棉田生育期间灌溉指标有哪些?

子项目五　棉花收获技术

棉株自下而上,由内向外陆续裂铃吐絮,故棉花采摘应分期进行。据研究,棉纤维一般在吐絮3 d后才能完全成熟,纤维强度以裂铃7 d为最高,因此,棉花采收在棉铃开裂吐絮5～7 d为最佳。收花过早,摘收裂口桃,不仅收花费工,而且纤维和种子未充分成熟,纤维强度低,降低纤维品质和种子发芽率;收花过晚,籽棉日晒过久,也会导致纤维氧化变脆,降低纤维强度。

收花时，要做到晴天快收，雨前抢收，阴雨天和露水不干不收；做到精收细拾，达到棵净、壳净、地净，确保丰产丰收。

控制有害杂质，做好棉花“四分”。在棉花收获过程中，要将好花和坏花分开收，霜前花和霜后花分开存，严格实行分摘、分晒、分存、分售，严禁混收混售。收摘时戴白棉布帽，用白棉布袋采摘、装运棉花，在采摘、晾晒、存储、销售全过程随时挑拣化纤丝、毛发丝和色织物丝等有害杂质，确保原棉质量、信誉和市场竞争力，提高种植棉花的经济效益。

新型棉花联合收获机可将采棉和打包一次完成，实现连续不间断的田间采棉作业，速度快，效率高，缺点是苞叶、铃壳等杂质较多。

查一查：

1.“三丝”有害杂物对纺织工业有何危害？

2.国家和企业对原棉“三丝”有害杂物有什么样的质量规定和要求？

复习思考

一、填空

1. 棉花的栽培种主要有亚洲棉、非洲棉、(　　)和(　　)等四个。
2. 春播棉的播期一般掌握 5 cm 土温稳定在(　　)或 20 cm 土温达到(　　)时播种为宜。
3. 棉花主茎上的分枝可分为(　　)和(　　)两种。
4. 棉铃的发育过程可分(　　)、(　　)和(　　)三个时期。
5. 根据棉花成铃的时间，可将一生的成铃分为(　　)、(　　)、(　　)和晚秋桃等四类。
6. 棉铃的重量增加最快的时期为棉铃发育的(　　)阶段。
7. 棉纤维的发育过程可分为(　　)、(　　)和(　　)三个时期。
8. 棉花落铃和落蕾的比例一般(　　)高于(　　)，在高温干旱时(　　)高于(　　)。
9. 棉花皮棉产量构成因素为(　　)、(　　)和(　　)。
10. 丰产棉田初蕾期的叶面积控制在(　　)、盛花期(　　)、始絮期(　　)较为适宜。

二、简答与论述

1. 简述棉花的生育特性和各生育阶段的生育特点。
2. 何为棉花圆锥体？试述棉花现蕾、开花的一般规律。
3. 棉铃和棉纤维发育划分为哪三个阶段？各阶段的生长发育特点是什么？
4. 试述棉花蕾铃脱落的一般规律及减少蕾铃脱落的措施。
5. 何为棉花“三桃”？“三桃”在产量构成中有何作用？
6. 试述棉花的需肥水特点及施肥灌溉技术。
7. 试述确定棉花种植密度的原则和我国不同生态条件下的适宜种植密度。
8. 棉花整枝的作用是什么？整枝包括哪些内容？
9. 试述地膜覆盖和营养钵育苗移栽棉花的生育特点和栽培技术要点。
10. DPC 对棉花生长发育具有哪些调控效应？试述棉花的 DPC 调控技术。

项目七　花生栽培技术

【知识目标】

了解花生的生物学特征及各生育阶段的特点，了解花生的品种类型，掌握花生施肥技术及茬口安排。

【技能目标】

掌握花生播种、田间管理和收获储藏技术；熟悉花生性状考查及测产方法。

【项目导入】

有一个牧羊人以牧羊为生，有一天他看到大海风平浪静，就决定做航海生意。于是他卖掉了所有的羊，买了一船枣儿就去航海，但在航海过程中却遇到风浪，枣儿全部落入海中，他侥幸保住了性命。后来，有个朋友邀他一起出海，他摇摇头说："我这辈子再也不出海了。"朋友朝他笑笑，递给他一颗花生说道："你用力捏捏它。"牧羊人疑惑地接过花生，用力一捏，花生壳碎了，只留下了花生仁。朋友接着说："你再搓搓它。"牧羊人又照着做了，红色的皮被搓掉了，只留下白白的果实。朋友又说："你再用手捏它。"牧羊人用力捏着，却怎么也没办法把它毁坏。朋友继续说："你再用手搓搓看。"结果，什么也没搓下来，他很疑惑，怔怔地看着朋友。朋友微笑着对他说："虽然屡遭挫折，却有一颗坚强的心，一颗花生尚且如此，你只遭遇一次打击，就放弃了吗？"

这个故事告诉我们做任何事情都要有百折不挠、愈挫愈勇的精神，才会离成功越来越近。世上没有那么多风平浪静，一帆风顺的事情让你去做，只有有一颗百折不挠，勇于进取的恒心，才会取得成功。同时这个故事也给我们提出了一个问题，这么坚强的花生起源在哪里，是怎样培养出来的？

花生，又名"落花生"或"长生果"。起源于南美洲热带、亚热带地区。在世界上分布很广，除南极洲外，五大洲均有种植，但主要集中在亚洲、非洲、北美洲等位于热带、温带的为数不多的几个国家，如印度、美国、塞内加尔、缅甸、巴西等国。约于16世纪传入我国，19世纪末有所发展。我国花生分布很广，北到北纬47°附近的黑龙江杜尔伯特蒙古族自治县和泰来县，西到新疆维吾尔自治区，除青海省、宁夏回族自治区外，其余各省、市、区均有花生种植。但主要集中在三大产区：一是北方大花生区，包括山东、河南、河北、辽宁、安徽及江苏北部地区；二是南方春、秋两熟花生区，包括广东、广西、福建、海南及台湾地区；三是长江流域春、夏花生交作区，包括四川、湖北、湖南省。这三大产区占全国花生种植面积的90%以上，其中北方大花生区面积占全国花生面积的60%以上；南方春、秋两熟花生区占全国花生面积的20%左右；长江流域春、夏花生交作区面积占全国的10%左右。

花生仁具有很高的营养价值，内含丰富的脂肪和蛋白质。据测定花生籽仁内脂肪含量为

44%～45%,蛋白质含量为24%～36%,含糖量为20%左右。并含有硫胺素、核黄素、尼克酸等多种维生素。矿物质含量也很丰富,特别是含有人体必需的氨基酸,有促进脑细胞发育,增强记忆的功能。花生种子富含油脂,从花生仁中提取油脂呈淡黄色,透明、芳香宜人,是优质的食用油。

查一查:

1. 我国花生的生产现况及发展趋势。
2. 花生在国民经济中的作用。

子项目一　花生栽培基础

一、花生的一生

(一)植物学特征

花生属于豆科落花生属,为一年生草本植物。

1. 根和根瘤

(1)根　花生根属圆锥根系,由直生的主根及各级侧根组成。主根有四列维管束,即生成四列侧根,呈"十"字形排列,侧根有二或三列维管束,与主根维管束相连,组成输导系统,花生根上根毛极少。花生的根系如图7-1所示。根的颜色常因土壤和水分条件不同而异,一般为灰白或灰褐色。根的构造由外向内分为表皮、皮层薄壁细胞、内皮层、维管束鞘、初生韧皮部、形成层、初生木质部及发达的髓部。花生主根幼嫩部分横切面如图7-2所示。

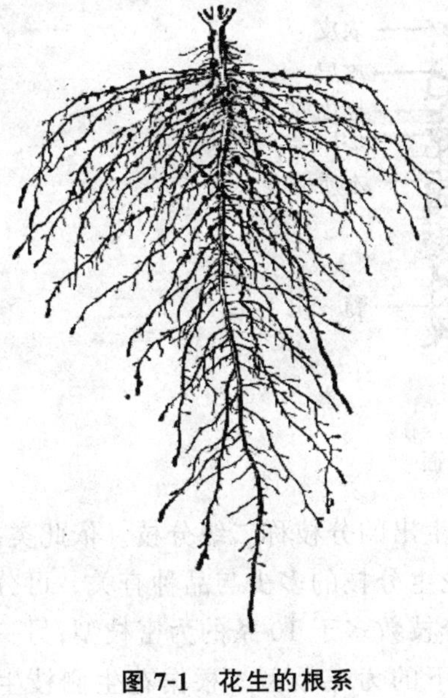

图7-1　花生的根系

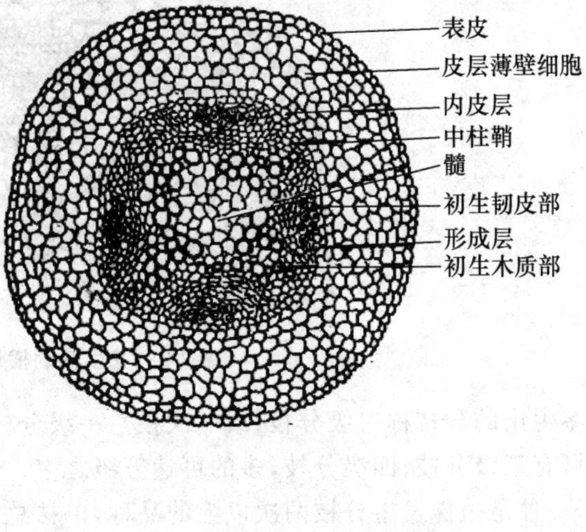

图7-2　花生主根幼嫩部分横切面

根主要是吸收、输导水分、养分和支撑固定植株，并合成氨基酸、植物激素等物质。根系从土壤中吸收水分和养料，并依靠导管输送到地上部各器官，供给植株生长，又将叶片制成的光合产物依靠筛管下送到根系各部，供给根的生长需要。

(2)根瘤　花生根部长着许多圆形突出的瘤，叫“根瘤”。多数长在主根和靠近主根的侧根上，常呈圆形、单生，直径 1～3 mm，着生在根颈和主侧根基部的根瘤较大，内部多含肉红色汁液的根瘤，固氮力较强，着生在侧根的次生细支根上的根瘤较小，汁液多呈淡黄色，固氮能力较弱；内含微绿色和黑色汁液的根瘤为老根瘤，已失去固氮能力。

在根瘤形成初期，根瘤菌的固氮能力很弱，不能供给花生氮素营养，需要吸收根系的营养来维持它的生命，根瘤菌与花生是“寄生”关系。随着花生植株的生长发育，根瘤菌的固氮能力逐渐增强，到始花后能为花生提供较多的氮素营养，根瘤菌与花生成为“共生”关系。开花盛期至花生结荚初期，根瘤菌固氮能力最强，是为花生供氮最多的时期。据测定，花生有 50%～80%的氮素是根瘤菌供给的。花生植株到了生育末期，根瘤破裂，根瘤菌重回土中营“腐生”生活。花生收获后，遗留在土壤中的根瘤，由于土壤中微生物的活动，可转变为可给态硝酸盐类，这时土壤中的氮素每亩为 1～3.5 kg，相当于磷酸铵等标准氮肥 5～17.5 kg，俗话说“花生能肥田”就是这个道理。

2. 茎

花生的主茎直立，幼时为圆柱状，中间有髓；生长中后期，主茎中上部呈棱角状，下部呈圆形并木质化，全茎中空。茎节在群体条件下有 15～25 个，基部节间较短，中部较长，上部较短。主茎高度在正常栽培条件下一般为 40～50 cm，但茎节数和高度常因品种、土壤肥力和气候条件的不同而有很大变幅。茎通常为绿色，也有的带花青素呈紫红色。茎上有白色的茸毛，茸毛多少因品种而异。主茎由表皮、皮层、韧皮部、形成层、木质部及发达的髓部等组成。主要起输导水分、养分和支撑株体的作用。根部吸收的水分、矿质元素和叶片制造的有机物质，通过茎部向上和向下运输。叶片靠茎的支撑才能适当地分布在空间，接收阳光，进行光合作用。花生茎的横切面如图 7-3 所示。

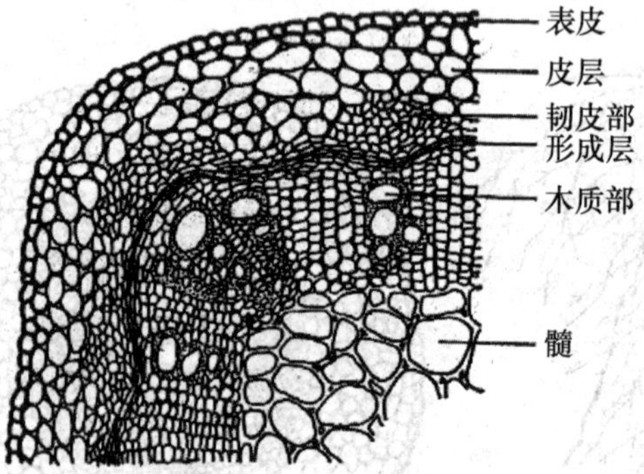

图 7-3　花生茎的横切面

主茎生出的分枝称一级分枝(或一次枝)，一级分枝生出的分枝称二级分枝。依此类推，有的品种可有三级分枝、四级分枝，多的可达五级之多。花生分枝的多少与品种有关。可分为两种类型，一种是植株发生分枝两次以上的品种，单株总分枝数多于 10 条的为密枝型；另一种是植株很少发生二次分枝的品种，单株总分枝数 10 条以下的为疏枝型。根据花生侧枝生长形态，主茎与侧枝长短比例以及主茎与侧枝所成角度可将花生分为三种株型：

(1)蔓生型　亦称匍匐型,开花下针期以前,侧枝几乎贴地平行生长,仅前端翘起生长,其翘起部分与地面约呈60°,长度小于匍匐部分。侧枝与主茎约呈90°,株型指数(第一对枝长度为主茎高度的比)一般大于2或接近2。

(2)半立蔓型　亦称半匍匐型,花生生长前期,第一对侧枝斜生与主茎间约呈85°,第一对侧枝近基部与地面呈30°,中间向上翘起,翘起部分大于匍匐部分。株型指数为1.3～1.5。

(3)立蔓型　亦称直立型,花生生育前期,第一对侧枝斜生与主茎间约呈70°,在生长中期第一对侧枝与主茎之间角度小于45°。株型指数为1.1～1.2。

3. 叶

花生的真叶为四出羽状复叶,由叶片、叶柄、托叶组成。

叶片在茎枝上均为互生,两对小叶两两对生在叶柄上部,一般由4片小叶组成,偶尔也有少于或多于4片的畸形复叶。叶片形状有卵圆形、倒卵圆形、椭圆形和宽卵圆形等。

花生的叶片由上、下表皮、栅栏组织、海绵组织、叶脉维管束及大型储水细胞等组成。叶的主要功能是在花生生育期间用来调温和吸收二氧化碳进行光合作用。花生叶片横切面如图7-4所示。

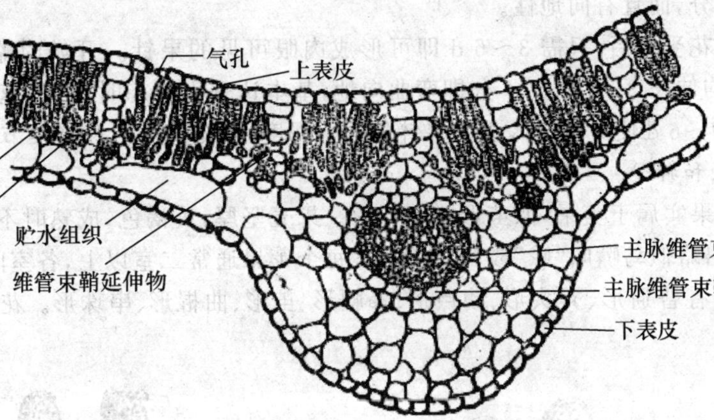

图7-4　花生叶片横切面

4. 花和花序

花生的花为蝶形花。因一朵花内有雄蕊也有雌蕊,所以也叫“两性完全花”。花冠黄色,子房上位着生在叶腋间。整个花器由苞片、花萼、花冠、雄蕊和雌蕊等组成。花生花器构造如图7-5所示。

花生的花序属“总状花序”。它实际上是一个变态枝,又叫生殖枝或花枝。有长短两种,其中花序轴短,只着生1～3朵花,近似簇生的叫短花序;花序轴伸长,着生4～7朵花,甚至10朵以上花的叫长花序。有的花序上部又长出羽状复叶,不再着生花朵,使花序转变为营养枝,又叫生殖营养枝或混合花序,有些品种在子叶节侧枝基部可见好几个短花序丛生在一起,形似“复总状”花序,因此叫复状花序。

5. 果针

子房柄和位于其先端的子房合称果针。果针在入土前为暗绿略带微紫色,尖端为一层木质化的表皮细胞,形成一帽,以保护子房入土。果针的长度,侧枝基部低节位的短些,一般在3～8 cm,侧枝中上部高节位的长些,一般在10 cm以上,个别可达20～30 cm。

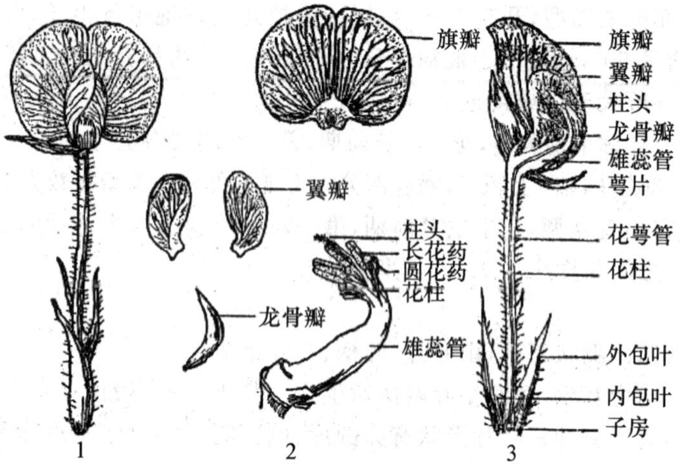

图 7-5 花生花器构造

1. 花的外观 2. 雄蕊管及雌蕊的柱头 3. 花的纵切面

果针是一种具有特殊生理活性的生殖器官，既具有与茎相类似的结构，也能像根一样吸收土壤中的养分，而且有向地性。

花生开花受精后，只需 3～6 d 即可形成肉眼可见的果针。开始时略呈水平方向缓慢生长，每日平均伸长 2～3 mm，不久即弯曲向地，基本达垂直状态时，生长速度显著加快，在正常条件下，经 4～6 d 便可接地入土。果针的入土深度，因花生类型和结实节位的不同而有差异。

6. 荚果和种子

花生的果实属于荚果，似茧形或葫芦形。果壳坚厚，黄褐色，成熟时不自行开裂，有纵横网纹，前端突出略似鸟嘴叫"喙"或叫"果嘴"。每个荚果通常二室以上，各室间有果腰，但无隔膜。荚果的形状有普通形、斧头形、葫芦形、蜂腰形、茧形、曲棍形、串珠形。花生荚果形状如图 7-6 所示。

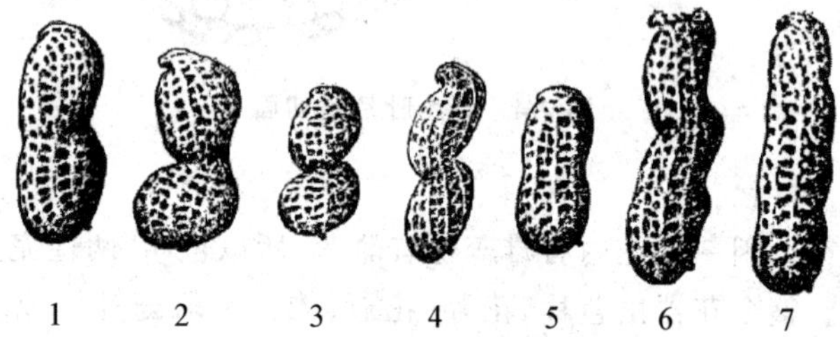

图 7-6 花生荚果果形

1. 普通形 2. 斧头形 3. 葫芦形 4. 蜂腰形 5. 茧形 6. 曲棍形 7. 串珠形

花生的每个荚果包含两粒或以上的种子，称花生仁。成熟的花生种子外形有椭圆形、圆锥形、桃形、三角形四种，由种皮、子叶、胚组成。花生种皮薄，易吸水，颜色有紫、褐、紫红、红、粉红、黄及花皮等。

(二)生育时期

花生属无限开花结实的作物，生育期很长。一般早熟品种 100～130 d，中熟品种 135～150 d，晚熟品种 150 d 以上。根据花生一生中不同时期器官生长特点和干物质积累及分配的不同特点，可将花生一生分为播种出苗期、幼苗期、开花下针期、结荚期和饱果成熟期五个生育时期。

1. 播种出苗期

从播种至50%的幼苗出土、主茎2片真叶展现，为播种出苗期。在正常条件下，春播早熟品种需10～15 d；中晚熟品种需12～18 d；夏播和秋植的品种需4～10 d。出苗期间生长最快的器官是根和胚轴，临出苗时，主根可深达30 cm左右，并有众多的侧根。与此同时，胚轴长成粗壮多汁的“顶土器官”，胚芽各部分也开始生长和进一步分化。花生种子的发芽出土过程如图7-7所示。

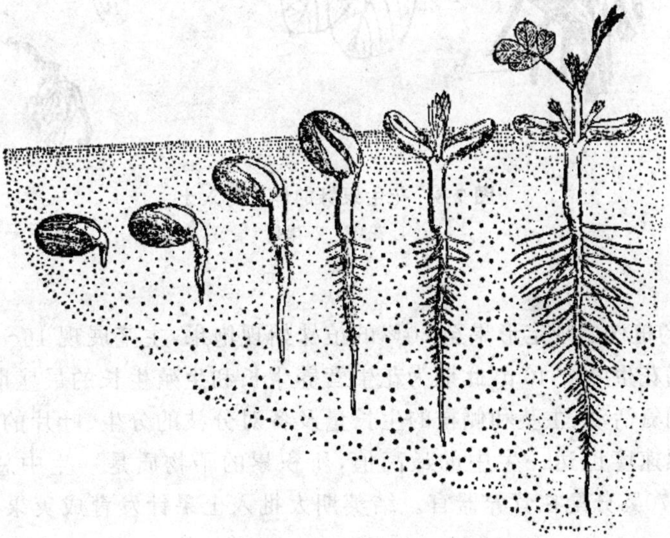

图7-7 花生种子的发芽出土过程

2. 幼苗期

花生从50%的幼苗出土、展现2片真叶至50%的植株始现花、主茎有7～8片真叶的这一段时间为幼苗期。在北方地区，一般年份春播花生25～35 d，夏播花生约20～25 d。苗期以营养生长为主。根系生长较快，出苗后10 d，主根入土40 cm左右，到了始花期，主根可入土50～70 cm，并可形成50～100条侧根和二次支根。苗期根部开始形成根瘤，但固氮能力较弱，根瘤菌与花生之间的关系属寄生关系。地上部分生长较缓慢，到开花时主茎高度一般为4～8 cm。当侧枝形成后，植株的生长中心就转向侧枝。

3. 开花下针期

花生从50%的植株始花至50%的植株始现定形果，即主茎展现12～14片真叶的这一段时间为开花下针期。北方地区春播花生25～35 d，夏播15～20 d。此时是花生植株大量开花、下针和营养体迅速生长的时期。根系迅速增粗增重，大批的有效根瘤形成并发育，根瘤菌的固氮能力迅速增强，并开始给花生供应大量氮素营养；叶片数迅速增长，这一时期增长的叶片数大约可占最高叶片数的50%～60%，叶片加大，叶色转淡，光合作用增强。单株开花数达最高峰，开花数通常可占总开花数的50%～60%，形成的果针数占总数的30%～50%并约有20%的果针入土膨大为幼果，50%植株的幼果形成定形果。花生果针的伸长与入土情况如图7-8所示。

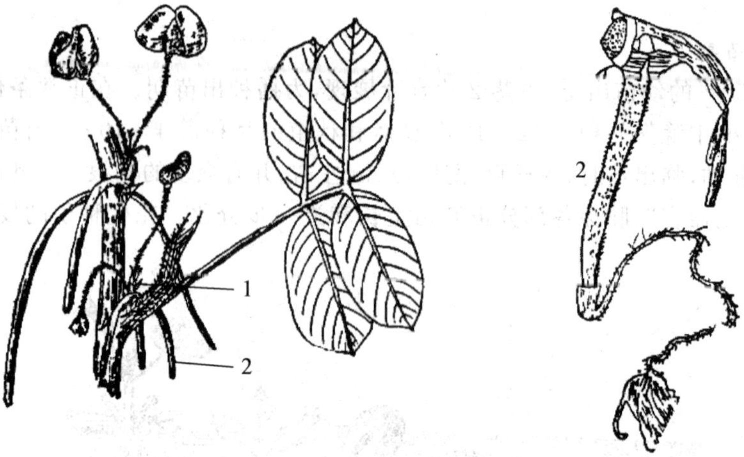

图 7-8 花生果针的伸长与入土

1. 花序 2. 果针

4. 结荚期

花生从 50%的植株始现定形果至 50%的植株始现饱果，主茎展现 16～20 片真叶为结荚期。北方地区春播花生 30～40 d，此期为花生营养生长和生殖生长的最盛期。根系的增长量和根瘤的增生及固氮活动、主茎和侧枝的生长量及各对分枝的分生、叶片的增长量均达高峰。此期干物质的积累速度也达一生中的最高值，所积累的干物质是一生中总干物质的50%～70%，其中 60%～70%分配在营养器官。结荚期大批入土果针发育成荚果，果重亦开始显著增长。

5. 饱果成熟期

花生从 50%的植株始现饱满荚果至单株饱果指数早熟品种达 80%以上，中、晚熟品种达 50%以上，主茎鲜叶片保持 4～6 片的一段时间称为饱果成熟期。果针入土后 55～60 d。这一时期根的活力减退，根瘤菌停止固氮活动，并随着根瘤的老化破裂而回到土壤中营腐生生活。茎、枝生长停滞，叶片变黄绿色，中下部叶片大量脱落，净光合生产率很快降低，干物质积累量逐渐减少，植株茎叶中的氮、磷等营养物质大量向荚果转运，荚果迅速增重。

想一想：

怎样判断花生进入不同的生育时期？

二、花生生长发育需要的环境条件

花生是一种喜温、较耐旱、怕涝渍的一年生作物，温、光、水、气等气候因子对花生生长发育和产量形成的影响很大。花生从播种到收获各生育期所需要的环境条件是不同的。

(一)发芽出苗期

花生播种到土壤中，吸收本身重量 50%左右的水分后，才能开始出苗。当土壤含水量为田间最大持水量的 50%～60%时，发芽率最高；低于 50%出苗不齐，若降到 40%以下时，种子基本不能发芽出苗；但也不能太高，若高达田间最大持水量的 80%～90%时，种子呼吸困难，发芽率就会下降。

花生种子发芽最适气温是25～37℃，低于10℃或高于46℃，有些品种就不能发芽。花生春播要求5 cm土壤温度为12～15℃以上，所以土温必须达到12～15℃，才能进行播种。温度低，将延长发芽出苗时间，会使种子养分大量消耗，影响出苗率，甚至出现缺苗断垄。温度过高也不利，当温度达40℃时，发芽率下降，超过46℃不能发芽。

花生在萌动发芽时，还要求土壤有良好的通气性，要不然就会影响种子发芽和幼苗出土。因此，种植花生选择疏松、透气性好的沙壤土最适宜。

(二)幼苗期

幼苗期较耐旱，这时土壤含水量为田间最大持水量的45%～55%最适宜，低于最大持水量的35%，新叶不展现，花芽分化受抑制，始花期推迟；高于最大持水量的65%，易引起茎枝徒长，基节位长，根系发育慢、扎得浅，不利于花的形成；超过田间持水量的70%时，又多阴雨，往往造成湿害，使花生植株根弱苗黄。

花生幼苗期最适宜于茎枝的分生发展和叶片增长的气温为20～22℃。平均气温低于19℃，茎枝分生缓慢，花芽分化慢，始花期推迟，形成“小老苗”。平均气温超过25℃，可使苗期缩短，茎枝徒长，基节拉长，不利于蹲苗。

幼苗期每日最适日照时数为8～10 h。日照时数多于10 h，茎枝徒长，花期推迟；日照时数少于6 h，茎枝生长迟缓，花期提前。花生要求的最适光照度为5.1万 lx/m^2，过大或过小都会影响叶片的光合效率。

(三)开花下针期

需水量逐渐增多，其最适宜的土壤水分为0～30 cm土层的含水量占田间最大持水量的60%～70%，这时根系和茎枝正常生长，开花增多。如土壤干旱，土壤含水量低于田间最大持水量的40%，叶片停止增长，开花也受到影响，甚至中断开花，果针伸展缓慢，茎枝基部节位的果针不能入土，入土的果针也停止膨大。但土壤含水量为田间持水量80%以上时，会造成茎叶徒长，开花和下针少，甚至烂针烂果，根瘤的增生和固氮活动明显减弱。同时空气相对湿度对开花下针也有很大影响，当空气相对湿度达100%时，果针伸长量为每日平均0.62～0.93 cm，空气相对湿度下降到60%时，果针伸长量为每日平均0.2 cm，空气相对湿度低于50%，花粉粒干枯，受精率显著降低。

此期最适宜的日平均气温为22～28℃，低于20℃或高于30℃，开花量明显降低，低于18℃或高于35℃，花粉粒不能发芽，花粉管不伸长，胚珠不能受精或受精不完全，叶片的光合效率显著降低。

开花下针期需要最适的日照时数为6～8 h，每日光照少于5 h或多于9 h，开花量都会降低。光照度对花的开放更为敏感，早晨或阴雨天，光照度弱，花生主茎增长快，分枝少，植株瘦弱，盛花期延迟，无效花增加。光照度在2.1万～6.2万 lx/m^2 的幅度内，叶片的光合效率随光照度增加而提高，大于6.2万 lx/m^2，光合效率有所降低。

(四)结荚期

此期需土壤湿润，要求的适宜土壤含水量为田间最大持水量的65%～75%。土壤缺水，子房停止生长，形成秕果，但土壤水分过多，导致通气不良，土壤缺氧，根系早衰，空果、秕果、烂果增多。

此期气温高，荚果发育最适温度为25～33℃，此时荚果发育快，增重高。低于20℃或高于40℃对荚果的形成、发育都有一定的影响。

(五)种子成熟期

此期根系的吸收力减退，蒸腾量和耗水量明显减少，最适宜的土壤含水量为田间最大持水量的40%～50%。如果高于最大持水量的60%，荚果籽仁充实减慢，低于最大持水量的40%，根系易受损，叶片早脱落，茎枝易枯衰，影响荚果的正常成熟。

此期适宜土壤温度为25～30℃，土壤温度高于40℃，植株营养生长衰退过早、过快，干物质积累少，果仁增重不大；结实层平均地温低于18℃，荚果就停止发育。

此期要求晴朗温暖的天气，在充足光照下，才有利于荚果饱满和果仁增重。

三、花生品种类型

按品种的特征、特性将花生分为普通型、珍珠豆型、多粒型和龙生型四种。

1. 普通型

主茎不着生花，侧枝上花序与分枝交替着生，侧枝多，分枝性强，能生第三次分枝，叶片多为倒卵形，叶色多为绿或深绿色。荚果为普通形，个别为葫芦形，果壳较厚，果嘴不明显，网纹较平滑，果型大，称之为大花生。该类型品种荚果一般有两粒种子，少数三粒，子仁大，多为长椭圆形，种皮为粉红色或深红色。生育期一般较长，春播生育期140～180 d，种子休眠期长，一般90 d以上。多为一年一熟或两年三熟的春花生。主要是我国北方的栽培品种类型，南方种植面积很少。

2. 珍珠豆型

主茎开花，侧枝上各节连续着生花序，一般不分生或少分生二次分枝，多数品种茎枝及叶柄上茸毛稀少，植株直立。小叶片呈椭圆形，叶色深绿或黄绿。荚果为葫芦形和蚕茧形，果壳薄，网纹细而浅，果型中或小，一般称小花生。荚果有两粒种子，籽仁饱满，籽仁多为小粒或中粒，圆形或桃形，种皮有光泽，多为淡红色，少数深红色。生育期较短，春播一般为120～130 d。种子休眠期短，一般为9～50 d，甚至休眠不明显，有的品种成熟后遇旱再遇雨就在地里发芽。主要在广东、广西、福建及河南南部等地种植。

3. 多粒型

主茎开花，除基部发生4～5条营养枝外，各节均有花枝发生。第二次分枝很少，一般没有第三次分枝，茎枝粗壮而高大，株型直立。叶片较大，长椭圆形，叶色淡绿或黄绿色，叶脉较明显。荚果为串珠形，果嘴不明显，果壳厚，网纹平滑，束腰很浅，有的地方叫它“长生果”。多数荚果含3～4粒种子，籽仁形状不规则，多为短柱形或三角形，种皮光滑，有光泽，多为深红或紫红色。生育期短，春播为120 d左右。种子休眠期短，收获不及时在田间易发芽。主要在无霜期短的东北等地区有种植。

4. 龙生型

主茎上完全是营养枝，不开花，侧枝上花序与分枝交替着生，分枝性强，分枝很多，常出现第四次分枝。茎枝及叶柄上茸毛密集，茎部花青素多，呈紫红色。叶片倒卵形，叶色暗绿或深灰绿。荚果为曲棍形或蜂腰形。有明显的果嘴和龙骨状突起，网纹深，果嘴大，所以有些地方叫它“骆驼腰”或“罗锅子”。果壳薄，皮色灰暗，果柄脆而长，收获时易落果，种在黏土地易烂果。多数荚果3～4粒种子，籽仁多为圆锥形或三角形，种皮多为淡黄色或浅褐色。种皮不光滑，色暗红，无光泽。生育期较长，一般春播生育期 160 d 以上，种子休眠期长，抗逆性强，防风固沙，保持水土，耐瘠性强，适于丘陵地或沙滩地种植。

另外，当前生产上推广的品种，大多是各地应用四大类型地方品种，采取有性杂交手段，或采取激光和原子辐射等人工诱变手段，选育出的新品种和衍生新品种，很多性状和特性介于两个类型之间，为了研究、整理和生产上的方便，可暂划归为中间类型。

查一查：

你们本地种植的花生属于哪种类型？

子项目二　花生播前准备

一、选地与选茬

（一）选地

花生要求土层深厚，全土层 50 cm 以上，耕作层 30 cm 左右，有机质含量 1% 以上，容重 1.5 g/cm^3，全氮含量为 500 mg/kg 以上，有效磷含量为 25 mg/kg 以上，有效钾含量 20 mg/kg 以上。结果层土质疏松、通透性好，总孔隙度 40% 以上，毛管孔隙度上层小下层大，非毛管孔隙度上层大下层小。

最适宜花生生长发育的是活土层深厚、耕作层疏松、pH6～7 的微酸性砂质壤土。

（二）选茬

花生重茬会影响产量和品质。一是根系分泌的有机酸在土壤中积累达到一定量会造成花生自身中毒；二是花生所需的磷、钾营养缺乏；三是病虫害加重。花生对前作要求不严格，凡有耕翻基础的禾谷类、经济类作物，如小麦、玉米、甘薯、蔬菜和亚麻等都是花生的适宜前作。各地花生主要轮作方式如下：

1. 北方大花生产区

（1）一年一熟制　春花生—冬闲—春甘薯；春花生—冬闲—春玉米等。

（2）二年三熟制　春花生—冬小麦—（第二年）夏玉米（甘薯或大豆）；冬小麦—套种花生—春玉米（春高粱、甘薯、谷子）等。

2. 长江流域春、夏花生交作区

（1）一年一熟制　春花生—冬闲—（第二年）春玉米（套夏甘薯）—冬闲等。

（2）一年二熟制　冬小麦—花生—冬小麦—夏甘薯（或夏玉米）；油菜（豌豆或大麦）—花生—冬小麦—（第二年）夏甘薯（夏玉米）等。

（3）二年三熟制　冬小麦—花生—冬闲—（第二年）早、中稻—秋耕烤田等。

（4）三年五熟制　冬小麦—花生—冬小麦—（第二年）杂豆—（第三年）甘薯等。

3. 南方春秋两熟花生区

（1）二年轮作制　花生—秋甘薯—大麦、小麦—（第二年）大豆或谷子—秋甘薯—蔬菜或冬闲；春花生—秋甘薯—（第二年）春大豆—秋甘薯—豆类、蔬菜或休闲等。

(2)三、四年轮作制　春花生—小麦—(第二年)甘薯—豌豆(或冬闲)—(第三年)大豆—甘薯;春花生—秋甘薯—(第二年)红麻或玉米或高粱—大豆或甘薯—(第三年)甘蔗—(第四年)甘蔗等。

查一查:

你的家乡采用的是什么样的轮作制度?

二、整地改土与施肥

我国花生种植区域广泛,但相对比较集中。多种植在冲积平原、丘陵山区、沿河海沙地,主要的土壤类型有丘陵沙砾土、平原沙土和丘陵红黄壤土,这些土壤多数土层浅薄、质地过粗、结构差、自然肥力低,不能满足花生生长发育的需要,因此要想获得高产,必须从整地改土开始,创造良好的外部环境条件,为花生高产稳产打下坚实的基础。

(一)整地改土

1. 深耕深翻

深耕深翻可打破犁底层,疏松土壤,加厚活土层,改变土壤结构,使土壤容重减小,孔隙度增大,扩大储水范围,增强土壤浸水速度,使土壤含水量增加。也为土壤微生物的增殖创造良好的生活环境,促进微生物的发育和活动,有利于花生根系的生长发育;而且深翻后,通过物理、化学、生物的作用可把沉积在犁底层的不易被花生吸收利用的养分释放出来,转化为有效养分,供花生吸收利用。此外,深耕、深翻还有利于消灭多年生杂草,并能将地下害虫翻出地面,经过寒冷的冬天冻死或被雀鸟啄食,达到减轻虫害的目的。

深耕深翻最好在秋末冬初进行,耕翻深度 25～30 cm。如在秋末冬初没能及时进行深耕的,也可在早春深耕,时间应在春分之前,最晚也应在清明前结束春耕,且耕翻深度要浅些。为保持上松下实的土层结构,深耕深翻可 2～3 年为一个轮作周期,在一个轮作周期内,只需一般的浅耕掩肥作业,不必年年深耕,既浪费人力、物力,又无明显增产效果。

为提高深耕当年的增产效果,结合深耕要增施有机肥料和部分化肥,以弥补因深耕而造成的暂时耕作层土层混乱、生土增加、养分降低的影响,为花生的生长发育创造有利的环境条件。

2. 改良土性

土质过沙或过黏的土壤,不能满足花生生长发育的需要,需在冬季或早春结合耕翻,进行压土或压沙,以改良土性。对于过黏的土壤,要进行压沙,对沿河沿海的飞沙地,要采取防风固沙、翻沙压淤等措施。压土或压沙时,需要土或沙数量的多少,应根据各地土壤情况而定,一般使泥沙比例达 6 : 4 即可。

3. 精细整地

整地是花生丰产的基础。总体要求是土壤疏松、细碎、不板结,含水量适中,排灌方便,使花生的生长发育有适宜的土壤环境。

(二)需肥规律与施肥

1. 花生的需肥规律

花生在整个生长发育过程中,需要不断吸收大量的氮、磷、钾、钙和微量的镁、硫、硼、铁、锌、钼等元素。据研究,每生产 100 kg 花生荚果,需要吸收氮 5.0～6.8 kg、五氧化二磷 1.0～

1.3 kg、氧化钾 2.0～3.8 kg,此外还吸收钙 2.52 kg、镁 2.53 kg。

花生不同生育时期对养分的吸收量是不同的。幼苗期花生生长较慢,需要养分少,对氮、磷、钾的吸收量均占全生育期吸收总量的5%左右;开花下针期植株生长较快,株丛增大,并大量开花下针,需要养分急剧增加,对氮的吸收量占全生育期吸收总量的17%左右,对磷、钾的吸收量占全生育期吸收总量的22%左右;结荚期是营养生长和生殖生长最旺盛的时期,有大批果针入土结果,荚果膨大很快,需要养分最多,对氮、磷、钾的吸收量约分别占全生育期吸收总量的42%以上、46%和60%;饱果成熟期植株生长逐渐减慢,需要养分明显减少,对氮、磷、钾的吸收量约分别占全生育期吸收总量的28%、22%和7%。

花生对钙的吸收量,幼苗期较少,开花下针期逐渐增多,至结荚期达到高峰,占全生育期吸收总量的90%以上。

查一查:

花生缺乏氮、磷、钾各有什么症状?

2. 施肥技术

花生施肥应掌握以有机肥料为主,化学肥料为辅;基肥为主,追肥为辅;追肥以苗肥为主,花肥、壮果肥为辅;氮、磷、钾、钙配合施用的基本原则。

(1)基肥　花生应着重施足基肥。且以腐熟的有机肥料为主,配合硫酸铵、钙镁磷肥、氯化钾等无机肥料。一般每公顷施用农家肥 15 000～18 000 kg,硫酸铵 75～150 kg,钙镁磷肥 225～375 kg,氯化钾 75～150 kg。将化肥和农家肥混合堆闷 20 d 左右后施用。

(2)种肥　用腐熟好的优质有机肥 1 000 kg 左右和磷酸二铵 5～10 kg 或钙镁磷肥 15～20 kg 混合均匀,沟施或穴施。另外在花生播种前,每公顷用 3 kg 的花生根瘤菌剂,结合 150～225 g 钼酸铵拌种,经济效益也较好。

(3)追肥　追肥以幼苗期为主,花期、结荚期追肥为辅,饱果期根据植株状况决定根外追肥。开花以后一般不进行根际追施氮肥。一般在花生始花前每公顷施用腐熟有机肥 7 500～15 000 kg,尿素 60～75 kg,过磷酸钙 150 kg。或者用 0.3%磷酸二氢钾和 2%的尿素溶液,在花生中后期结合防治叶斑病和锈病与杀菌剂一起混合叶面喷施 2～3 次。

(4)微肥的施用　微肥可以作为基肥、种肥、浸种、拌种和根外喷施,一般以拌种加花期喷施增产效果最好。可每公顷用浓度为 0.1%～0.25%的钼酸铵 30 g 拌种。在盛花期,用浓度为 0.1%～0.25%的钼酸铵和 0.2%的硼砂溶液喷施。

查一查:

当地种植的花生是怎样进行施肥的?

三、花生品种选择

品种不同,产量水平、适应区域、市场适应性均不相同。一般在栽培地区能够充分发挥其优质、高产、稳产特性的品种,称为优良品种。根据当地的气候特点,选择适宜当地种植的优良品种才能获得高产。

由于各地的生态条件、耕作方式、生产条件和目的不同,选择的品种也不相同。一般规律是春播花生，北方花生产区，要选用大果型、中晚熟的普通型，生育期130 d左右；在无霜期短、丘陵和一般肥力的地块及南方花生产区，宜选用中早熟的中果珍珠豆型品种，生育期120 d左右；夏直播花生，可选用中小果型，中早熟品种，生育期100 d左右；秋、冬花生应尽量选用早熟品种。然而在实际工作中，还要根据各地种植的前后茬作物以及当地的市场需求情况进行品种的选择，以获得高产。北方花生产区主栽和主推品种见表7-1。

表7-1 北方花生产区主栽和主推品种

品种名称	特征特性
花育19号	春播生育期130 d左右，夏播100 d左右，抗倒伏，结实率高。对根腐病、叶斑病、叶病毒病抗性强。适于河北、河南、山东、安徽、江苏、山西及陕西等地区夏播和部分地区春播种植。
冀油4号	生育期130 d左右，抗旱耐涝、抗叶斑病，荚果普通型，籽仁椭圆形、种皮粉红色。适于东北花生产区春播及冀中南和豫北地区麦套播种。
鲁花14号	生育期130 d，株型直立，疏枝，植株矮，节间短，抗倒伏，抗旱耐瘠，叶色浓绿。适于北京、天津、河北、河南、山东、安徽、江苏等地区夏播和春播种植。
鲁花15号	生育期130 d左右，株型直立，叶色绿，籽仁桃圆形，种皮浅红色，内种皮金黄色。产量、品质、抗性等综合性好。适于出口的花生产区种植。
开农30	生育期130 d左右，直立疏枝型大花生，连续开花，荚果普通型。高抗病毒病和枯萎病，抗叶斑病和网斑病，轻感锈病，抗涝性强，抗旱性中等。适于山东、河南、河北、辽宁、安徽及江苏北部等地区种植。
锦花5号	生育期107.5 d，株型直立，疏枝。抗倒性强，抗叶斑病。适于东北地区、山东、河南、河北等地区种植。
远杂9307	北方花生产区夏播110 d，株型直立，疏枝。高抗青枯病，抗叶斑病、网斑病、病毒病。适于河北、河南、山东、安徽、江苏等地区种植。
豫花11号	春播生育期134 d左右，套种生育期120 d左右，株型直立，疏枝，荚果普通型。抗叶斑病和锈病，耐病毒病。适于山东、河南、河北、辽宁、安徽、山西及陕西等地区种植。
花28	春播生育期135 d左右，株型直立，疏枝，抗旱性强，有一定的耐涝、耐黏性，较耐病毒病。适于北京、山东、河南、河北、辽宁、安徽等地区种植。

四、种子处理

（一）种子准备

1. 选种

首先对留种的荚果进行选择，用饱满的双仁果作种，然后剥去外壳，对剥壳后的种子进行粒选分级，将秕粒、小粒、破碎粒、感染病虫害和霉变的种子挑出，按种子籽粒的大小分为三级，分级播种，但三级种子一般不作种子用。

2. 播前晒果

播前晒果习惯上称播前晒种，晒果能增加种子的后熟，结束种子的休眠期；还可使种子干燥，提高种子的渗透压，增强吸水能力，促进种子的萌动发芽，提高发芽率，使出苗快而整齐；晒果还可以起到杀菌的作用，减轻病原菌对花生的侵染。晒果与不晒果相比，可以提早出苗1～2 d，增产10%左右。

播前晒果，最好选在晴天上午10时左右，把种子摊放在泥土场上晒，厚约6.7 cm，晒时要经常翻动，力求晒透晒匀，晒到16时左右收起，连晒2～3 d。晒果时一般不要摊在水泥场上或石板地上，以免温度过高，灼伤种子而降低发芽率。

3. 剥壳

花生剥壳不宜太早，因剥壳后的种子容易吸收水分，增强呼吸作用，加快酶的活动，促进物质转化，消耗大量的养分，剥壳太早会降低发芽能力。因此，花生的剥壳时间离播种期越近越好。

4. 发芽试验

播种前进行发芽试验是各种作物必须进行的程序之一。经过发芽试验，可以预先知道花生种子的质量高低，对基本上丧失发芽能力的种子，及早调换；对发芽率偏低的种子，可采取浸种催芽或适当增加播种量等方法加以补救。

(二)种子包衣

种衣剂是农药、微肥、生物激素的复合制剂，花生种子通过种衣剂包衣，可以杀菌、治虫、提高种子活力，避免或减轻不利环境的影响，有利于花生苗齐、苗全、苗壮，促苗早发。花生种子包衣应根据不同情况选择适合各自特点的种衣剂，目前市场可应用的有25%华农牌种衣剂23号，用量为种子量的2.0%～2.5%；或21%复方适乐时种衣剂，用量为种衣剂∶种子＝1∶350。将种衣剂与种子按比例配好后，快速混拌均匀，使种衣剂在种子表面形成一层均匀的药膜即包衣，包衣时间最好在播种的前一天或当天上午进行，阴干后播种。种子量较大时进行机械包衣，按药、种比例调节好计量装置，按操作要求进行作业。种子量小时可人工包衣，按比例分别称好药和种子，先把种子放到容器内，然后边加药边搅拌，使药剂均匀地包在种子表面。

用种衣剂包衣的种子发芽速度会减慢，因此要选用生命力强、发芽率高的种子，以免浪费药剂和种子。

(三)拌种

1. 药剂拌种

用70%甲基托布津可湿性粉剂，或50%多菌灵可湿性粉剂，按种子重量的0.3%～0.5%拌种，可有效防止烂根死苗；用50%辛硫磷乳剂按种子量的0.2%拌种或用50%氯丹乳剂按种子量的0.1%～0.3%拌种，可防治苗期地下害虫。使用这些药剂拌种时，切记要注意用药安全。

2. 根瘤菌剂拌种

根瘤菌剂是一种生物制剂，用其拌种，能增加花生根瘤数目，增加花生产量。目前常用的根瘤菌剂有粉剂和液剂两种，粉剂的用量为每公顷1 500 g，液剂的用量为每公顷750 g，每克菌剂含活菌要求在2亿个以上。拌种方法是：先向菌剂中加入适量清水混合均匀，然后将其倒在所需拌的种子上，拌匀，使每粒花生种子都沾有菌粉或菌液。拌种要随拌随播，而且不能和农药、硫酸铵、石灰等接触，以免杀死根瘤菌。播种时种子要用湿布盖好，播种后要及时盖土，以防减少根瘤菌的成活力。

3. 微量元素拌种

土壤中微量元素过多或供应不足，都会影响花生正常的生长发育，最终影响产量和品质。

目前花生上用的主要有铁、硼、钼。

硫酸亚铁拌种，每公顷用硫酸亚铁 150～225 g，对水 150～225 kg，配成 0.1%的溶液，放入种子，浸泡 12 h，捞出晾干后即可播种。硼肥拌种，每公顷用硼酸钠 75～90 g，对水 30 kg，溶解后直接喷洒在种子上，晾干后播种。钼肥拌种，每公顷用钼酸铵或钼酸钠 90～225 g，先用少量 40℃的温水溶解，然后加清水配制成 0.3%～1.0%的溶液，用喷雾器直接喷洒到花生种子上，边喷边拌匀，晾干后播种。花生拌种用钼肥或硼肥，要严格掌握用量，过多会导致中毒，造成减产。

查一查：

你的家乡种植什么花生品种？播种前是怎么对种子进行处理的？

子项目三　花生播种技术

一、播种时期

适宜的温度、水分和通气条件是花生种子发芽和培育壮苗的必要条件。花生发芽出苗的适宜温、湿度是 5 日播种层 5 cm 平均地温稳定在 15℃以上，5 cm 土层含水量占田间最大持水量的 50%以上(沙质壤土的绝对含水量为 15%以上)。由于不同的耕作制度和环境条件的差异，使花生的适宜播期不尽相同。

北方春播花生产区的适宜播期为 4 月下旬至 5 月上旬，即谷雨至立夏。普通畦田麦垄套种花生的适宜播期一般在麦收前 15～20 d。夏播花生，存在着生育期短和积温不足的问题，农谚有“春争日、夏争时”之说，因此麦收后应抢时播种，力争在 6 月 10 日前播种结束。

一般花生的播种深度以 5 cm 左右为宜，掌握“干不种深、湿不种浅”，的原则，土质黏的要浅，沙土或沙性大的土壤要深。播种后应根据土质、墒情，灵活进行镇压，可用石磙镇压或顺行脚踩。

二、种植密度及种植方式

(一)种植密度

花生种植密度，要根据花生的长相来定。总的要求是“肥地不倒秧，薄地能封行”。以结果期封行为宜。

花生适宜的种植密度，因地、因肥、因品种而不同。对生育期短，分枝少，开花早而集中，结实范围紧凑，单株所占营养面积较小的品种，种植密度应适当密些；而对生育期较长，植株高大，结实范围和单株营养面积较大的品种，种植密度应稀些。群众说：“大花生宜稀，小花生宜密”，就是这个道理。

珍珠豆型品种，南方春植花生每公顷种 13.50 万～16.50 万穴(每穴 2 粒，下同)；旱坡地春植花生和水田秋植花生，每公顷种 15.00 万～18.00 万穴。北方旱地春花生，每公顷种

18.00万～22.50万穴；肥水地春花生每公顷种15.00万～18.75万穴。

普通型品种，中肥田春花生，每公顷适宜密度为12.12万～13.84万穴(每穴2粒，下同)；肥水创高产的地块每公顷适宜密度为10.71万～12.12万穴。麦田套种或夏播花生，一般每公顷种13.33万～13.63万穴。肥水地每公顷种10.34万～11.11万穴。但种植密度是相对的、发展的，随着生产地发展，土、肥、水、种子及栽培条件的改善，种植密度也要相应地改变，使之符合客观实际条件，达到合理密植增产的目的。

(二)种植方式

我国花生的种植方式主要有三种，各地根据本地的土壤肥力、耕作制度、种植的花生品种选用不同的种植方式。

1. 平种

平种简单省工，可随意调节行距，充分利用土地，保墒好；但在多雨、排水不良条件下易受渍涝，烂果较多。北方旱地花生产区普遍应用这种种植方式，各类型各品种，均采取平地开沟(或开穴)播种，等行种植，行距26～33 cm，穴距13.2～16.5 cm，每穴2粒。

2. 垄种

垄种便于排灌，垄面上土层疏松，通气好，地表上受光面积大，春季升温快，因而垄种花生在春季保墒好的条件下苗壮，特别是后期烂果少，果大果饱。是北方中肥田和肥水地的一种种植方式。即在花生播种前起垄，在垄上点种花生，大致有单行垄种和双行垄种两种，播种时不同土壤条件不同品种的花生垄距、穴距有所不同。

3. 高畦种植

高畦种植能排能灌，抗旱防涝，是南方的主要种植方式。一般畦宽140～200 cm，其中畦沟宽40 cm，沟深20～25 cm，等行种植4～6行，平均行距25～25.8 cm，穴距16.5～23.1 cm，每公顷种16.50万～19.20万穴，每穴播2粒。

三、播种方法

目前播种花生的方法有机械播种和人工播种两种，机械播种用播种机可一次性完成整地、施肥、喷施除草剂、播种、覆膜、压土等工序。人工播种采用双粒穴播即根据土壤墒情先开沟5 cm深左右，然后施种肥，再以每穴2粒等距离下种，均匀覆土，镇压，最后喷洒除草剂。

查一查：

你所在的地区种植花生采用的是哪一种种植方式？

子项目四 花生田间管理技术

一、查苗补苗

花生基本全苗后，应全面进行查苗，如有缺苗时及时进行补种。补种的种子要浸种催芽，补种时应浇水，出苗后补施少量氮肥，以利提苗，促其早发根，避免出现弱苗。补种的品种尽量用原品种，以防止混杂。如果缺苗是由病虫害造成的，要错开原穴刨窝，以免种蝇、病菌再次危害，也可施农药防治。

二、清棵蹲苗

清棵是在出苗后将花生植株周围的土扒开，使子叶出土。清棵宜在花生基本齐苗时进行，过早过晚都不好。可结合第一次中耕进行。清棵方法，平垄种植的花生是先用大锄在垄间深锄一遍，随后用小扒锄扒土清棵，把幼苗周围的土向四面挖锄，使两个子叶露出来。起垄种植的是破垄退土清棵，并结合大锄深锄垄沟，深度以两片子叶露出地面为宜，但不要碰到子叶。根据调查，清棵花生比不清棵的花生增产 20%左右。

三、中耕培土

花生中耕的主要作用是疏松表土，改善表土层的水、肥、气、热状况，促进根系和根瘤发育。还可清除杂草。在不同的花生产区，一生中中耕的次数不同。一般掌握早熟品种中耕 2～3 遍，中晚熟品种 3～4 遍，如河北、河南、山东等地的春播花生分别于齐苗时清棵前，麦收前团棵时，麦收后果针大批入土前(1～2 次)进行中耕。每次中耕的深度要根据花生生育阶段的不同来进行，南北花生产区的群众都有“头遍刮(浅锄结合清棵)，二遍挖(深锄)，三遍四遍如绣花(细锄)”的经验。

培土的主要作用，一是缩短果针入土距离，使果针及早入土，并为果针入土和荚果发育创造一个疏松的土层；二是培土后行间形成垄沟，便于浇水和排涝，尤其对涝洼地和排水不良的地块，有利及时排除积水，减少烂果，提高产量。

培土应在田间刚封垄时或封垄前已有少数果针入土、大批果针将要入土之时，结合锄三、四遍地进行。培土过早，会影响第一对侧枝基部二次枝的生长；培土过晚，如在封行后进行，不但操作不方便，还容易松动已入土的果枝，不利于荚果膨大发育，影响产量。

四、防旱排涝

花生与禾本科作物相比是比较抗旱的，在丘陵山地，又无水浇条件，一般很少进行浇水。但在有水浇条件的情况下，为了创高产，还是要进行适时适量的浇水。

花生各生育阶段由于植株长势，气候条件的不同，对水分的要求也有差异。苗期在底墒充足时，一般不需要浇水，保持 50%～60%的土壤湿度即可，低于 40%时，可浇小水；开花下针期需水逐渐增多，当土壤 0～30 cm 土壤含水量低于最大持水量 50%时，应及时浇水。结果期对水分最敏感，低于 50%时应浇水；在饱果成熟期，当田间持水量低于 40%时，也应及时浇水。花生浇水以小水润浇为好，不宜大水漫灌，有条件的最好用喷灌。喷灌不仅可以节约用水，保持水土，防治土壤板结，损伤花生茎蔓，还比一般沟浇明显提高产量。只有合理灌溉，才能保根保叶，防止烂果或发芽，提高花生坐果率和饱果率，以保优质高产。

群众有“花生喜涝天，不喜涝地”和“地不干不扎针，地湿不鼓粒”的经验，指花生生育后期，尤其在结果成熟期，雨水过多或排水不良的花生地块，若田间有积水，不仅容易造成花生烂果，还影响荚果的正常膨大。因此，要在雨季来临之前，挖好排水沟渠，每次雨后及时清理淤塞，排除积水，为结果创造适宜的水分和通气条件。

另外，由于土壤、水肥、品种及种植密度等条件的改变，有时会导致花生在生育期出现徒长倒伏现象，可用生长抑制剂，如 B9、矮壮素等控制倒伏，有效地调节营养生长和生殖生长的关系，防止旺长徒长，确保高产丰收。

五、花生病虫草害防治

(一)花生主要病害的防治

在花生田常发生的病害有花生叶斑病、花生根结线虫病、花生锈病等，以下介绍几种花生病害及防治方法。

1. 花生叶斑病

通常把能使花生叶上产生斑点的病害称为花生叶斑病，主要有黑斑病和褐斑病。以危害叶片为主，也可危害叶柄和茎秆，造成叶片枯死、脱落。在全国各花生产区都有发生，影响产量较大，一般减产 10%～20%，严重的可达 40%以上。

黑斑病的病斑较小，直径为 2～5 mm，叶片上的病斑呈黑褐色，边缘黄色，正面和背面颜色基本相同，病斑周围没有明显的晕圈，叶片背面的病斑有大量黑色小点，呈同心轮纹状排列。褐斑病的病斑较大，直径 4～10 mm，叶片上的病斑颜色较浅，正面为茶褐色，背面为黄褐色，初期病斑就有明显的黄色晕圈，叶片正面病斑上有小黑点，散生且不明显。潮湿时，两种病害在小黑点上均产生灰褐色霉层。严重时，几个病斑连在一起，造成叶片干枯、脱落，茎秆枯死。防治措施如下：

(1)轮作。花生叶斑病的寄主比较单一，只侵染花生，与其他作物轮作，使病菌得不到适宜的寄主，可减少为害，有效的控制病害的发生。轮作周期 2 年以上。旱坡地花生与玉米、地瓜、木薯等旱地作物轮作，若实行水旱轮作，如与水稻轮作更好。

(2)加强管理，减少病源。改善栽培条件，增施有机质农家肥，采取有效措施(如改良土壤)，使植株生长健壮，增强花生的抗病能力。花生收获后，及时清除田间病叶。使用有病株沤制粪肥时，要使其充分腐熟后再用，以减少病源。

(3)选用抗病品种。种植花生，要选择抗叶斑病强的品种。一般叶片厚，叶色深的品种较抗病，在河南重病区宜选用豫花 1 号、海花 1 号和豫花 7 号等耐病性较强的品种。

(4)药剂防治。在发病初期，当田间病叶率达到 10%～15%时，应开始第一次喷药，以后每隔 10～15 d 喷药 1 次，连喷 2～3 次，每次每公顷喷药液 750～1 125 kg。常用的药剂有 50%多菌灵 600 倍液、或 80%代森锰锌 400 倍液、或抗枯宁 700 倍液等。花生叶面光滑，喷药时可适当加入黏着剂，防治效果更佳。

2. 花生锈病

花生锈病是我国南方花生产区普遍发生为害较重的病害。主要为害叶片，严重时地上部各个部位均可发病。一般自花期开始为害，先从植株底部叶片发生，后逐渐向上扩展到顶叶，使叶色变黄，提早落叶，生育期明显缩短。发病初期，首先叶片背面出现针尖大小的白斑，同时相应的叶片正面出现黄色小点，以后叶背面病斑变成淡黄色并逐渐扩大，呈黄褐色隆起，表皮破裂后，用手摸可沾满铁锈色末。一般减产 20%，严重的损失可达 50%以上，甚至绝产。防治措施如下：

(1)农业防治 如选用抗病品种。施足底肥，增施磷、钾肥。做好防旱排涝工作，防止田间积水。加强田间管理，培育壮苗，提高植株抗病能力。

(2)药剂防治　在田间病株率达到10%～20%时，进行喷药，每隔8～10 d喷一次，连续喷2～3次。药剂可选用50%的胶体硫150倍液、或75%百菌清800倍液、或25%粉锈宁可湿性粉剂3 000～5 000倍、或敌锈钠600倍液等进行喷雾防治。敌锈钠不宜连续使用，应与其他药剂交替使用，每次每公顷喷药液900～1 125 kg。

3. 花生根结线虫病

花生根结线虫病又名花生线虫病，俗称地黄病、矮黄病、黄秧病等，几乎所有种植花生的国家和地区都有发生，我国主要疫区是山东。花生感病后根的吸收功能被破坏，植株矮小发黄，结果少而稀。一般减产20%～30%，严重的可减产70%以上，甚至绝收。

主要危害植株的地下部，因地下部受害引起地上部生长发育不良。植株矮小发黄，下部叶片发黄，底叶叶缘焦灼，提早脱落，开花迟，病株矮小，田间常成片成窝发生。雨水多时，病情可减轻。防治措施如下：

(1)土壤处理。一是药剂处理土壤。每公顷用3%呋喃丹或15%涕灭威颗粒剂45 kg加土600～750 kg混匀后，覆盖花生种子墩，药效可维持45～60 d；也可以施用3%克百威颗粒剂每公顷75 kg，或3%甲基异硫磷颗粒剂每公顷150 kg等。方法是结合春耕、秋耕或在播种前半个月沟施，沟深15 cm，沟距21～24 cm，将药液均匀施入后立即覆土，施药一次可维持药效2～3年。二是改良土壤。沙地深翻、深刨，压海泥、塘泥等，多施腐熟有机肥，改良花生生长条件，提高花生本身的抗病能力。

(2)轮作换茬，减少病源。与禾谷类作物或甘薯轮作2～3年，可有效地减轻病害，轮作年限越长，效果越明显。花生收获时对病株的根系，要刨净，汇集成堆，然后在原地焚烧，或沤制腐熟做肥料。不能带出病地，造成人为扩散病原。

4. 花生根腐病

俗称烂根。整个花生生育期均可发病。侵染刚萌发的种子，造成烂种；幼苗受害，主根变褐，植株枯萎，3～4 d即死亡。成株受害，主根根端呈湿腐状，根的外皮层变褐到黑色腐烂，易脱离脱落，无侧根或极少，形似"鼠尾"。病株地上部矮小，生长不良，叶片由下而上渐次变黄，开花结果少，且多为秕果。防治措施如下：

(1)农业防治　实行轮作，轻病田隔年轮作，重病田轮作3～5年。深耕改土，增施有机肥，合理排灌增强抗病能力。严格选种，淘汰病弱种子。

(2)药剂防治　用50%多菌灵可湿性粉剂，按种子重量的1%拌种；花生发病后，可用根腐灵300倍液喷洒或灌根。

5. 花生茎腐病

花生茎腐病又称倒秧病。在全国各地主要花生产区均有发生，以山东、江苏、河南、河北、湖北等省发生较重。从苗期到成株期均可发生，但有两个发病高峰，即苗期和结果期。为害子叶、根和茎等部位。苗期染病，先侵染子叶，使两片子叶发黑腐烂，随后侵染接近地面的茎基部及地下的根颈部，产生水浸状黄褐色病斑，逐渐绕茎或根颈扩展形成黑褐色病斑。地上部分叶色变浅发黄，叶片下垂，严重时全株萎蔫枯死。成株发病，先在主茎和侧枝基部产生病斑，扩展后茎基部变黑枯死，造成侧枝或全株枯死。防治措施如下：

(1)农业防治　精选夏播花生留种，收获时将种子充分晒干，防止霉变；选用抗病品种；收获后要及时清除病残体，烧毁，并进行深翻；施足基肥，追施草木灰，根据土壤墒情，适时排灌；病田可与禾谷类作物和其他非寄主作物轮作，轻病田轮作1～2年，重病田轮作2～3年。

(2)药剂防治 用干种子重量0.3%的50%多菌灵可湿性粉剂,或按种子重量0.5%～0.8%的50%甲基托布津可湿性粉剂拌种。花生齐苗后和开花前,用50%多菌灵可湿性粉剂或70%甲基托布津800～1 000倍液、或50%苯菌灵可湿性粉剂1 500倍液等喷雾植株的茎基部,连喷2次。

6. 花生白绢病

花生白绢病也叫白脚病或棉脚病。病菌是从茎基部或根茎部侵入,出现暗褐软腐斑块,从病斑上长出白绢丝状菌丝,覆盖发病部位。菌丝向外蔓延,长出一层白色绢丝状菌丝层,因此叫白绢病。土壤湿度大时,可见白色绢丝状菌丝覆盖病部和四周地面,后产生油菜籽状白色小菌核,最后变黄土色至黑褐色。根茎部组织染病,呈纤维状,终致植株干枯而死。防治措施如下:

(1)农业防治 收获后及时消除遗留田间的病残体,集中烧掉或沤肥;及时深翻耕,将菌核和病残体翻入土中;与水稻、小麦、玉米等禾本科作物进行3～5年的轮作;提倡施用酵素菌沤制的堆肥或腐熟有机肥,改善土壤通透条件;春花生适当晚播,苗期清棵蹲苗,提高抗病力。

(2)药剂防治 选用无病种子,用种子量0.25%～0.5%的50%多菌灵可湿性粉剂拌种,方法是将药粉与5～10倍细土掺匀配成药土,花生种子用水湿润种皮,再用药土拌种。发生病害后,可用50%拌种双粉剂1 kg混合细干土15 kg制成药土,盖病穴,每穴用药土75 g。发病初期也可用50%多菌灵可湿性粉剂800～1 000倍液,或50%苯菌灵可湿性粉剂、或50%速克灵可湿性粉剂1 000～1 500倍液等喷淋植株的茎基部,每株喷淋对好的药液100～200 g,连喷2次。

7. 花生病毒病

花生病毒病是花生的主要病害之一,严重影响着花生的产量和品质,在我国北方花生产区,尤为严重。主要有黄花叶、普通花叶、芽枯等不同类型的病害。

花生黄花叶病毒病,由黄瓜花叶病毒引起,病株开始在顶端嫩叶上出现褪绿黄斑。叶片卷曲,随后发展成黄绿相间的黄花叶,病株中等矮化。

花生芽枯病,由番茄斑萎病毒引起,病株开始在顶端叶片出现很多伴有坏死的褪黄斑或环斑,有的叶片坏死,并导致顶端枯死,节间缩短,植株明显矮化。

花生普通花叶病主要分布在北方花生产区,是系统性侵染病害。由花生矮化病毒引起,病株开始在顶端嫩叶出现叶脉颜色变浅,有的出现褪绿斑,随后发展成浅绿色相间的普通花叶症状,叶片变窄,病株中度矮化,所结荚果多为小果。后期该病也与花生斑驳病毒病混合发生,混合为害。防治措施如下:

(1)农业防治 选用抗病毒病品种和无病毒花生种子;搞好病害检疫,禁止从病区调种;花生与小麦、玉米、高粱等作物间作,可减少蚜虫;及时清除田间和周围杂草,减少蚜虫来源;提倡覆盖地膜或人工播种后行间铺银灰膜,也可在花生出苗后平铺长80 cm、宽10 cm银灰膜条,高出地面30 cm驱蚜效果好。

(2)药剂防治 播种时采用3%的呋喃丹颗粒剂盖种,每公顷用药量为37.5～45.0 kg。花生出苗后,要及时检查,当田间蚜虫墩率达20%～30%,每墩蚜虫20～30头时,马上进行防治,可用0.5%菇类蛋白多糖水剂300倍液或10%病毒王可湿性粉剂500倍液喷洒,以杜绝蚜虫传播。

(二)花生主要虫害的防治

在花生田常发生的虫害有花生蚜虫、花生棉铃虫、蛴螬等,以下介绍几种花生虫害及防治方法。

1. 花生蚜虫

花生蚜也叫首落蚜、槐蚜。它吸食花生叶液,传播病毒。主要在嫩茎、嫩芽和叶片背面危害,受害轻者花生的生长、开花、受精和结果受到抑制,受害重的植株生长停滞、矮小、叶片卷缩,影响开花下针和正常结实。更严重时,蚜虫排出大量蜜汁,引起霉菌寄生,使植株茎叶变黑,甚至全株枯萎死亡。防治措施如下:

(1)农业防治　覆膜栽培花生,苗期具有明显的反光驱蚜作用,特别是使用银灰膜覆盖,可以有效减轻花生苗期蚜虫的发生与为害。

(2)药剂防治　花生播种时每公顷用10%辛拌磷粉粒剂7.5 kg等拌种,既防治蚜虫,又有利于保护天敌,还可兼治地下害虫;当有蚜株率达20%～30%,百株蚜量超过500头,田间瓢蚜比低于1∶100时,发出防治预报,及时采用药剂防治,这样既减少了盲目用药,又保护了天敌。生长前期,用2.5%扑蚜虱可湿性粉剂2 500倍液、或30%蚜克灵可湿性粉剂2 000倍液、10%高效吡虫啉可湿性粉剂4 000倍液等,进行叶面喷雾防治,可维持药效10～20 d;生育中后期用25%快杀灵乳油、50%避蚜雾可湿性粉剂等2 000倍液对花生基部进行喷雾防治。

2. 花生棉铃虫

又叫钻桃虫,是华北地区主要害虫之一,食性很杂,除危害花生外,还危害棉花、番茄、豆类、瓜类、玉米、小麦等多种作物和果树。其为害花生的特点是幼龄期的棉铃虫主要在早晨和傍晚钻食花生心叶和花蕾,影响花生发棵增叶和开花结实,老龄期白天和夜间均大量啃食叶片和花朵,影响花生光合作用进而影响干物质的积累,造成花生严重减产,一般使花生减产5%～10%,严重的减产20%。且发生区域广泛,遍及全国各地。防治措施如下:

(1)农业防治　深耕冬灌,减少虫源,消灭越冬蛹;诱杀成虫,方法是在受害作物田种植玉米诱集带,引诱成虫集中产卵进而杀灭;或用黑光灯诱杀。

(2)生物防治　在棉铃虫产卵高峰期,用含孢子量每克100亿以上Bt乳剂稀释500～800倍液喷雾2次。还可向初龄幼虫棉铃虫喷链孢霉菌或棉铃虫核形多角体病毒等生物杀虫剂。

(3)药剂防治　当百墩花生有低龄幼虫30头时,用药防治,适期为卵孵化高峰期,防治指标是每平方米4头。较有效的药剂有2.5%抑太保1 000倍液,或50%辛硫磷乳油1 500倍液,或1.8%阿维菌素乳油2 000～3 000倍液,或50%灭多威乳油1 000倍液喷雾,喷药时要对准顶部叶片施药。

3. 蛴螬

蛴螬是鞘翅目金龟甲科幼虫的总称,种类多,分布广。幼虫蛀食花生荚果,造成空洞和空果,使花生大量减产,同时还能诱发病害,形成果腐,一般使花生减产10%～30%,甚至达50%～80%。防治措施如下:

(1)农业防治　合理轮作,花生与玉米、谷子等禾本科作物轮作,避免重茬。秋季深翻,将害虫翻至地面,使其暴晒而死或被鸟雀啄食,以减少虫源。

(2)药剂防治　幼虫的防治方法是用50%辛硫磷乳油或40%甲基异柳磷1 500～2 000倍液浇灌田间,7～10 d浇1次,连续浇2～3次。成虫期的防治方法是将半干的杨树枝浸入50倍的40%氧化乐果或久效磷乳油中1 h,于傍晚插到田间,第2天清晨收回,将杨树枝上面的成虫清除,每公顷插75～105把,可连续使用5次。也可以每公顷用40%氧化乐果乳油或

80%敌敌畏乳油 800～1 000 倍液 600～750 kg 于傍晚喷雾。

(三)花生化学除草

花生田到中后期很难进行除草，所以，在花生田推广化学除草技术很重要。花生田内主要杂草有：禾本科类的马唐、狗尾草、稗草、牛筋草等，阔叶类的铁苋菜、马齿苋、苣荬菜、刺儿菜等。夏天，温度高、水分充足，禾本科和阔叶类杂草混合生长，且密度高、生长快，与花生争肥争水，引起草害，造成花生减产。化学除草的关键时期是花生播种至开花下针前。最佳适期是播后芽前，其次是杂草 2～5 叶期。方法如下：

1. 播前土壤处理

每公顷用 48%氟乐灵乳油 1 500～2 250 mL 或用 48%氟乐灵乳油 900～1 200 mL＋70%灭草猛 1 500～1 800 mL，对水 750～900 L，均匀喷于地面，并及时浅耙或浅刨，使除草剂混入 3～5 cm 的土层内，用药后 5～7 d 可播种，并且防效期可达 3 个月左右。这种方法可防除多种禾本科、莎草科和阔叶杂草。

2. 播后芽前土壤处理

每公顷用 50%乙草胺乳油 1 500～2 250 mL。或 72%都尔(异丙甲草胺)乳油 1 500～2 250 mL，对水 750～900 L，在花生播种后 1～2 d 内均匀喷施于土壤表面，可防除马唐、狗尾草、画眉草、千金子、旱稗、藜、苋、蓼、马齿苋等杂草。或用 50%禾宝乳油 900～1 200 mL、或 33%二甲戊乐灵乳油 3 000～4 500 mL，对水 750～900 L，地面喷雾，也可有效防除花生田的杂草。

3. 苗后茎叶处理

(1)以禾本科杂草为主的花生田。每公顷用 10.8%高效盖草能 300～450 mL、12.5%盖草能乳剂 600～900 mL，对水 600～750 L，在杂草 2～4 叶期茎叶喷雾，可有效地防除禾本科杂草。每公顷用 12%收乐通(烯草酮)乳油 450～600 mL，对水 600～750 L，在杂草 2～5 叶期喷药，对防除一年生和多年生禾本科杂草有特效。该药能很快被杂草吸收，施药后 2 h 下雨不影响药效，田间防效期长达 60 d。

(2)阔叶杂草为主的花生田。每公顷用 48%苯达松水剂 2 025～3 000 mL、24%可阔乐乳油 375～600 mL，在杂草 2～5 叶期对水喷雾，可较好的防除多种阔叶类杂草。

(3)禾本科杂草和阔叶类杂草都重的花生田。每公顷用 6%克草星乳油 750～900 mL 于花生 2～3 叶期、杂草高度 5 cm 左右时对水茎叶喷洒，对防除禾本科杂草和阔叶类杂草有很好的效果。

想一想：

在花生田使用除草剂对花生的生长发育有影响吗？

子项目五 花生收获储藏技术

一、花生收获技术

收获储藏花生是生产中最后一项重要工作。为保证花生丰产丰收，要求做到适期收获、及时晒干、安全储藏。

(一)适期收获

花生是无限开花无限结实的作物，荚果成熟早晚不同，收获时期也不同。收获太早或太晚都会降低产量和品质。只有在适期收获，才能保证花生丰产丰收、品质好。

确定花生的适宜收获时期，首先看地上部植株生长状况，地上部植株生长停滞，中下部叶片脱落，上部叶片变黄，昼开夜合的感夜运动不灵敏或消失，表明植株已经衰老，产量不会再增加，是花生成熟的标志。其次看地下部荚果发育情况，拔起花生植株看荚果，70%以上的荚果网纹清晰，内果皮海绵组织变薄而破裂，果壳内海绵层有黑褐色光泽。籽仁充实饱满，种皮显示粉红色或桃红色等品种固有的本色，表明花生已成熟。再次看当地气温变化情况，当地昼夜平均温度下降到 15℃以下时，花生荚果不再继续增长，花生已成熟。可抓紧时间及时收刨。具体的收获期，不同地区及不同品种均有一定差异。

花生具体的收获期，一般北方产区作种子用的春播中熟大花生和麦套花生，要在寒露前完成，霜降前晒干入仓。南方的秋花生冬至前收完晒干。一般大田花生的收获适宜时期，北方春播大花生产区早中熟品种在 8 月下旬至 9 月中旬收获，麦套、夏播花生在 9 月下旬至 10 月上旬收获，长江流域春夏花生交作区，在 8 月上中旬收获，南方春秋两熟花生区，春花生在 6 月下旬至 7 月中旬收获，秋花生在 11 月中旬至 12 月上旬收获。

(二)及时晒干

花生收获后，荚果的含水量一般为 45%～55%，这种水分含量如果直接储藏就会使花生发生霉烂变质或遭受冻害，因此要及时晒干。晒至种子含水量降至 8%以下，才可以入库储藏。据测定，种子含水量 6%可耐－30℃的低温；种子含水量 10%经－24℃ 75 h，发芽率仍为 95%；种子含水量 31%时，在－6℃经 72 h，发芽率只有 15%；含水量 45%的种子，在－2℃下 2 h，发芽率可降至 65%。

花生收刨后，秸棵鲜湿，果柄柔韧，不宜立即堆垛和摘果，要先晒干。方法是花生收刨后，抖落泥土，就地铺晒 2～3 d，然后码成 65 cm 左右高的长条垛，使根果向阳，这样株体支空，通气好，干得快。晒 6～7 d，至五六成干，用手摇动荚果有响声后，即可运到场上手工摘果或机械脱果。摘下的荚果扬净茎叶杂质后，再摊成 6～10 cm 厚的薄层，并用木锨培成小垄，以加大暴晒通风面积。傍晚时收成并排的长条堆，顶上盖草席或雨布，可防露防霜冻。等次日晨露干后，再进行摊晒。这样连续摊晒 5～6 d 后，再堆成大堆，捂 2～3 d，让种子“发汗”，然后再摊晒 1～2 d 让种子“放风”。待剥开荚果用牙咬种仁有脆声，手搓种子皮易脱落时，说明花生含水量已达到 8%以下的安全含水量，扬净去杂后，即可入库储藏。

(三)安全储藏

安全储藏的关键是保持荚果干燥，以降低种子的呼吸代谢作用，避免种子发生霉变。花生种子含水量高时，细胞内出现游离水，使脂肪酶和其他酶的活性增强，呼吸作用也加强，易使种子霉变。因此，安全储藏种子非常关键。含水量达到安全储藏界限，又经去除杂质的花生，可采用一定的方法储藏。其储藏方法有：

1. 露天囤藏

选择通风向阳、地势高燥的地方，下面用石头、木块等垫起 33 cm 左右的囤，上面铺一层

6～10 cm的高粱秸或玉米秸，外面用高粱秸箔或苇箔围起来，内装花生荚果，囤的中央插一个直径16～20 cm的高粱秸把子，下通到囤底，上露出囤面，以保持上、中、下层通气。顶上用草苫封成圆锥状的帽子，防止进去雨雪。每囤可储藏荚果1 000～2 000 kg为宜。

2. 室内储藏

是较普遍采用的一种方法。可将荚果直接堆放在室内地上，但要离开墙壁，底下垫上隔潮物品，以免返潮。北方冬季气温低而干燥的地区作越冬储藏时，最好是把荚果装在通风的条筐、麻袋等器具里，库房里保持通风干燥，使荚果安全越冬。而常年或夏季储藏，不能用通风储藏。因为夏季气温高、空气潮湿，采用通风储藏时，即使原来已充分干燥的荚果，也会吸潮变质。因此，应采取密闭储藏法，使种子与空气隔绝，保持种子始终干燥。

无论采用哪一种方法储藏，都要每隔一定时间分层取样检查，发现花生含水量超过储藏的安全含水量时，要及时打开门窗通风或倒囤进行摊晒。使其含水量保持在安全含水量内。种用花生以存放荚果为好，果壳可以起到防湿保暖的作用，留种的花生剥壳时间距播种期愈近愈好。

查一查：

当地是如何储藏花生的？

复习思考

一、填空

1. 按花生品种的特征、特性可将其分为普通型（　　）、（　　）、（　　）。

2. 花生根属圆锥根系，由（　　）及（　　）组成。

3. 根据花生分枝的多少，可将其分为两种类型；一种是（　　）型，另一种是（　　）型。

4. 花生的真叶为四出羽状复叶，它的叶片由（　　）、（　　）、（　　）、（　　）及（　　）组成。

5. 花生荚果形状有普通形、（　　）形、（　　）形、（　　）形等。

6. 花生一生可分为（　　）、（　　）、（　　）、（　　）和（　　）五个生育时期。

7. 花生施肥应掌握以有机肥料为主，（　　）为辅；基肥为主，（　）为辅；追肥以苗肥为主，（　　）为辅；氮、磷、钾、钙配合施用的基本原则。

8. 花生种植密度，要根据花生的长相来定。总的要求是（　　），（　　）。以（　　）封行为宜。

9. 确定花生的适宜收获时期，首先看（　　），其次看（　　），再次看（　　）。

10. 花生收获后要及时晒干，晒至种子含水量（　　）以下，可入库储藏。

二、简答

1. 我国主要的三个花生产区分别包括哪些地区？

2. 花生各个生育时期需要什么样的环境条件？

3. 花生各生育时期的生长发育特点如何？

4. 为什么花生不宜重茬种植？

5. 怎样做到科学施肥？
6. 你所在地区种植的花生易发生哪些病虫害？采取哪些防治措施？
7. 你家乡的花生田主要杂草有哪些？用什么除草剂？如何使用的？
8. 你所在地区的花生产量是多少？怎么储藏的？

项目八　甘薯栽培技术

【知识目标】

了解甘薯生产的意义，甘薯的植物学特征，各生育时期的特点。

【技能目标】

掌握甘薯培育育苗与扦插技术，不同时期的田间管理关键技术，收获及安全储藏技术。

【项目导入】

16 世纪末，一位祖籍福建的菲律宾侨胞，经过多年奋斗，终于在事业上做出了一番成就。人在异国他乡，有时候难免要怀念故国，这位侨胞也不例外，他很想回故乡看看。可是，探亲总得带些礼物吧，带什么东西好呢？他冥想苦思，忽然眼前一亮："就带甘薯吧"。然而，由于甘薯产量高，味道好，营养丰富，生吃熟食皆宜，很受人们欢迎，当时的菲律宾禁止私带甘薯出境。怎么办？那侨胞终于想出一个绝妙的办法：他将甘薯茎蔓密密地缠在船缆上，然后再在缆绳外面涂上一层泥巴，就这样将甘薯茎蔓带回了祖国。从此，这个原产南美的作物便在福建沿海安家落户，在中国生根发芽，繁衍后代，迅速流传开来。这个引种甘薯的人就是福建华侨陈振龙，当地人民为了缅怀他的功绩，在福建乌石山海滨建造了先薯祠。

甘薯又称红薯、番薯、山芋、地瓜、金薯、红苕、甜薯等，为双子叶植物，是旋花科甘薯属的一种具有蔓生习性的草本植物。在热带或亚热带地区能终年常绿生长，为多年生植物；在温带，遇霜易受冻害死亡，为一年生植物。原产于美洲中部的墨西哥、哥伦比亚一带，耐旱、耐瘠、稳产高产、适应性强、易栽培。

据联合国粮食组织统计，世界上超过 100 个国家栽培甘薯。中国是世界上最大的甘薯生产国家，其种植面积和产量均居世界首位。

甘薯在中国种植的范围很广泛，南起海南省，北到黑龙江省，西至四川西部山区和云贵高原，均有分布，以淮海平原、长江流域和东南沿海各省最多。根据甘薯种植区的气候条件、栽培制度、地形和土壤等条件，一般将我国的甘薯栽培划分为五个栽培区域：

北方春薯区。北纬 41°左右，无霜期较短，只能种一季春薯，包括辽宁、吉林、黑龙江中部、河北、陕西北部等地。该区无霜期短，低温来临早，多栽种春薯。春薯常与玉米、大豆、马铃薯等轮作。本区 5 月下旬种植，9 月下旬至 10 月初收获，生长期 130～140 d。

黄淮流域春夏薯区。属季风暖温带气候，栽种春夏薯均较适宜，种植面积约占全国总面积的 40%，山东、河北、河南、安徽等省为主产地。该区气候温和，年无霜期平均为 210 d。夏薯在麦类、豌豆、油菜等冬季作物收获后栽插，以二年三熟为主。春薯于 4 月下旬至 5 月中旬栽植，10 月上旬至 10 下旬收获，生长期 150～180 d。

长江流域夏薯区。除青海和川西北高原以外的整个长江流域。该区无霜期平均为 260 d。

夏薯于 4 月下旬栽插，生长期 140～170 d。

南方夏秋薯区。北回归线以北，长江流域以南，主要包括福建、江西、湖南三省的南部，广东和广西的北部，云南省中部和贵州的南部，以及台湾嘉义以北的地区。属季风副热带的湿润天气，全年无霜期 290～350 d，年平均气温 18～23℃。夏薯一般在 5 月间栽插，8～10 月收获，秋薯一般在 7 月上旬至 8 月上旬栽插，11 月下旬至 12 月上旬收获，甘薯生长期在 120～150 d。除种植夏薯外，部分地区还种植秋薯。

南方秋冬薯区。北回归线以南的沿海陆地，包括海南全省，广东、广西、云南以及台湾的南部。属热带季风湿润气候，无霜期 325～365 d，年平均气温 18～25℃，主要种植秋、冬薯。秋薯一般在 7 月上旬至 8 月中旬栽插，11 月中旬至 12 月上旬收获，生长期 120～150 d。秋薯也可以越冬栽培，延迟到第二年春收获，成为冬薯。而冬薯一般在 11 月栽插，次年 4～5 月收获，生长期 170～200 d。

甘薯品种颇多，形状有纺锤、圆筒、椭圆、球形之分；皮色有白、淡黄、黄、红、紫红色之别；肉色有黄、杏黄、紫红色诸种。甘薯营养丰富，既是香甜可口的美味蔬菜，又有较高的药用价值。甘薯含有膳食纤维、胡萝卜素、维生素 A、维生素 B、维生素 C、维生素 E 及钾、铁、铜、硒、钙等，营养价值很高，是世界卫生组织评选出来的“十大最佳蔬菜”的冠军。甘薯含热量非常低，是一种理想的减肥食品。它还有保健的作用，能够抗癌、抗衰老、抑制胆固醇、降血脂及增强免疫力等。中医学认为，甘薯“补虚听见，益气力，健脾胃，滋肺肾，功同山药，久食益人，为长寿之食”，甘薯也被人们誉为“长寿食品”。此外，甘薯还作为工业原料，广泛运用于食品、医药、化工、印染、造纸等行业。

想一想：

甘薯生产在国民经济中的经济意义。

查一查：

1. 世界上甘薯主产国有哪些？在我国主要粮食作物中，甘薯的种植面积和总产排在第几位？

2. 甘薯有哪些药用价值？

子项目一　甘薯栽培基础

一、甘薯的一生

（一）植物学特征

1. 根

甘薯的根因繁殖方法不同，分为以下几种：

（1）种子繁殖　采用种子繁殖时，种子萌发，胚根最先突破种皮，向下生长形成主根，主根上再长侧根，有主根和部分侧根发育成块根。

（2）营养器官繁殖　由甘薯的块根、茎、叶柄等长出的根都是不定根，不定根可以分化发育成纤维根、牛蒡根和块根三种形态的根(图 8-1)。

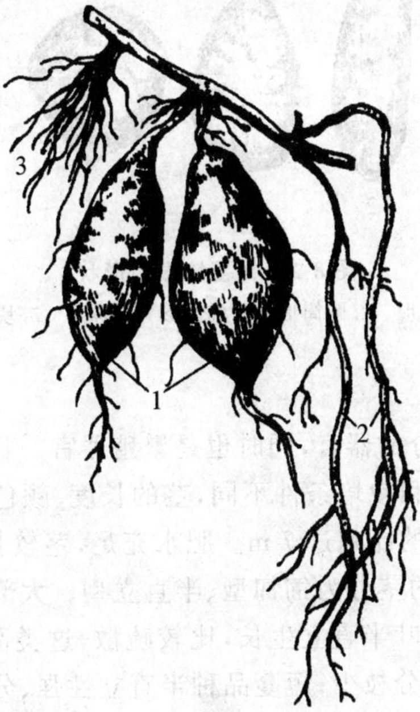

图 8-1 甘薯根的三种形态

1.块根 2.牛蒡根 3.纤维根

①纤维根 也称细根,须根,呈纤维状,长短不一,生长有很多根毛,是吸收水分和养分的主要器官。纤维根主要分布在 30 cm 左右的土层内,深的入土可达 1 m 左右。如果土层水分过多或施用氮肥过量,须根大量生长,会造成茎叶旺长,使地上部分和地下部分生长失调而造成减产。

②牛蒡根 又称柴根、梗根或粗根,为直径 0.2～1.0 cm 的肉质根,长 30 cm,形状细长,粗细均匀,表面粗糙,主要是由于幼根发育过程中遇到不利于块根形成和肥大的条件,如高温、干旱、过湿等,使组织老化,中途停止膨大而形成的。牛蒡根消耗养分,无经济价值,栽培时应控制其产生。

③块根 也称储藏根,所处条件好、分化发育早的不定根,则可能膨大成块根。块根是甘薯植株储藏营养物质的器官,所储物质主要成分是碳水化合物和水分,此外还有蛋白质、灰分和多种维生素。块根主要生长在 5～25 cm 的土层内。块根表面常有纵沟和根眼,不定芽从根眼处长出,可利用其发芽习性进行育苗繁殖。因此,块根又是营养繁殖器官,甘薯种一般指的是甘薯的块根。

甘薯块根由皮层、内皮层、维管束环、原生木质部、后生木质部组成。

甘薯的形状、皮色因品种、气候、土质而不同。块根的形态变异很大,形状有纺锤形、圆筒形、椭圆形、球形、块状等(图 8-2)。薯块表面有的光滑、有的粗糙,也有的带深浅不一的小沟。块根皮色有白、淡黄、黄、红、褐、紫等多种。块根肉色有白、黄白、橘黄、橘红或带有紫晕等。肉色深浅和胡萝卜素含量高低有密切关系,含量高的肉色较深。块根的皮色、肉色是鉴别品种的重要特征。

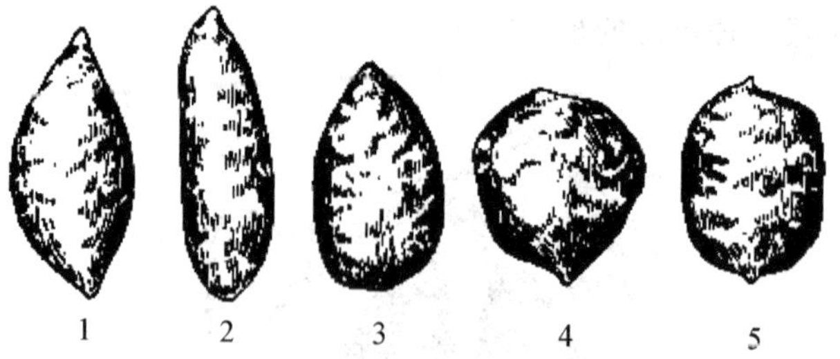

图 8-2 甘薯块根的形状

1.纺锤形 2.圆筒形 3.椭圆形 4.球形 5.块状形

2. 茎

甘薯的茎是输导养料和水分的器官，同时也是繁殖器官。甘薯的茎细长蔓生，主蔓生出多条分枝，粗0.4～0.8 cm。品种和栽培条件不同，茎的长度、颜色、粗细、节间长短、分枝等也不同。甘薯的茎短的不足1 m，长的能超过7 m。肥水充足，茎较长；反之较短。茎色分为绿色、紫色、褐色、绿中带紫色。甘薯的茎分为匍匐型、半直立型。大部分品种的茎匍匐地面生长，称为匍匐型或重叠型；少数品种茎叶半直立生长，比较疏散，这类品种的株型称为半直立型或疏散型。长蔓品种一般匍匐性强、分枝少；短蔓品种半直立性强、分枝多。茎上有节，节间长短与蔓的长度有关，一般长蔓品种节间长，短蔓品种节间短。茎的皮层部分有乳管，能分泌白色的乳汁，乳汁多的茎粗壮。茎的节间处有腋芽，腋芽伸长长成分枝。茎节内根原基发育不定根，生产上就是利用这种再生能力进行繁殖的。

3. 叶

甘薯的叶为单叶互生，只有叶片和叶柄而无托叶。品种不同叶片的形状也不同，有心脏形、肾形、三角形、掌状等(图8-3)。叶缘有全缘、带齿、深复缺刻、浅复缺刻、深单缺刻和浅单缺刻。有些品种在一株上有两种或两种以上的叶形。叶色有深浅不等的绿色、褐色和紫色；顶叶颜色有浅绿、绿、褐、紫色等。叶脉呈掌状，颜色有绿、浅绿、紫、红色等。叶柄基部的颜色有绿、紫、褐色等。顶叶色、叶脉色、叶柄基色等是鉴别品种的重要特征之一。

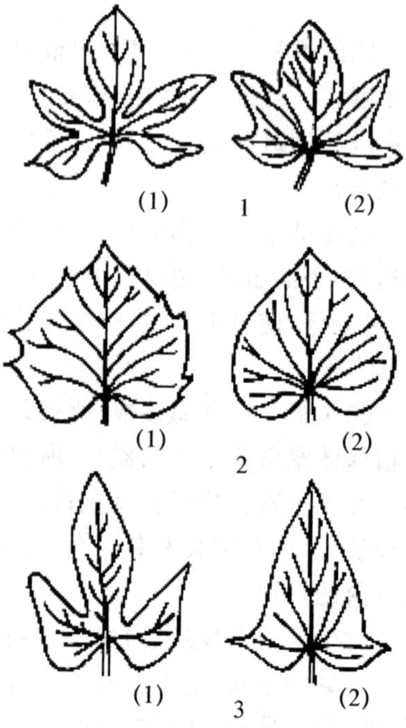

图 8-3 甘薯的叶形

1.掌状形：(1)深复缺刻 (2)浅复缺刻

2.心脏形：(1)带齿 (2)全缘

3.三角形或戟形：(1)深单缺刻 (2)浅单缺刻

4. 花、果实、种子

甘薯是异花授粉作物，花单生或若干朵集成聚伞花序，生于叶腋和叶顶。花型如漏斗状，颜色有淡红色或紫红色，形状似牵牛花。有雄蕊5个，花丝长短不一，花粉囊分为两室。雌蕊1个，柱头球状分二裂(图8-4)。我国北纬23°以南，一般品种能自然开花，在我国北方则很少自然开花。

果为圆形或扁圆形蒴果，每个果有种子1～4粒。种子为褐色或黑色，种皮角质，坚硬不易透水(图8-5)。

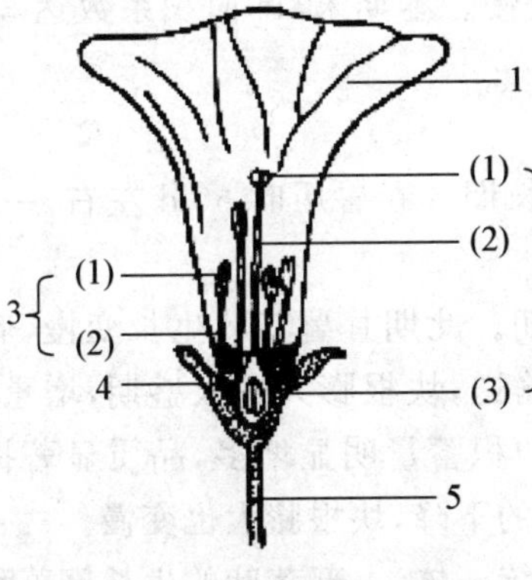

图 8-4 甘薯花器的剖面

1.花冠 2.雌蕊:(1)柱头 (2)花柱 (3)子房
3.雄蕊:(1)花药 (2)花丝 4.花萼 5.花柄

图 8-5 甘薯的果实与种子

1.果实 2.种子

想一想:

甘薯畸形块根的形成原因及防治方法。

(二)生育期

甘薯的生育期是指从栽插到收获的天数,称为当地的甘薯生长时期或自然生育期。我国华北地区春薯生育期一般为 150～190 d,夏薯一般为 110～120 d;长江流域夏薯生育期为 140～170 d;南方秋薯生育期为 120～140 d。

(三)生育时期

根据甘薯品种特性、生长发育的特征及栽培管理的特点,将甘薯的生长发育划分为生长前期、生长中期、生长后期三个生育时期。

1. 生长前期

指从栽插到封垄阶段,亦称为发根分枝结薯期。此阶段在北方产薯区,春薯经历 60～70 d,南方的春薯和北方的夏薯约经历 40～50 d,南方的夏薯约 35 d。

根系是此时期的生长中心。薯苗栽插后,地下部发根,地上部新生叶展开,植株开始独立生长时,称缓苗。随后主蔓腋芽生新叶,形成分枝,主茎由直立转匍匐,迅速生长、甩蔓,到封垄期,即茎叶覆盖全田时,地下形成块根雏形,单株有效薯块数基本稳定。甘薯在缓苗后相当长的时期内,茎叶生长较慢,以纤维根为主的根系生长较快;其后,茎叶生长转快,叶面积逐步扩大,同化产物增多,块根膨大,并开始积累养分,是决定块根数的重要阶段。此期末薯块的数量已基本确定,根数达到总根数的 70%～90%,分枝数达到总数的 80%～90%。

2. 生长中期

从茎叶封垄到茎叶生长衰退前的阶段,也叫薯蔓并长期。春薯历时 45 d,一般为栽后 70～120 d,即 7 月上旬至 8 月下旬;夏薯历时约 30 d,一般为栽后 40～70 d,即 8 月上旬至 9 月上旬。

此时期以茎叶生长为主,生长速度达到最高峰,地上干重达到最大,生长量约占整个生长期重量的 60%～70%,而块根生长较慢。此时期气候条件一般高温、多雨、光照少,同化产物多分配于地上部分，故茎叶生长较快，而块根膨大较慢。本期末，叶面积系数达 3～5，是茎叶与块根并长，养分制造与积累并进阶段。

3. 生长后期

从茎叶生长开始衰退到收获阶段，也称薯块盛长期。春薯历时 60 d 左右，一般在 8 月下旬以后；夏薯历时约 30 d，一般在 9 月上旬以后。

此时期以块根生长为主，是决定产量的关键时期。此期甘薯茎叶生长变慢，叶色转淡，黄叶、落叶增多，茎叶重降低，大量同化产物向地下部输送，块根膨大进入盛期，增重量相当于总薯重的 40%～50%，高的可达 70%，薯块里干物质的积蓄量明显增多，品质显著提高，薯块大小及单薯重量最终确定。到 10 月上旬后，随着气温的下降，块根膨大也变慢。

由于植株的地上部与地下部是处于不同部位的统一体，上部茎叶的生长繁茂程度，决定于根系吸收养料的供应。地下部薯块产量的高低，又依赖于地上部茎叶光合产物的输送和积累程度。总之，各阶段相互交替，很难截然分开。每个阶段时间长短各薯区不尽相同，故上述三个阶段的划分不是绝对的。

二、甘薯生长发育需要的环境条件

（一）温度

甘薯喜温而对低温和霜冻敏感。适宜栽培于夏季平均气温 22℃以上、年平均气温 10℃以上、全生育期有效积温 3 000℃以上、无霜期不短于 120 d 的地区。薯苗发根的最低温度为 15℃，适温为 17～18℃；茎叶生长最适温度为 25～28℃，15℃停止生长，20℃生长缓慢，30℃生长迅速，超过 35℃生长缓慢；块根形成和膨大的适宜土温为 20～25℃。

在适宜的范围内，温度越高生长越快。尤其在地温 22～24℃时，初生形成层活动较强，中柱细胞木质化程度小，有利于块根形成和膨大，有利于提高产量，并且含糖量有增加的趋势。低于 10℃时，块根易受冷害。另外，在块根膨大的适宜温度范围内，昼夜温差大能加速光合产物的运转，利于块根积累养分和加速膨大，温差 12～14℃时，块根膨大最快，同时温差有利提高块根质量，生产上起垄目的就在于扩大温差。

（二）光照

甘薯属于喜光短日照作物。充足光照能提高光合作用强度，增加光合产物积累。同时，充足的光照还能提高土温，扩大昼夜温差，有利于块根的形成和膨大。光照不足，光合强度下降，块根产量和出干率下降。

除光照强度外，光照长短对甘薯的生长发育也有影响，延长光照时间，有利于茎叶生长，薯蔓变长，分枝增长，也有利于块根的生长。最适宜于块根形成和膨大的日照长度为 12.4～13.0 h，能促进块根形成和加速光合产物的运转；短于 8 h 则促进甘薯现蕾开花，而不利于块根的膨大。

甘薯不耐荫蔽，如与高秆作物间套种，易减产，所以不宜在甘薯地间套种高秆作物。

（三）水分

甘薯是耐旱作物，其根系发达，吸水力强。蒸腾系数在 300～500，低于一般旱田作物。在整个生长过程中，土壤水分以田间最大持水量的 60%～80%适宜于茎叶生长和块根形成与膨大。

生长前期，即发根分枝结薯期，虽然薯苗小，但蒸发量大，薯苗易失去水分平衡，如土壤干旱，薯苗发根迟缓，茎叶生长差，根体木质化程度高，不利于块根的形成，易形成柴根。此期土壤水分以土壤最大持水量的60%～70%为宜。

生长中期，即蔓薯并长期，茎叶生长迅速，叶面积大量增加，气温升高，蒸腾旺盛，是甘薯耗水量最多的时期，也是供水状况影响茎叶生长与块根养分积累的协调时期。供水不足，容易早衰，产量低；水分过多，茎叶徒长，根体形成层活动弱，影响块根形成和膨大。故这一时期土壤持水量应保持土壤最大持水量的70%～80%为宜。

生长后期，即薯块盛长期，气温逐渐降低，耗水减少，土壤持水量一般为土壤最大持水量的60%左右为宜，有利块根快速膨大。

生长期降水量以400～450 mm为宜。收获前2个月内雨量宜少，此期若遭受涝害，产量、品质都受影响。

(四)土壤

甘薯的适应能力很强，对土壤的要求不甚严格。但若要获得高产、稳产，栽培时应选择沟渠配套、排灌方便、地下水位较低、耕层深厚、土壤结构疏松、通气性好、无病虫害、无污染的中性或微酸性沙壤土或壤土为宜。对于不符合上述要求的土壤要积极创造条件改良土壤，要进行培肥地力、保墒防渍、深耕垄作等。

甘薯对土壤的酸碱度要求不严格，pH 4.2～8.5范围内均可生长，而以5～7最为适宜。

(五)养分

甘薯虽有耐瘠的特性，但其生长期长，吸肥能力强，消耗土壤中的养分也多。甘薯对肥料的要求，以钾肥最多，其次为氮肥，磷肥最少。据研究每产1 000 kg鲜薯，需氮(N)3.72 kg、磷(P_2O_5)1.72 kg、钾(K_2O)7.48 kg，氮、磷、钾之比约为2∶1∶4。

钾肥可以促进块根形成层的发育，提高茎叶的光合效能，加快光合产物的运转，增加块根产量。氮肥促进茎叶生长，增大叶面积，增加茎叶重量；但施用过多，会促使根部中柱细胞木质化，不结或少结块根。磷肥促进根系生长，加速细胞分裂，并有改善块根品质的功能。

甘薯喜钾，增施钾肥对产量和品质均有明显作用。甘薯苗期吸收养分少，从生长前期到中期，吸收养分速度加快，吸收数量增多，接近后期逐渐减少，至生长后期，氮磷的吸收量下降，而钾的吸收量保持较高水平。

甘薯对氮素的吸收在生长的前、中期速度快，需量大，茎叶生长盛期吸收达到高峰，后期茎叶衰退，薯块迅速膨大，对氮素吸收速度变慢，需量减少。

甘薯对磷素的吸收随着茎叶的生长逐渐增大，到薯块膨大期吸收量达到高峰。

甘薯对钾素的吸收随着茎叶的生长逐渐增大，薯块盛长期达到最高峰，从开始生长到收获比氮、磷都高。

甘薯忌氯，施用含氯化肥超过一定量时，会降低薯块淀粉含量，且薯块不耐储藏。

查一查：

甘薯缺少氮、磷、钾时所表现出来的缺素症有哪些？

三、甘薯的产量形成与品质

(一)产量形成

$$产量(kg/hm^2)=每公顷株数\times单株薯块数\times单薯重$$

单位面积的株数主要取决于栽秧密度。栽秧密度在影响单位面积株数的同时,也会影响单株结薯数和单薯重,对单薯重的影响最显著。密度增大,单薯重降低;密度减小,单薯重增加。因此,为了获得甘薯高产必须协调好单位面积的株数和单薯重的关系,做到合理密植。单株结薯数主要取决于甘薯生长前期植株的生长状况。单株结薯数与甘薯幼根初生形成层的活动能力和中柱鞘细胞的本质化程度密切相关。幼根初生形成层的活动能力强、中柱鞘细胞的本质化程度低,有利于块根的形成,增加单株结薯数。甘薯单株的结薯数与品种特性和环境条件都有关系,其中环境条件对单株结薯数的影响较大。首先是温度,地温在21～29℃,地温越高,块根形成越快、数量越多。其次是营养状况,据日本学者研究,施氮肥可使甘薯根系中的含氮量增加,降低根系中醇溶性碳水化合物的含量,因而推迟块根的形成,减少了块根的数量。另外,钾营养状况、土壤通气性和光照等也影响结薯数量。

薯块的大小即单薯重主要取决于甘薯生长中、后期植株的生长状况。薯块的大小与甘薯幼根次生形成层的活动能力和分布范围有关。幼根次生形成层的活动能力强、分布范围广,有利于块根膨大,形成的薯块较大。单薯重与品种特性和环境条件有关。王树钿等(1981)指出,在沙土地中,甘薯块根的次生形成层出现早,而且薄壁细胞数量多,细胞内淀粉粒多、淀粉粒直径大,薯块大,产量高。许多研究表明,增施钾肥可增加干物质向块根的分配比例,促进块根迅速膨大,提高单薯重。

(二)甘薯的品质

根据甘薯的品质特点和用途,将甘薯品种分为三个类型:高淀粉型,高糖、高维生素型,高淀粉、高饲料转化率型。

1. 高淀粉型品种

高淀粉型品种的品质特点是:块根产量高、出干率高、淀粉含量高,淀粉白、加工品质好。这类品种的主要用途是生产淀粉、柠檬酸、酒精、甘薯粉丝方便面等。

2. 高糖、高维生素型品种

高糖、高维生素型品种的品质特点是:外形美观,如薯块大小适中,形状好看,皮色好看等;营养成分高,含糖量高、食味好;薯肉黄色、橘黄色、橘红色或紫色;产量较高。它们具有较高的营养价值和良好的保健功能,主要用于鲜食,速冻罐装,烤地瓜,加工成甘薯脯、甘薯虾片、膨化薯片,提取食品用色素、化妆品用色素等。

3. 高淀粉、高饲料转化率型品种

高淀粉、高饲料转化率品种的品质特点是:茎叶再生能力强,生物产量高;块根产量高、淀粉含量高;干茎叶中粗蛋白含量高于15%。主要用做牲畜饲料。

想一想:

如何提高甘薯的产量与品质?

子项目二 甘薯育苗与扦插技术

一、甘薯的繁殖特点与块根的发芽习性

(一)甘薯的繁殖特点

甘薯为异花授粉作物,自交不孕,用种子繁殖的后代,性状高度分离,群体变异极大,大多不能保持原种特性,故在大田生产上很难直接应用。所以甘薯在生产上一般不采用有性繁殖,一般只用于选育新品种。在生产上多采取块根育苗和茎蔓栽插等营养器官育苗的无性繁殖方式,这些营养器官的再生能力强,遗传性状比较稳定,一般能保持原有品种的特性。甘薯育苗扦插还能够节约用种,降低成本,能有效地防治黑斑病,对提高甘薯的产量具有十分重要的意义。

(二)块根的发芽习性

1. 块根的萌芽与长苗

甘薯块根没有明显的休眠期。收获时,薯块在根眼处已分化形成不定芽原基,在适当的外界条件下,不定芽即能发芽。根眼在薯块上排列成5～6个纵列,每个根眼一般有2个以上的不定芽。发芽时不定芽从根眼穿透薯皮向外伸出。甘薯发芽出苗受品种和薯块质量的影响。

(1)品种　不同品种的薯皮厚薄与块根的根眼数目多少有差别。薯皮是木栓组织,不易透进水分与空气,薯皮薄的品种易透进水分与空气,发芽出苗快。根眼多的品种,出苗快而多;反之则出苗慢而少。

(2)薯块不同部位　薯块顶部具有顶端生长优势,萌芽时,薯块内部的养分多向顶部运转,所以薯块顶部发芽多而快,占发芽总数的65%左右;中部较慢而少,占26%;尾部最慢最少,占9%左右。薯块的阳面(向上的一面)发芽出苗的数量比阴面(向下的一面)多,因阳面接近地表,空气和温度等条件比阴面好,不定芽分化发育较多而好。

(3)薯块的来源　脱毒甘薯比不脱毒甘薯发芽多而好。经高温处理储藏的种薯出苗快而多,在常温下储藏的种薯出苗慢而少。夏甘薯的生活力强,感染病害较轻,而春甘薯则相反。

(4)种薯大小　同一品种,薯块大薯苗生长粗壮,薯块小薯苗生长细弱。薯块大小与出苗数量有关,大薯单块出苗数少,小薯出苗数多。所以,在生产上一般以0.15～0.25 kg的薯块做种薯较适宜。

2. 薯块萌芽、长苗所需的外界环境条件

(1)温度　薯块在16～35℃的范围内温度越高,发芽出苗就快而多。16℃为薯块萌芽的最低温度,最适宜温度范围为29～32℃。薯块长期在35℃以上时,由于薯块的呼吸强度大,消耗的养分多,容易发生“糠心”。温度达到40℃以上时,容易发生伤热烂薯。

(2)水分　水是甘薯育苗的重要条件之一。床土的水分和苗床空气的湿度,与薯块发根、萌芽、长苗的关系密切。水分的多少还影响苗床的温度和土壤通气性。在薯块萌芽期以保持床土相对湿度和空气相对湿度均在80%左右,使薯皮始终保持湿润为宜。在幼苗生长期间以保持床土相对湿度70%～80%为宜。为使薯苗生长健壮,后期炼苗时必须减少水分,相对湿

度降到60%以下,以利于薯苗苗壮生长。

(3)氧气　育苗时薯块发根、萌芽、长苗过程中的一切生命活动,都需要通过呼吸作用获得能量。在育苗过程中,必须注意通风换气。氧气不足,呼吸作用受到阻碍,严重缺氧则被迫进行缺氧呼吸而产生酒精,由于酒精积累会引起自身中毒,导致薯块腐烂,因此氧气供应充足,才能保证薯苗正常生长,达到苗壮、苗多的要求。

(4)光照　在薯块萌芽阶段,光照强弱会影响苗床温度。强光能使苗床增温快、温度高,可促使发根、萌芽。出苗后光照强度对薯苗的生长速度和素质有明显的影响。光照不足,光合作用减弱,薯苗叶色黄绿,组织嫩弱,发生徒长,栽后不易成活。因此,在育苗过程中要充分利用光照,以提高床温,促进光合作用。

(5)养分　养分是薯块萌芽和薯苗生长的物质基础。育苗前期所需的养分,主要由薯块本身供给,随着幼苗生长,逐渐转为靠根系吸收床土中养分生长。采苗2～3茬后,薯块里的养分逐渐减少,根系吸收的养分则相应增多。薯苗正是需要较多的氮素肥料,氮肥不足薯苗生长缓慢,叶片小,叶色淡黄,植株矮小瘦弱,根系发育不良。因此,在育苗时应采用肥沃的床土并施足有机肥,育苗中、后期适量追施速效性氮肥,以补充养分的不足。

想一想:

甘薯育苗的作用是什么?

二、甘薯育苗技术

(一)育苗方式

我国甘薯种植遍及南北,自然条件不同,育苗方式多种多样,主要有回龙火炕育苗、酿热温床育苗、电热温床育苗、冷床覆盖塑料薄膜育苗、地膜覆盖育苗、露地育苗、采苗圃等。一定要根据当地的气候条件、耕作制度、栽培水平等综合因素选择合适的育苗方式,适宜的育苗方式是育足苗壮苗、保证适时早栽和高产的重要基础。

1. 回龙火炕育苗

此种苗床根据当地条件就地取材,采用煤炭或柴草等为燃料加温,提高苗床温度,温度均匀,保温性能好,适用于早春气温低的北方地区。具有出苗早、匀、多和省燃料的优点。回龙火炕设有三条烟道,中间为去烟道,两边是回烟道(图8-6和图8-7)。

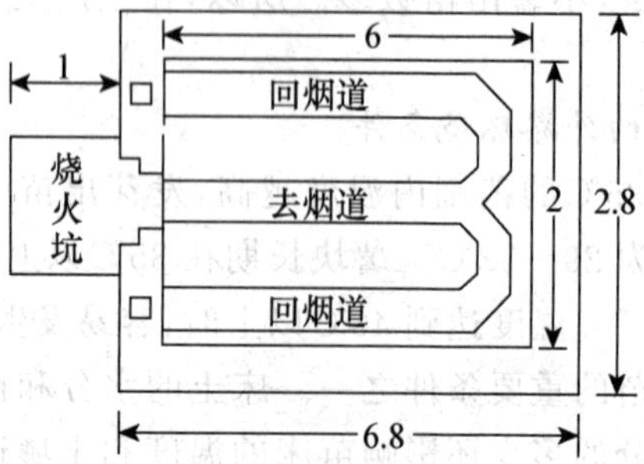

图8-6　回龙火炕平面图(单位:m)

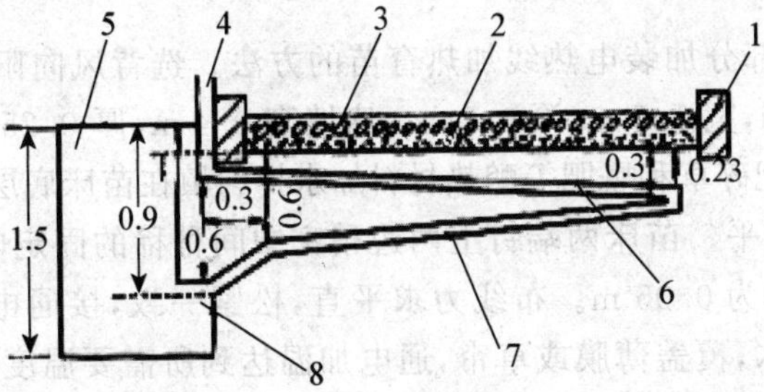

图 8-7　回龙火炕侧面图(单位:m)

1.墙　2.床土　3.种薯　4.烟筒　5.烧火炕
6.回烟道　7.去烟道　8.炉子

2. 酿热温床育苗

此方法是利用作物秸秆、杂草和牲畜粪等酿热材料,经过堆积发酵产生热量,结合利用太阳能,来提高苗床温度进行育苗的方法。这种方法做法简单,省工,不需要燃料,适应性广,只要有条件和需要,各地都较适用,是目前甘薯育苗中比较广泛采用的一种方法。

(1)建造苗床。苗床一般选择背风向阳、地势平坦稍高靠近水源地块,为东西走向,其长度可根据育苗需要和地形来确定,一般挖长 5～7 m,宽 1.3～1.7 m,实际宽度应当与薄膜宽度协调,坑深 0.5 m 的苗床。床底深度,中间为 0.5 m,北侧 0.6 m,南侧 0.7 m,即坑底中间略高,两边略低,呈鱼背形,以便苗床南北两边多装些酿热物,不使苗床四周温度与苗床中间温度相差过多。床底顺东西向挖 2 条边长为 15 cm 左右的通气沟,为酿热物发酵提供氧气。全床挖好后,在通气沟上铺盖秸秆或树枝,上面直接填酿热材料,苗床即告建成。

(2)选择铺垫酿热物。酿热物各地不尽相同,骡、马粪等发热量大而快,称为高热酿热物;麦秸、稻草、落叶等发热量小而慢,称为低热酿热物。为了使床温持久而均匀,应当就地取材,一般用谷类作物茎叶或杂草,加骡、马、牛粪配制而成,配合使用。

酿热物的发酵与分解是在潮湿的条件下进行的。因此,调制酿热材料要加入适量的水。具体的方法是:秸秆铡碎,用水浸渍;牲畜粪晒干、捣碎,与秸秆料混合,对人粪尿泼水拌匀。酿热物湿度以手紧握时,指间见水而不下滴为宜。酿热物配好后,填入床内,摊平稍压,厚度 0.27～0.28 m,然后盖薄膜封闭,上加草苫,日揭夜盖,提温保湿,以满足分解纤维素微生物生长繁殖需要的养分、水分、氧气和温度等条件。建床后 2～3 d,酿热物温度升至 35℃时,揭去薄膜,踩实酿热物,填入 8～10 cm 厚的床土即可排种,排种后上面撒 3 cm 左右的细沙,浇透水,随即覆膜压实(图 8-8)。该方法成本低,出苗快,苗量多,防治黑斑病效果较好。

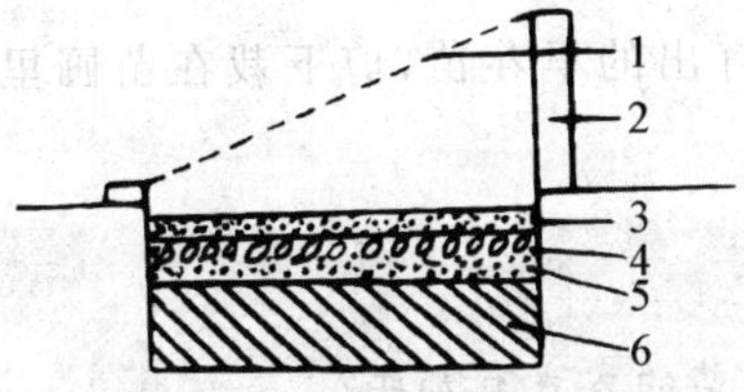

图 8-8　酿热温床纵剖面图

1.薄膜　2.墙　3.盖沙　4.种薯　5.床土　6.酿热物

3. 电热温床育苗

即在酿热温床床土部分加装电热线加热育苗的方法。选背风向阳、地势平坦、靠近电源的地方建床。一般床长 5m，宽 1.5 m，深 0.2 m。床墙高 0.4 m，厚 0.25 m。床底填 0.1 m 厚碎草，草上铺一层厩肥，或把碎草和厩肥等酿热材料加水拌匀填在苗床底层，在酿热层上铺 0.07 m 厚筛过的肥床土，踩实整平。苗床两端钉上两边稍密中间稍稀的固定电热线用的水木桩，然后沿木桩布线，线间距平均为 0.05 m。布线力求平直，松紧一致，接通电源检查合格后，线上盖 0.07 m 厚床土，随即浇水，覆盖薄膜或草帘，通电加温达到所需要温度后就可排种。

此方法不受天气影响，出苗快，出苗多，温度可控，能够准确调控温度，管理方便。但要注意防止触电，在进行苗床管理如浇水、施肥、除草或测量温度时，要切断电源，以免发生意外。遇有电热线外皮有破损，立即修补，防止漏电。育苗结束后，及时清理苗床，取出电热线，洗净、包好存放备用。

4. 冷床覆盖塑料薄膜育苗

在气温较高的地区，一般于 3 月底或 4 月初，选好地块，施足底肥，深翻 0.16～0.2 m，碎土平整做畦，四周开排水沟，畦长不限，宽 0.013～0.015 m，排薯后撒盖一层细土，再打架覆盖薄膜，并用土把薄膜四周压好封严。

在使用露地育苗的地方，可采用此方法。先平整苗床，开好排水沟，排种前浇一次透水，及时排种覆盖，压实地膜四周，齐苗后及时去除地膜。

5. 露地育苗

露地育苗适用于夏、秋薯栽培地区，是利用太阳辐射热在露地直接培育甘薯苗的方法，有平畦和高畦两种形式。

平畦的做法是：选择避风、向阳、地势平坦、土质疏松肥沃的地方建床。在春季土温稳定在 10℃以上时整地施肥，做成宽 1.3～1.5 m、长 10 m 左右的畦。畦与畦之间筑成畦埂。在畦面上开沟浇足底水，然后排种在沟中，上盖一指多厚的土，除遇干旱，一般在幼苗出土前不需要灌水，以免表土板结影响发芽。苗出齐以后适当灌水、追肥，促苗生长。

也可以做成行距 0.4～0.5 m、高 0.2～0.25 m 的东西向高垄，在垄的南面向阳坡上开沟排种薯，然后盖土，恢复高垄原状，这就是高畦。高畦比平畦受光面好，吸热快，温度高，出苗早而多。

6. 采苗圃

不用种薯而用薯苗繁殖薯苗的育苗地称为采苗圃，适于我国中南部夏、秋薯种植面积大的地区采用。采苗圃做法简单，便于集中管理，苗床面积根据需要可大可小，不受限制，也不需要增温、保温等设备，育成的薯苗由于在自然条件下生长，比温床苗茁壮，成活率高，有利于培育无病壮苗，防止品种混杂、变劣，提高良种繁育速度，对解决良种推广、建站无病留种地的苗源有重要作用。

具体做法是把火炕、温床育出的早茬苗，剪下栽在苗圃里，加强肥水管理，促苗早长早发棵。

想一想：

适合我国北方地区甘薯育苗的方式有哪些？

查一查：

你所在的地区采取何种方式育苗？

(二)种薯上床

1. 选用优良品种

在甘薯生产中,选用优良品种投资少、收益大,是保证甘薯高产、稳产的一项重要措施。不同甘薯品种其特征特性也各不相同,在选择品种时,应根据当地的自然条件、栽培条件及生产目的等选择适合本地区种植的优良品种。适合北方地区种植的部分优良甘薯品种见表8-1。

表8-1　优良甘薯品种

品种名称	特征特性
济薯15	由山东省农业科学院作物研究所育成。顶叶淡绿色,叶心脏形,叶脉绿色,脉基紫色,叶片较小,蔓绿色。薯块纺锤形,薯皮紫色,薯肉淡黄色。结薯整齐,耐储性、萌芽性好,出苗多。高抗甘薯根腐病、黑斑病,抗茎线虫病。适宜北方春夏薯区非茎线虫病地种植。
济徐23	由山东省农业科学院作物研究所与江苏徐州甘薯研究中心合作育成。叶片心形,顶叶、叶、叶脉、蔓色均为绿色。薯块纺锤形,薯皮红色,薯肉白色。结薯集中整齐,大中薯率高。适应性强,耐肥,耐湿性好。高抗甘薯根腐病,中抗茎线虫病。具有淀粉产量高、萌芽性好、适应性广、增产潜力大等特点。适宜在以淀粉加工为主的甘薯产区推广种植。
徐薯25	江苏徐州甘薯研究中心育成。顶叶为绿色,薯蔓短,分枝多。薯块长纺锤形,红皮白肉,少有紫晕。结薯早,整齐而集中,单株结薯数中等,大中薯率高。高抗甘薯根腐病,中抗茎线虫病和黑斑病。适于黄淮薯区和北方薯区作春、夏薯栽培。
冀薯6-8	河北省农林科学院粮油作物研究所选育。叶片心脏形,叶脉绿色,脉基紫色。薯块纺锤形至长纺锤形,薯皮红色,薯肉橘红色。薯块萌芽性较差,分枝较多。产量高,耐储藏。高抗甘薯黑斑病,中抗茎线虫病。适宜河北省甘薯产区种植。
豫薯13号	河南省农业科学院粮食作物研究所育成。顶叶深绿色,叶脉绿带紫色,叶脉基部紫色,叶柄绿色,茎绿色。叶片较大,掌状深复缺刻。薯块纺锤形,薯皮紫红色,薯肉洁白色,薯块有明显浅条沟,薯块较大。结薯整齐集中,萌芽性好。高抗甘薯根腐病,抗茎线虫病。适宜河南、河北、山东、江苏、安徽等省春、夏薯区种植。
烟薯27	山东省烟台市农业科学院育成的食用、加工用甘薯品种。顶叶、叶片均为绿色,叶形为心脏形,叶脉紫色,蔓绿色。薯块纺锤形,薯皮红色,肉为橘红色。出苗稍晚、较多,田间长势较旺,结薯集中,薯块大而整齐,耐储藏。较抗甘薯根腐病。适宜丘陵沙土地种植,可在黄淮流域春、夏薯区种植。
济黑1号	山东省农科院作物研究所育成。顶叶绿色,叶长形略带褐边,蔓中长,粗细中等。薯皮黑色,薯形下膨纺锤,薯肉黑紫色。早熟,结薯整齐,较耐储存。抗根腐病、黑斑病。适宜通透性良好的丘陵、平原旱地栽培。

2. 确定种薯用量

种薯用量与品种的出苗特性、种薯的大小、育苗方法、栽插期、栽插密度等有关,如品种萌发特性好(萌发快、萌芽多)的少些,栽插早的多些,应根据实际情况确定种薯的用量。

3. 种薯处理

(1)选种　为防止品种混杂和病虫害蔓延,必须进行育苗前的选种工作。

种薯必须做到三选,即出窖时选,消毒浸种时选,上床排种时选,尽量剔除伤、病和不合标准的薯块。要做到品种纯,具有本品种的皮色、肉色、形状等特征,薯块大小适中(0.15～0.25 kg)、整齐均匀,薯皮鲜亮光滑,颜色鲜明,无病无伤。

(2)种薯消毒　种薯消毒的方式主要有温汤浸种和药剂浸种两种。

①温汤浸种　为预防甘薯黑斑病,一般用温汤浸种法对种薯进行消毒。即用筐装种薯,置

入 56～58℃的温水中，上提下落，左右转动（不提出水面），2 min 内使水温降到 51～54℃，保持 10 min 后，将筐提出降温。

温汤浸种要严格掌握水温和浸种时间，并注意受热均匀。水温太高或浸种时间过长，会烫伤薯块；反之，则降低杀菌效果。

②药剂浸种　采用露地育苗种薯或用已受轻微冻害的种薯，可用 25%多菌灵粉剂 200 倍液或 50%甲基托布津可湿性粉剂 200 倍液浸种 10 min，可杀菌防病。

4. 确定排种时期

甘薯排种时间应根据当地的气候、栽培制度、栽插时期和育苗方法而定。育成薯苗的时间要与大田栽插时间相衔接，过早过晚都不好。排种过早，因天气寒冷，保温困难，育苗期拖长，徒耗人力，浪费燃料，而且薯苗育成后，因气温低不能栽到田间，形成“苗等地”现象，不仅延长苗龄，还会降低薯苗素质。已育成的苗不能及时采，必然影响下茬苗的生长。如果排种过晚，出苗迟，育成的苗赶不上适时栽插的需要，会造成“地等苗”的局面，会造成晚栽减产。

一般情况下，露地育苗气温必须要达到 15℃才能下种，用火炕或温床育苗的地方，一般掌握在当地栽插适期前 25～30 d 排种。北方春薯育苗时间以 3 月中下旬为宜，夏薯以 4 月上旬为宜，南方应适当提前。

5. 选择排种方法

薯块的萌芽数，以顶部最多，中部次之，尾部最少。排种时要注意分清头尾，切忌倒排。经过冬季储藏的薯块，有的品种头尾形状不容易识别清楚，但用肉眼观察其他性状，基本能分清头尾。即一般顶（头）部皮色较深，浆汁多，细根少。尾部皮色浅，细根多，细根基部伸展的方向朝下。

薯块大小差别较大，排种时最好大小分开；为了保证出苗整齐，应当保持上平下不平的排种方法，即大块的入土深些，小块的浅些，使薯块上面都处在一个水平上，这样出苗整齐。

排放种薯有平排、直排和斜排三种，以斜排居多。平排多用在露地育苗，排种时头尾先后相接，左右留些空隙，能使薯苗生长苗壮，出苗也均匀一致。平排用薯少，排种稀，薯苗分布均匀而不密集，出苗较少、较壮，但苗床面积大，费工费料。直排种薯虽能经济利用苗床，但因单位面积上种薯排放过密，薯苗纤细较弱，栽后成活率不高。斜排时，首先从苗床一端开始，顺床宽由北向南排，种薯头朝上，阳面向上，以头压尾，即后薯头压前薯尾 1/3。这样薯块中上部发芽多，且易出土，薯苗健壮，既不影响薯块的出苗量，也充分利用了苗床面积，但不可压得过多，以免排种量过大，出苗数虽然增加，却使薯苗过密，生长细弱，影响苗的质量。

排种后，撒细土填充薯块间隙，再用水（北方产区宜用 40℃温水）浇透床土。水渗下后，撒 3 cm 左右沙土，用来固定种薯、保温、通气。随即床面覆盖薄膜封闭，夜间加盖草苫保温。

（三）甘薯苗床管理

苗床管理的基本原则是“以催为主，以炼为辅，先催后炼，催炼结合”。苗床的控温分为三个阶段：即前期高温催芽，中期平温长苗，后期低温炼苗。

1. 苗床前期高温催芽

即排种到出苗阶段，以催芽为主，做到提温保温相结合。出苗以前要高温催芽，要有充足的水分和空气，促使种薯尽快萌芽，防止病害。种薯排放前，床温应提高到 30℃左右。火炕育苗，在排薯后，床温应每天提高 1℃左右，经过 4～5 d，床土温度升到 34～35℃，最高不能超过 38℃，8～9 d 秧芽出土。此后，适当降低温度，降到 32～35℃范围内，最低不能低于 28℃，平温长苗。酿热温床在出苗以前也应保持30～32℃，以催芽出土。在出苗前一般不再浇水，如出现床土干燥有碍出苗时，可泼水润床，待秧芽拱土时，再浇水助苗，防止幼苗枯萎。要注意挖除烂薯病苗，防止病害蔓延。没有加温设备的苗床也要采取有效措施，提高床内温度。出苗前既要晒床提温和盖床保温，又要注意通风降温，以免床温升得过高。

2. 苗床中期平温长苗

即薯苗出齐到采苗前3～4 d。前阶段的温度不低于30℃，以后逐渐降低到25℃左右，这期间的床土温度应保持在25～28℃，以利于长苗，掌握有催有炼，催炼结合的原则。床土适宜含水量为其最大持水量的70%～80%。要注意通风晾苗，尤其酿热温床，应由少到多、由短而长地揭膜通风，防止烈日高温灼苗。中期末可浇水1次。

3. 苗床后期低温炼苗

从采苗前5～6 d到采苗这段时间，以炼苗为主。采苗前3～5 d，床土含水量降低为最大持水量的60%，床温下降到20℃，接近于当时的气温。昼夜不盖草苫，到揭去薄膜，逐渐炼苗，使薯苗在自然气温条件下提高其适应自然的能力，使薯苗老健。如有大风、降温等恶劣天气，仍要盖膜加苫，保温护苗。

使用露地育苗和采苗圃的地方，只要做好水肥管理，不使生长过旺就能育成壮苗。

4. 采苗

(1)采苗时间　薯苗高20～23 cm时(苗龄30 d左右)，应及时采苗栽到大田(或苗圃)，采后不能及时栽插的可临时“假植”。若长度够而不采，容易造成薯苗拥挤，影响下面小苗的正常生长，会减少下一茬的出苗数。

(2)采苗方法　采苗方法有剪苗和拔苗两种。

剪苗的好处是种薯上没有伤口，减少病害感染传播，不会拔松种薯，损伤须根，利于薯苗生长，还能促进剪苗后的基部生出芽，增加苗量。因此，酿热温床、冷床和露地苗床，都应使用剪苗的方法。剪苗一般提倡采用“高剪”，即在离床土3 cm左右处剪苗，能有效地防止黑斑病。

火炕床的薯苗密度大，苗也不高，剪苗比较困难，多采用拔苗的方法。拔苗使种薯伤口增多，可造成病菌入侵伤口，且人为传染病菌，要注意苗床防病。

一般在采苗后第2天应及时施肥浇水。追肥以氮素化肥为主，配合磷、钾肥。追肥量一般用硫酸铵800～1 000 kg/hm^2。肥可撒施或浇肥水，注意撒匀、浇匀，用清水冲洗，先施肥后浇水。

5. 苗床烂床的原因及其防治

(1)烂床的原因　甘薯在育苗期间，种薯腐烂、死苗通称烂床。按其原因大致分为病烂、热烂和缺氧烂床等三种类型。

①病烂　由于种薯、土壤、肥料带黑斑病菌、软腐病菌、茎线虫病菌，或在种薯受冷害、涝害及有伤口的情况下，病菌乘机侵染造成烂床。

②热烂　床土温度长时间在40℃以上，或浸种时水温太高、浸种时间过长，种薯受高温危害导致软烂。

③缺氧烂　床土浇水过多、湿度过大，床土坚实不透气或覆土太厚；通气不良等原因造成薯块缺氧而腐烂。

(2)烂床的预防措施　针对烂床原因，要采取有效的措施防止甘薯烂床的发生。针对病烂，应精选无病、未受冻害、无破损的健康种薯，选择未种过甘薯的土壤或对土壤进行严格消毒；对于热烂，应控制浸种温度和苗床温度，正确调控温度；排种后覆土勿太深、太紧，浇水勿过多，做好肥水及通气管理等。

想一想：

1. 甘薯采苗时为什么要高剪苗？
2. 怎样正确测量苗床温度？

查一查：

甘薯壮苗的标准。

三、甘薯扦插技术

(一)耕地与作垄

土壤深耕、起垄栽培是提高甘薯产量的重要措施，也是为甘薯扦插创造条件。深耕能够加深活土层，疏松熟化土壤，改善土壤的透气性，增强土壤养分的分解，促进土壤肥力的提高，增加土壤蓄水能力，有利于茎叶生长和根系向深层发展，从而提高甘薯产量。但如果过度深翻，会打乱土层，跑墒严重或排水不好，引起雨季涝渍，还会招致减产。垄作栽培加深了土层疏松肥沃的土壤，通气性好，利于薯块的形成和肥大；通风透光，排灌方便，有利于有机物质的积累和转运；垄作昼夜温差大，适合薯块膨大。

1. 整地

春薯地在冬前或早春翻耕，有条件的可结合进行冬灌或春灌。夏薯地要在前茬作物收获后，尽早耕地作垄。

耕地深度一般为22～30 cm，应根据季节、土质和耕层深浅等具体情况而定。

2. 作垄

甘薯垄作是生产中普遍采用的栽培方式。作垄要掌握在土壤干湿适宜，犁耙细碎后进行。作垄分小垄和大垄，应因地制宜，视品种、生长期等具体情况而定。起垄要做到：垄形肥胖，垄沟窄深；垄面平，垄距匀；垄土踏实，无大垡，无硬心。要垄沟、腰沟、田头沟配套，以利排水流畅。垄的走向以南北向为宜。坡地的垄向要与斜坡方向垂直。

常用的作垄方式有：

(1)小垄单行　多在地势高、沙质土、土层厚、易干旱、水肥条件较差的地方应用。垄距60～80 cm，垄高20～30 cm，每垄栽种1行。这样植株分布比较均匀，茎叶封垄较早，有利于抗旱保墒。

(2)大垄双行　一般垄距80～100 cm，垄高30～40 cm，每垄交错栽苗2行，株距25～30 cm。在水肥条件较好、土质较疏松的地方有一定的优越性。

(3)大垄单行　垄距100～120 cm，株距20～25 cm，多雨年份或灌水次数较多的地方采用此法比较合适。

(二)施足基肥

甘薯具有耐瘠特性，但其生长期长，吸肥力强，消耗土壤中养料多，因此必须施足基肥。施足基肥既能补充各种营养元素又能改良土壤，培肥地力，同时满足甘薯生长发育的需要。

基肥的种类很多，一般在氮肥充足的地块宜使用土杂肥、炕洞土、草木灰、过磷酸钙等含氮较少的肥料，有利于控制茎叶徒长。而缺氮严重的沙土，茎叶生长不良，要增施猪圈粪、塘泥或人粪尿等含氮较多的肥料为基肥，有条件的地方施用绿肥效果更好，施用大量腐熟的秸秆或杂草沤制的土杂肥为基肥也很不错。这些肥料养分全、肥效长、肥劲稳，而且含氮少，含钾、磷多，施入土中与土壤充分混合后可创造土壤团粒结构，使土壤疏松，增加土壤通气性，能协调甘薯地上部与地下部生长的矛盾，而取得高产。

由于甘薯根系多，集中分布在 25～30 cm 土层，所以基肥要施在 25～30 cm 深的土层才有利于根的吸收，尤其磷肥要深施。

基肥数量大的可分两次施用，深耕时多施、撒施；起垄时采用条施方式施剩余部分。基肥中的磷肥、钾肥和少量氮素化肥应在作垄时施用。

施肥要坚持以基肥为主，追肥为辅，以农家肥料为主，化学肥料为辅的原则，做到因地施肥，平衡用肥，经济施肥，配方用肥，适当增施钾肥。通过施肥，达到前期肥效快，促进秧苗早发；中期肥效稳，地下部与地上部生长协调，壮而不旺；后期肥效较长，茎叶不脱肥、不贪青，薯块大，产量高。

(三)确定扦插密度

甘薯合理密植是为了调整群体与个体的关系，协调地上部生长与地下部生长的矛盾，合理利用光能和地能。栽秧密度要因地制宜，一般应遵循肥地宜稀，薄地宜密；长蔓品种宜稀，短蔓品种宜密；春薯宜稀，夏薯、秋薯宜密的原则，正确确定甘薯的合理密度。一般华北地区春薯 5.25 万～6.75 万株/hm^2，夏薯 6 万～7.5 万株/hm^2 为宜。春薯的行距一般为 70～80 cm，夏薯为 60～70 cm。行距过小，费工、管理不便，而且垄沟太浅，不易排水。株距一般以 20～25 cm 为宜。

(四)扦插时期及方法

甘薯扦插时期的主要依据是温度、雨水和耕作制度等。春薯一般气温稳定在 15℃以上，5～8 cm 地温稳定在 17～18℃，晚霜已过为适宜栽插期。北方一般在 4 月中下旬，南方较早一些。夏薯在前作物收获后抢时早栽，力争在 7 月上旬栽完。

甘薯适时早栽是增产的关键。在适宜的条件下，栽秧越早，生育期越长，结薯早而多，块根膨大时间长，产量高，品质好，栽秧越晚则与之相反。但栽插过早，易受低温危害；太晚，随着时间的推移产量递减。

薯苗栽插方法有直插、斜插、船底插和水平插等。

薯苗短时多采用直插法。即将薯苗下部 2～3 节垂直插入土中，深 10 cm 左右，入土较深，只有少数节位分布在适合结薯的表土层中，一般成活率高，但单株结薯较少，多集中于上部节位，但膨大块，大薯多。在山坡干旱、瘠薄及沙土地使用此种方法。

斜插薯苗埋土 10～13 cm，斜插角度为 45°左右，是当前大田生产上普遍采用的扦插方法。此法薯苗成活率较高，单株结薯少而集中，结薯大小不均匀，上层节位结薯较大，下层节位结薯较小。斜插法简单，适合在山风丘陵或缺少水源的旱地采用。若加强水肥管理，即使单株结薯不多，但因薯块大仍能获得较高产量。

船底插一般选用 20～25 cm 的薯苗，将头尾翘起如船底形，埋入土中 5～7 cm 深。因入土节位较多且多数节位接近土表，利于结薯且薯块多。此法适于土壤肥沃、土层深厚、无干旱威胁的地块使用，充分发挥其结薯多的优势获得高产。缺点是薯苗中部入土较深的节位往往结薯少而小，甚至空节不结薯。

水平插，薯苗埋土节数较多，覆土较浅，各节位大都能生根结薯，结薯较多且均匀，产量较高，适合水肥条件较好的地块。但其抗旱性较差，如遇高温干旱、土壤贫瘠等不良条件，保苗较困难。

甘薯除了育苗移栽以外，在有些地方还采用直播技术，也称为“下蛋栽培”，即选重 0.1 kg 左右，长度 8～12 cm 的薯块，于 4 月 20 日前后起垄直栽。垄顶宽 30 cm，栽时坐窝浇水，薯块直立入土 5 cm，覆土埋严薯块，用手压实。出苗后，扒开覆盖薯块的土。

栽插时最好选择阴天土壤不干不湿时进行，晴天气温高时宜于午后栽插。大雨天气栽插易形成柴根，应在雨过天晴土壤水分适宜时再栽。如果是久旱缺雨天气，应考虑抗旱栽插。

查一查：

1. 你所在地区甘薯基肥施用的种类与方法有哪些？
2. 扦插前如何对薯苗进行处理？

子项目三 甘薯田间管理技术

田间管理应根据甘薯不同生长时期的生长特点及其对环境条件的要求，结合栽插期、品种与水肥条件，因地、因时、因苗，正确运用管理措施，协调地上部与地下部的生长以获得高产稳产。

甘薯田间管理分为三个时期：生长前期、生长中期和生长后期。

一、前期田间管理

主要指从甘薯扦插到封垄这一段时间。高产春薯要求在 6 月底封垄，夏薯要求在 7 月底 8 月初封垄。

前期管理主要是在保证全苗的前提下达到根系、茎叶和群体的均衡生长。春薯在生长前期，气温较低，雨水较少，茎叶生长较慢。管理应以促为主，但不能肥水猛促，否则造成中期茎叶徒长而影响块根膨大。夏薯由于生育期短，也是以促为主。具体管理措施有：

1. 查苗、补苗

甘薯栽插后 3～5 d，要随时查看是否有缺苗、死苗，发现缺苗断垄的田块，要及时补栽壮苗，补缺后浇透水，促进晚苗快发，保证全苗。最好在田边栽一些备用苗，补苗时带土补栽，保证成活率。补苗最好在下午或傍晚进行，以便避开烈日暴晒。

2. 中耕培垄

在秧苗返青后即可开始中耕，以利茎叶早发、早结薯，中耕次数约 2～3 次。雨后或灌水后及时中耕，可增强表土透气性，防止土壤板结。为预防垄背塌陷，暴露薯块，结合中耕要进行培土扶垄。

用乙草胺封闭杂草，于晴天上午露水干后喷洒垄面，喷时尽量勿使药液与甘薯茎叶接触，以防产生药害。或等杂草2～3片叶以后用高效盖草能进行防治。

3. 追肥

本次追肥包括追提苗肥和壮秧催薯肥。在土壤贫瘠或施肥不足的田地，结合查苗补栽，及早追施提苗肥。这次追肥量应适量，以速效肥为主。应遵循“肥地不追，弱苗偏追”的原则，即不必普施，以追小苗、弱苗为主，这是确保苗匀苗壮和提高产量的有效措施。在小苗、弱苗侧下方6～10 cm处开小穴施入一小撮速效氮肥，随后浇水盖土，促使苗齐苗壮。肥料主要是速效氮肥，施用量为硫酸铵45～75 kg/hm^2。

栽后30～40 d，即团棵期前后追施壮秧催薯肥。在垄基部开沟深施，每公顷追施硫酸铵112.5～150 kg，硫酸钾150 kg或草木灰1 500 kg，追后随即浇水中耕。瘠薄地宜早施、多施，肥沃地晚施、少施或只施用钾肥即可。

4. 浇促秧水

甘薯生长前期土壤湿度以田间持水量70%为宜，当持水量在60%以下时，需及时浇水。浇水应采取隔沟顺垄细水慢灌，灌水量不过半沟。浇水后要及时中耕松土，以利于通风保墒、提温。

5. 适时打顶

分枝多、旺长的品种，当主蔓长50～60 cm时，打去未展开嫩芽，待分枝长50 cm时打群顶。

6. 防治害虫

生长前期常有地下害虫如地老虎、蛴螬、蝼蛄、金针虫等为害，要做好这些地下害虫的防治工作，以防造成缺苗。可用5%辛硫磷颗粒剂30 kg/hm^2，在起垄时撒施。也可用毒草诱杀，取鲜草25～40 kg，铡成1.7 cm长，与90%敌百虫0.05 kg，清水适量拌均匀后，于傍晚撒在薯苗根附近地面上诱杀。

此外，清除杂草、诱杀成虫、冬前耕地等措施也可减少害虫发生量。

7. 及早化控

水肥地为预防后期旺长，应及早采取化控，封垄时用15%多效唑1 kg/hm^2，加水750～900 kg/hm^2，喷洒一次后，隔10～15 d再喷洒一遍，控制茎叶后期旺长。

二、中期田间管理

主要指茎叶封垄到茎叶生长盛期。甘薯生长中期处于高温多雨、日照少的时期，根系和地上部光合器官基本建成，生长旺盛，叶面积达到最大值，地下结的薯块已经确定，持续膨大生长，需要较多的水肥供应。在肥水条件高的地块，长势旺的品种遇到持续阴雨天气容易出现旺长。这一时期田间管理应控制茎叶平稳生长，促使块根膨大，要根据甘薯田的情况有针对性地进行管理。

1. 灌溉抗旱与排水防涝

此时期甘薯生长旺盛，需水较多，如土壤干旱时应及时隔沟浇水，水量不应超过垄沟深的一半。

甘薯抗旱不耐涝，积水就会形成涝灾，影响品质。土壤含水量过高，造成内涝，易引起甘薯徒长。垄沟内积水，又很容易造成块根腐烂。所以，在雨季以前应提前修通排水渠道，遇到大雨及时排除积水，使土壤保持适宜的水分，保证甘薯正常生长。

2. 保护茎叶切忌翻蔓

翻蔓使光合作用的主要器官(叶片)受损伤。翻蔓后由于叶片翻转、重叠、稀密不均，改变了原有叶片自然排列状况而影响光合作用，严重影响叶片的光合作用。翻蔓还会使茎蔓折断，促使腋芽大量萌发，与薯块争夺养分，减少了养料向块根转移。研究表明，甘薯翻蔓一般减产10%～20%。

所以甘薯封垄后最好不要翻蔓，但对于长势壮、生长过旺的地块可采用提蔓断根的方法防止跑根过多，具体做法是：将甘薯茎枝提起，等不定根断开后轻放回原位，不可翻乱茎叶的原有正常分布。

3. 追肥

甘薯追肥应遵循“前轻、中重、后补”的原则。甘薯苗期吸收养分少，中期吸收养分速度加快、数量增多，接近后期逐渐减少。甘薯生长中期需钾肥较多，应注意追施钾肥，可施硫酸钾300～375 kg/hm^2。

4. 防治害虫

为害的害虫主要有卷叶虫、造桥虫、黏虫、斜纹夜蛾、天蛾，注意保护和利用天敌防治甘薯虫害，利用害虫的趋光、趋味性进行诱杀或人工捕杀。当害虫进入盛发期或食叶害虫幼虫在3龄前提倡利用生物药剂喷雾或喷粉防治害虫。

三、后期田间管理

从茎叶生长开始衰退到收获阶段，也称薯块盛长期。该期的甘薯茎叶生长逐渐衰退，而块根增重加快。后期管理主要是保护茎叶，延长叶片功能期，防止早衰或贪青，促进块根膨大增重，对土壤干旱的要及时早浇水，秋涝年份要注意排水，保持土壤含水量的60%～70%，对生长正常的地块。可用磷钾肥根外追肥，有脱肥早衰现象的，则用标准氮肥对水逐棵浇施。

1. 追肥

甘薯茎叶进入回秧期，为防止早衰，延长和增加叶片光合作用，促进块根膨大，可适量追少量氮肥。可施尿素75～120 kg/hm^2，以防止茎叶早衰，促进块根膨大，但要注意追施氮肥不宜过多，以防贪青。甘薯在收获前45～50 d，根系吸收养分的能力转弱，可以喷洒0.2%磷酸二氢钾或2%硫酸钾溶液，有增产效果。

2. 灌溉和排水

甘薯回秧后，生长量小，需水少。但生长后期雨水较少，常有旱情，当土壤湿度小于田间持水量的55%时，应及时浇小水防止茎叶早衰，但收获前20 d内最好不要浇水。如遇秋涝，会影响块根膨大，出干率降低，不耐储藏，此时应及时排水。

查一查：

1. 甘薯田间管理各时期主要病虫草害有哪些？如何防治？
2. 脱毒甘薯的栽培技术。

子项目四　甘薯收获储藏技术

一、甘薯适期收获

(一)收获时间

甘薯收获的迟早和作业质量与薯块产量、干率、安全储藏和加工等都有密切关系。甘薯块根是无性营养体,没有明显的成熟期,收获机动灵活。可以根据作物布局、耕作制度、初霜的早晚,以及气候变化来确定收获适期。通常根据当地气温和具体需要而定,其中气温变化最重要,一般应在当地平均气温降到12～15℃收获最佳。甘薯收获期应安排在后茬作物适时播种之前,要根据具体情况,分轻重缓急安排收获次序。

收获应选晴天土壤湿度较低时进行,收前1～2 d割掉茎叶和清除田间残留的枝叶,以免病菌侵染块茎。当甘薯植株大部分茎叶枯黄,块茎易于匍匐茎分离,周皮变厚,块茎干物质含量达到最大值,为食用和加工用块茎的最适收获期。留种用甘薯应掌握在霜降前5～7 d收获为宜,以避免低温霜冻危害,提高种性以及便于安全储存。收获过程中,要尽量减少机械损伤,并要避免块茎在烈日下长时间暴晒而降低种用和食用品质。另外,加工、储存、晾晒等准备工作应同时进行。

(二)收获方法及注意事项

甘薯收获方法主要有人工收获和机械收获两种。人工收获时,可先将茎蔓割掉,再刨收薯块,此法收获费工、费时、费力、破碎多、漏薯多。机械收获田间收获进度快,效率高,成本低,薯块损伤率低,能克服人工收获的缺点。

收获时应做到轻刨、轻装、轻运、轻放、保留薯蒂,尽可能减少伤口,以便减少储藏病害的侵染概率。另外,要注意天气变化,防冻、防雨,边收边储,不在地里过夜,因为鲜薯在7℃就会受轻微冻害,而且不宜察觉,储存1个月后溃烂才表现出来,造成人为的损失。不损伤薯蒂,在储存中可以减少烂薯,做种薯用,薯蒂上的潜伏芽能增加产苗数。

收获后,薯块要选择分类,做好装、运、储各道工序,即剔除断伤、带病、虫储、冻伤、水浸、雨淋、碰伤、露头青、开裂带黏泥土的薯块,以减少薯窖中的病害发生。同时还要注意春、夏薯分开,不同品种分开,大小块分开,种薯单存。

想一想:

为什么要积极推行甘薯机械化生产?

查一查:

甘薯的大、中、小薯块是如何划分的?

二、甘薯安全储藏

甘薯储藏是甘薯生产中的重要环节。甘薯体积大,水分多,组织柔嫩,在收获、运输、储藏过程中,容易碰伤薯皮,增加病菌感染机会,同时薯块水分散失快,降低了块根的储藏性。甘薯不耐低温，容易遭受冷害和冻害而引起烂窖。所以必须抓好收获、运输、储藏过程中的每一个环节，才能保证甘薯安全储藏。

(一)储藏生理

1. 呼吸作用

甘薯呼吸强度的大小与温度、湿度和氧气有关。储藏的适宜温度为11～14℃，储藏窖温度若低于10℃甘薯的呼吸强度弱，甚至失去生机；高于18℃，呼吸强度大，容易发芽。根据储藏环境中氧气的充足与否，薯块可进行有氧和无氧呼吸，其中无氧呼吸的产物酒精和二氧化碳过多时，薯块易中毒而引起腐烂。据报道，储藏窖内氧气含量为15%、二氧化碳含量为5%时，能适当控制甘薯呼吸强度、抑制病菌活动、提高耐藏力。储藏的适宜相对湿度为85%～90%，若温度较高且相对湿度低于70%时，呼吸强度也随之提高，薯块容易失水造成“糠心”。

2. 块根愈伤组织的形成

薯块碰伤后，伤口数层细胞失去淀粉粒，木栓化为周皮，形成愈伤组织，具有保护的作用，可防止病菌侵入和水分的散失，有利于甘薯的储藏。在高温高湿条件下，愈伤组织形成较快，反之较慢。

3. 薯块化学成分的变化

薯块储藏一段时间后，部分淀粉会转化为糖和糊精，因而淀粉含量会降低。在储藏过程中，薯块中具有巩固细胞壁作用的原果胶质会转变为可溶性果胶质，故组织变软，病菌易侵入。

(二)甘薯安全储藏所需的环境条件

1. 温度

温度对甘薯的安全储藏很大，是非常重要的影响因素。甘薯储藏的最适温度为10～14℃，最低温度不能低于9℃，最高温度不能超过15℃。低于9℃易受冷害，使薯块内部变褐色发黑，发生硬心、煮不烂，后期易腐烂；温度低于－2℃时，薯块内部细胞间隙结冰，组织受到破坏，发生冻害，冷害和冻害都会引起薯块腐烂，从而造成烂窖；若长期处于15℃以上的环境，薯块呼吸作用加剧，消耗大量养分，同时甘薯容易发芽，降低薯块储藏品质。因此，在甘薯储藏期间，保持适宜的温度条件是安全储藏的基本保证。

2. 湿度

储藏期间需要一定的湿度来保持甘薯的鲜度。甘薯储藏的最适湿度为80%～95%。若储藏窖内的相对湿度低于60%时，易引起甘薯失水萎蔫，品质下降；窖内湿度过大，在甘薯储藏初期，常因外界温度较高薯块呼吸作用旺盛，薯堆内水汽上升，遇冷后产生凝结水，浸湿薯堆表层薯块，有利于病菌滋生，易感染病害。若高温与高湿的环境条件并存，还会助长病害蔓延。

3. 空气

氧气对甘薯的安全储藏也很重要，能够满足其正常呼吸，保持生命力。如果储藏窖内长期密闭，通风不良，二氧化碳浓度过高，不但不利于薯块的伤口愈合，反而使薯块被迫进行缺氧呼吸，产生大量酒精，引起薯块酒精中毒而发生腐烂，同时缺氧也容易引进病害的发生。试验表明，甘薯块根正常呼吸转为缺氧呼吸的临界含氧量在4%左右。

(三)甘薯储藏技术要点

1. 入窖甘薯和储藏窖的处理

(1)入窖甘薯的选择及处理　入窖薯块要严格挑选，剔除破伤、带病、虫咬、受冻、水浸等薯块。带病的、虫咬的、破损的、水淹的薯块，在甘薯储藏地晾晒 3～4 d 后入窖。

入窖时对商品薯块进行灭菌处理，然后再下窖是减少储藏期病害发生的关键措施。具体灭菌方法有药剂处理和高温大屋窖灭菌处理两种。药剂处理能有效杀死薯块表面及浅层伤口内的病菌，对甘薯黑斑病、软腐病有良好的防治效果，但对低温、湿害、机械损伤等引起的生理病害无效果。甘薯保鲜剂、多菌灵、甲基托布津均可作为处理药剂。处理方法：可用 50%多菌灵 300～500 倍液或 5%的代森铵 200～300 倍液，浸种 10 min，淋去药水后入窖。也可以用甘薯保鲜剂，每包可处理薯块 250 kg。高温处理应注意两点：一是要注意安全，以防中毒；二是注意薯堆最高温度区不宜超过 40℃，以防烧薯。

甘薯入窖时还要做到分类入窖，即将春薯和夏薯分开；不同类型的品种分开；大、中、小甘薯分开；商品薯、种薯、自己食用的甘薯分开；不同等级的商品薯分开。

(2)储藏窖的处理　用过一年以上的甘薯储藏窖均属于旧窖。如用旧窖，入窖前要彻底清扫、灭鼠，然后进行消毒。旧窖须将窖内四壁的旧土铲除一层再进行消毒处理。消毒可以用硫黄封闭熏蒸，按 500 kg/hm^2 用量放置，多点散放于窖内，并用锯末助燃，熏蒸 2～3 d，然后充分通风；也可以用 2%的福尔马林喷洒消毒，密闭 2 d 后，打开窖门通风，消毒 2 周后可以使用。

2. 储藏方法

(1)高温大屋窖储藏　大屋窖的结构与普遍房屋相似，但墙壁屋顶很厚，四周密封，窗户打开，有加温用的火道，可进行高温愈伤处理。

大屋窖分为半地下式和地上式两种。如修建半地下式，可向下挖 0.7～1 m 再垒墙。若修建地上式，可自地面向上垒墙，墙厚 0.7～1 m，要垒成双层墙，中间填土或填碎草，墙高约 2 m，南边或东边留门。屋顶起脊，瓦顶或草顶皆可，顶厚约 0.5 m，房檐要包严，不能裂缝透风。前后墙要留对口窗，室内建回笼火道，室外在进火口处修建煤火灶。

甘薯入窖前在窖内铺设秸秆或其他干燥柔软的衬垫物。薯堆中间每隔 1 m 左右放一个通气筒或高粱把。堆高 1.3～1.5 m，上留约 0.5 m 空间，薯堆四周不可直接靠墙。

高温愈伤处理时，火要大，加温要猛，使窖温在一昼夜内上升至 32～35℃。薯堆上、中、下都要放置温度计，每隔 1～2 h 检查一次温度，保持 4～6 d 高温。高温处理后应打开窖口及对口窗，使窖温迅速下降至 15℃左右，即可进入正常储藏管理。储藏前期若窖温过高，可在晴天开窗散热，待窖温稳定在 13℃时应注意保温。以后随气温下降加挂门帘，并堵死出气口。天气再冷时应生火加温，并在薯堆上盖草保温。立春后天气转暖，在晴天可适当开窗通气。储藏期间要隔 2～3 d 检查一次窖温，尤其应注意窖西北角下部易出现低湿。

(2)井窖储藏　这种窖型在我国北方应用较广，保温、保湿好，但通气较差，运输不便。选择地势高、土质坚实的地方，向下挖一井筒，一般上井口直径 1 m 左右，下口直径 1.5 m，深 5～6 m。井筒底部正中留一土台，再从井底向两侧水平方向挖宽约 1 m，高约 1.5 m 的洞，挖进约 1 m 以后再往大扩展成为储藏室，储藏室内要垫 10～15 cm 厚的干沙，其上放置甘薯。储藏室的大小可根据储藏量多少而定，高 1.5 m、宽 1.5 m、长 2～3 m 的储藏室一般可储甘薯 1 500～2 000 kg。井窖口要比平地高出 30 cm 左右，以防雨水或雪水流入窖内。甘薯装七成满，以便留出换气的地方，否则会因湿、热而加重腐烂。

(3)棚窖储藏　多建在地下水位高或土质疏松的地方。建窖较为简便，但要年年拆建。地窖一般宽 1.5 m 左右、深 2 m 左右、长度随储量而定。挖出的土垫在窖口四周，高出地面 30 cm 以上。窖口每隔 80 cm 架木棍 1 根，铺约 30 cm 厚的玉米秸、稻草或麦秸，秸秆上面覆土 0.5～

0.8 m。在窖的东南角留一出入口,供通风换气和进窖检查用。

将甘薯由底向上逐块堆积,在甘薯与窖壁之间要围垫约 10 cm 厚的细软草,避免甘薯与窖壁直接接触,近地表部位围草应加厚一些。薯堆高约 1～1.3 m,上面约留 1m 的空间。储藏初期采用自然通风的办法散热,但出入口一般要盖上草帘。当窖温下降到 13～15℃时,里面再盖上 10～15 cm 厚的干豆叶或稻壳。为防止窖边土层冻结,窖底覆土要从窖边四周向外 1 m 远的地方开始。在窖底纵横方向挖三条宽和深各约 20 cm 的通气沟,横沟与纵沟等距离交义,两端沿窖壁通到薯堆的上面。通气沟上棉排木条或秸秆,注意不要被薯块堵塞。

3. 储藏期间的管理

甘薯储藏期的管理主要是根据安全储藏的条件,调节内窖内的温度、湿度。应掌握储藏前期降温排湿,中期保温防寒,后期稳定窖温三个原则。

(1)储藏前期的管理　储藏前期指甘薯入窖后的前 20 d,此期外界气温较高,薯块正处于呼吸旺盛期,放出较多的水气、二氧化碳和热量,窖温高,湿度大,常发生“发汗”现象。管理上以降温、排湿为主,应打开窖口门窗和通风口,使窖温和湿度都保持在最适储藏的范围内。

(2)储藏中期的管理　指甘薯入窖后 20 d 至次年 2 月初(立春前后)。此期时间长,薯块呼吸强度减弱,产生热量少,外界气温逐渐降低,是易受冷害的主要时期,故此阶段管理以保温防寒为中心,应采取严封门窗、通风口,薯堆盖草等保温措施使窖温保持在 12～14℃,不要低于 10℃。

(3)储藏后期的管理　立春以后至出窖为储藏后期。后期以稳定窖温,加速通风换气为主。立春以后,气温逐渐回升,但天气冷暖多变,薯块经过长期储藏,呼吸微弱,经不住窖温的剧烈变化,故要稳定好窖温,控制在 12～14℃。晴暖天气中午打开通风口通风换气,但要注意及时关闭。

想一想:

甘薯烂窖的原因及防止对策。

查一查:

1. 为什么不要对种薯使用保鲜剂等化学药剂?
2. 你所在地区采取哪些方式进行甘薯的储藏?

复习思考

一、填空

1. 我国华北地区春薯生育期一般为(　　)天。
2. 甘薯的一生分为(　　)、(　　)和(　　)三个生育时期。
3. 甘薯的根可分(　　)、(　　)和(　　)三种。
4. 能吸收水分和养分,增强甘薯抗旱能力的根是(　　)。
5. 甘薯育苗方式有(　　)、(　　)、(　　)、(　　)、(　　)和(　　)几种。
6. 种薯上床排薯的方法有(　　)、(　　)和(　　)三种。
7. 种薯上床后,前 4 d 床温应保持在(　　)。

8. 甘薯苗床管理的基本原则是(　　),(　　),(　　),(　　)。
9. 甘薯温汤浸种时置入温水的温度应是(　　)。
10. 甘薯整地时适宜的耕作深度是(　　)。
11. 甘薯的栽插方法有(　　)、(　　)、(　　)和(　　)。
12. 甘薯壮苗的适宜苗龄是(　　)d左右。
13. 华北地区春薯栽插密度为(　　)。
14. 甘薯安全储藏时氧气含量应不低于(　　)。
15. 甘薯发生冻害是由于温度低于(　　)。

二、选择

1. 若土壤氮素过多,通气性差,湿度过大时,(　　)数增多。
A. 须根　　B. 梗根　　C. 块根
2. (　　)徒耗养分,无经济价值,大田生产时应控制其生长。
A. 须根　　B. 梗根　　C. 块根
3. 甘薯块根膨大最快的时期(　　)。
A. 苗床期　　B. 发根分枝结薯期　　C. 薯蔓并长期　　D. 薯块盛长期
4. 甘薯的叶为单叶互生,品种不同叶片的形状也不同,有(　　)。
A. 心脏形　　B. 肾形　　C. 三角形　　D. 椭圆形
5. 培育夏薯苗的重要方法之一是(　　)。
A. 回龙火炕育苗　　B. 酿热温床育苗
C. 冷床覆盖塑料薄膜育苗　　D. 采苗圃
6. 春薯栽插适期 5～10 cm 地温应稳定在(　　)。
A. 17℃　　B. 15℃　　C. 12℃　　D. 10℃
7. 当甘薯苗高(　　)时应及时采苗。
A. 20～23 cm　　B. 30～33 cm　　C. 10～15 cm　　D. 26～28 cm
8. 块根收获前(　　)内不宜浇水。
A. 10 d　　B. 15 d　　C. 20 d　　D. 30 d
9. 华北地区春薯的扦插密度一般为(　　)。
A. 5.25 万～6.75 万株/hm^2　　B. 3.5 万～4 万株/hm^2
C. 4.2 万～5.0 万株/hm^2　　D. 7.5 万～8.0 万株/hm^2
10. 甘薯一般在当地平均气温(　　)时可以进行收获。
A. 20℃　　B. 15℃　　C. 10℃　　D. 25℃
11. 对甘薯产量影响最大的因素是(　　)。
A. 种植密度　　B. 块根重　　C. 块根数量　　D. 种植时间
12. 甘薯育苗中期以平温长苗为主,温度控制在(　　)。
A. 25～28℃　　B. 30～32℃　　C. 35℃左右　　D. 22～25℃
13. 甘薯储藏的湿度,一般以相对湿度的(　　)为宜。
A. 100%　　B. 70%～80%　　C. 85%～90%　　D. 90%～95%
14. 甘薯储藏前期一般是指入窖后(　　)。
A. 10～20 d　　B. 30～40 d　　C. 20～30 d　　D. 50～60 d

15. 利于甘薯伤口愈合,对灭菌消毒有明显效果的处理方式是(　　)。

A. 高温高湿　　B. 高湿低温　　C. 高温低湿　　D. 低温低湿

三、简答

1. 甘薯三种根的形态特征及其功能是什么?
2. 什么条件适于块根形成?
3. 简述甘薯育苗排薯技术要点。
4. 简述甘薯烂床的原因及防治方法。
5. 甘薯苗床前期管理的主要管理技术有哪些?
6. 甘薯吸收氮、磷和钾的特点是什么?
7. 甘薯施肥的原则是什么?
8. 甘薯起垄时应注意哪些问题?
9. 简述甘薯合理密植的原则。
10. 为什么甘薯生产上提倡提蔓,反对翻蔓?
11. 甘薯大田生长分为哪几个阶段?各阶段有哪些管理要点?
12. 如何掌握甘薯的收获适期?
13. 甘薯收获时应注意哪些问题?
14. 怎样对甘薯进行高温愈伤处理?
15. 甘薯储藏方法有哪些?各有什么特点?

项目九　甜菜栽培技术

【知识目标】

了解甜菜各生育阶段的特点，甜菜生长发育对环境的要求，甜菜含糖量与环境之间的关系以及甜菜的需水需肥规律。

【技能目标】

掌握甜菜播前准备、播种技术、田间管理技术、收获技术、纸筒育苗栽培技术及甜菜覆膜栽培技术。

【项目导入】

古时一员外，家有四口，老大乃前妻所生，老二为后妻所养。后妻唯虑长子分其财产，时常暗中加害之。对亲生儿却异常娇宠。一年正月，天气十分寒冷，后妻吩咐两个儿子上山种葵(叶用甜菜又名冬葵、葵菜)，要求他们不待葵菜破土发芽则不许回家。暗中她将一包用热水浸过的种子给长子，而没浸过的种子则给自己亲生的儿子。她以为泡过的菜种不会发芽，长子将因此被冻死在山上。谁料葵菜种子经过浸泡后出苗更快，且长子生活能力强，很快便健康地回到家中。次子由于长期娇生惯养，生存能力差，因饥寒交迫而死在山里。故古人说：葵者，揆也，可揆测人心。从此这则故事便广泛地流传于民间。

甜菜的历史，可追溯到远古的希腊时代，古人视甜菜为神圣之物，每逢祭拜时，将甜菜呈献给阿波罗神，因此甜菜根被称为是阿波罗的礼物。长久以来，在欧洲民间与药草疗理师的心目中，一直保持着极高的地位，就好比是中国的灵芝，是用来进贡给天子享用的宝物。

甜菜古称忝菜，是黎科甜菜属二年生草本植物，包括14个野生种和1个栽培种。栽培种有5个变种：食用甜菜、叶用甜菜、糖用甜菜、饲用甜菜、观赏甜菜。叶用甜菜，俗称厚皮菜，叶片肥厚，可食用。叶用甜菜大约是在公元5世纪从阿拉伯引入我国，主要在长江流域及黄河流域种植。火焰菜，俗称红甜菜，根和叶为紫红色，块根可食用，因此也称食用甜菜。饲料甜菜，专门作为牲畜饲料，其块根产量较高。糖用甜菜俗称糖萝卜，块根的含糖率较高，是制糖工业的主要原料。栽培的糖用甜菜品种根据其生物学及经济学特征，大体可分为丰产型、高糖型、标准型三种类型。丰产型的甜菜叶色深绿，叶片数多，块根的叶丛产量高，工艺成熟较晚，块根含糖率较低，但块根产量高，适合于生长期长和肥水条件好的地区或地块种植。高糖型的甜菜叶色绿或浅绿，生长期较短，块根产量较低，工艺成熟较早，块根含糖率高，适合于提早加工，适宜在生长期较短和肥水条件差的地区种植。标准型甜菜介于丰产型和高糖型之间，属于中间类型。按种球内种子粒数分为单粒种、双粒种和多粒种。

苏联卡尔平科认为糖用甜菜是由起源于地中海沿岸的野生种演变而来。古罗马农学家瓦罗在公元前一世纪著述的《论农业》一书中曾提到过“播种甜菜根”。经长时期人工选择，到公元 4 世纪已出现白甜菜和红甜菜。公元 8—12 世纪，糖甜菜在波斯和古阿拉伯已广为栽培，其栽培品种后又由起源中心地传入高加索、亚细亚、东部西伯利亚、印度、中国和日本。当时主要以甜菜的根和叶作蔬菜用。甜菜作为糖料作物开展科学研究，是从 18 世纪后半叶开始的，至今仅有 200 多年。1747 年，德国化学家、普鲁士科学院院长 A·马格拉夫首先发现甜菜根中含有蔗糖，他的学生 F·C·阿哈德通过进一步的人工选择，于 1786 年在柏林近郊培育出块根肥大、根中含糖分较高的甜菜品种。这是栽培甜菜种中最重要的变种，也是世界上第一个糖用甜菜品种。18 世纪后半叶甜菜已成为制糖原料。1802 年，世界上第一座甜菜制糖厂在德国建立。19 世纪初，法、俄等国相继发展了甜菜制糖工业。全世界有 45 个国家种植甜菜，欧洲是世界甜菜的主产区，其次为北美洲，亚洲占第 3 位，南美洲最少。

我国种植甜菜的历史更短。据史料记载，我国是 1906 年开始引入糖用甜菜在沈阳市首先试种，并于 1908 年建成第一座甜菜机制糖厂——黑龙江省阿什河甜菜制糖厂。而后，1916—1921 年在我国华北的部分省区引种试种成功。1936—1940 年又在新疆、甘肃、陕西等西北地区相继引种成功。目前我国甜菜种植省、自治区达 10 余个，主产区在北纬 40°以北，包括东北、华北、西北三个产区。其中东北种植最多，约占全国甜菜总面积的 65%。这些地区都是春播甜菜区，无霜期短、积温较少、日照较长、昼夜温差较大，甜菜的单产和含糖率高、病害轻。

查一查：

1. 目前，世界甜菜主产国分别是哪几个国家？我国的甜菜的主产省是哪几个？单产最高的是哪个省？
2. 甜菜块根中的蔗糖是如何发现的？
3. 东北春播甜菜区有哪些特点？

子项目一　甜菜栽培基础

一、甜菜的一生

甜菜是二年生作物，播种后第一年进行营养生长，形成繁茂的叶丛和块根，在块根中积累糖分。第一年收获的块根主要用于制糖，称为原料根；若留作采种的块根，则称为母根；经历一定的条件第二年移植到地里，重新长根长叶，形成新的叶丛，然后抽薹、开花、结实。因此甜菜从播种到种子成熟要经历 2 年的时间。

(一)植物学特征

甜菜为藜科甜菜属，二年生草本植物，第一年进行营养生长，第二年进行生殖生长。

1. 根

根系属直根系，为变态肉质直根，根由主根、侧根和支根组成，根很发达，成熟时主根深达 2 m 以下，侧根向四周扩展 1 m 左右，属深根作物。因此吸收能力强，抗旱。其特点是主根生长很快发育良好，并由主根发出大量侧根，同时侧根上长出支根，主根、侧根和支根，统称为根系。主根由胚根发育而来，并且通常在土壤中呈垂直状态，向土壤下层扎入很深。由根体腹沟和主根直接发生的根为侧根，亦称一级侧根；由一级侧根发生的根为支根，亦称二级侧根；由二级侧根发生的根为三级侧根。所有侧根亦称为须根。甜菜的根系分布及甜菜与其他作物根系比较如图 9-1、图 9-2 所示。

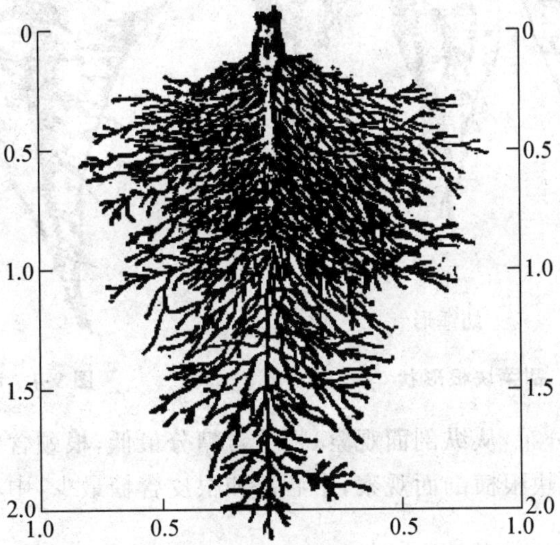

图 9-1　甜菜的根系(单位:m)

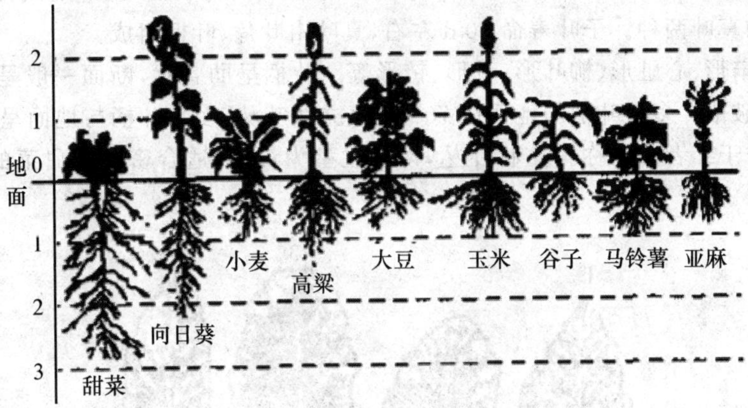

图 9-2　甜菜和其他作物根系比较(单位:m)

甜菜当 5～6 片叶形成时，甜菜主根上部开始膨大逐步形成肉质直根。甜菜根的形状很多，有楔形、圆锥形、纺锤形和锤形等，不良的条件下会形成畸形根。根形与产量和品质有密切的关系。甜菜块根的大小以 1.5～2 kg 为宜。甜菜的块根形状如图 9-3 所示。

甜菜块根自上而下可分为根头、根颈、根体和根尾四部分。根头又称青头，是缩短的茎，其上丛生叶片。根颈由子叶下胚轴形成，位于根头与根体之间，上部以叶痕为界限，下部以腹沟的顶端为界。根颈既不生叶，也不长根。根体由胚根形成，根颈下端至主根直径 1 cm 处为根体，根体两侧各生有一条根沟，生长大量须根。根沟的方向与子叶展开的方向一致。直径 1 cm 以下细根称为根尾。一般根头和根颈的长度占根总长度的 20%、30%，而根体占 70%～80%。甜菜的块根构成如图 9-4 所示。

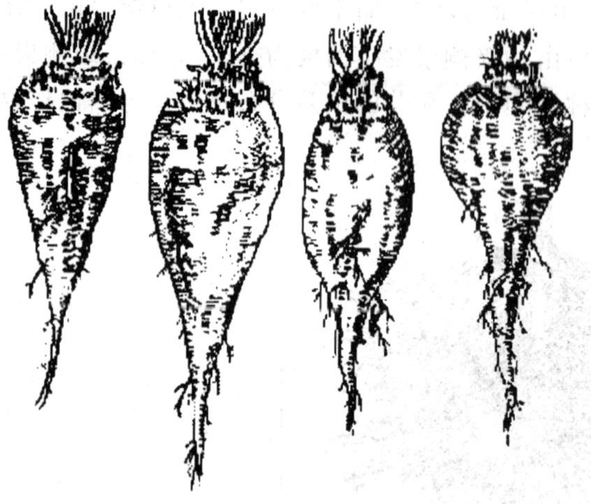

图 9-3 甜菜块根形状

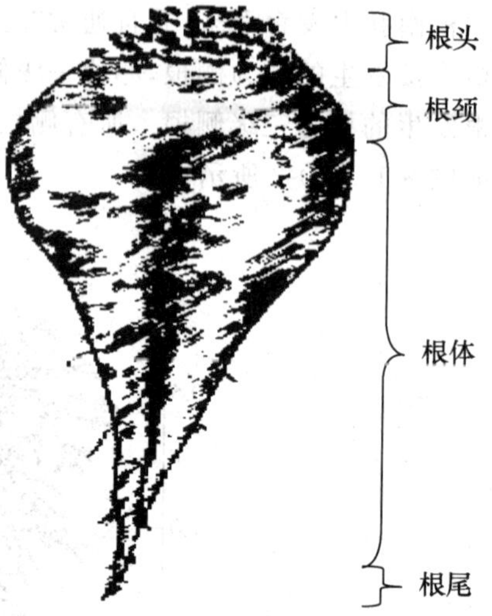

图 9-4 甜菜块根构造

甜菜块根中糖分的分布：从纵剖面观察，根头含糖分最低，根颈含糖量较高，根体中糖分最高，根尾糖分又减少。从块根横剖面观察，中心部和根皮含糖最少，中心起 3/4 部分含糖最多，内层次之，外层最少。

2. 叶

甜菜属于双子叶植物。甜菜叶是单叶，由根头顶端的叶芽长出，以螺旋式排列丛生于根头上，叶有子叶和真叶两种。子叶寿命 30 d 左右，真叶由叶片、叶柄组成。

叶形有团扇形、心脏形、柳叶形、舌形、铲形等。叶柄呈肋骨状，断面一般呈三角形。叶片表面光滑也有皱褶。多数叶柄与地面成 70°，称直立状叶丛；多数叶柄与地面呈 30°以下角，称匍匐状叶丛；居于二者间的称斜立状叶丛，以直立型为最好，适合密植。甜菜的叶型如图 9-5 所示。

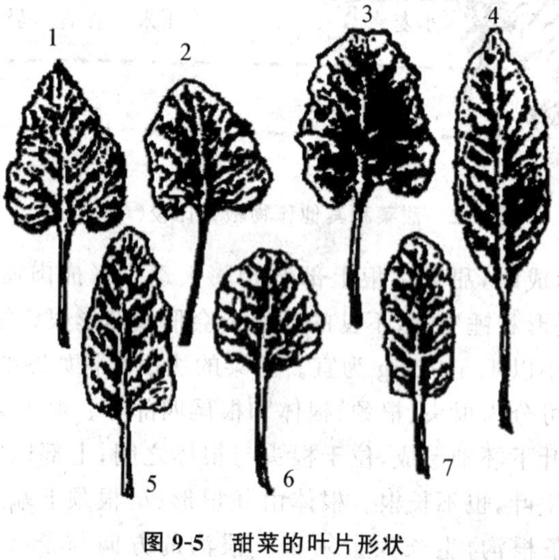

图 9-5 甜菜的叶片形状

1. 犁铧形 2. 心脏形 3. 盾形 4. 柳叶形
5. 舌形 6. 团扇形 7. 矩形

甜菜子叶展开后 8～10 d 生出对生的 1、2 片真叶，经过 6～7 d 先后长出第 3 片和第 4 片真叶，从第 5 片叶以后各叶以互生形式，单个长出，5～10 叶平均 3 d 长出 1 片，11～20 叶平均 2 d 长出 1 叶，21～30 叶平均 1 d 长出 1 片，一生可长 50～70 片叶，并且老叶逐渐枯黄死亡。叶丛形成期平均每 5 d 枯死 1 叶，块根增长期平均每 2.3 d 枯萎 1 片，糖分积累期每 1.5 d 枯死 1 片，至生育末期，一株甜菜将枯死 40 片叶左右。11～30 叶寿命长，85～105 d，叫基本功能叶，31～50 叶寿命约 45 d，以后各叶寿命最短，大约 20 d。

3. 种子

农业生产上所谓的种子是甜菜的果实，按数量可分为单果型种子和复果型种子，分别属于瘦果与聚花果（复果）。复果型种子是由 3～5 个（多者达 7 个）果实合生的聚花果，呈不规则的球状，称为种球。一粒复果种子播种后可发出几个芽，形成几棵苗，不仅花费间苗劳力，而且给机械化栽培带来了困难。单果型种子略呈盘状，内含一个真正种子，只发一个芽，是机械化栽培的理想种子。

种球由果皮和种子组成，果皮分为果盖和果壳，由厚壁死细胞组成，木质化，质地坚硬。种子很小，形似扁豆不超过 5 mg，相当于种球重的 26%～36%。种皮红褐色有光泽，内有白色外胚乳环状胚，胚由胚根、胚芽和两片子叶组成。种子萌发后子叶出土，首先胚根突破果壳伸入土中，发育成主根，子叶、下胚轴的上部不断伸长，向上移动，把子叶顶出地面即出苗。

二倍体的普通种子千粒重最低为 13 g，最高 30 g；多倍体种子千粒重在 18～37 g，人工单果种子为 11～13 g，遗传单果品种的二倍体为 9 g，而三倍体为 9.1 g。

种球的大小与发芽速度及其以后生育紧密相关。即大种球的发芽率、幼苗干物质重、根重和产糖量均较高。甜菜种子构造如图 9-6 所示。

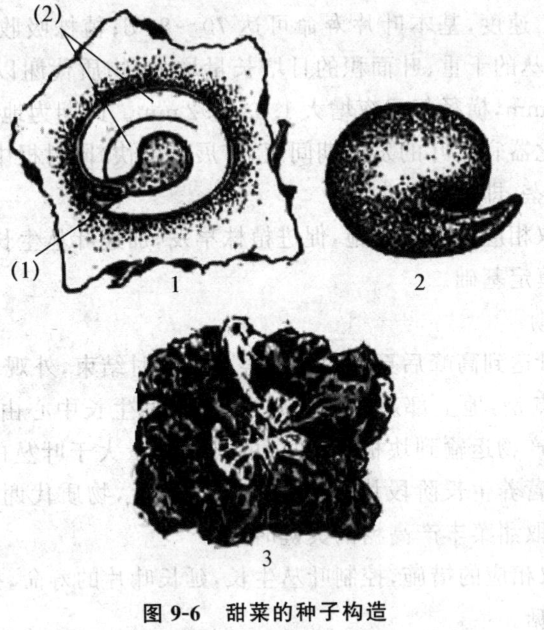

图 9-6　甜菜的种子构造

1. 种子的断面：(1)胚根　(2)子叶　2. 种子　3. 种球

查一查：

1. 甜菜块根中主要的有害物质包括哪些？在块根中含量与分布如何？
2. 甜菜块根中的有害物质对制糖有什么影响？
3. 甜菜块根的形态和颜色与块根产量和质量有什么关系？

(二)生育时期

甜菜的营养生长年中，主要进行营养生长，建造繁茂的叶丛与肥大的块根，并在根中积累大量糖分。依据根、叶增长和糖分积累变化规律为基础，物质代谢的变化和生长中心的转移为主要特征，一般可以划分为 4 个时期。

1. 幼苗期

此期自子叶露出地面起至根的初生表皮脱落时结束，一般生长到第 7～8 片真叶。这一时期持续 30～35 d。此期的生长特点是：甜菜生长中心为根，根形成和伸长速度快，主根可深达 60 cm，下胚轴和胚根分化形成块根，根的三生结构形成，以后生长中心逐步由根转向叶丛；根叶氮磷代谢均旺盛，但以氮代谢为主；根系向纵、横方向伸长，这个时期甜菜器官和组织逐渐形成和分化，根中含糖很低，幼苗期甜菜对环境条件很敏感。如气温过低，土壤过于干旱或板结，都会影响根的发育，形成生长缓慢的“小老苗”；如主根碰到石块或接触未腐熟的厩肥、高浓度化肥或农药，就会形成岔根或畸形根。

此时期应及时中耕并除草，促进根系的下扎，培育壮苗。

2. 叶丛快速形成期

此期自根初生表皮脱落至叶丛日增长量达到高峰为止，外观为自脱皮至封垄，这一时期持续 40 d。其生育特点是：植株的生长中心为叶丛，叶丛增长速度大于块根增长速度；新叶出生速度远远大于老叶衰亡速度，基本叶片寿命可达 70～80 d；植株吸收的无机养分及光合产物 60%以上供给叶丛，叶丛的干重、叶面积的日增长量增大，物质代谢以氮代谢为主。甜菜块根纵向每昼夜伸长 2～4 mm，横径每昼夜增大 1.6～2.2 mm。此期为地上部急剧生长阶段，光合产物主要用于建造同化器官。叶的发生期间短，扩展速度快，同时根中糖分亦开始积累一定数量。此时，田间出现封垄，即达繁茂期。

此期生产上应采取相应的栽培措施，促进植株早发，加速叶丛生长，使田间早封垄，为块根的膨大和糖分的积累奠定基础。

3. 块根糖分增长期

此期自叶丛增长量达到高峰后至块根基本停止增大时结束，外观自封垄至开垄，这一时期持续 40 d。其生育特点是：地上部新叶形成减弱，植株的生长中心由地上部分转移到地下部分，50%以上的净同化产物运输到块根中；块根的日增长量大于叶丛的增长量，块根增重速度加快，块根增重占整个营养生长阶段块根重量的 50%以上，物质代谢由氮代谢为主转移至以碳代谢为主，此期是夺取甜菜丰产高糖的关键时期。

此期栽培上应采取相应的措施，控制叶丛生长，延长叶片的寿命，提高光合强度，保持一定的叶面积，夺取丰产高糖。

4. 块根糖分积累期

此期自块根基本停止生长至收获时止，外观为自开垄至收获，约持续 50 d。其生育特点是：此期由于气温降低，外叶逐渐枯死，根、叶生长接近停止，干物质由地上部向根部转移，以糖分积累为主，地上部和地下部均逐步出现生物成熟状态；光合产物65%以上分配到地下部，并以蔗糖的形式储存于块根中。这个时期积累的糖分占整个营养生长阶段总产糖量的50%，此期是加速块根糖分积累、提高含糖率、改善工艺制糖品质、增加产糖量的关键时期。

此期在生产上应防止功能叶早衰和新生叶片的大量发生而造成糖分积累的转移，最大限度地促进光合产物以蔗糖形式储藏于块根中。

甜菜第二年的生长以生殖生长为中心，根据其第二年生长中种株各器官的出现，可以划分为叶丛形成期、抽薹期、开花期和种子形成期4个时期。

想一想：

甜菜高青头是怎样形成的？甜菜畸形根是怎样形成的？

二、甜菜生长发育需要的环境条件

(一)光照

甜菜是长日照作物，任何一个生长发育阶段都需要充足的光照。适于甜菜生长的日照时数是年日照时数2 500 h。每日10～14 h长日照的条件下，甜菜生长迅速，块根肥大。在叶丛快速增长期，日照减少，甜菜易发生褐斑病，破坏叶的光合作用正常进行，从而影响块根增长和糖分积累。在弱光条件下，光合强度降低，块根生长缓慢。日照时数不足会使块根中的全氮、有害氮及灰分含量增加，降低甜菜的纯度和含糖率。甜菜生育期间，块根生长与光照强度呈正相关。在甜菜生育的中、后期，日照时数多，昼夜温差大，则块根产量高、含糖多。日照时数明显地影响甜菜的生育，同时也影响甜菜其形态变化。一般光照充足，抑制其伸长生长，细胞变小，细胞壁加厚，茎叶的机械组织发达，提高了抗病能力。光对甜菜根系吸收磷和钾有非常明显的作用。对氮的吸收有特别的作用，在多数情况下，硝酸根的还原必须有光的存在。在甜菜生产上，实行深耕、深松、深中耕以改善土壤透气、透光条件，有利于根系吸收营养。

(二)温度

甜菜为喜温作物，但耐寒性较强。全生育期要求基础温度10℃以上的积温2 800～3 200℃。甜菜种子萌发最适宜的温度为25℃左右。甜菜种子具有在低温下，甚至1℃下也能发芽的特征。当10 cm土层温度稳定在6～7℃时，是甜菜适宜的播种期。甜菜幼苗具有较强的抗寒性，苗期遇－3～－4℃时，不至冻死。一对真叶展开时耐寒力增强，可忍耐短期－8℃的低温。甜菜生长要求20～23℃的气温。块根生育期的适宜平均温度为19℃以上。当土壤5～10 cm深处温度达到15℃以上时，块根增长最快，4℃以下时近乎停止增长。昼夜温差与块根增大和糖分积累有直接关系，昼温15～20℃，夜温5～7℃时，有利于提高光合效率和降低夜间呼吸强度，增加糖分积累。收获时的含糖率，也受气温的影响。在低于－4～－5℃的气温初次出现之后，尽管叶子正常存在，但糖分积累往往停止。－8℃的低温，常常使成龄叶子冻死。

(三)水分

甜菜是比较耐旱的作物。甜菜总的需水规律是5月份苗期需水少,每日每株甜菜蒸腾水分仅有几克;6月份单株日蒸腾量为100～250 g;7～8月份甜菜处于叶丛形成和块根增长期,生长旺盛,干物质积累多,是甜菜一生中蒸腾水分最多的时期,特别是7月中旬至8月中旬,蒸腾量达到最大,单株日蒸腾量达540～650 g。此期甜菜对缺水反应敏感,是需水临界期。9～10月份糖分积累期,甜菜单株日蒸腾量也在100～150 g。

甜菜植株在生育期的不同阶段的耗水量是不同的,幼苗期耗水量最少,占生育期总耗水量的11.8%～19%;叶丛快速生长期和块根糖分增长期耗水量最多,占生育期总量51.9%～58%;糖分积累期耗水量占生育期总量的27.1%～36.2%。如果水分供应不足,尤其是叶丛快速生长期和块根糖分增长期田间缺水,将会造成严重减产。

种子发芽最适宜的土壤湿度是土壤最大持水量的80%～85%。土壤太湿,会抑制种子发芽甚至引起种子腐烂;土壤太干,同样也不利于种子发芽。在甜菜块根、糖分增长期,平均每天降水量8 mm时,块根增长和糖分积累速度增加显著。土壤含水过多,会抑制块根生长,容易感染根腐病;土壤太干,也会明显降低光合作用,块根生长缓慢,影响甜菜产量和品质。甜菜糖分积累期需水量减少,要求土壤湿度在土壤最大持水量的50%～60%。在收获前的1个月内,降水量每增加10 mm,块根含糖率会下降0.3%左右。

想一想:

1. 甜菜块根含糖量与环境之间的关系是什么?
2. 为什么说甜菜是抗旱性较强的作物?

子项目二 甜菜播前准备

一、选地与选茬

(一)选地

甜菜收获的产品是地下部的块根,土壤的理化状况与甜菜的根系发育、块根的膨大增长和糖分的积累关系极为密切。因此,选择适宜的土壤种植甜菜是获得甜菜高产高糖的基础。

甜菜对土壤要求不严,适应性较强。甜菜以在中性和微碱性土壤中生长良好。一般pH 6.5～8.0均可种植甜菜,最适pH7.0～7.5。它对酸性敏感,随土壤酸度加大,减产显著。pH<5时,甜菜叉根增多。但土壤pH过高也不利于甜菜的生长,pH>8时,减产25%。宜生长在地势平坦,排水良好,耕层深厚,松紧度适宜,通透性良好,养分含量丰富的土壤上。一般要求0～20 cm土层有机质1%以上,全氮0.09%左右,水解氮50 mg/kg,速效磷20 mg/kg,速效钾80 mg/kg左右的壤土类或轻黏土类种植为好,特别是“黑油沙土”是栽培甜菜最理想的土壤。低洼地区的黏土,排水不良,土壤过湿,甚至内涝积水造成有水无气;沙质土壤,含沙砾过多,瘠薄,保水、保肥差,不宜种植甜菜。

(二)选茬

正确轮作倒茬是合理用地与养地的重要措施,它对减少甜菜病虫害、合理调节土壤肥水状况、保证甜菜正常生长,提高甜菜的单产及含糖率,都有极其重要的意义。甜菜忌重茬与迎茬。研究表明甜菜连作2年,块根减产36%,含糖率降低2度;连作3年,块根减产40%,含糖率降低3度。甜菜迎茬块根减产20%左右,含糖率也明显下降,因而甜菜必须实行4年以上轮作。凡是收获较早,能及时秋耕、促进土壤熟化或能增进土壤肥力的作物,均是甜菜良好的前茬。麦类、油菜、瓜菜、豆类、棉花等是良好的前茬;玉米、马铃薯、谷子次之;而苜蓿、麻类、糜黍、高粱、谷子、多年生牧草、向日葵等作物不宜作为甜菜的前茬。

甜菜也不宜与其他作物进行间作、套种。因其对块根产量和含糖率影响极为严重,是一种不科学的甜菜种植方式。据调查,间作、套种的甜菜,根系发育不良,块根产量降低30%左右,含糖率只有12.5%。

想一想:

1. 为什么甜菜不适合进行重茬和迎茬种植?
2. 甜菜选地选茬的主要依据是什么?

二、整地与施肥

(一)整地

1. 深翻

甜菜是深根作物,要求土壤疏松透气、透水良好,水肥供应适宜,杂草少。为达到以上要求,深翻整地是必不可少的。一般深翻地0～30 cm时,增产10%～20%。国外报道在0～60 cm范围,随深耕而增产,最多可增产50%。机翻适宜的耕深20～24 cm。甜菜耕地的时间可分为伏耕、秋耕和春耕三个时期,以伏耕最好,其次为秋耕,春耕较差。如果来不及伏耕或秋耕,也可进行春耕。春耕宜早不宜迟,并要做到耕整地连续作业,结合镇压保墒。翻地时应做到耕翻及时,深度一致,行向直,不漏耕,不重耕。甜菜深耕的后效可达3～4年。因此适当的深耕,是甜菜丰产高糖的重要技术措施。

2. 耙地

耕翻后应及时耙地。耙地主要是使土块松散,地表平整,耕层形成上虚下实的状态,有利于保持土壤水分,促进种子发芽及幼苗生长,同时对过深表土还有镇压的作用。耙地方式有顺耙、横耙和对角耙。顺耙的碎土作用小,横耙的碎土和平土作用大,对角耙碎土的作用介于二者之间。一般这几种方法可以混合使用。

3. 耢地

耢地又称盖地、探地、耱地,主要作用于平土,也有碎土和紧土的作用。秋天耢地以平地保墒为主,春天前期耢地以碎土平地为主,后期以保墒为主。耢地深浅一般3 cm左右。

4. 镇压

镇压有压实土壤、压碎土块和平整地面的作用。一般作业深度可达3～4 cm,若用重型镇压器可达9～10 cm。当耕层土壤过于疏松时,镇压可使耕层紧密,减少水分的散失。播前镇压,可消除大块,防止播种后土壤下陷,保证播种深度一致,出苗整齐健壮。因甜菜种子播深了不易出苗，播浅了生产中常因芽干使甜菜出苗不齐，幼苗长势不强，抵抗不住早期的病虫害、干旱和风沙。

（二）需肥规律与施肥

1. 甜菜的需肥规律

甜菜是对肥料反应敏感的作物，一般情况下施肥对甜菜的影响仅次于灌水。每生产 1 000 kg 甜菜，需要吸收 N 4.5 kg、P_2O_5 1.5 kg、K_2O 5.5 kg。对氮、磷、钾的需要量一般比谷类作物分别多 1.6 倍、2 倍和 3 倍。甜菜从幼苗至糖分积累期几乎都需要充足的养分。幼苗期甜菜生长缓慢，苗小，此期植株氮、磷、钾的吸收量分别占总吸收率的 3%、1.5%、2%；叶丛快速生长期吸收氮、磷、钾分别为全生育期的 46%、42%、28%；块根糖分增长期对氮、磷、钾的吸收量分别占总吸收量的 35%、40%、51%；糖分积累期地上部和块根的增长都比较缓慢，对氮的需要量相应减少，而由于糖分形成和向块根输送，需要大量的磷、钾。这个时期吸收的磷占一生吸收总量的 45%，钾占 37.5%。在糖分积累期根外追施磷、钾肥，对提高含糖率有良好的作用。

查一查：

1. 甜菜缺乏氮、磷、钾各有什么症状？
2. 氮过量对甜菜制糖有什么影响？

2. 施肥技术

（1）基肥　甜菜需肥量大、吸肥力强、需肥时间长，必须有足够的养分满足其繁茂叶丛和块根生长的需求。基肥既能为甜菜提供生长所需要的养分，又能改善和提高土壤肥力。因此施足基肥是提高甜菜产量和质量的关键之一。基肥的施用应以有机肥为主，配合施用无机肥。一般施优质腐熟有机肥 30～45 t/hm²，碳酸氢氨 450～750 kg/hm² 或尿素 150 kg/hm² 左右，过磷酸钙 750 kg/hm² 左右。基肥可全层撒施或集中条施。撒施最好结合秋翻施入，当肥料不足时，可将肥料条施以充分发挥肥效。在垄作地区可将肥料条施于原垄沟中，再破茬起垄。甜菜的基肥施用量一般为所有的有机肥和化肥总施肥量的 70%～80%。

（2）种肥　甜菜苗期生长缓慢，苗较弱，同时由于气温低，基肥尚未发挥作用。此时，施用一定数量的速效肥料。种肥可促进幼苗茁壮生长，增强抵抗病虫害的能力。种肥以磷为主，氮磷配合施用效果最好。磷肥能促进幼苗的发根、壮苗，增产效果显著。生产用含 P_2O_5 46% 的磷二铵复合肥，施用 150 kg/hm² 左右，过磷酸钙施 112.5～150 kg/hm²。

种肥要深施，并与种子严格分开，防烧芽，影响全苗、壮苗。甜菜对种肥的要求比较严格，用量不能过大。过量的氮、钾能抑制苗期根系的发育，尤其是过量的铵盐对发芽和出苗更为有害。

（3）追肥　科学地实施追肥，是防止茎叶徒长获得甜菜高产高糖的重要措施。甜菜定苗后不久，即进入叶丛形成期，根也开始膨大生长，对营养物质的需要量激增。此时常常因为种肥和基肥满足不了甜菜生长发育的需求，植株生长受到影响，应及时追肥。追肥在甜菜生育前期，即封垄前，在叶片 10～15 片叶时，可分两次施用或一次集中施用。第一次追肥应以氮、磷、钾配合为好，或氮、磷配合，以磷增氮。第二次追肥氮比磷要相对减少。而当土壤含氮较多时，甚至可以不施氮肥。否则容易造成叶丛徒长，而影响根重，并增加根中有害氮含量。

在叶丛繁茂期，也可用叶面追肥的方法喷施 2% 的尿素溶液。

想一想：

甜菜的需肥特点是什么？为什么要增施钾肥？

查一查：

什么是甜菜配方施肥？甜菜如何进行测土配方施肥？

三、优良品种的选用

(一)优良品种的标准

(1)必须具有优良的经济性状和工艺品质。优良品种必须具有较高的块根产量和含糖率，同时要求块根中影响制糖的有害非糖物质含量要低。

(2)具有较强的适应性和抗性。适应性要广，同时还应具有遗传的稳定性。多年种植，在外部形态和主要性状上不发生劣变。抗性主要指抗病性，如抗褐斑病、根腐病、黄化病等。同时包括抗旱性、抗寒性、耐湿性、耐盐碱性和抗抽薹性。针对各地区的特点，可选择当地需要的品种。

(3)适于机械栽培。随着甜菜机械化栽培和纸筒育苗移栽面积的扩大，对单胚型品种需要量逐渐增加，为了便于机械起收甜菜，可选有根头略大，根体较短的良种。

(二)甜菜优良品种选用的依据

一个优良品种都有一定的适应范围。应根据当地的自然条件和栽培水平，注意各种类型的搭配。水肥条件好、栽培水平高、无霜期长的地区，应选择多倍体品种或丰产型品种；无霜期短的地区，应选早熟品种。高产而糖分低的地区，宜选用标准偏高糖型的品种；低产区尽量安排多倍体品种或丰产型品种。一个地区不宜选择一个类型的品种或同一品种，以便发挥自然条件和品种互效作用，同时也避免病虫害大发生而造成大面积的减产。北方地区主栽和主推优良甜菜品种见表 9-1。

表 9-1　优良甜菜品种

品种名称	特征特性
甜研 2 号	生育期 170 d 左右，抗褐斑病、耐根腐病。适合黑龙江绥化、佳木斯、北安、齐齐哈尔，内蒙古东部，辽宁，吉林，新疆等甜菜产区。
甜研 309	生育期 150～170 d。较强的抗、耐丛根病和根腐病，兼抗褐斑病和白粉病。适宜黑龙江省明水、依安、阿城、佳木斯、呼兰、齐齐哈尔等地及内蒙古西部、甘肃西部、宁夏银川等地区种植。
内甜抗 201	生育期 170 d 左右。块根呈圆锥形，较强的抗丛根病及抗褐斑病。适宜内蒙古自治区中、西部，西北及华北丛根病感病地区种植。
吉甜 304	生育期 150～170 d，抗病性强，抗逆性强，根形成能力强，产量稳定，含糖率高。叶丛斜立，株高 55 cm 左右，根体圆锥形。适于东北地区和西北地区旱区肥力中等地块种植。
瑞马	生育期 150 d 左右，叶丛直立，株高 54.4 cm，根型为圆锥形。抗褐斑病，耐根腐病。适宜在黑龙江省黑河、齐齐哈尔、哈尔滨、佳木斯、牡丹江等地区种植。
ZM202	生育期 150 d 左右，抗根腐病、丛根病、褐斑病。适宜在黑龙江省的齐齐哈尔、大庆、黑河、哈尔滨等地种植。
甜研 203	生育期 150～170 d。抗丛根病、褐斑病及耐根腐病。适宜在黑龙江、内蒙古、吉林、辽宁、新疆、甘肃、宁夏等省区种植。

续表 9-1

品种名称	特征特性
中甜 207	生育期 150～170 d，叶丛斜立，根圆锥形。抗褐斑病，耐根腐病。适宜在黑龙江、吉林、内蒙古乌兰浩特、甘肃、新疆等地区种植。
阿迈斯(AMOS)	生育期 170 d 左右，叶丛直立型，块根圆锥形。抗立枯病、褐斑病，耐根腐病、丛根病。适宜黑龙江、内蒙古等地区种植。
甜研 7 号	生育期 150～155 d。叶丛斜立，株高 55～65 cm，块根为圆锥形。抗褐斑病、耐根腐病。适宜吉林省西部和内蒙古东部以及山西大同、甘肃张掖、新疆等地种植。

想一想：

甜菜如何进行品种的选择？

查一查：

你所在的地区主要栽培的甜菜品种有哪些？适应性较强、高产、高糖的品种有哪些？

四、种子处理

(一)种子精选及发芽试验

选用种球直径大于 2.5 mm，种子纯度、净度在 97%以上，多粒型二倍体种子千粒重 15 g 以上，多粒型多倍体种子千粒重 18 g 以上，单粒型种子千粒重 9 g 以上；种子含水率要求 15%以下。对多倍体种子来说，要求三倍体种子(杂交种)的比率应达 60%以上。此外种子发芽率要高，多粒种应在 70%以上，单粒种应在 80%以上。

在种子精选前进行一次发芽试验，确定种子是否有选用的价值，如果没有种用价值就应更换，有种用价值的再进行精选。种子精选后再进行一次发芽试验，发芽率达到 75%以上才能播种。

选种有机械选种和人工粒选两种方法。机械选种是通过筛选或空气浮力选种，清除杂质，选出粒大、饱满、完整的种子。人工选种通过逐粒选择，清除病虫粒、破碎粒、小粒、瘪粒和其他杂质。

(二)药剂处理种子

为了防止甜菜苗期病虫危害，补充营养元素和水分，促进种子萌发，甜菜播前可进行浸种处理。常用的方法是：每 100 kg 研磨过的种子，用甲基硫环磷 2 kg 或甲基异柳磷 1 kg，敌可松 0.8 kg，稀土微肥 0.3 kg，硼砂 0.3 kg，磷酸二氢钾 0.3 kg，对水 70～80 kg。药肥溶于水后，放入种子，将种子、药液混匀，浸种 24 h，稍阴干后即可播种。用“3911”乳剂或甲基硫环磷乳剂，防治甜菜象甲和地老虎、蛴螬等地下害虫；用 0.8%的敌克松药液拌种或甲基托布津或福美双粉剂拌种，防治甜菜苗期立枯病。加入适量的水，浸种后再闷种 12～24 h。生产上，也可以用用种量 0.3%的适乐时悬浮种衣剂包衣，便于集中作业，提高功效。

查一查：

1. 甜菜如何进行种子检验？
2. 如何进行甜菜的种子包衣？

子项目三 甜菜播种技术

一、播种时期

甜菜喜冷凉气候,较耐寒。一般甜菜出苗时可以忍耐-2℃~-4 低温;一对真叶展开时,耐寒能力加强,可以耐短期-8℃的低温;收获时块根可以耐-5℃的低温。甜菜最适宜的生长温度为20~23℃。适期早播,延长生育期,是获得甜菜高产高糖的有效措施。东北春播区适宜播种期为4月下旬,华北春播区及西北春播区为4月上旬。播种过早,幼苗生长缓慢,或种苗出土困难养分消耗的多,形成的幼苗瘦小细弱,抗病能力差;有些品种因苗期处于低温时间较长而产生抽薹现象。播种过晚,易产生"高青顶",含糖率及产量均较低。因此,应在播种适期内尽量早播,一般春季麦播后5 cm土温连续5 d稳定通过5~6℃即可播种。由于我国各甜菜产区的自然条件和耕作制度不同,播种期也有一定的差异,要根据当地的气候条件、土壤状况及病虫害发生规律,因地制宜确定适宜的播种期。

二、种植密度及播种量

(一)种植密度

确定密度主要考虑品种、肥水条件、种植方式及气候条件等因素。

一般叶数较多,叶片大,植株生长繁茂,块根产量高的丰产型品种,种植密度应小些,反之,高糖型品种密度应大些;无霜期短,年平均温度低、降水少的地区,单株生长量相对小些,应增加种植密度,以便充分发挥群体的生产力;土壤肥力高、施肥多,或有灌溉条件的地块,由于肥力充足,植株生长繁茂,需占据较大空间,故种植密度应小(稀)些;相反,土壤贫瘠、肥力少,或较干旱而又无灌溉条件的地块,甜菜植株生长受限制,个体占据空间小,故种植密度应大(密)些。

东北垄作地区定苗密度一般为6万~9万株/hm^2,华北、西北和夏播产区,大部分采用畦作,行距较窄,密度一般为7.5万~10.5万株/hm^2。

(二)播种量

播种量的多少,因各地的情况不同而不同。应根据土地情况、播种方法、土壤墒情、种子质量等情况来决定。穴播比条播用种子少;土壤墒情差、有盐碱的土地,用种子量要大于整地细致、墒情好或土壤疏松的土地;种子发芽率低时要加大播量。机械条播时播种量不少于18 kg/hm^2,可适量减少播量。如穴播行距70 cm、株距20 cm,种子千粒重20 g,则播量为12 kg/hm^2。

按公顷保苗数要求,根据种子净度、发芽率、千粒重及田间损失率计算播种量。

播种量(kg/hm^2)= 公顷保苗数×千粒重/[发芽率×净度×10^6×(1-田间损失率)]

田间损失率一般按10%计算。要求各排种口流量均匀,误差不超过±4%;播种量误差不超过±3%。

三、播种方法

(一)播种方法

在秋季整地的基础上,以播种机等行距条播效果为好。行距 40 cm 或 50 cm、株距 20 cm;也有宽窄行种植法,宽行 50 cm,窄行 40 cm。东部区行距 45 cm,株距 25 cm。也可以采用人工点播或播种机点播。因为甜菜种子小,吸水困难,幼苗顶土能力弱,播种时最好将种子播在湿土上,然后镇压,确保种子萌发对水分的需求。播后覆土深浅要适宜。覆土不可过厚,否则由于种子小,难以出苗。播种深度主要取决于土壤墒情的好坏,墒情好可播浅些,不好可播深些。一般 3～4 cm 为宜,最深不能超过 5 cm。

查一查:

你所在的地区一般采用何种播种方式?

(二)播种质量检查

检查播种质量包括行距、株距、播种深度、播种量四项内容。检查时按对角线方向随机选取 10 个以上测定点取平均值。

(1)检查行距　拨开相邻两行的覆土,直至发现种子,用直尺测量其种子幅宽中心距离是否符合规定的行距,要求行距误差不应超过 5 cm。

(2)检查株距　每个测点顺播种行走向拨开 1 m 行长覆土,直至露出种子,数出 1 m 行长内的种子数,用 1 m 除以种子粒数,看其结果是否符合规定的行距,要求误差不超过 2.5 cm。

(3)检查播种深度　每个测定点拨开覆土直至发现种子,顺播种方向贴地表水平放置直尺,再用另一根带刻度的直尺测量出种子至地表的垂直距离。平均播深与规定播深的偏差不应大于 0.5～1.0 cm。

(4)检查播种量　在选定的测定点,顺播种行的走向拨开 1 m 行长覆土,直至露出种子,查种子粒数,即得 1 m 行长的播种行内实播种子数,与根据播种量计算出来的每米长度内应播种粒数比较。穴播还要检查各测点每穴播种粒数并测量穴距。每行应选 3～5 个测点,每个测点长度不应小于规定穴距的 6 倍,每穴种子粒数与规定粒数误差±2 粒为合格;穴距与规定穴距±(4～6)cm 为合格。精密播种机播种,粒距±0.2 cm 为合格。

查一查:

如何调整播种机的行距和播种量?

子项目四　甜菜田间管理技术

一、查田补苗

1. 补种

甜菜播后缺苗现象经常发生。因此,当甜菜出苗后,如发现有缺苗断垄的现象,要立即进行补种。补种应及早进行,补种过晚,由于早晚苗大小不一,田间管理工作难以进行,补种后出的苗常常长不起来,效果不好。一般,当幼苗刚出土,缺苗率在40%以下时,可以早期补种。如果缺苗率在40%以上,应及时进行毁种。为争取时间早出苗,补种前把种子用20℃水浸泡一昼夜,然后在室内晾干至种子表面无水即可。有条件的地方可进行催芽播种,即将浸好的种子放在湿麻袋片上,放在暖处或热炕上催芽,当种子刚刚露白时进行播种。催芽的种子一定要播在湿土上或雨后播种,如果土壤过干或者播后无雨容易造成芽干。

2. 移栽

在补种来不及的地块,可采用移栽的办法,可在幼苗长到4～6片真叶时进行。带土移栽,幼根不受损伤。应于每日上午10时前和下午3时后进行补栽,做到随挖坑,随取苗。

二、间苗、定苗

(1)间苗　甜菜出苗后应及早间苗。如果不及时间苗,会产生争光、争水、争肥的现象,将大大影响幼苗生长。出现一对真叶时为间苗适期,最晚不应晚于二对真叶展开后。

(2)定苗　一般在甜菜2～4片真叶时定苗利于壮苗早发。定苗实行留大去小、留壮去弱、留匀苗去大小苗、留健苗去病苗,禁止留双苗,尽量留子叶与行向垂直的苗。

三、中耕松土

甜菜是中耕作物,又是深根作物。中耕具有抗旱保墒、疏松土壤、提高地温、除草、促进幼苗生长的作用。因此甜菜应该早中耕、深中耕。直播甜菜出苗显行时即可中耕;移栽甜菜,定根水浇后及早中耕松土,促进甜菜缓苗。一般中耕3～4次。

想一想:

甜菜间苗早晚对块根的产量和含糖量有什么影响?

四、科学灌水

(一)灌水原则

据苗情定灌水:当中午大部分叶片呈现萎蔫下垂时就应浇水。

灌溉质量要求达到:灌水均匀,不干不涝,土壤含水量保持在田间最大含水量的60%～70%。

据墒情定灌水:当土壤含水量低于最适含水量时要及时灌水,地表有明水要及时排水。

据雨情定灌、排水:久晴无雨或气温高,蒸发量大,土壤水分不足时要及早灌水,降雨偏多的年份,加强排涝。

据地形和土质定灌水:沙壤土勤灌轻灌,土质黏重加大灌水量、减少灌水次数。

(二)灌水时期与定额

苗期植株需水量小,只要土壤水分能满足幼苗生长需求,一般不必灌水。

叶丛快速生长期是甜菜需水量最大的时期。定苗后,结合追肥,蹲苗1周。如果无降雨,则应立即灌第1次水,水量为300～450 m^3/hm^2。

块根糖分增长期甜菜已封垄,需水量剧增,要求土壤含水量达到最大持水量的70%～

80%。此时，我国东北及华北东部已进入雨季，降水一般可满足甜菜生长的需要，但干旱年份及西北栽培区仍需灌溉。一般灌水两次，每次灌水 600～900 m^3/hm^2。

糖分积累期即收获前的 30～40 d，甜菜需水减少，要求土壤含水量为土壤最大持水量的 60%～70%。如果水分含量低于这个水平时，也要灌水。一般可灌 1 次，干旱时期长时，也可灌 2 次，每次灌水 450～600 m^3/hm^2。在甜菜收获前 10～15 d 应停止灌溉。以避免促进新叶生长消耗体内已积累的蔗糖并降低甜菜块根品质。甜菜灌溉时期、灌溉次数是和灌水量相配合的。要根据各地的具体情况，做到看天、看地、看甜菜进行适时、适量灌溉。一般灌溉 4～5 次，总灌水量为 2 250～7 500 m^3/hm^2。

(三)灌水方法

灌溉方法因各地气候条件、栽培方式、水利设施等情况而定。目前，除少数有条件的种植面积大的地区采用喷灌等机械灌溉外，大部分地区的灌溉仍主要采取畦灌和沟灌两种形式。

想一想：

为什么甜菜在块根糖分增长期要满足水分需求？

查一查：

你所在的地区采用什么样的灌溉方法？一般灌水几次？分别在什么时期？灌水量如何确定？

五、病虫草害防治

(一)甜菜主要病害的防治

1. 甜菜苗腐病

又称苗枯病。主要为害苗的茎基部和叶片。茎基染病初现水浸状近圆形或不定形斑块，后迅速变为灰褐色至黑色腐烂，致植株从病部倒折。土壤或株间湿度大时，病部及周围土面长出白色至灰白色丝状菌丝。叶片染病初现暗绿色近圆形或不定形水浸状斑，干燥条件下呈灰白色或灰褐色，病部似薄纸，易穿孔破碎。湿度大时，病部长出白色棉絮状物，即病菌菌丝体。病菌以菌丝体和卵孢子在土壤中越冬，条件适宜时萌发。发病后病菌主要通过病健株的接触和菌丝攀缘扩大为害，借雨水和灌溉水传播。该病在温暖多湿的年份和季节易发病，尤其是大雨过后发病较重；生产田地势低洼、积水、湿气滞留、栽植过密、偏施过施氮肥发病重。移苗栽植较直播的易发病。防治措施如下：

(1)选用耐高温多雨品种。

(2)施用充分腐熟的有机肥，避免肥料带菌传播病害。

(3)选留种子要充分成熟，以利苗壮。

(4)实行分次间苗和晚定苗，以保证定留壮苗。

(5)及时发现并拔除病株，集中田外深埋或烧毁，病穴应马上撒生石灰灭菌。

(6)适时适量浇水，浇水时间安排在上午进行，严防大水漫灌，雨后及时排水，以降低土壤和株间湿度。

(7)发病初期及时喷洒 70%乙膦·锰锌可湿性粉剂 500 倍液或 60%琥·乙膦铝可湿性粉

剂500倍液、64%杀毒矾可湿性粉剂500倍液、18%甲霜胺锰锌可湿性粉剂600倍液、58%甲霜灵·锰锌可湿性粉剂500倍液、72%霜脲·锰锌及72%杜邦克露可湿性粉剂800倍液,隔7～10 d一次,连续防治2～3次。

2. 甜菜蛇眼病

蛇眼病又称黑脚病。主要为害幼苗茎基部、叶、茎及根。茎基染病发芽后不久即显症,严重的未出土即病死;一般出土后3～4 d显症,病株幼苗胚茎变褐,尤其接近地面处很明显,后茎基部缢缩,引致猝倒。叶片染病初生褐色小斑,后扩大成黄褐色圆形小斑和大斑,块根染病从根头向下腐烂,致根部变黑,表面呈干燥云纹状,后出现灰黑色小粒点,排列不规则。病原菌随病残体留在土壤中或附着在种子上越冬,翌年先侵入幼苗形成黑脚。潮湿条件下借风雨或灌溉水传播,进行再侵染苗期田间幼苗黑脚病发生适温19℃,土壤干燥易发病,此外施肥不当,生长衰弱,土壤偏碱等发病重。成株期湿度大易发生蛇眼病。防治措施如下:

(1)选用无病种子,必要时进行种子消毒,适当增加播种量。

(2)选用无病母根。

(3)加强栽培管理。

(4)发病初期喷洒30%氧氯化铜悬浮剂800倍液或30%碱式硫酸铜悬浮剂400倍液、47%加瑞农可湿性粉剂800倍液、12%绿乳铜乳油600倍液、40%多·硫悬浮剂500倍液、70%甲基硫菌灵可湿性粉剂1 000倍液、75%百菌清可湿性粉剂1 000倍液,喷对好的药液750 L/hm²,连续防治2～3次。

3. 甜菜褐斑病

主要危害成叶和叶柄,也危害茎和花,新叶很少发病。叶上初生圆形小斑,褐色,后病斑扩大成圆形,中央呈黑褐色或灰色,边缘呈紫褐色或红褐色;病斑变薄变脆,容易破裂或穿孔,雨后或有露水时,病斑上可产生灰白色霉状物。在甜菜生长后期,受害老叶陆续枯死脱落,新叶不断成长被害,使整个植株的根冠部变得粗壮肥大,青头很长。病菌以菌丝团在种球或病残体上越冬,成为翌年初侵染源。防治措施如下:

(1)选用抗病品种。如甜研201、甜研301、甜研302、甜研303等。

(2)收获后及时清除病残体,集中烧毁或沤肥,减少越冬菌源。

(3)实行4年以上轮作。

(4)发病初期喷洒50%多霉灵可湿性粉剂800倍液或70%甲基硫菌灵可湿性粉剂1 000倍液、50%多菌灵可湿性粉剂800倍液、40%灭病威胶悬剂700倍液、40%百霜净胶悬剂600～700倍液,隔10～15 d一次,连续防治2～3次。

4. 甜菜根腐病

根腐病是甜菜块根生育期间受几种真菌或细菌侵染后引起腐烂的一类根病的总称。主要有5种。一是镰刀菌根腐病,又称镰刀菌萎蔫病,主要侵染根体或根尾,维管束变为浅褐色,木质化,病菌从主根或侧根、支根入侵,经过薄壁组织进入导管,造成导管褐变或硬化,块根呈黑褐色干腐状,根内出现空腔。发病轻的生长缓慢,叶丛萎蔫,严重的块根溃烂,叶丛干枯或死亡。二是丝核菌根腐病,又称根颈腐烂病,根尾先发病,初现褐色斑点,逐渐扩展腐烂,凹陷0.5～1 cm,后在病斑上形成裂痕,从下向上扩展到根头。病组织呈褐色或黑色,严重的整个根部腐烂,有时病部可见稠密的褐色菌丝。三是蛇眼菌黑腐病,根体或根冠处现黑色云纹状斑块，略凹陷，从根内向外腐烂。表皮烂穿后出现裂口，除导管外全都变黑。四是白绢型根腐病，根头先染病，后从根头开始向下蔓延，病组织开始变软凹陷，呈水渍状腐烂，外表皮或根冠土表处长出白色绢丝状菌丝体，后期其上长出油菜籽大小深褐色的小菌核。五是细菌性根腐病，细菌从根尾、根梢侵入，病组织变为暗灰色至铅黑色水浸状软腐，由下向上扩展，造成全根烂腐，常溢有黏液，散出腐败酸臭味。

病菌主要以菌丝、菌核或厚垣孢子在土壤、病残体上越冬；翌年细菌在土壤及病残体中越冬，借耕作、雨水、灌溉水传播。主要从根部伤口或其他损伤处侵入。6月中下旬开始发病，7月中旬至8月中旬进入发病盛期。该病发生情况与甜菜生育状况和环境条件关系密切，在田间生育不良的根、畸形根、虫伤根、人为造成的伤根均有利于病菌侵入。7～8月雨多、土壤水分过大，或土壤过干，都易诱发该病。低洼地块，春季土壤温度低，甜菜生长缓慢，植株根系的细胞渗透压在低温中影响水分通过，造成细胞原生质被破坏，根系生长缓慢或停滞或损伤，而导致发病。品种间有明显抗病差异。细菌引起的尾腐根腐病，伤口多、雨水多、排水不良地块发病重。防治措施如下：

(1)选用、培育抗根腐病的甜菜品种。如甜研301、甜研302、甜研303等。

(2)改进耕作栽培方法，改善栽培环境，轮作时间长的平地或地下水位低的田块，避免重茬和迎茬，注意深耕、深松土，做到及时中耕，破除土壤板结层。干旱严重时要及时灌水，可大大减轻镰刀菌根腐病。

(3)化学防治。育苗移栽时用敌克松和五氯硝基苯进行土壤消毒。

(4)防治细菌引起根腐病，注意选择地块、防治地下害虫，减少伤口，加强肥水管理。喷洒或浇灌14%络氨铜水剂300倍液、47%加瑞农可湿性粉剂800倍液、12%绿乳铜乳油600倍液、95绿亨1号精品4 000倍液。

5. 甜菜丛根病

甜菜丛根病分布于西北、华北甜菜产区。感病甜菜减产40%左右，含糖量减少4%～8%。甜菜丛根病典型症状是根系坏死和丛生。先侧根变褐、坏死脱落，主根维管束变褐腐烂，未腐烂的在侧根坏死脱落后，根茬上丛生大量次生侧根。地上部叶片黑褐色焦枯，有的叶片褪绿黄化呈波纹皱缩，有的叶脉黄化坏死。甜菜丛根病是由病毒引起的病害。病土、病残体和病肥是病害初次侵染来源。这种病毒只能由甜菜多黏菌传播。多黏菌在甜菜侧根表皮细胞内寄生，以休眠孢子在土壤中过冬。第二年春天，休眠孢子释放游动孢子侵入寄主毛根表皮细胞，病毒随多黏菌侵染甜菜进入寄主细胞而传病，并产生大量新的游动孢子进行重复侵染。土壤中带毒的多黏菌休眠孢子和游动孢子量越大，甜菜丛根病发病程度越高。土壤湿润，10 cm土层温度在22～26℃范围内，病害发展迅速。沙质土、有效磷低、残硝态氮高及偏碱性土壤发病重。连作地发病亦重。防治措施如下：

(1)选用培育抗病品种。

(2)由BNYVV病毒引发的坏死黄脉型、黄化型和黄色焦枯型甜菜丛根病，甜菜多黏菌侵入甜菜根部前，游动孢子暴露在寄主体外，受外界条件影响很大，是防治该病的有利时机，纸筒育苗时用未经感染的土壤pH为6的土壤育苗。

(3)及时清除农田杂草，尤其是藜科杂草。

(4)轻病区实行4年以上的轮作，重病区坚持轮作10年以上。避免重茬。避开病地采种。适期早播，增施磷肥。

(5)每千克种子用复配农药苗康 40 g 或安根 30 g 拌种，若用福美双，用量为种子量的 0.8%。定苗时沟施福硫混剂(1∶1)，用量 37.5 kg/hm^2，减少传毒媒介的再浸染。

6. 甜菜白粉病

甜菜的根、茎、叶、花枝、种球等地上部都可为害。感病部位首先出现白色绒毛状，直径 1 cm大小病斑，原料甜菜在少数叶片上出现白粉状小圆斑，很快扩展整个叶片，生成白色菌丝层，随后形成白粉层撒出大量粉状物，为菌丝体及分生孢子。生长后期白色菌丝层中长出子囊壳，初是黄色，渐变成黄褐色，最后变成黑色，受害叶片变黄枯死。防治措施如下：

(1)选育抗病品种。

(2)销毁病残株，深翻地，合理轮作，灌水，增施有机肥，保证甜菜生长旺盛，提高抗病力。

(3)发病初期及时喷药 1～2 次，40%灭病威 900～1 200 mL/hm^2；50%多菌灵可湿性粉剂 1 500～2 250 g/hm^2；70%甲基硫菌灵可湿性粉剂 750～1 050 g/hm^2。

查一查：

你所在地区甜菜所发生的病害主要有什么？主要采用什么防治方法？

(二)甜菜主要虫害的防治

1. 甜菜象甲

甜菜象甲广泛分布于我国东北、华北、西北甜菜产区。甜菜象甲寄主很多，主要危害甜菜和其他藜科植物，也危害向日葵、玉米、烟草及野苋菜等野生植物。甜菜象甲以成虫、幼虫危害、甜菜苗期受害最重，主要以成虫咬食刚出土的幼苗，食掉子叶、咬断生长点，重则缺苗断垄；幼虫于地下危害幼根和根部，阻碍养分和水分运输，致使叶片萎蔫、枯死。不善飞翔，主要靠爬行觅食，性喜温暖，但畏强光，多在土块下或枯枝落叶下潜伏，耐饥力极强。防治措施如下：

(1)实行轮作、平整土地。

(2)适时早播、增大播种量、晚定苗。

(3)用 40%的甲基异柳磷或 35%的甲基硫环磷按种子量 0.3%～0.4%拌种，闷种 12 h，播种。

(4)成虫大量迁入时，可用 50%的对硫磷、50%的久效磷或 20%的灭扫利、5%的来福灵、2.5%的功夫常量喷雾，有较好防效。

(5)甜菜播种后，立即在地四周挖除虫沟，沟宽 23～33 cm，深 33～45 cm，沟壁要光，沟中放药毒杀，防止外来象甲掉入后爬出。

2. 甜菜藜夜蛾

分布于东北、华北、西北等地，寄主有甜菜、菠菜、甘蓝、白菜、大豆、胡麻等作物。以幼虫取食寄主叶片，1 代幼虫发生时，严重危害甜菜幼苗心叶、嫩叶，大龄时把叶肉吃光，仅留较粗叶脉及叶柄，咬断生长点，甜菜生长受阻，含糖量降低，甚至全株死亡。成虫白天潜伏，晚间 10 时左右活动最盛，有趋光性和趋化性，卵多散产于甜菜、灰菜叶正面或背面，也产于白菜、甘蓝叶片上，卵期 5～16 d；幼虫有吐丝假死性，白天潜伏、夜晚危害，幼虫 4 龄，幼虫期 17～32 d，老熟后入土化蛹。防治措施如下：

(1) 适时秋翻春耕破坏越冬场所。春季 3～4 月除草，消灭杂草上的初龄幼虫。

(2)结合田间操作摘除卵块，捕杀低龄幼虫。

(3)3 龄前喷洒 90%晶体敌百虫 1 000 倍液或 20%杀灭菊酯乳油 2 000 倍液、5%抑太保乳油 3 500 倍液;20%灭幼脲 1 号胶悬剂 1 000 倍液、44%速凯乳油 1 500 倍液、2.5%保得乳油 2 000 倍液、50%辛硫磷乳油 1 500 倍液。

(4)提倡采用生物防治法,喷用含孢子 100 亿/g 以上的杀螟杆菌或青虫菌粉 500～700 倍液。

(5)施用甜菜夜蛾性外激素。

(6)选用抗虫品种。

3. 甘蓝夜蛾

别名地蚕、夜盗虫、菜夜蛾等。分布于全国各地。甘蓝夜蛾是多食性害虫,除为害各种十字花科蔬菜及油菜外,还可为害甜菜、马铃薯等块根类作物。野生寄主中以藜科植物如灰菜最喜取食。以幼虫为害叶片,刚孵化时集中在所产卵块的叶背取食,残留表皮,呈现出密集的"小天窗"状,稍大渐分散,将叶吃成小孔。4 龄以后,白天多隐伏在心叶、叶背或寄主根部附近表土中,夜间出来取食,吃成大孔,仅留叶脉。此时食量最大,龄期最长,为害最烈,常致成灾,食物缺乏时,可成群迁移。防治措施如下:

(1)秋耕灭蛹。

(2)诱杀成虫。利用成虫趋性采用灯光及糖醋酒液诱杀。

(3)掌握卵期及初孵幼虫期集中取食的习性,结合田间管理工作,摘除卵块及初孵幼虫食害的叶片。

(4)药剂防治。要抓住早期防治,1～2 龄幼虫集中取食为害,食量小,抗药力弱,是防治的有利时期。用 90%的晶体敌百虫 1 000～1 500 倍液,敌百虫原粉 2 000 倍液,50%敌敌畏乳油 1 000～1 500 倍液或 80%敌敌畏乳油 1 500～2 000 倍液,50%敌敌畏乳油、20%乐果乳油混合剂 1 000～1 500 倍液,50%杀螟硫磷乳油,40%乙酰氨磷水剂 1 000 倍液,10%除虫精乳油 2 000～3 000 倍液,杀螟杆菌或青虫菌,含孢子 100 亿/g 以上的菌粉 500～700 倍液喷雾。

查一查:

甜菜如何进行害虫的生物防治?

(三)甜菜化学除草

1. 播前土壤处理

甜菜田播种前土壤处理多采用混土处理方法,其优点是可防止挥发性和易光解除草剂的损失,在干旱年份也可达到较理想的防效,并能防治深层土中的一年生大粒种子的阔叶杂草。操作时混土要均匀,混土深度要一致,土壤干旱时应适当增加施药量。可选用的除草剂有:

(1)乐利(环草特) 主要用于防除禾本科杂草和一部分小粒种子的阔叶杂草,74%的乐利(环草特)4.5～6.5 L/hm²。一般在播前 5～7 d 用药,也可在去年秋天用药。

(2)金都尔 主要用于防除一年生禾本科杂草和部分阔叶杂草,90%金都尔 1 500～1 800 mL/hm²,混土 5～7 cm。

(3)地乐胺 主要用于防除禾本科杂草和部分阔叶杂草,48%地乐胺乳油用量为沙质土 2.25 L/hm²、壤质土 3.45 L/hm²、黏土 4.5～5.6 L/hm²,混土 5～7 cm。

2. 苗后处理

(1)防除禾本科杂草。常用的除草剂有：12.5%拿捕净 1.5 L/hm^2；15%精稳杀得乳油 0.75～1.2 L/hm^2；5%精禾草克乳油 0.75～1.5 L/hm^2；6.9%威霸浓乳剂 0.75～1.05 L/hm^2；12%收乐通乳油 0.45～0.525 L/hm^2 以及 10.8%高效益草能乳油 0.45～0.525 L/hm^2。上述药剂均于杂草 3～5 叶期喷施。

(2)防除阔叶杂草。常用的除草剂有：16%甜菜宁水剂 6～9 L/hm^2；25%田安宁水剂 6～9 L/hm^2。上述药剂均需在杂草 2～4 叶期用药。

查一查：

1. 甜菜田化学除草影响药效的因素有哪些？
2. 甜菜发生除草剂药害采取哪些补救措施？
3. 甜菜除了采用化学除草外，还采用哪些除草方法？

子项目五 甜菜收获储藏技术

一、收获时期

甜菜块根应掌握在工艺成熟期收获。收获过早会使块根减产，含糖率降低；收获过迟，甜菜易遭受冻害，含糖率下降。气温降至 5℃，含糖率稳定在 16%以上时为甜菜适宜收获期。原料甜菜工艺成熟的标志是：块根重和含糖均达到制糖标准要求，块根中非糖成分含量低，纯度达到 80%以上。其外部形态是大部分叶由深绿色变成浅绿色，老叶变黄、少部分枯萎；叶姿态大多斜立，部分匍匐，叶片上出现明亮的光泽。

东北种植区甜菜适宜收获期为 9 月下旬至 10 月上中旬；华北地区为 10 月中旬；西北地区为 10 月中下旬。当然，各地具体的收获时间还应根据当年甜菜生长的实际情况来确定。

二、收获方法

目前，除种植面积大的地区采用机械挖掘外，一般都采用畜力收获或人工挖掘收获。即用畜力牵引的铲镗犁或翻地犁将甜菜垄行镗 15～18 cm。

机械收获甜菜，主要采用拖拉机牵引摘掉犁壁的四铧犁或五铧犁进行挖掘。犁铲入土深度 20～22 cm。每次挖松甜菜两垄，尾根被切断，块根原位松动，不失水，可防止甜菜块根受冻。

三、切削及储藏

根头切削采取一刀平削和多刀切削相结合，除净块根上的泥土、较大的须根、顶芽、侧芽，并将直径 1 cm 以下的根尾去掉。

甜菜切削后，如不能及时拉运到糖厂加工，应在田间妥善储藏。一般每堆 1 t 左右；覆盖甜菜叶或 7～10 cm 湿土；如田间储藏时间长，堆中间应竖 1～2 个通风草把，上细下粗，直径为

15～20 cm，然后在堆上覆一定厚度的湿土。封冻前再加土一次，封堆后的甜菜要及时检查，堆内温度不要超过 6～8℃，防止堆中甜菜发热霉烂。

查一查：

1. 甜菜生产成本由哪些项目构成？如何计算生产成本？
2. 甜菜还可以采用什么方法确定成熟度？

子项目六　甜菜纸筒育苗栽培技术

甜菜纸筒育苗移植栽培技术是提高甜菜单位面积产量的方法之一，此项技术增产增糖幅度较大。尤其在内蒙古及西北、东北等地区应用较多。

一、甜菜纸筒育苗栽培增产原理

(1)延长营养生长期。甜菜块根产量和含糖率与其生育期长短密切相关。一般甜菜产区有效积温变化在 1 900～3 200℃，有些地区不能满足甜菜生育期间对温度的要求。采用纸筒育苗栽培可增加积温 400～600℃，延长甜菜生育期 35～45 d。在一定的地区，纸筒育苗甜菜可提前 20 d 左右进入叶丛生长期，块根膨大增长期提前，延长了块根膨大增长期和糖分积累期，利于大幅度提高块根产量和含糖率。

(2)光合势大，光能利用率高。由于生育期延长，总光合势特别是中后期的光合势明显高于直播甜菜，比直播甜菜提高光能利用率 0.12%以上。干物质的生产时间长，分配到块根中的多，利于块根的膨大和糖分积累。

(3)利于保证全苗，建立合理的群体结构。纸筒育苗可在人为控制的温度、水分、养分条件下培育壮苗，根系不受损伤，移栽成活率可达 95%以上，还可通过补栽使甜菜保苗率达到 98%以上，保证了单位面积上的株数，为建立合理的群体结构奠定了基础。这在干旱多风，不易获得全苗的地区对夺取甜菜高产具有更明显的作用。

(4)增强甜菜抗病虫能力。纸筒育苗土通过消毒和配入适宜的养分，可培育壮苗，避免立枯病的发生。到移栽时植株已长出 2 对真叶，躲过苗期害虫的危害。生产实践证明，纸筒育苗甜菜比直播甜菜增产 30%左右，增加含糖率 0.2%～0.5%。纸筒育苗栽培甜菜是实现高产高糖经济有效的种植方式。

二、甜菜纸筒育苗栽培技术

(一)育苗前的准备

适宜的育苗期，为移栽前 35～45 d，在当地夜间温度能稳定在－5℃时，进行育苗比较适宜。

育苗场地要选择背风向阳，地势平坦，排水良好，不受畜禽危害和便于管理的地方。甜菜本田需育苗苗床 37.5 m^2/hm^2。

育苗塑料棚的式样有以下几种，可根据条件选用。

1. 单拱棚

一般东西向，南北延长。棚架用 3 m 长竹片，按 0.5 m 的间距插入两侧土埂，两端各入土 15～20 cm，使竹片形成的拱高均为 0.8～1 m，宽均为 1.5 m，长度根据育苗数量确定。

2. 土或砖坯棚

用土坯或砖修筑围墙，坐北朝南，南墙高 30 cm，北墙高 50 cm，两侧东西墙长 1.8 m，长度根据育苗数量确定。东西墙顶部预先留出可开闭的通风口。棚顶每隔 50 cm 横 1 根木杆，用泥抹牢。四面围墙的顶部都应抹成光滑的圆拱形，以便将来覆盖塑料膜时不损坏薄膜。

3. 大棚

又分为竹木结构和无立柱钢筋结构两种。一般为东西朝向，南北延伸。用钢筋、竹竿、木杆等作骨架。竹木结构大棚高 2～2.5 m、宽 6 m，骨架间距 0.5～0.8 m，长度根据育苗数量确定。为增强保温效果，可采用多层覆盖技术。

为了防风保暖，应距离育苗棚 1.5 m 的周围用秫秸、树枝等夹好防风障，高度 1.5～1.8 m 即可。

育苗纸筒有两种类型，一种是直径 1.9 cm，长 13 cm，适于平畦移栽；另一种是直径 1.9 cm，长 15 cm，适于垄作。每册纸筒 1 400 个。60 册供 1 hm^2 地使用。

(二)育苗土的配制

育苗营养土必须选择富含腐殖质，通透性强，持肥水性好，无病菌感染，6 年以上未种过甜菜的玉米地、麦地，或园田地表土，严禁取 4 年以内施用过普施特，3 年内施用过豆磺隆，2 年内施用过绿磺隆、阔草清、金豆、阿特拉津等长残效期除草剂地块的土壤；避免用碱土、沙性土、草籽多的土或酸性过强的土。每公顷用量 3 600 kg，配制比例：用腐熟好的羊粪或其他腐熟的有机肥，分别与育苗土按体积 1∶5 或 1∶3 充分混合，并过 6～8 mm 的筛子，同时加入磷酸二铵、硫酸钾或甜菜育苗专用肥、杀菌剂混合。床土 pH 值应调整在 6.5～7.0 为宜。

(三)育苗

(1)纸筒装土　先把纸筒固定在墩土板上，将配制好的床土用工具分 2～3 次装入纸筒，边装边墩，装满墩实为止。纸筒上端留 1 cm 高的空隙，以便播种用，然后将纸筒移到苗床上，1 册挨 1 册地摆平放正。纸筒的四周用土培好，培土宽 15 cm，高度与纸筒上口保持一致，培严，踩实，防止边行纸筒干燥，影响发芽和幼苗发育。

(2)播种　用一根粗细适宜的小棍在每一个纸筒中心扎一小孔，深度为 1 cm 左右，点放一粒种子(适宜用遗传单粒籽)，种子发芽率在 90%以上。为减少空筒的发生，每穴点 1～2 粒种子。播后用装土剩余的育苗土立即覆土，并扫去多余的土，露出纸筒边缘。

(3)浇水及扣棚　播完后立即用喷壶洒透水，水温在 20～30℃，水量为每册 10～15 kg，浇匀浇透，特别是要注意浇透边缘的纸筒，以保证纸筒内种子能够充分吸水发芽。浇水应在下午进行，浇后当日扣棚。播完一床后，按拱棚规格，用竹条构筑拱棚。与此同时将湿润的床面覆盖一层塑料薄膜，用以增湿保温。床膜四周用土封压，随后用塑料薄膜覆盖拱棚，四周薄膜延出 30～40 cm，先行绷紧，四周用土压实。

(四)苗床管理

1. 温度管理

(1)播种—出苗(5～7 d) 棚内平均适宜温度 15～20℃，最高 25℃、最低 10℃。白天揭去草帘等，接受光照，提高棚内温度。夜晚加盖草帘等保温。如遇寒流或阴天，白天仍保留覆盖物。扣棚 3 d 后可在晴天中午揭开覆膜两端通风 1～2 次。

(2)子叶期(出苗—子叶展开) 棚内适宜温度 15～20℃，平均 10℃以上，最低 0℃以上。白天棚内温度 20℃以上时，即揭膜通风降温，防止苗徒长。先揭开一端(东或西)小通风，而后再揭开另一端，使棚内温度趋于一致。下午 4 时起关严通风孔，气温逐渐下降后，加盖保温物保温。

(3)1 对真叶期 播后 20～30 d，白天棚内温度 15～20℃，夜间 0℃以上，白天 9～16 时之间可整天揭膜通风，夜间加盖保温物，注意防冻。

(4)2 对真叶期 播后 31～40 d，是炼苗期。即低温锻炼幼苗使之适应外界气温。当没有寒流、夜间最低气温 0℃以上时，可昼夜不覆膜。此时，苗床应保持干燥，幼苗不萎蔫即可。若遇低温或雨雪，幼苗受到轻微冻害时，可在苗上盖一层报纸等，防止阳光直射，温度骤升。应使受冻幼苗缓慢恢复为好。

为随时掌握棚内温度，应每天 8 时、14 时、20 时观测棚内悬挂的温度计度数。而棚内最低温度应在凌晨 3～4 时观测，以便根据温度采取相应措施。

2. 水分管理

播后浇完水后，在幼苗出土后，直至第一对真叶展开前，不宜浇水过多，保持土壤湿润，土壤含水量在 18%即可，否则易发生立枯病。到移栽前 1 周，水分状况以控制到床面不过分干燥为宜。定植前 1 d 进行一次充分浇水，直到水渗到纸筒基部，每册浇水 4～5 kg，达到纸筒末端土壤湿润为准。出床时，筒内土壤含水量以 20%左右为宜，以利栽后幼苗成活。

3. 间苗与补苗

幼苗全部出齐后，及时间苗，必须在子叶期间完成，每个筒内保留 1 株壮苗，同时清除杂草。

4. 促壮苗

子叶后期，开始每天炼苗。在上午 10 时后，用软扫帚轻轻扫动幼苗，每天 3 次，每次向同一方向扫，下次向相反方向扫。第一对真叶展开后，要逐渐增加扫压次数，扫压程度也要逐渐加大，同时扫苗的方向可以往返进行。每天数次，持续到移栽为止，培育壮苗。

5. 追肥

一般可不必追肥，但秧苗表现脱肥时，适当追液肥，按 100 kg 水中加入尿素 0.2 kg、过磷酸钙 2 kg、硫酸钾 0.1 kg，搅拌均匀，每 4 册纸筒用液肥量为 1 kg，喷施液肥后，用清水冲洗幼苗。另外，在移栽前 2～3 d 进行一次追肥，有利于返青和生长。

(五)移栽技术

当日平均气温稳定通过 5℃、地表最低温度稳定在 0℃以上，即可移栽。移栽幼苗为 4～6 片真叶，最好 4 片真叶。苗龄一般为 30～35 d。

移栽方式一般分为机械移栽和人工移栽。移栽前 1 d 育苗纸筒必须浇透水，便于纸筒分离。

移栽时 0～15 cm 土壤含水量应达 20%以上，否则应坐水移栽。移栽深度应使纸筒口不露出地面，深浅一致，株距均匀，纸筒栽直。移栽后及时浇水，以利移栽苗成活。

查一查：

甜菜还可以采用什么样的育苗方法？如何操作？

想一想：

甜菜纸筒育苗有哪些优势？

子项目七 甜菜地膜覆盖栽培技术

一、甜菜地膜覆盖效应

(1)提高甜菜生育前期地温。地膜覆盖栽培明显增加地温。增加地温的规律是：气温低时比气温高时增温效果明显，越是气温急剧下降，保温效果越显著；晴天比阴雨天增温高；覆膜作物叶面积指数不同，增温作用有明显的区别。甜菜覆膜的增温效应，主要在生育前期。4 月 28 日至 6 月 16 日，覆膜甜菜 0～5 cm 耕层地温每天增加 3℃以上的时期长达 50 d。由于覆膜甜菜前期生长旺盛，封垄期提前，因此进入 7 月份后，当叶丛进一步生长繁茂，地面覆盖面加大，遮蔽阳光，其增温效应就不显著，与不覆膜的甜菜趋于平衡。覆膜甜菜由于提高了前期土壤温度，相应地也提高了前期的积温，从而为甜菜种子萌发和幼苗的生长创造了有利条件。这对于春季因积温低延缓出苗的北方地区来说，显得尤为重要。

(2)改善土壤水分状况。甜菜覆膜栽培，可有效地抑制土壤水分蒸发，并使水分通过土壤毛细管作用上升到耕作层，提高耕层土壤含水量。同时蒸发的水汽在薄膜上凝成水珠后，又返落土壤中，从而大大提高表层土壤含水量，有利于甜菜种子的萌发和幼苗的生长。据测定，地膜甜菜比裸地甜菜 5 cm 耕层土壤含水增加 32.3%，10 cm 耕层增加 4.87%。

(3)改善土壤理化性状，促进养分转化。覆膜栽培随着土壤水分和温度的改善，有利于土壤耕作层微生物的活动，同时由于地膜覆盖，避免了雨水的冲刷，保持了土壤的疏松状态，有效地防止了土壤板结，从而改善了土壤的理化性状，土壤容重减少，孔隙度增加。在覆膜条件下，耕层土壤容重比裸地直播减少 0.07 g/cm^3，孔隙度提高 2.34%，土壤空气增加 1.81%。覆膜可提高土壤有效氮、磷的含量。据测定，地膜甜菜 0～20 cm 耕层土壤有机质含量较裸播甜菜减少 0.2%～0.49%，全氮增加 0.059%，速效氮增加 23%～50%，速效磷增加 12%～18.8%，速效钾增加 25%～27.9%。

盖膜既阻止土壤养分挥发损失，同时又避免了由于雨水、灌水的冲刷而淋溶损失，从而提高了土壤养分的利用率。

(4)促进根系发育，提高光合能力。覆膜后，由于改善了土壤的理化性状，增加了可给态养分，从而为根系的良好发育提供了有利条件。覆膜促进了甜菜生育前期叶片的生长，有利于提高光能利用，较早较多地积累物质，从而加速了甜菜苗期的形态建成，为后期块根增长和糖分积累奠定了物质基础。

(5)抑制返盐。地膜覆盖栽培,减少了土壤水分蒸发,抑制了土壤盐碱随水上移,降低了耕层土壤盐碱含量。土壤盐渍化程度越高,抑盐作用越显著。不同土壤耕层抑盐作用不同,0~20 cm 抑盐效果最好,降低 41.7%,20~40 cm 降低 28.3%,40~60 cm 降低 10.4%。因此,轻盐碱地采用地膜栽培有利保全苗。

(6)抑制杂草、减轻草害。膜内温度高、湿度大,促使杂草早萌发早出苗。当膜内温度上升到 40℃以上时,杂草在密闭条件下,逐渐变黄枯萎死亡,温度越高枯死越快,特别是对一年生杂草杀灭作用更佳。

(7)减轻甜菜白粉病及象甲为害。据试验,地膜甜菜白粉病发生较裸地甜菜轻。地膜甜菜白粉病发病率 17.7%,病情指数 1.45;裸地甜菜发病率 34.21%,病情指数 3.01。分别减轻 17.14%和 1.56。

地膜栽培对防治甜菜象甲有非常明显的效果。据试验,覆膜后,由于改变了甜菜象甲喜温热干燥的生活环境,使象甲体表蜡质在高温影响下受到破坏,导致体内外渗透压失去平衡而死亡。当膜内湿度接近饱和状态,温度在 40℃以下时,象甲生存最长时间 4~7 d;温度升到 40~44.6℃时,可生存 1~2 d;膜内温度持续在 44.6℃以上时,象甲只能生存 4~8 h。此外,地膜栽培甜菜出苗时,前期生长发育快,避开了象甲成虫盛发期的为害,即使为害,由于甜菜苗较大,只会啃食部分叶片,不会造成整株毁灭。

二、地膜栽培对甜菜生长发育的影响

(一)促进甜菜生长发育

据试验,4 月上中旬播种,地膜甜菜 7 d 出苗,提早出苗 4 d,地膜甜菜出苗率 70.9%~87.5%,裸地甜菜出苗率 48%~67.4%,提高 20.1%~32%,而且整齐一致。

由于地膜覆盖的综合效应,促进了甜菜的生长,特别是苗期和叶丛快速生长期尤为显著。5 月上旬测定地膜甜菜株高、百株鲜重都明显增加,幼苗生长量是裸地甜菜的 2.8 倍,干物质增长是裸地甜菜的 2.7 倍。6 月上旬至 7 月中旬,是地膜甜菜增长速度最快的时期,单株绿叶数比裸地甜菜多 3.1~4.8 片,叶面积指数(是指单位面积上的叶面积)是裸地甜菜的 1.45~2.77 倍,6 月中旬地膜甜菜达到封行时,光能利用率提高 0.75%,比裸地甜菜高出 0.69~1 倍,大大加速了生长发育和干物质积累。叶丛快速生长期,地膜甜菜干物质积累比裸地甜菜高 2.1 倍。7 月中旬以后,地膜甜菜生长中心逐渐向地下部转移,但仍维持较高的叶面积指数。8 月中旬地膜甜菜单株绿叶数达到 30 片,叶面积指数 4.4~5.9,比裸地甜菜高 1.3~2.8 倍。这对提高地膜甜菜中、后期光合作用,增加块根产量和含糖率都是十分有利的。

(二)加速甜菜块根糖分增加

地膜甜菜促进了甜菜前期生长发育,提高了光能作用率,加速了干物质的积累,整个生育期块根增长速度均高于裸地甜菜。据测定,6 月份块根干物质重比裸地甜菜高 75.5%,7 月中旬块根增长提高 137.6%,8 月上中旬高 127.3%,8 月下旬以后逐渐减弱,9 月上旬地膜甜菜块根重达到 87%。地膜甜菜加速了甜菜块根增长进程,因而可大幅度增产。

地膜覆盖促进了甜菜生长发育,形成强大的同化器官,生产大量光合产物,除一部分用于植株形态建成外,将比裸地甜菜多得多的光合产物输送到地下,以蔗糖形式储藏于块根中。因此在整个生育过程中,地膜甜菜块根含糖率均比裸地甜菜高,收获期含糖可高 0.4~1.3 度。

三、甜菜地膜覆盖栽培技术要点

(一)选地

由于甜菜具有强大的根系，对土壤质地的要求不太严格，一般大田作物能生长的土地，均可种植甜菜。但低洼地，通透性不良，在地膜覆盖条件下，膜下土壤持水量过高，土壤毛管水分充塞，氧气缺乏，二氧化碳浓度过高，使甜菜呼吸受阻，造成早衰或死亡，或者导致块根腐烂，严重影响产量和含糖量，甚至造成绝产。所以这类土壤不宜覆膜种植甜菜。

因覆膜甜菜吸肥量较大，应选择土壤肥力中等、土层深厚，结构良好、有机质丰富、盐碱轻、芦苇等杂草少，总盐量0.5%以下，具有便利灌溉条件的地块为宜。前作以麦类、豆类、绿肥等为宜。

(二)合理轮作

地膜覆盖栽培对于轮作不会产生重大的改变，所以在安排甜菜覆膜时，应当遵循各地原来形成的合理轮作序列，切忌重茬和迎茬。根腐病严重地区轮作周期不应少于7年。

(三)深松整地，施足底肥

甜菜是深根作物，深松能保持原耕作层，同时使甜菜根系下扎，根体易于膨大。要求秋深松25～30 cm，并做到耙平耙细。地膜甜菜生长势强。需要的养分比不覆膜的多，因此，要施足底肥。产甜菜30 000～45 000 kg/hm^2，一般用优质农家肥30 000～45 000 kg/hm^2，标准氮肥375 kg/hm^2，过磷酸钙450～750 kg/hm^2。精细整地是铺好膜的基础。

因为甜菜播种早，所以地膜甜菜必须秋耕秋灌，灌后平好地。早春精细整地要达到墒足、地平、地净、土细等标准，为地膜甜菜创造一个良好的条件。

(四)播种与覆膜

先播种后覆膜，可使整个种床处于覆膜封闭状态，加速地温升高和土壤水分向上运行，促进种子萌发。可是，这种方式放苗和围土比较费工，放苗不及时容易烫苗。

先覆膜后播种，在早春返浆期覆膜，适期播种。一般来说其缺点是播种后，种子所处部位的水热条件较差。

地膜甜菜播种期比不覆膜的要早，一般来说，在5 cm地温稳定通过5℃时即可播种。播种过早保苗困难，播种过晚，易造成高青顶，含糖率也受影响。由于地膜改变了土壤水、热、气状况，提高了土壤温度，可以比当地直播甜菜提早播种5～10 d。春播东北地区一般在4月上旬，华北地区在3月下旬为宜。

地膜栽培甜菜的播种方法，一般应采取穴播法。后播种先覆盖时，放苗不易掌握，放苗后封孔困难，先覆膜后播种就无法条播。所以应按照密度及株距配置，采取穴播点种。一般株距27～30 cm，行距膜上40 cm，膜间距50～60 cm，种植密度为保苗6.7万株/hm^2。

覆膜比露地栽培应浅一些，以3 cm左右为宜，但也要根据土壤水分情况而定。如土壤水分少时，则可适当加深一些。如果土壤含水过低，则应坐水种。点籽均匀，不要成死簇，覆土3 cm，然后覆膜。这样有利于增温保水防冻，可有效地提高保苗率。

在早春干旱、低温的地区，以采用先播种后覆膜方法为好。

覆膜规格：使垄顶裸露膜宽度在25 cm左右，以利采光。垄体两侧用土压膜宽度各10 cm左右，覆土厚度不少于5～6 cm。两侧覆土时要将地膜绷紧，使薄膜与地面贴合。

机械覆膜时，要求走向直，速度不要过快，将地膜展匀，不出皱折，膜边压土严密，留出足够的采光面，其宽度不应少于 25 cm。

（五）管理

1. 及时开孔放苗

采取先播种后覆膜播种的方法，由于增温、保墒效果好，种子萌发快，大约播种后 10 d 左右即可出苗。应及时开孔放苗，这是非常重要的技术环节。因地膜透光性很强，膜下空间增温很快，中午时膜下气温可达 40℃，最高达 50℃左右。因此出苗后如不及时放苗，幼苗会因高温烘烤而遭热害，直至烤死幼苗。适时放苗还可以防止冻害。出苗后，如出现－3℃以下低温，因膜下空气处于饱和状态，致使地膜下表面凝结的水珠结成冰霜，膜下温度低于外界温度。在这种情况下，使接触地膜的甜菜子叶也呈冻状而受害。因此，适时开孔放苗，除防止地膜烫苗外，在出现－3℃以下低温时，能避免冻害。具体放苗时间因覆膜情况而异。如果按照技术要求播种、覆膜，使地膜距种穴地面间有 3 cm 左右的空间，在这种情况下幼苗距地膜 1 cm 开孔放苗。当地膜紧贴种穴地面时，两片子叶出土后立即放苗。对于采用先覆膜后播种和使用覆膜点播机进行播种，如果出苗前降雨，则势必形成板结，严重影响出苗，最好是人工破除板结。

穴播放苗将苗穴处地膜割成直径 5～6 cm 的孔洞，使大部分苗露出即可。放苗后立即用土将洞周围的地膜埋严，保持地膜处于封闭状态，以充分发挥覆膜的生态效应。开孔放苗要抓住“早”字和“严”字，即出苗后提早放苗，苗穴覆土严密。

2. 查田补种

覆膜栽培也难免出现缺苗现象。造成缺苗的原因很多，如种子质量差，发芽率低；播种过深过浅，种子落在干土上；种子接触化肥；受到甜菜立枯病、象甲和金龟子等病虫为害。将种子用温水浸种和催芽，当胚根伸出 2 cm 左右，进行坐水补种。

3. 间苗、定苗与补栽

及时间苗、定苗与甜菜生育和产量有密切关系。甜菜间苗应以间早、间小、间好为原则。出现 2 对真叶时为间苗的适期，不应晚于 2 对真叶。间苗时每穴保留 2～3 株幼苗。间苗后 1 周左右为定苗适期，每穴只留 1 株健壮苗。间苗和定苗风大、病虫害严重时，可酌情适当晚一些，并应在边行留些备用苗，以便移苗补栽。移苗时，根据墒情确定移苗措施。原则是栽小不栽大，一般长出 2～3 片真叶时栽苗适宜，大苗挖苗时容易伤根，缓苗慢，成活率低。

移苗补栽时不要损伤地膜，要做到随挖苗、随浇水、随培土的连续作业，勿使挖下的苗放置过久，以免萎蔫不易成活，移苗造成苗穴周围地膜透风时，要立即用土埋好。

4. 追肥灌水，中耕培土

6 月上中旬，真叶 12～15 片时进行追肥灌头水。追肥以氮为主，配合磷钾肥。追肥要深施，其方法可选择：用中耕施肥机一次性深施；机械开沟人工深条施；用点播器打孔穴施。追肥时离苗 5～10 cm 远，深度控制在 10 cm 左右。施肥后及时覆土浇水，以充分发挥肥效，提高化肥利用率。追肥灌水后，待地表略干时在两膜之间深中耕，培土起垄，培土以不埋心叶为原则，达到平播后起垄。以缩小青头促进块根增长，实现增产增收，提高品质的目的。

5. 适时揭膜

由于甜菜封垄后，田间郁蔽度增加，增温效应逐渐减弱，到 6 月底 7 月初时，地温往往低于裸地甜菜，地膜已不起作用。并且因其阻隔水分渗入，影响灌水质量。在生育中后期，由于膜内温度过大，膜下土壤耕层水、热、气不协调，使根系生活力减弱，吸收养分减少。加上地膜甜菜由于土壤温度过高，往往疯长，相互遮阴，日光被繁茂的叶冠层截取，下部叶常处于缺光状态，消耗养分，使地膜甜菜含糖率出现下降趋势。

地膜甜菜中后期土壤湿度过大，根系生活力下降，有利于根腐病发生。据试验，地膜甜菜中后期根腐病发病率 17.5%，病情指数 13.1，裸地甜菜中后期发病率 8.7%，病情指数 5.5，根腐病发病率比裸地甜菜高 8.8%，病情指数比裸地甜菜高 7.6。褐斑病也较重。

因此，地膜甜菜揭膜十分必要，揭膜期在覆膜后 70～80 d 为宜。据试验，揭膜比全生育期覆膜增产 9.4%，含糖提高 0.6 度，产糖量增加 13.1%；同时揭膜可以减少污染。废膜经过加工可再利用。揭膜后，要及时进行中耕、培土、灌水等田间作业，以免土壤失水过快，影响甜菜正常生长。

6. 病虫害防治

覆膜甜菜生长繁茂，要加强中、后期的病虫害防治，重点防治甜菜根腐病、褐斑病和草地螟。

7. 适时收获

收获期以 10 月上中旬为宜，收获时严格按“国标”进行修削，起收做到“四随”（随挖、随削、随堆、随运）。运回院内的甜菜要苫盖好，防止块根风吹、日晒、干耗、受冻变质造成损失。

想一想：

甜菜地膜覆盖增产增糖的原理是什么？

查一查：

你所在地区采用什么样的地膜覆盖方法？

复习思考

一、填空

1. 甜菜块根含糖量一般在（　　）左右。

2. 甜菜块根由（　　）、（　　）、（　　）和（　　）组成。

3. 甜菜品种根据含糖量的高低分为（　　）型、（　　）型和（　　）型。

4. 甜菜的需肥特点有（　　）、（　　）和（　　）。

5. 甜菜块根中糖分含量（　　）最高，（　　）和（　　）次之，（　　）最低。

6. 甜菜营养生长期分为（　　）、（　　）、（　　）、（　　）四个时期。

7. 甜菜夺取块根高产的关键生育时期是（　　）。

8. 甜菜耕翻的适宜深度为（　　）。

9. 甜菜纸筒育苗营养土配比一般土肥的比例为（　　）。

10. 精选后的甜菜种子要达到纯度（　　）以上，净度（　　）以上，发芽率（　　）以上，种子含水量不高于（　　）。

11. 甜菜一般在 5～10 cm 土层稳定达到（　　）℃时即可开始播种。

12. 检查播种质量包括（　　）、（　　）和（　　）三项内容。

13. 甜菜播种方法主要有（　　）和（　　）两种。

14. 甜菜的切削方法分为(　　)和(　　)两种。

15. 甜菜轮作的间隔周期为(　　)年，适宜种植的土壤酸碱度为(　　)。

16. 甜菜纸筒育苗移栽苗龄为(　　)叶，甜菜覆膜栽培一般播期较直播早(　　)d。

17. 甜菜常发生的病害主要有(　　)、(　　)、(　　)、(　　)等，虫害主要有(　　)、(　　)、(　　)等。

二、简答

1. 甜菜营养生长各时期生长发育有何特点？
2. 甜菜生长发育需要什么样的环境条件？
3. 甜菜产量和含糖量低的原因有哪些？如何提高甜菜块根的产量和糖分含量？
4. 甜菜选择品种的依据是什么？
5. 甜菜的需肥特点如何？怎样科学施肥？
6. 种植甜菜应如何进行土壤耕作？
7. 甜菜如何进行间苗和定苗？
8. 如何进行甜菜的田间管理？
9. 你认为如何能够种好甜菜？
10. 如何确定甜菜的收获适期？
11. 甜菜纸筒育苗有什么优越性？如何进行纸筒育苗？
12. 甜菜覆膜栽培的效应有哪些？如何进行覆膜栽培？

项目十　其他作物栽培技术

子项目一　马铃薯栽培技术

【知识目标】

了解马铃薯各生育阶段的特点；马铃薯的根、匍匐茎、块茎及各生育时期的特征；不同用途马铃薯的品质要求。

【技能目标】

掌握马铃薯脱毒种薯的选用、种薯的类型；种薯切块及小整薯的利用；播种方法、中耕除草、安全储藏等技术。

【项目导入】

马铃薯是当今人类社会的四大粮食作物之一，仅次于水稻、玉米和小麦，它是餐桌上的常客，但要说起马铃薯的身世，还有不少鲜为人知的故事呢。在中国，大多数老百姓都管马铃薯叫土豆，实际上，它是地地道道的洋货，是从国外传来的。那么，马铃薯最早起源于哪里？是什么人最先吃到了它？它又是怎么被种出来的呢？

静卧在安第斯山脉 3 800 m 之上的的的喀喀湖是世界上海拔最高的湖之一，位于秘鲁和玻利维亚的交界处。这里就是马铃薯的故乡。马铃薯是古印第安人最早栽培出来的，在的的喀喀湖的周边地区，现在种植马铃薯依然是最为重要的农耕活动，在当地土著民的祭祀和庆祝活动中，最重要的节日就是马铃薯节。在距今大约 7 000 年前，一支印第安部落由东部迁徙到高寒的安第斯山脉，在的的喀喀湖区附近安营扎寨，以狩猎和采集为生，他们最早发现并食用了野生的马铃薯。然而，这些印第安人原本来自东部，那里有着丰富的自然资源和可食的物品。为何他们要迁徙到高海拔的山区，又是如何与马铃薯结缘的呢？

印第安人选择在海拔 3 000 m 以上的的的喀喀湖区定居了下来，虽然有了安全保障，但高海拔和严寒又给他们带来了食物匮乏的厄运，在这里，木薯不能良好的生长，玉米很难正常地结实。饥饿迫使他们寻找新的食物。这时，他们发现了一种生长在地下的可以吃的植物——马铃薯的块茎。

在安第斯山脉、山麓上面有很多的马铃薯的野生种。当时的印第安人主要采集了它的野生种作为食物。马铃薯是块茎类作物，埋在地下的茎部彭大，含有大量的淀粉，可以为食用者提供丰富的营养能源。毫无疑问，这个新发现挽救了身处饥饿窘境的印第安人，为他们的生存出路点亮了一线生机。然而,野生马铃薯的块茎中含有大量的龙葵碱,对人和动物都有毒,早期食用马铃薯的许多印第安人,也有为此付出了生命的代价。尽管如此,作为食物,马铃薯与印第安人的关系却越来越紧密。在流传至今的传说中,马铃薯被认为是上苍赐予生活在高寒山区的印第安人的礼物。

传说居住在高寒地区的印第安部落被从低地来的部落打败了。低地这边的部落人是吃种子类农作物的部落,打败以后,就要把他们全都给赶出去或者全都灭绝,采取的办法呢,就把他们的食物全都抢走了,所以当地的部落就没有食物了。他们感觉到无计可施了,于是就向上苍祈祷:“保佑我们吧,你看我们都快饿死了。”这时候上苍仁慈心大发,就给了他们一袋种子,说:“你们把这个种上,你们就有食物了。”于是他们就把马铃薯种上了,种上以后,发现它开出了很漂亮的花,非常的好看。结果入侵者过来一看,你们怎么种上东西了,就要没收马铃薯。但仔细一看,原来种的都是花,也没法吃,就走了。入侵者虽然走了,他们一看还是没解决吃的问题。就又祈祷上苍,上苍说:“我给你们的植物,真正能吃的部分我都藏到地下了。我就知道他们这些入侵者要回来破坏这些东西,所以我给你们的是一种很特殊的植物。你们把地刨开,你们就会发现能吃的部分在地下埋着呢!”印第安人一刨开,果然发现了很多可以吃的东西,那就是马铃薯的块茎,所以他们就渡过了这个难关。

经年累月的食用,马铃薯在印第安人的饮食生活中扮演着越来越重要的角色。从食用到栽培,印第安人走了数千年的岁月,经过漫长而艰辛的驯化,他们最终将马铃薯的种植扩展到了整个安第斯山区,选择和种植出了抗寒的品种,使马铃薯能够在刚刚低于雪线的地区成熟。

栽培上的成功,使马铃薯和印第安人的饮食生活更紧密地联系在一起,食用方法上,也开始多样化。人们学会了如何更好地享受马铃薯的美味,狩猎和劳作之余的聚餐,他们会像熏烤其他肉类食品那样,把马铃薯堆放在火堆周围烘烤或埋在热灰中加热,然后剥去薯皮享受甘甜松软的滋味,这或许是当时印第安人劳累 1 d 后的莫大享受。

印第安人将上天赐予的这个礼物奉为神明——马铃薯神,并敬称为“丰收之神”,他们认为马铃薯是有“灵魂”的。如果某一年马铃薯歉收或严重减产,就认为是“怠慢”了马铃薯神,必须举行一次盛大的祭祀仪式。

祭祀的时候常常由当地的族长带领族群,在举行祭祀活动的时候,妇女常常在她的头饰、服饰上装点上马铃薯的花和茎叶,当地的儿童则常常在手中拿着马铃薯茎叶及生的马铃薯载歌载舞。在仪式里面,随处可见马铃薯的身影。此外,他们在祭祀祖先的时候,常常以马铃薯作为贡品、祭品。由此可见在古代印第安人他们生活里面这个马铃薯是占有非常重要的地位。

查一查:

目前,世界马铃薯主产国都是哪几个国家?我国的马铃薯生产居于世界第几位?

模块一　马铃薯栽培基础

一、马铃薯的一生

(一)植物学特征

马铃薯是茄科茄属一年生草本植物。其块茎可供食用,是重要的粮食、蔬菜兼用的作物。

按植株形态结构可分为根、茎(地上茎、地下茎、匍匐茎、块茎)、叶、花、果实和种子6部分。马铃薯植物结构如图10-1-1所示。

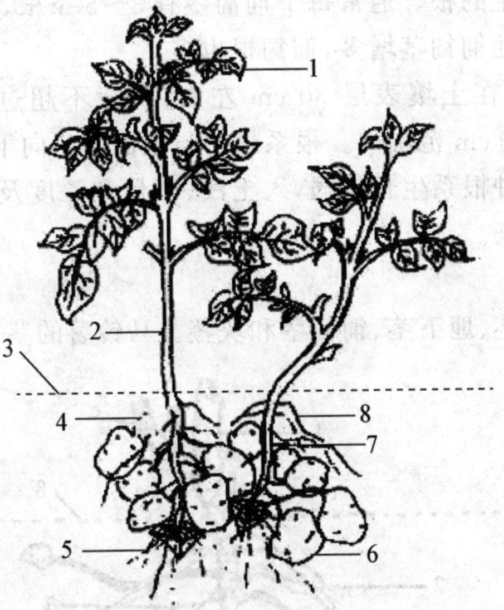

图10-1-1　马铃薯的植株

1.叶片　2.地上茎　3.土面　4.匍匐茎　5.芽眼根
6.块茎　7.地下茎　8.匍匐茎

1. 根

马铃薯的根系因繁殖方式不同可分为两大类。用种子有性繁殖的植株为直根系,有主根和侧根之分;用块茎、芽条无性繁殖的植株为须根系,没有明显的主侧根之分。马铃薯直根系如图10-1-2所示,须根系如图10-1-3所示。

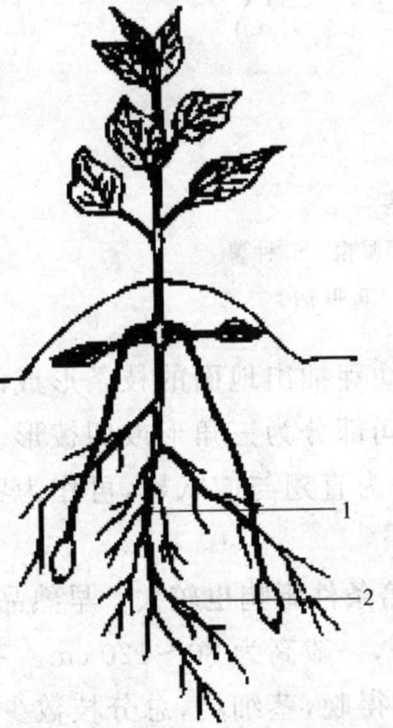

图10-1-2　马铃薯实生苗的直根系

1.主根　2.侧根

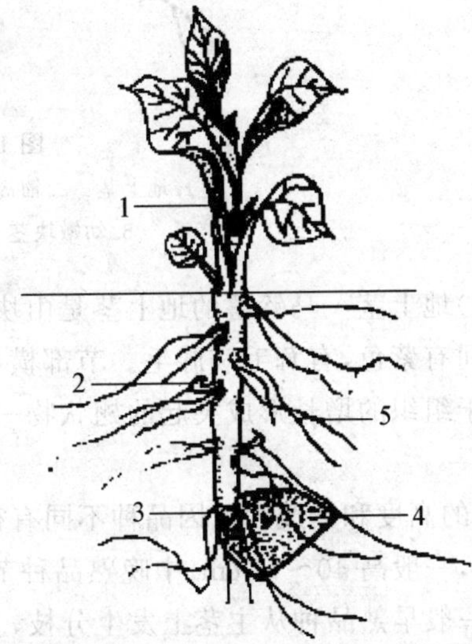

图10-1-3　马铃薯的须根系

1.苗　2.茎　3.芽眼根　4.种薯　5.匍匐茎

须根系由两种根组成，即初生根（芽眼根）和后生根（匍匐根）。初生根是在初生芽的茎部靠种薯处紧缩在一起的 3～5 节所生的根，初生根数量多，分枝力强，是主体根。后生根是由地下茎节处匍匐茎的周围发生的根。通常每个匍匐茎有 3～5 条根，长 10 cm 左右，分枝力弱、寿命短，但吸磷的能力很强，随匍匐茎增多，匍匐根也多。

马铃薯主要根系分布在土壤表层 30 cm 左右，一般不超过 70 cm，但也有深达 150～200 cm，水平分布在 30～60 cm 范围内。根系最初与地面倾斜向下生长，横展至 30～60 cm 后便向下垂直生长。早熟品种根系生长较弱，入土浅、数量和深度及分布范围都不及晚熟品种。整地质量也影响根系的生长。

2. 茎

马铃薯的茎包括地上茎、地下茎、匍匐茎和块茎。马铃薯的茎如图 10-1-4 所示。

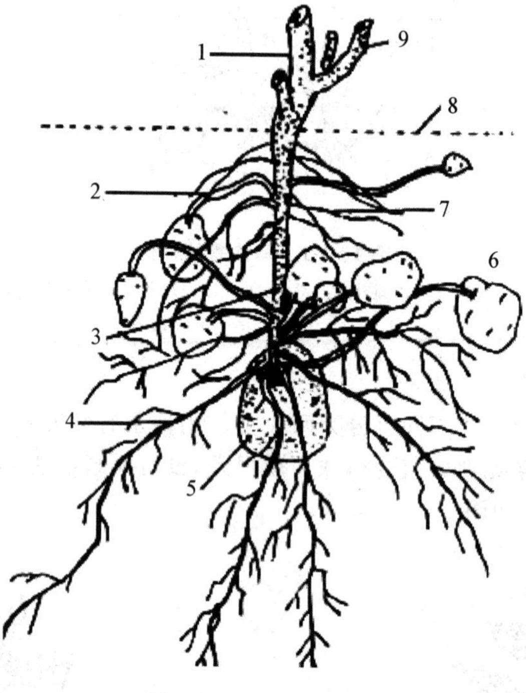

图 10-1-4 马铃薯的茎

1. 地上茎 2. 匍匐茎 3. 地下茎 4. 芽眼根 5. 种薯
6. 幼嫩块茎 7. 匍匐根 8. 地面 9. 叶柄

（1）地上茎 马铃薯的地上茎是由块茎芽眼萌发的幼芽抽出地面的枝条形成的，多汁，呈绿色，间有紫色，有茸毛和腺毛。节部横切面为圆形，节间部分为三角形或四棱形。在茎的棱上，由于组织的增长形成突起的翅状物——茎翅，茎翅分为直翅与波状翅，可作为鉴定品种的特征之一。

茎的高度和繁茂程度因品种不同有很大差异，受栽培条件影响也较大。早熟品种节数少，茎较矮，一般高 40～70 cm；中晚熟品种节数较多、茎较高，一般高为 80～120 cm。茎具有分枝特性，一般早熟品种从主茎上发生分枝，上部分枝多出现得晚，茎细弱，总分枝数少；晚熟品种茎部分枝多，茎粗壮，总分枝数多。马铃薯茎的再生能力很强，在适宜的条件下，每一茎节都可以生长不定根，每茎节的腋芽在适宜的条件下都能长成新植株。所以，生产上采用分枝、剪枝、扦插和压蔓等措施来增加繁殖系数以提高产量。

(2)地下茎 马铃薯地下茎为主茎的地下结薯部位，表皮为外壁已角质化的周皮所代替，气孔大而稀，无色素层。地下茎节上每一腋芽都有可能伸长形成匍匐茎，茎节数越多，形成匍匐茎越多。地下茎节一般6～8节，当播种深为15 cm时，可达8～9节。

(3)匍匐茎 匍匐茎是地下茎分枝的变态，由地下茎节上的腋芽发育而成，尖端是形成块茎的部位。用种子繁殖的植株，当地上部出现3～4片真叶时，即开始形成匍匐茎，这是真正的匍匐茎。最初一对匍匐茎是从子叶的叶腋处发生的，先沿地面生长，然后伸入土中。以后，再由近地面真叶的叶腋处继续发生匍匐茎，随后伸入土中。

用块茎繁殖的植株，其匍匐茎一般与出苗同时发生。但在早播、低温情况下出苗慢，往往在出苗前已形成匍匐茎；芽栽促使匍匐茎形成，从而达到早结薯的目的。

匍匐茎具有向地性和背光性，略呈水平方向生长，入土不深，大部分集中在地表下0～20 cm的土层内，长度因品种而异，一般为3～5 cm，短的仅有1～2 cm，长的可达30 cm以上。匍匐茎短结薯集中，便于管理和收获。

匍匐茎比地上茎细，但具有地上茎的所有特性。在生长过程中，如遇高温、密度过大或培土不及时而伸出地面，可转变为地上茎。而地上茎埋入土内也可转变为匍匐茎。因此，采用压蔓、分次培土、培育短壮芽可以增加匍匐茎数量。匍匐茎的成薯率一般为50%～70%。

(4)块茎 块茎就是短缩而肥大的变态茎。当匍匐茎顶端停止极性生长，它的髓部、韧皮部及皮层的薄壁细胞分生扩大并有大量淀粉积累，从而使匍匐茎顶端大而形成块茎。块茎具有地上茎的各种特征。块茎生长初期，其上有鳞片状小叶，缺乏叶绿体，至块茎稍大后，鳞片状小叶凋萎，残留叶痕，呈月牙状，称芽眉。芽眉里向内凹陷成为芽眼。芽眼在块茎上的分布与地上茎的叶片排列顺序相同，顶部密、基部(脐部)稀，块茎上的芽眼数与地上部主茎数相等。

每个芽眼有3个或3个以上的芽，各芽都能发育成幼苗，在芽眼中央较突出的为主芽，其余的为副芽。发芽时主芽首先萌发，其余芽一般呈休眠状态，只有当主芽产生的幼苗被折断或死亡，以及主芽衰老或经化学药剂处理时，副芽才萌发成壮芽，就整个块茎来说，顶部芽先萌发，并发育成壮芽，这种现象，称为顶芽优势。生产上利用顶芽优势，常把块芽纵切，增加顶芽利用率。顶芽优势强弱因品种而异，并随储藏期的延长而逐渐消失。

块茎表面有许多气孔，称为皮孔。通过皮孔与外界进行气体交换。块茎形状有球形、长筒形、椭圆形、扁形、卵形以及其他不规则的形状。马铃薯块茎的结构，外面是一层周皮，周皮里面是薯肉。薯肉由外向里包括皮层、维管束环和髓部。在块茎老化和储藏过程中，周皮细胞逐渐被木栓质所充实，木栓质具有高度的不透水性和不透气性，所以有防止块茎水分散失，减少养分消耗，避免病菌侵入的作用。

薯肉充满淀粉粒，薯肉的皮层与髓部之间的维管束环是养分和水分的通道。皮层和髓部薄壁细胞中储藏的养分，通过维管束环首先向顶芽和主芽输送，所以，顶芽和主芽具有发育成壮芽的优势。

块茎中还含有龙葵素，据实验在100 g鲜块茎中，龙葵素含量在20 mg以上时，如作为食用或饲用，极易引起人畜中毒。光照是促进块茎中形成龙葵素的重要原因。因此，在栽培管理和运输以及储藏中，都要尽可能减少光照的机会，但作为种薯的块茎不怕光照，由于龙葵素的增加，反而能提高种薯抗病虫的能力。

3. 叶

叶是光合作用的主要器官，马铃薯一生中叶片数为9～17片，早熟品种叶片偏少。从块茎上最初生出的几片叶为单叶，称为初生叶，初生叶全缘，颜色较浓，叶背往往呈紫色，叶面的茸毛较密，以后，随着植株的生长，逐渐形成奇数羽状复叶，由顶生小叶和3～7对侧生小叶，以及侧生小叶之间的小裂叶和复叶柄基部的拖叶构成。马铃薯的叶如图10-1-5所示。

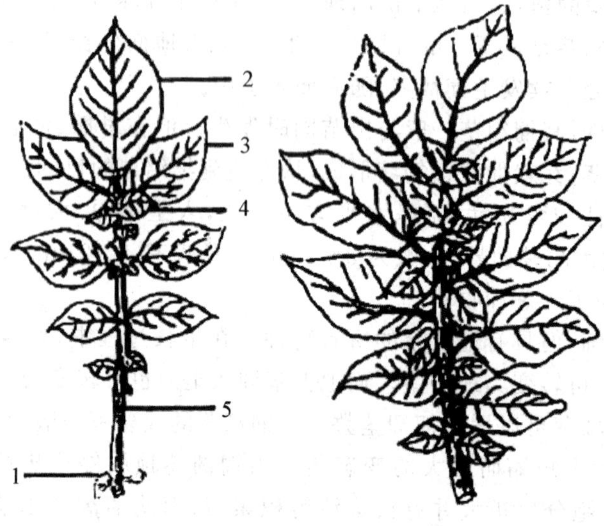

图10-1-5 马铃薯的叶

1.托叶 2.顶小叶 3.侧小叶 4.小裂叶 5.叶轴

马铃薯叶面上有茸毛和腺毛，茸毛有将空气中的水分吸附和减轻蒸腾的作用；腺毛则能将茸毛上凝结的水分吸入植物体内，从而更有效地利用空气中的水分，提高抗旱能力。

4. 花

马铃薯花序为聚伞花序。每个花序有2～5个分枝，每个分枝上有4～8朵花，每朵花具有一长短不等的花柄，在花柄上有环状的突起，是花柄脱落的地方，通常称为离层环或花柄节。节上和节下花柄长度之比是品种固有的特性。花冠的颜色有白、浅红、紫色或紫红色等，也是品种鉴别的标准，马铃薯是自花授粉作物。马铃薯的花如图10-1-6所示。

图10-1-6 马铃薯的花

1.柱头 2.花柱 3.花药 4.花丝 5.花瓣

6.花萼 7.花柄 8.花柄节

5. 果实与种子

马铃薯的果实为浆果，呈圆形或椭圆形，果皮为绿色、褐色或紫色。每果含种子100～300粒，多者可达500粒，少者只有30～40粒。种子很小，千粒重为0.4～0.6 g，呈偏平卵圆形，黄色或暗灰色，胚弯曲状。刚采收的种子，一般有6个月左右的休眠期，经储藏一年的种子比当年采收的种子发芽率高，通常在干燥低温下储藏7～8年发芽率仍可达70%～90%。马铃薯的果实和种子如图10-1-7所示。

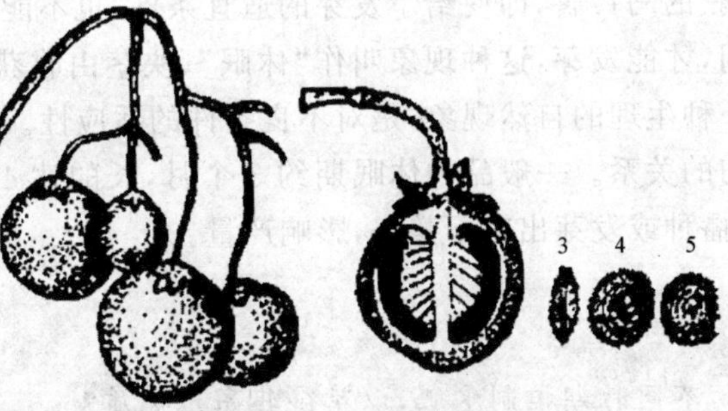

图10-1-7 马铃薯的果实和种子

1.浆果外形 2.浆果外剖面 3.种子 4.纵面 5.侧剖面

查一查：

你所处地区马铃薯常用哪些繁殖方法？

想一想：

马铃薯的茎包括哪几类？每类茎各有什么特点？

(二)生育时期

马铃薯的生长发育过程可划分为六个生育时期。

(1)芽条生长期 种薯播种后，从萌发开始，经历芽条生长、根系形成，至幼苗出土为芽条生长期。该生长期是以根系和芽生长为中心，持续时间差异较大，短者1个月左右，长者可达数月之久。此期关键是能把种薯的养分、水分及内源激素调动起来，促进早发芽，多发根，出壮苗。

(2)幼苗期 从幼苗出土，经历根系发育、主茎孕苗期。由于马铃薯种薯内含有丰富营养和水分，在出苗前便形成了相当数量的根系和胚叶。出苗后根系继续扩展，茎叶生长迅速，多数品种在出苗后7～10 d匍匐茎伸长，5～10 d顶端开始膨大；同时顶端第一花序开始孕育花蕾，侧枝开始发生。此期的生长中心是茎叶与块茎的生长。

(3)块茎形成期 从块茎具有雏形开始，经历地上茎顶端封顶叶展开、第一花序开始开花、全株匍匐茎顶端均开始膨大，直到最大块茎直径达3～4 cm、地上部茎叶干物重和地下块茎干物重平衡为止，为块茎形成期。本期是决定单株结薯数的关键时期，一般经历30 d左右，农作措施以水肥促进茎叶生长，迅速建成同化体系，同时中耕结合培土为茎膨大创造条件。

(4)块茎增长期 从地上部与地下部干物重平衡开始，即进入块茎增长时期，此期叶面积已达最大值，茎叶生长逐渐缓慢并停止；地上部制造的养分不断向块茎输送，块茎的体积重量不断增长，是决定块茎体积大小的关键时期。

(5)淀粉积累期　从茎叶开始逐渐衰老，到块茎体积和重量继续增加。该期生长特点是地上部向块茎中转运碳水化合物、蛋白质和灰分，块茎日增重达最大值。淀粉的积累一直延续到茎叶全部枯死之前，尽量保持根、茎、叶减缓衰亡，加速同化物向块茎中转移。成熟收获期决定于生产目的和轮作中的要求。一般当植物地上部茎叶黄枯，茎块内淀粉积累充分时，即为成熟收获期。

(6)休眠期　新收获的马铃薯，即使给予发芽的适宜条件，也不能在短期内萌发，必须经过相当长的一段后熟时间，才能发芽，这种现象叫作"休眠"；块茎由收获到幼芽萌发的这段时间叫休眠期。休眠期是一种生理的自然现象，是对不良条件的适应性。休眠期的长短，与品种的特性和储藏条件有密切的关系。一般品种休眠期约3个月，长的达4～5个月，休眠期长的品种催芽较困难，常延误播种或发芽出苗不整齐，影响产量。

想一想：

如何根据马铃薯的不同时期控制水肥，以获得其高产优质？

二、马铃薯生长发育需要的环境条件

(一)温度

马铃薯生长发育需要较冷凉的气候条件，因为它原产南美洲安第斯山高山区，年平均气温5～10℃，最高平均气温24℃左右。我国的西南山区、西北和北方一些地区，接近马铃薯原产地的气候条件。不过马铃薯栽种经过多年的人工选择，已有早、中、晚熟不同的品种类型，在多种气候条件下可以种植。但毕竟马铃薯植株和块茎在生物学上对温度的反应有其自然特性，所以，栽培马铃薯时，了解这些情况非常重要。

1. 植株对温度的反应

播种的马铃薯块茎在地面下10 cm深的土温达7～8℃，幼芽即可生长，10～20℃时幼芽茁壮成长并很快出土。播种早的马铃薯出苗后常遇到晚霜，一般气温降至－0.8℃时幼苗即受冷害。气温降到－2℃时幼苗受冻害，部分茎叶枯死、变黑，但在气温回升后还能从节部发出新的茎叶，继续生长。植株生长最适宜的温度为21℃左右，于42℃高温下，茎叶停止生长，气温在－1.5℃时，茎部受冻害，－3℃时茎叶全部枯死。开花最适温度为15～17℃，低于5℃或高于38℃则不开花。开花期到－0.5℃低温则花朵受害，－1℃使花朵致死。当然，因品种的抗寒性不同，对温度的反应也有差异。但在了解马铃薯植株生长与温度的关系后，对加强田间的管理，保证马铃薯获得高产，具有重要意义。

2. 块茎对温度的反应

马铃薯块茎生长发育的最适温度为17～19℃，温度低于2℃和高于29℃时，块茎停止生长。在生产实践中常遇到两种块茎生长反常现象。

第一种现象是播种块茎上的幼芽变成了块茎，也称闷生薯或梦生薯。这种现象是由于播种前块茎储藏条件不好，窖温偏高。窖温在4℃以上，块茎休眠期过后即开始发芽。有的窖温在10℃以上，块茎上芽子长得很长，把块茎生芽去掉后播种，块茎内养分向幼芽动转移时遇到低温，幼芽没有生长条件，所以又把养分储藏起来形成了新的小块茎。如果播种时块茎不发芽或只是开始萌芽而不生长，待温度升高后才正常生长，这样就不会产生块茎。

第二种现象是在块茎遇到长时间高温时即停止生长，待浇水降雨后土壤温度下降，块茎又开始生长，即二次生长。在这种条件下有的块茎像哑铃，有的像念珠状，出现多种畸形。当然，这种现象与品种是否耐高温有很大关系。对高温敏感的品种遇到干旱缺水，土壤温度升高时，二次生长块茎特别多，这就会严重影响产量或降低块茎品质。对这类品种要及时灌溉降低土温。

(二)水分

马铃薯生长过程中必须供给足够的水分才能获得高产。马铃薯的需水量与环境条件的关系密切而复杂。特别是与马铃薯叶片的光合作用和蒸腾作用，植株所处的气候条件、土壤类型、土壤中有机质含量、施用的肥料种类与数量以及田间管理、种植的品种等，都有很大关系。研究结果表明，马铃薯植株每制造 1 kg 干物质约消耗水 708 L。在壤土上种植马铃薯时，生产 1 kg 干物质最低需水 666 L，最高 1 068 L，而在沙质土壤种植马铃薯的需水量 1 046～1 228 L。一般每公顷生产 30 000 kg 块茎，按地上部和地下部重量 1∶1 和干物重 20%计算，每公顷需水量为 4 200 t 左右。马铃薯生长过程需水量最多的时期是孕蕾至花期，盛花期茎叶的生长量达到了最高峰。这段时间水分不足，会影响植株发育及产量。从开花到茎叶停止生长，这一段时间内块茎增长量最大，植株对水分需要量也很大，如果水分不足会妨碍养分向块茎中输送。

另外，马铃薯生长所需要的无机元素都必须溶解于水后，才能全部吸收。如果土壤中缺水，营养物质再多，植物也无法利用。同样，植株光合作用和呼吸作用一刻也离不开水，如水分不足，不仅影响养分的制造和运转，而且会造成茎叶萎蔫，块茎减产。所以，经常保持土壤有足够的水分是马铃薯高产的重要条件。通常土壤水分保持在 60%～80%比较合适。土壤水分超过 80%对植株生长也会产生不良的影响，尤其是后期土壤水分过多或积水超过 24 h，块茎易腐烂。积水超过 30 h 块茎大量腐烂，超过 42 h 后将全部烂掉。因此，在低洼地种植马铃薯要注意排水和实行高垄栽培。

(三)土壤

马铃薯对土壤适应的范围较广，最适合马铃薯生长的土壤是轻质壤土。因为块茎在土壤中生长，有足够的空气，呼吸作用才能顺利进行。轻质壤土较肥沃又不黏重，透气性良好，不但对块茎和根系生长有利，而且还有增加淀粉含量的作用。用这类土壤种植马铃薯，一般发芽快，出苗整齐，生长的块茎表皮光滑，薯形正常，而且便于收获。

黏重的土壤种植马铃薯，最好作高垄栽培。这类土壤通气性差，平栽或小垄栽培，常因排水不畅造成后期烂薯。土壤黏重易板结，常使块茎生长变形或块茎形不规则。但这类土壤只要排水通畅，其土壤保水、保肥力强，种植马铃薯往往产量很高。对这类土壤的管理，掌握中耕、除草和培土的墒情非常重要，一旦土壤板结变硬，田间管理很不方便，尤其培土困难，如块茎外露会影响品质。这类土壤生产的马铃薯块茎淀粉含量一般偏低。

沙性大的土壤种植马铃薯应特别注意增施肥料。因这类土壤保水、保肥力最差。种植时应适当深播，因一旦雨水稍大把沙土冲走，很易露出匍匐茎和块茎，不利于马铃薯生长，反而增加管理上的困难。沙土中生长的马铃薯，块茎特别整洁，表皮光滑，薯形正常，淀粉含量高，易于收获。

马铃薯是较喜酸性土壤的作物，土壤 pH 在 4.8～7.0 马铃薯生长都比较正常。pH 在

5.64～6.05时有增加块茎淀粉含量的趋势，但pH在4.8以下土壤接近强酸时则植株叶色变淡呈现早衰、减产；pH在7.0以上时则绝大部分不耐碱的品种产量大幅度下降；土壤pH在7.8以上不适于种植马铃薯。在这类土壤上种植马铃薯不仅产量低而且不耐碱的品种在播种后块茎的芽不能生长甚至死亡。

另外，石灰质含量高的土壤种植马铃薯，容易发生疮痂病。因这类土壤中放线菌特别活跃，常使马铃薯块茎表皮受严重损害。所以遇到这种情况，应选用抗病品种和施用酸性肥料。

(四)肥料

肥料是作物的粮食。有收无收在于水，收多收少在于肥。肥料不足或生长期间出现饥饿状态，就不可能高产。马铃薯是高产作物，需要肥料较多。肥料充足时植株可达到最高生长量，相应块茎产量也最高。氮、磷、钾三元素中马铃薯需要钾肥量最多，其次是氮肥，需要磷肥较少。

1. 氮肥

氮肥对马铃薯植株茎的伸长和叶面积增大有重要作用。适当施用氮肥能促进马铃薯枝叶繁茂、叶色浓绿，有利于光合作用和养分的积累，对提高块茎产量和蛋白质供应有很大作用。氮肥虽是马铃薯健康生长和取得高产的重要肥料，但是施用过量就会引起植株徒长以致结薯延迟，影响产量，并且枝叶徒长还易受病害侵袭，会造成更大的产量损失。相反，如氮肥不足，则马铃薯植株生长不良，茎秆矮，叶片小，叶色淡绿或灰绿，分枝少，花期早，植株下部叶早枯等，最后因植株生长势弱，导致产量很低。早期发现植株缺氮要及时追肥，可以变低产为高产。实践证明，氮肥施用过多比氮肥不足更难控制。因为苗期发现氮肥不足，可追施氮肥加以补充，而发现氮肥过多除控制灌水外，其他方法很难见效；而控制灌水常常造成茎叶凋萎，影响正常生长。因此，施用氮肥一定要适量。

2. 磷肥

磷肥虽然在马铃薯生长过程中需要较少，但却是植株健康发育不可缺少的重要肥料。特别是磷肥能促进马铃薯根发育，所以磷肥是非常重要的肥料。磷肥充足则幼苗发育健壮，并且还有促进早熟、增进块茎品质和提高耐储性的作用。

磷肥不足时，马铃薯植株生长发育缓慢，茎秆矮小，叶面积小，光合作用差，生长势弱。缺磷时块茎外表没有特殊症状，切开后薯肉常出现褐色锈斑。随着缺磷程度的增重，锈斑相应地扩大，蒸煮时薯肉锈斑处脆而不软，严重影响品质。

3. 钾肥

钾元素是马铃薯苗期生长发育的重要元素。钾肥充足，植株生长健壮，茎秆坚实，叶片增厚，组织致密，抗病力强。钾元素还对促进光合作用和淀粉形成有重要作用，钾肥往往使成熟期有所延长，但块茎大，产量高。

缺钾时马铃薯植株节间缩短，发育延迟，叶片变小，在后期叶片出现古铜色病斑，叶片向下弯曲，植株下部叶片早枯，根系不发达，匍匐茎缩短，块茎小，产量低，品质差，蒸煮时薯肉易呈灰黑色。

此外，马铃薯还需要钙、镁、硫、锌、钼、铁、锰等微量元素，缺少这些元素时，也可引起病症，降低产量。但绝大部分土壤中这些元素并不缺乏，所以生产中一般不需特别施用。

(五)光照

马铃薯是喜光作物，在生长期间日照时间长，光照强度大，有利于光合作用。栽培的马铃薯品种，基本上都是长日照类型的。光照充足时枝叶繁茂，生长健壮，容易开花结果，块茎大，产量高，特别在高原与高纬度地区，光照强、温差大，适合马铃薯的生长和养分积累，一般都能获得高产量。相反，在树荫下或与玉米等作物间套作时，如间隔距离小，共生时间长，玉米遮光，而植株较矮的马铃薯则会因为光照不足，导致养分积累少，茎叶嫩弱，不开花、块茎小，产量低。即使在马铃薯单作的条件下，如采用植株高大的品种，密度大、株行距小时，也常出现互相拥挤，下部枝叶交错，导致通风、透光差，也会影响光合作用和产量。

光照可明显地抑制块茎上芽生长。窖内储藏的块茎在不见光的条件下能过休眠期后由于窖温高，而长出又白又长的芽子，如把萌芽的块茎放在散射光下，即使在15～18℃的温度下，芽子长得也很慢，我国南方架藏种薯和北方播种前催芽，都是利用这一点来抑制芽子的过度生长。而且在散射光下对种薯催大芽，是一项重要的增产措施。

马铃薯一般在产量19 950～24 750 kg/hm^{2}的情况下吸收氮素99.75～174.75 kg、磷素42～49.5 kg和纯钾139.5～229.5 kg。马铃薯虽能适应多种土壤，但以疏松而富含有机质的(pH 5.5～6.0)黑土最为理想。密度保苗不能少于60 000株/hm^2。

想一想：

如何根据不同用途确定马铃薯所需的外界条件？

模块二　马铃薯栽培技术

马铃薯是一种喜肥水的高产作物，但我国由于多数地方的粗放栽培，因此产量不高，事实上马铃薯的增产潜力很大，因此，从栽培技术上提高马铃薯的产量具有很大的潜力。

一、选地整地

马铃薯是不耐连作的作物。种植马铃薯的地块要选择3年内没有种过马铃薯和其他茄科作物的地块。马铃薯对连作反应很敏感，生产上一定要避免连作。如果一块地上连续种植马铃薯，不但会使病害(如青枯病等)严重，而且引起土壤养分失调，特别是某些微量元素，导致马铃薯生长不良，植株矮小，产量低，品质差。另外，马铃薯也不宜和茄科作物(番茄、烟草、茄子、辣椒等)轮作，因为这些作物在土壤中吸收的营养物质种类与马铃薯大致相同，并有可以相互感染的病害虫害，如晚疫病、黑胫病、青枯病等。甜菜、甘薯、胡萝卜等作物也不宜和马铃薯轮作。因这些作物与马铃薯同属喜钾作物，轮作会常导致土壤钾肥不足，同时还有共同的病虫害如疮痂病、线虫病等。实践证明，麦类、谷子、玉米是马铃薯良好的前茬，高粱、大豆次之。马铃薯轮作年限应在3年以上。

马铃薯块茎膨大需要疏松肥沃的土壤。因此，种植马铃薯的地块最好选择地势平坦，有灌溉条件，且排水良好、耕层深厚、疏松的沙壤土。马铃薯要求微酸土壤，pH 5.5～6.0最适宜，它的抗盐能力很弱，当土壤含盐量达到0.01%时就表现敏感；在碱性土壤上栽培易感疮痂病并降低淀粉含量。因此，它对土壤酸碱度的适宜范围为pH 5～8。

马铃薯是块茎作物，为了使植株生育茁壮，根系强大，结薯大而多，必须创造一个深厚、松软、湿润、通气良好的土壤环境。因此，深耕细整地是马铃薯增产主要措施之一，由于前茬不同整地方法也不一样。一般麦茬种马铃薯应进行伏翻、秋耕或采用深耕作法；谷茬、玉米茬可根据播法决定是否深耕。前作收获后，要进行深耕细耙，然后作畦。畦的宽窄和高低要视地势、土壤水分而定。地势高排水良好的可作宽畦，地势低，排水不良的则要作窄畦或高畦。

想一想：

马铃薯除了不能连作之外，还不能与哪些作用轮作？

二、合理施肥

马铃薯是高产喜肥作物，对肥料反应敏感，每生产 500 kg，需吸收氮 2.5～3.0 kg、磷 0.5～1.5 kg、钾 5～6.5 kg，氮、磷、钾的比例约为 2∶1∶4.5。

(一)需肥特点

氮肥使马铃薯的茎、叶生长繁茂，叶色浓绿，光合作用旺盛，增加有机物质积累，蛋白质含量提高。若氮肥过多，特别是在生长后期过多，会导致植株徒长，组织柔嫩，推迟块茎成熟，产量降低。磷促进植株生育健壮，提高块茎品质和耐储性，增加淀粉含量和产量。若磷不足则植株和叶片矮小，光合作用减弱，产量降低，薯块易发生空心、锈斑、硬化、不易煮烂，影响食用品质。钾能增进植株抗病和耐寒能力，加速养分转运，使块茎中淀粉和维生素含量增多。钾若不足则生长受抑制，地上部分矮化，节间变短，株丛密集，叶小呈暗绿色渐转变为古铜色，叶缘变褐枯死，薯块多呈长形或纺锤形，食用部分呈灰黑色。

硼肥有利于薯块肥大，也能防止龟裂。对提高植株净光合生产率有特殊作用。铜能提高蛋白质含量，增加植株呼吸作用。增加叶绿素含量，延缓叶片衰老和增强抗旱能力都有良好作用。同时也有提高植株净光合生产率的作用。

马铃薯在生育期吸收钾肥最多，氮肥次之，磷肥最少。氮素是从萌芽后到花蕾着生期前后含量最多。磷的含量随着植株生长期的延长而降低。钾的含量在萌芽时低，萌芽后迅速增加，在开花期后反而下降。镁和钙都有随生长期延长而增高的趋势。茎叶中的养分在块茎开始膨大时向其中运转。块茎中无机成分氮和钾占其全吸收量的 70%，磷占 90%，钙占 10%，镁占 50%左右。

马铃薯在生长期中形成大量的茎叶和块茎，因此，需要的营养物质较多。肥料三要素中，以钾的需要量最多，氮次之，磷最少。施足基肥对马铃薯增产起着重要的作用。马铃薯的基肥要占总用肥量的 3/5 或 2/3。基肥以腐熟的堆厩肥和人畜粪等有机肥为主，配合磷、钾肥。一般施有机肥 15 000～22 500 kg/hm^2，过磷酸钙 225～375 kg/hm^2，草木灰 1 500～2 250 kg/hm^2。基肥应结合作畦或挖穴施于 10 cm 以下的土层中，以利于植株吸收和疏松结薯层。播种时，用腐熟的人畜粪尿 300～450 kg/hm^2，或氮素化肥 75～120 kg/hm^2 作种肥，使出苗迅速而整齐，促苗健壮生长。

(二)马铃薯的需肥规律

马铃薯的各个生育时期，因生长发育阶段的不同，所需要营养物质种类和数量也不同。从发芽至幼苗期，由于块茎中含有丰富的营养物质，所以吸收养分较少，占全生育期的 25%左右；块茎形成期至块茎增长期，由于茎叶大量生长和块茎迅速形成，所以，此期吸收养分较多，占全生育期的 50%以上；淀粉积累期吸收养分又减少了，占全生育期的 25%左右。

(三)施肥方法

马铃薯生产上主要问题之一是施肥量少,土壤养分低,地力瘠薄,生长不良,产量不高。实践证明,施用有机肥和无机肥结合,基肥、种肥和追肥相结合,是获得马铃薯高产的基础。

1. 基肥

以有机肥为主,一般用量为22.5～45 t/hm^2。施用方法依有机肥的用量及质量而定,量少(15 t/hm^2)质优的有机肥可顺播种沟条施或穴施在种薯块上,然后覆土。粗肥量多时应撒施,随即耕翻入土。磷、钾化肥也应作基肥施用。

2. 种肥

在播种薯块时施用,用过磷酸钙或配施少量氮肥作种肥。但要注意,氮、磷肥不能直接接触种薯。许多地区有用种薯蘸草木灰播种的习惯,草木灰除起防病作用外,兼起种肥作用。

3. 追肥

追肥多半是用氮素化肥,其用量因土壤肥力、前茬作物、灌溉、密度及磷肥施用水平而有所不同。在不施有机肥条件下旱作时,氮肥作追肥效果较差,以作基肥为宜,施氮量一般为60 kg/hm^2。如果现蕾期能浇一次水,则提高到90 kg/hm^2,浇水前开穴深施。对甜菜、高粱之后种植的马铃薯应适当增加氮肥用量到105 kg/hm^2;密度增大或配施磷肥时,氮肥用量应增加到135 kg/hm^2。总之,马铃薯的氮肥根据条件施用60～135 kg/hm^2,在马铃薯开花之前施下。开花后一般不再追施氮肥。在后期,为了预防早衰,可根据植株生长情况喷施0.5%尿素溶液和0.2%磷酸二氢钾溶液作根外追肥。

查一查:

马铃薯缺氮、磷、钾都有何症状?

三、优良品种和脱毒种薯的选用

(一)优良品种的选用

选用优良品种首先要以当地无霜期长短、栽培方式、栽培目的为依据。为秋季进行越冬储藏的应选用能充分利用生长季节的中晚熟品种;为了早熟上市,应选用早熟品种或极早熟品种;作淀粉加工原料的应选择高淀粉品种;做炸薯条或薯片的应选择薯形整齐、芽眼少而浅、白肉、还原糖含量低的食品加工专用型品种。其次,应根据当地生产水平选用耐旱、耐瘠薄或喜水肥、抗倒伏的品种。第三,应根据当地主要病害发生选用抗病性强、稳产性好的品种。北方地区常见优良马铃薯品种如表10-1-1所示。图10-1-8为不同用途的马铃薯品种。

表10-1-1　优良马铃薯品种

品种名称	特征特性
克新1号	株高70 cm,生育期95 d左右,植株抗晚疫病,块茎感病,高抗环腐病,高抗卷叶病毒,耐束顶病,较耐涝。一般产量为22 500 kg/hm^2,高产可达37 500 kg/hm^2。适于黑龙江、吉林、辽宁、内蒙古、山西等省。
克新2号	株高65～70 cm,生育期90 d,植株抗晚疫病,抗旱。一般产量为22 500 kg/ hm^2,高产可达37 500 kg/hm^2。适于黑龙江、吉林、山东、广东、福建等省。

续表 10-1-1

品种名称	特征特性
克新 3 号	株高 65 cm，生育期 95 d 左右，对晚疫病具有较高的田间抗性，高抗卷叶病，耐束顶病，较耐涝。一般产量为 30 000 kg/hm^2。适于黑龙江、吉林两省。
克新 4 号	株高 60 cm，生育期 70 d 左右，植株感晚疫病，块茎对晚疫病有较高抗性，感环腐病，耐束顶病。一般产量为 22 500 kg/hm^{2}左右。适于黑龙江、辽宁、河北、天津、上海等地。
克新 9 号	株高 55 cm，生育期 65 d 左右，较感晚疫病，对纺锤块茎类病毒(PSTV)的强系及弱系均有较强的耐病性。一般产量为 18 000 kg/hm^{2}左右。适于黑龙江省齐齐哈尔地区、黑河地区、绥化地区以及中原二季作区栽培；主要分布在黑龙江省。
克新 10 号	块茎椭圆形，黄皮黄肉，薯皮光滑，芽眼较浅。休眠期长。鲜薯食用品质优良。晚熟种，从出苗至收获 130 d 左右，高抗疫病，轻感病毒病。一般产量 22 500～30 000 kg/hm^2。适于黑龙江省北部地区栽培。
克新 11 号	株高 45～55 cm，主茎 2～3 个，茎绿色，株型直立，复叶较大，叶绿色，一般产量 22 500 kg/hm^2，高产可达 37 500 kg/hm^2。植株高抗疫病，较抗卷叶病毒和花叶病毒病，该品种适宜北方一季作区种植，黑龙江省等地有栽培。
克新 12 号	该品种属中晚熟品种，生育期 100 d 左右，田间较抗晚疫病，耐储性强。适于北方一季作区种植，黑龙江等地有栽培。
克新 13 号	中晚熟品种，生育期 90 d 左右，田间抗晚疫病，抗环腐病，耐储性强。适于黑龙江、吉林、辽宁、内蒙古以及北方一季作干旱地区种植。
克新 14 号	中晚熟品种，生育期 95 d 左右，田间较抗晚疫病。适宜黑龙江省栽培。
黄麻子	早熟品种，出苗至收获 70 d 左右，田间较抗疫病和疮痂病，耐储藏性好，产量为 25 000 kg/hm^2。适宜黑龙江省各地。
东农 303	株高 45 cm，生育期 60 d 以内，植株中感晚疫病，块茎抗病，抗环腐病，高抗花叶轻感卷叶病毒病，耐束顶病，耐涝性强。一般 22 500～30 000 kg/hm^{2}左右。适于东北、华北、江苏、广东、上海等地。
东农 304	块茎圆形，黄皮黄肉，芽眼中深，休眠期长。鲜薯食用品质好。中早熟品种，从出苗到收获 75～80 d，轻感卷叶病毒；一般产量为 30 000 kg/hm^{2}以上。适于黑龙江省栽培。
东农 305	株高 60 cm，田间抗晚疫病，中熟类型，从出苗到成熟 75 d。适于黑龙江省各地栽培。
早大白	薯块扁圆，大而整齐，白皮白肉，表皮光滑，芽眼浅，薯块膨大速度快。早熟，适于黑龙江省中南部地区作早熟栽培。

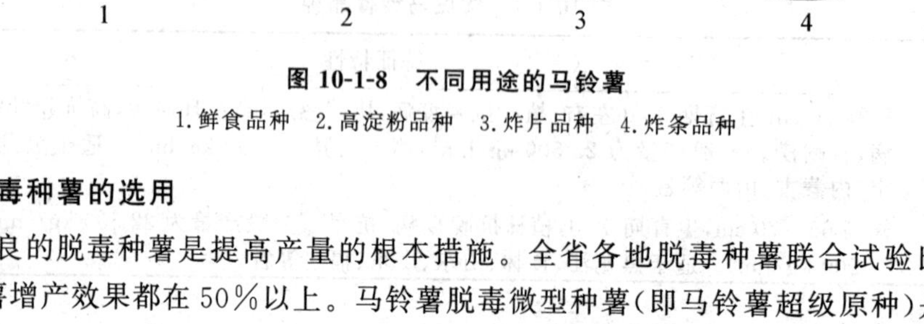

图 10-1-8 不同用途的马铃薯

1. 鲜食品种 2. 高淀粉品种 3. 炸片品种 4. 炸条品种

(二)脱毒种薯的选用

选择优良的脱毒种薯是提高产量的根本措施。全省各地脱毒种薯联合试验比较的结果是：脱毒种薯增产效果都在 50%以上。马铃薯脱毒微型种薯(即马铃薯超级原种)是由植物茎尖分生组织培养、病毒检测和试管苗工厂化扩繁等生物技术方法培育的脱毒试管苗，通过工厂化切段快繁和温室或网棚无土栽培繁殖，获得的微型脱毒小薯。

在选用良种的基础上，选择薯形规整，具有本品种典型特征，薯皮光滑、色泽鲜明，重量为50～100 g，大小适中的健康种薯作种。选择种薯时，要严格去除表皮龟裂、畸形、尖头、芽眼坏死、生有病斑或脐部黑腐的块茎。

脱毒微型种薯具有下列显著的性能和特点：

(1)品种纯度高，品种纯度达到100%。

(2)无毒无病。微型种薯不带任何病毒和真菌细菌病害。

(3)储运性能好。体积小易于储藏、运输，可大幅度降低调种成本。

(4)增产幅度大，生产上一般增产幅度可达50%～200%。

(5)持续增产性强。在良好的栽培技术和管理条件下，可连续4年保持增产增收。

(6)用种量小。微型种薯千粒重为2～5 kg，每公顷用种量120～150 kg，不足普通种薯的1/10。

(7)种薯大小整齐一致，易于机械化栽培管理。

想一想：

脱毒种薯为什么能够增产？

查一查：

生产中对食用型、食品加工型、淀粉加工型、种用型马铃薯的品质有哪些具体要求？

四、播种技术

(一)种薯准备

1. 种薯出窖和精选种薯

窖藏种薯如果是保管很好而未萌动，可根据对种薯处理所需要的天数提前出窖，如需要催芽处理可提前40～45 d出窖；如果室内种薯储藏不当，过早萌芽，应在不使种薯受冻的情况下，及时出窖，使之散热见光，抑制幼芽继续生长，使芽蔫软绿化，以免碰伤折断。

为保证种薯健康，淘汰病薯，出窖后立即对种薯进行严格挑选。精选种薯是增产的重要措施之一，只有优质种薯才能充分发挥马铃薯的增产潜力。种薯应选择健康无病、无破损、表皮光滑、储藏良好且具有该品种特征的薯块，大小一致，每个种薯重30～50 g。最好整薯播种，可避免切块传病和薯块腐烂造成缺株，增产效果比较显著；但薯块较大的种薯可进行切块种植。此外，最好选择幼龄薯、壮龄薯。

根据块茎内部差异在外表形态上的表现，可以把块茎大体分为幼龄薯、壮龄薯、老龄薯三种类型。

(1)幼龄薯　幼龄薯通常在植株上生育时间短，多数是在冷凉气候条件下形成，所以种性好，生活力强，可以长出丰产型植株。幼龄薯特点是薯形小、规整、薯皮柔嫩光滑，皮色新鲜不易退色，休眠期较长，耐储藏，幼芽粗壮。

(2)壮龄薯　壮龄薯在植株上生育时间较幼龄薯长，薯形较大、圆整，生命力也较强，也能长出丰产型植株，适于做种薯。

(3)老龄薯　老龄薯在植株上生育时间最长,伴随茎叶枯黄才开始收获,薯体大小都有,但小型的老龄薯则质量更差。在生理上是老龄,生活力较弱,种性较差,因此,长出的植株是衰退型。老龄薯的特点是薯皮粗糙老化,皮色暗淡,薯变形,休眠期短,芽细弱。这类块茎的生活力大多具有衰退的趋势,如用作种薯,则在田间往往形成衰退型的植株,即茎秆纤细柔弱,早衰、低产,所以老龄薯极不适于用做种薯。

2. 种薯消毒

种薯在催芽或播种前应进行消毒处理,用 200～250 倍的福尔马林液浸种 30 min,或用 1 000 倍的农用链霉素、细菌杀喷雾等。

3. 种薯催芽(晒种)

马铃薯的栽培一般用经过自然休眠的种薯播种,若因播种季节紧,则需对未经过休眠的种薯进行催芽处理。

(1)困种的方法　播前 1 个月左右将种薯平铺在阳光充足的室内,厚度 2～3 层,室温保持在 15～20℃,并隔 3～5 d 上下翻动一次,当幼芽萌动即要伸出时可切块播种。

(2)催芽方法　种薯在储藏中如果已经发芽,可将种薯平铺在光亮的室内,使白芽见光变成绿色短壮芽,切块时也不易折断。如果种薯在播种前尚未发芽,就需进行催芽处理,使种薯尽快通过休眠,促进发芽,提早成熟。催芽播种是保证马铃薯早出苗,保全苗,防止秋薯烂种的有效措施。催芽时可在温室或塑料大棚内进行,也可在凉爽通风的室内进行。先在地面铺一层厚 10 cm 左右的干净湿河沙(以手捏成团松手便散为适湿),床宽 1 m,长度根据实情而定,后将种薯均匀摊于苗床上,注意不可使种薯重叠,芽眼须朝上,接着用沙土盖没薯块,如此可放 2～3 层,堆积厚度约 50 cm,最后拍紧床面,保持一定的湿度和 10～15℃的温度进行催芽。当芽长至 1～3 cm 时即可切块播种(注意保护嫩芽)或移栽。春季催芽要覆盖薄膜保温,秋季要喷清水降温促芽。催芽的作用主要是促进薯块尽快通过休眠,淘汰感染病害的块茎,提早成熟,躲过或减轻晚疫病的危害,增加种薯纯度。

4. 种薯切块和小整薯利用

(1)种薯切块　对薯块大的种薯,一般在播种前 1～2 d 进行,用种量大时,可提前 4～5 d 切块,但应放在阴凉通风处摊晾,形成愈伤组织后再堆放,以免烂种。切块种植能促进块茎内外氧气交换,破除休眠,提早发芽和出苗。但切块时,易通过切刀传病,引起烂种、缺苗或增加田间发病率,加快品种退化。

种薯切块方法:用经消毒的利刀沿种薯顶端自上而下纵切成小块,注意顶部切块要稍小一些,后部切块要稍大些,要切成棱块状,切忌切成薄片,每块重约 25～40 g,每块留 1～2 个芽。薯块切后用草木灰沾伤口,以防腐败影响发芽。切到病烂薯时,将病烂薯剔除,同时将切刀在 5%的高锰酸钾溶液中浸泡消毒 1～2 min,或用 95%酒精涂抹切刀和切板消毒,然后再切其他薯块,以免感染其他种薯。另外,切种薯时重点保留顶芽和侧芽,对尾芽弃去不用。不同大小的薯块,切法也有所不同。种薯切块方法如图 10-1-9 所示。

(2)小整薯作种　小整薯作种可避免切刀传病,而且小整薯的生活力和抗旱力强,播后出苗早而整齐,每穴芽数、主茎数及块茎数增多。因而采用 30～50 g 左右健壮幼龄薯或壮龄薯作种,有显著的防病增产效果。但小薯一般生长期短,成熟度低,休眠期长,而且后期常有早衰现象。栽培上需要掌握适当的密度、作好催芽处理,增施钾肥,并配合相应的氮磷肥,才能发挥小薯作种的生产潜力。

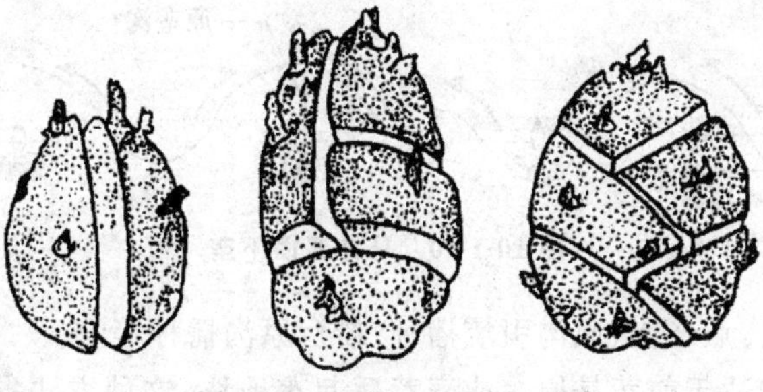

图 10-1-9　马铃薯种薯切块

(二)播种及合理密植

1. 适时早播

根据黑龙江省的气候条件,确定适期早播应考虑下列原则。

(1)马铃薯的适宜播种期一般应在当地晚霜前 20～25 d,土壤 10 cm 深处温度达到 6～8℃时,进行播种。

(2)为了防旱保苗,可根据春季土壤水分运动规律,在返浆前耢地,防止水分蒸发,播种在返浆期,抢在煞浆期,充分利用土壤水分,以利出苗。

(3)早熟品种应早播,气温稳定在 6～7℃时播种;晚熟品种适当晚播,气温稳定在 7～8℃时较为适宜。未处理的种薯早播,困种催芽的适当晚播种。

(4)确定播期必须使结薯盛期在适于块茎生长的季节,即日平均气温不超过 21℃,躲过夏季高温,以延长生育期,使块茎充分发育,在晚疫病危害之前提早成熟而提高产量。日照时数不超过 14 h,并有适宜降雨量。

依据以上原则,黑龙江适时早播的时期是:早熟品种,在 4 月中旬播种;晚熟品种一方面考虑在早霜来临前及时成熟,另一方面避免夏季高温对结薯与块茎膨大的影响,在 4 月下旬到 5 月初播种。

2. 改进播种方法,提高播种质量

黑龙江省马铃薯播种方法以垄作为主,播法多种多样,共同的目的是抗旱保苗,增产和抗涝防烂保收。根据播种后薯块在土层中的位置,可分为三类。

(1)播上垄　薯块播在地平面以上或与地平面同高,称为播上垄,此种播法适于涝害出现多的地区的可易涝地块。其特点是:覆土薄、土温高,能提早出齐苗。因覆土浅,抗旱能力差,如遇到严重春旱时易造成缺苗。为防止春旱、缺苗,可以把薯块的芽眼朝下摆放,同时加强镇压来抗旱保苗。这种播法在播种时不易多施肥(应通过秋施肥来解决)。为了保证结薯期多培土,避免块茎外露晒绿,垄距不宜过窄并采用小铧深耥。

一般常用的播上垄方法是在原垄上开沟播种,即用犁破原垄开成浅沟(开沟深浅可视墒情而定),把薯块摆在浅沟中,同时施种肥(有机肥和化肥),再用犁耥起原垄沟上的土壤覆到原垄顶上合成原垄,镇压。

(2)播下垄　薯块播在地平面以下,称为播下垄(图 10-1-10)。多在春旱的地区或早熟栽培时用此法。这种播法的特点是:保墒好、土层厚,利于结薯,播种能多施有机肥。但易造成覆土过厚,土温降低,出苗慢,苗细弱。所以,一般应在出苗前耢一次垄台,减少覆土,提高地温,消灭杂草,促进早出苗、出苗齐。

图 10-1-10 马铃薯播下垄

常用播下垄的方法：点老沟、原沟引墒播种、耢台原沟播种等。

①点老沟　点老沟适于前茬是原垄或麦茬后起垄地块，这种方法省工省事，利于抢墒，但不适于易涝地块。

②原垄沟引墒播种　在干旱地区或地块，为保证薯块所需水分，在原垄沟浅耥引出湿土后播种。如播期过晚也可采用原垄沟引墒播法。

③耢台原沟播种　在垄沟较深，墒情不好时可采用此法。沟内有较多的坐土，种床疏松，地温高，但晚播易旱。有伏秋翻地基础的麦茬、油菜茬等地块，可采用平播后起垄或随播随起垄播法。平播后起垄可以播上垄也可以播下垄，主要取决于播在沟内还是两沟之间的地平线上。播种时多采用七铧犁开沟，深浅视墒情而定，按株距摆放薯块滤肥(有机肥和无机肥)，而后再用七铧犁在两沟之间起垄覆土，随后镇压一次，这样薯块处于地平面下为播下垄。另外，播下垄是先用七铧犁按垄距划出很浅的印，薯块按株距摆在两印中间，滤肥再用七铧犁合垄覆土，随即也镇压一次，这样薯块处在地平面以上称为播上垄。此法适于春天墒情好、秋天易涝地块。

(3)平播后起垄　播种时无论采用哪种播法，覆土厚度不应小于 7 cm，在春风大的地区，覆土可适当加厚到 10～12 cm，出苗前要采取耢地，使出苗整齐健壮。除此以外，马铃薯种植方法还有芽栽、抱窝栽培、苗栽、种子栽培、地膜覆盖栽培等。芽栽和苗栽都是用块茎萌发出来强壮的幼芽进行繁殖；抱窝栽培是根据马铃薯的腋芽在一定条件下都能发生匍匐茎结薯的特点，利用顶芽优势培育矮壮芽，提早出苗，深栽浅盖，分次培土，增施粪肥等措施，创造有利于匍匐茎发生和块茎形成的条件，促使增加结薯层次，使之层层结薯，产量得以提高。种子栽培能节省大量种薯，并能减轻黑胫病、环腐病及其他由种薯所传带的病害，因为种子小而不易露地直播，需育苗定植。地膜覆盖栽培，据各地经验，提高土壤温湿度可以促进生育，又起到保墒、保肥、土壤疏松的作用，也可以抑制杂草的滋生，为早熟高产创造了有利条件。

3. 合理密植

构成马铃薯的产量因素是单位面积株数与单株产量的乘积。单株产量是由单株结薯数字与单薯重确定的。而群体增产与单株增产之间是矛盾的。当单位面积株数增加时，单株产量相应降低，两者都与栽植密度存在着一定依存关系。在一定密度的范围内，群体的产量随密度的增加而增加；单株产量随密度的增加而降低。因此，确定密度必须考虑群体产量与个体产量两个相矛盾因素协调统一。如果密度小时，虽然单株发育好，产量高，但由于单位面积内总株数小，结薯较少，产量不高。如果密度过大，虽然总株数多，但单薯重很低，同样产量不高。因此，合理密植就是要使单位面积内有一个合理的群体结构，既能使个体发育良好，又能发挥群体的增产作用，以充分利用光能、地力，从而获得高产。从群体和个体协调发展考虑，马铃薯在肥力较好的条件下，早熟品种垄距 70 cm、株距 21～24 cm，保苗株数为 6 万～6.75 万/hm^2；中晚熟品种垄距 70 cm，株距 24～27 cm，保苗株数为 5.25 万～6 万/hm^2。当前生产上密度偏稀，如适当增加株数，增产的潜力很大。

(三)播种量

马铃薯的播种量以薯块大小、穴距来确定。按每切块 20～25 g 计算，每公顷需要 6 万块薯块，所需纯播种量为 1 200～1 500 kg/hm^2。

想一想：

1. 确定播种期的原则是什么？
2. 脱毒微型种薯在生产中具有哪些优势？

查一查：

马铃薯芽栽为什么能够高产？

五、田间管理

(一)查苗补苗

马铃薯出齐后，要及时进行查苗，有缺苗的及时补苗，以保证全苗。补苗的方法是：播种时将多余的薯块密植于田间地头，用来补苗。补苗时，缺穴中如有病烂薯，要先将病薯和其周围土挖掉再补苗。土壤干旱时，应挖穴浇水且结合施用少量肥料后栽苗，以减少缓苗时间，尽快恢复生长。如果没有备用苗，可从田间出苗的垄行间，选取多苗的穴，自其母薯块基部掰下多余的苗，进行移植补苗。

(二)中耕培土

中耕松土，使结薯层土壤疏松通气，利于根系生长、匍匐茎伸长和块茎膨大。出苗前如土面板结，应进行松土，以利出苗。齐苗后及时进行第一次中耕，深度 8～10 cm，并结合除草培土(图 10-1-11)，第一次中耕后 10～15 d，进行第二次中耕培土(图 10-1-12)，宜稍浅。现蕾时，进行第三次中耕培土(图 10-1-13)，比第二次中耕更浅。并结合培土，培土厚度不超过 10 cm，以增厚结薯层，避免薯块外露，降低品质。

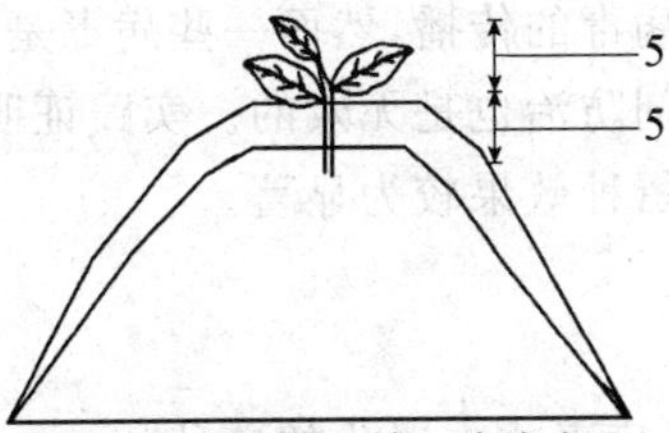

幼苗5 cm左右时，第一次培土，培土厚度5 cm

图 10-1-11　第一次培土

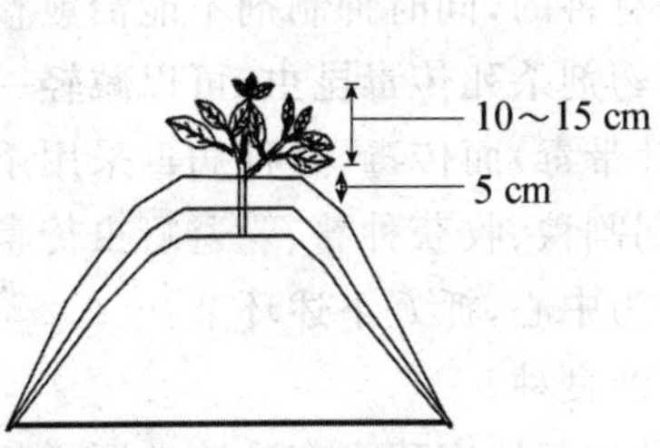

幼苗10～15 cm时，第二次培土，培土厚度5 cm

图 10-1-12　第二次培土

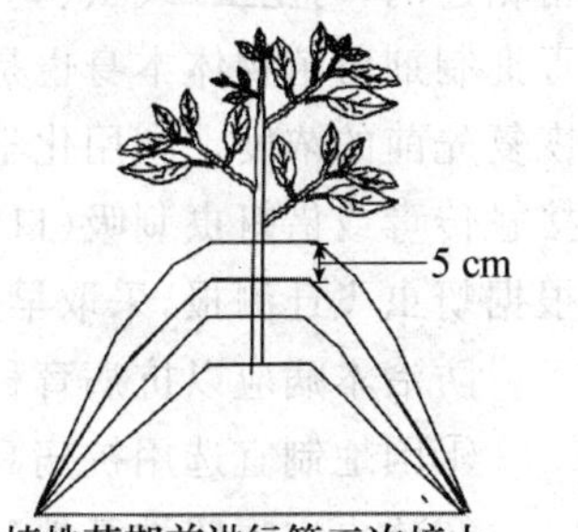

植株花期前进行第三次培土，培土厚度5 cm

图 10-1-13　第三次培土

(三)追肥

马铃薯从播种到出苗时间较长，出苗后，要及早用清粪水加少量氮素化肥追施芽苗肥，以促进幼苗迅速生长。现蕾期结合培土追施一次结薯肥，以钾肥为主，配合氮肥，施肥量视植株长势长相而定。开花以后，一般不再施肥，若后期表现脱肥早衰现象，可用磷钾或结合微量元素进行叶面喷施。

(四)防治病虫害

1. 病害及其防治

马铃薯的病害较多,常见的病害有病毒病、晚疫病、青枯病、环腐病、疮痂病、癌肿病等。

(1)晚疫病　发病时,水浸状的病斑出现在叶片上,几天内叶片将坏死,干燥时变成褐色,潮湿时变成黑色。在阴湿条件下,叶背面可看到白霉似的孢子梗,通常在叶片病斑的周围形成淡黄色的褪绿边缘,病斑在茎上或叶柄上是黑色或褐色的。茎上病斑很脆弱,茎秆经常从病斑处折断,在某些条件下,有病斑的茎秆可能发生萎蔫。

防治方法:

①选用抗病品种。选抗病品种方法是最经济、最有效、最简便的方法。如克新号品种、高原号品种等,但此类抗晚疫病品种多为中、晚熟品种,早熟品种中仍缺少抗晚疫病的品种。

②适时早播。晚疫病病原菌在阴雨连绵季节发展很快,因此,采取适时早播可提早出苗,提早成熟,具有避开晚疫病的作用。各地可根据当地气候条件确定适宜播期。

③加厚培土层。晚疫病可直接造成块茎在田间和储藏期间的腐烂。加厚培土的目的可以保护块茎免受从植株落到地面病菌的侵染,同时还可增加结薯层次,提高产量。

④药剂防治。晚疫病只能用药剂预防,无法治疗,要根据当地气象预报,做好病情测报。在马铃薯始花至盛花期间,如果 48 h 之内最低气温不低于 10℃、空气相对湿度平均在 75%以上,就应逐日进行田检,如发现中心病株,立即拔掉深埋,并对发病中心半径 30～50 m 范围内进行喷药封锁,或进行全田喷药保护。药剂可选用百菌清、代森锌、瑞毒霉、克露、大生等。最好几种药剂混喷,或每次喷一种杀菌剂,换着药喷,防止病菌产生抗药性。

⑤提早割蔓。在晚疫病流行年,马铃薯植株和地面都存在大量病菌孢子囊,收获时侵染块茎。应在收获前一周左右割秧,运出田外,让地面暴晒 3～5 d,再进行收获。既可减轻病菌对块茎的侵染,又使块茎表皮木栓化,不易破皮。

(2)马铃薯病毒病　马铃薯病毒病可以导致植株生理代谢紊乱、活力降低,使种薯严重退化,产量锐减,已成为发展马铃薯生产的最大障碍。病毒的繁殖是与植物体正常的代谢过程紧密相连的,与昆虫、线虫、真菌和细菌为害不同,利用化学药剂防治病毒是无效的。已知一些病毒抑制剂对植物体本身也是有害的,同时抑制剂不能治愈整个植株,当停止药剂使用时病毒又恢复先前的浓度。利用化学药剂杀死传毒昆虫,可以减轻一些病毒的传播,然而一些病毒是借接触传毒或借蚜虫刺吸(口针带毒)而传毒,这种病毒采用杀虫剂防治也是无效的。实践证明,根据蚜虫飞迁测报,采取早期割秧、收获种薯、躲避蚜虫传毒的留种效果较为显著。

防治本病应以抗病育种为中心,抓好下述环节:

①因地制宜选用抗病高产良种。

②建立无病留种基地(品种基地应建立在冷凉地区,繁殖无病毒或未退化的良种)。

③块茎处理(50℃温水泡浸 17 min)和茎尖脱毒培养。

④实生苗块茎留种(除马铃薯块茎纺锤类病毒外,其他马铃薯病毒均不通过种子传染,利用种子实生苗长出的块茎作种薯,有良好的防病作用)。

⑤一季作地区实行夏播,使块茎在冷凉季节形成,增强对病毒的抵抗力;二季作地区春季用早熟品种,地膜覆盖栽培,早播早收,秋季适当晚播、早收,可减轻发病。

⑥加强栽培管理。高畦深沟,配方施肥,实行浅灌,及时培土和淘汰病株,喷药治蚜,清除

杂草，也可减轻发病。

此外，控制蚜虫和拔除病株也是生产中常用的方法。

(3)马铃薯黑胫病 黑胫病是细菌性病害，在我国各地均有发生。此病可引起块茎腐烂。田间发病率一般在1%～5%，严重时可达到10%，多雨年份可达100%。感病块茎在储藏期会大量腐烂，造成烂窖。带病种薯播种后，可引起死芽造成缺苗。黑胫病的典型症状是植株茎基部呈现墨黑色的腐烂。该病往往从块茎开始发病，病菌从新生块茎的脐部侵入，脐部渐呈黑褐色，髓部也变黑腐烂。病菌同时通过匍匐茎传到植株茎基部，发展到茎上部。茎表皮变色，维管束变浅褐色，植株矮化，叶片变黄，直至茎基部变黑色腐烂，植株变黄并倒伏死亡。病菌可在带病种薯上越冬，也可随病株残体在土壤中越冬。下一年通过植株的幼根、块茎或其他部分侵染发病。

防治方法：

①选用抗病品种如抗疫1号、胜利1号、反帝2号、渭会2号、渭会4号和渭薯2号等。

②选用无病种薯，建立无病留种田。

③切块用草木灰拌种后立即播种。

④适时早播，促使早出苗。

⑤发现病株及时挖除，特别是留种田更要细心挖除，减少菌源。

⑥种薯入窖前要严格挑选，入窖后加强管理，窖温控制在1～4℃，防止窖温过高，湿度过大。

(4)马铃薯环腐病 生育中后期，叶片及茎出现萎蔫(通常只是一个植株上的某些茎枯萎)。下部叶片边缘稍有向上卷曲、褪绿，叶脉之间有淡黄色区。茎和块茎横切面出现棕色维管束，用手挤压，常排出乳白色无味的菌浓，块茎维管束大部分腐烂并变成红色、黄色、黑色或红棕色。病原菌主要在带病块茎上越冬。病菌主要通过种薯切面，以及在生育期间茎、根、匍匐茎或其他部分的伤口侵染，某些刺吸式口器昆虫也可把病菌由病株传播到健株上。

防治方法：

①建立无病留种田，尽可能采用整薯播种。有条件的最好与选育新品种结合起来，利用杂交实生苗，繁育无病种薯。

②种植抗病品种经鉴定表现抗病的品系有：东农303、郑薯4号、宁紫7号、庐山白皮、乌盟601、克新1号、丰定22、铁筒1号、阿奎拉、长薯4号、高原3号、同薯8号等。

③播前汰除病薯。把种薯先放在室内堆放五六天，进行晾种，不断剔除烂薯，使田间环腐病大为减少。此外用50 mg/kg的$CuSO_4$浸泡种薯10 min有较好效果。

④结合中耕培土，及时拔除病株，携出田外集中处理。

(5)马铃薯软腐病 软腐病在我国各马铃薯产区都有发生。主要在储藏期和收获后运输过程中。擦伤、高温、潮湿都可使软腐病严重发生。播种至出苗也可发病，造成烂种死苗。软腐病是细菌性病害，该病主要浸染块茎，皮孔部分轻微凹陷，呈褐色圆形水浸状。从伤口侵入时病斑一般不规则。温暖潮湿时病斑湿腐变软，髓部组织腐烂，呈灰色或浅黄色。病健分明，交接处边缘为褐色或黑色。干燥条件下，病斑可变成干斑。植株地上部分得病时，叶片和叶柄以及茎部都变软腐烂。病菌可在带病种薯和病残体上越冬，在生长期及收获、储藏阶段浸染其他健康植株。被病菌污染的水源及带有病残体的肥料、带菌的昆虫和农具也是该病的传染媒介。

防治方法：

①加强田间管理，注意通风透光和降低田间湿度。

②及时拔除病株，并用石灰消毒减少田间初侵染和再侵染源。

③避免大水漫灌。

④喷洒50%百菌通可湿性粉剂500倍液或12%绿乳铜乳油600倍液、47%加瑞农可湿性粉剂500倍液、14%络氨铜水剂300倍液。

2. 虫害及其防治

马铃薯的害虫主要有瓢虫、土蚕、蚜虫、蛴螬、蝼蛄等，可用药剂或人工捕杀等措施防治。

(1)蚜虫　蚜虫俗称腻虫，在各地都有分布，危害性最大的是桃蚜。蚜虫群集在植株嫩叶的背面吸汁液，同时排泄出一种黏物，堵塞气孔，造成叶片卷曲，皱缩变形，使顶部幼芽和分枝受到影响，严重减产。另一方面在蚜虫吸汁的过程中，把病毒传给无病植株，在短期内使病毒在田间迅速传播，造成植株发生退化，这种危害造成的损失更为严重。

防治措施：根据蚜虫的习性，选择高海拔的冷凉缓坡地，或多风大风的地方，作为种薯繁殖地，使蚜虫不易繁殖和降落，减少病毒传播机会。种薯地周围200 m以内，不能有桃树、油菜、西瓜等开黄花的，蚜虫喜降落，以卵寄主越冬的植物，有效扼制第二年春季蚜虫的繁殖。种薯地周围500 m以内，不能栽培退化的种薯，以避免蚜虫短距迁飞传播。根据蚜虫迁飞习性，避开蚜虫迁入高峰期，采取早播早收或迟播迟收，减轻蚜虫传毒。

药剂防治：田间管理中，苗出齐后，根据实地情况，选用两种以上药剂，如乐果、灭蚜威、来福灵、敌杀死等，按茎、叶背、叶面的顺序交替喷施，每隔7～10 d喷施一次。

(2)马铃薯瓢虫　马铃薯瓢虫又名28星瓢虫，属鞘翅目瓢虫科。除危害马铃薯外，还危害其他茄科作物及瓜类和豆类作物。其成虫或幼虫咬食叶片背面叶肉，被害部位仅剩叶脉。植株渐渐变黄。化学防治的药品一般分为两大类，一类为内吸传导型，另一类为触杀型。施用方法可用颗粒剂穴施内吸杀虫剂，如70%灭蚜松可湿粉剂，用量为2 850 g/hm^2，28星瓢虫在北方一年可发生2～3代。一般在5月中旬开始第一代活动，7月上旬至9月上旬第二代开始活动。温度过低或气候过于干燥，越冬成虫大量死亡。

防治方法：发虫初期，喷洒50%敌敌畏乳油、50%杀螟松乳油、50%二嗪农乳油等药剂1 000倍液即可。

(3)蛴螬　蛴螬俗称土蚕，属鞘翅目金龟甲科。其成虫叫金龟子，主要在地下危害，咬断地下茎，导致地上幼苗枯死。后期蛀食块茎，形成孔洞，既有利于病菌侵入，又降低了块茎的商品性。蛴螬活动的最适地温是13～18℃。超过23℃或低于9℃，蛴螬均明显向地下深层移动。土壤有机质多或施厩肥多的地块有利于蛴螬的发生。前茬为豆类或玉米的地块发生较严重。

防治方法：秋深翻地可将幼虫或成虫翻于地表，越冬时冻死或被天敌吃掉。多施腐熟的有机肥。化肥中的含氨化肥，如碳酸氢氨等施入土壤中后，能散发出氨气，对蛴螬有驱除作用。用90%敌百虫按1 500～2 250 g/hm^2，加少量水后拌细土225～300 kg，均匀撒施在播种沟内，上面盖薄土以防烧种，可以杀死蛴螬。如蛴螬发生危害且虫量较大，可用90%敌百虫500倍液，或50%辛硫磷乳油800倍液灌根，每株灌150 g左右药液，可杀死根际幼虫。也可在成虫盛发期，每30 000 m^2设一黑光灯，下面摆上盆，盆中放水及少量煤油，晚间开灯，可将成虫诱入水中淹死。

(4)地老虎　地老虎属鞘翅目夜蛾科。以幼虫对马铃薯及其他作物进行危害。可咬断幼苗的地下茎，使幼苗枯死。还可咬食块茎，既造成病害浸染，又降低了块茎的商品性。小地老虎是世界范围危害最重的一种害虫，它的发生适宜温暖的气候条件，以 13～24℃为最适其发育和繁殖的温度，喜潮湿的土壤环境。

防治方法：一方面加强田间管理，另一方面采取捕杀、诱杀和药剂灭虫的方法。加强田间管理要及时清除田间和地头及路边的杂草，并将杂草集中沤肥或烧毁，以消灭杂草上的虫卵。秋翻地并进行冬灌，可以冻死部分越冬的幼虫或蛹，减少虫量。诱杀和捕杀可以利用地老虎成虫的趋光性和对糖醋液的特殊嗜好，在田间设糖醋液盆和黑光灯进行诱杀成虫。或用 90%敌百虫每 50 g 拌匀 30～40 kg 切碎的鲜草，傍晚撒在田里诱杀幼虫。对 3 龄前的地老虎幼虫，可用 80%敌百虫可湿性粉剂 1 000 倍液喷洒，或用 2.5%敌百虫粉剂 1.5～2 kg 加 10 kg 细土拌匀撒在植株周围。对虫龄较大的幼虫可用 50%辛硫磷乳油或 50%二嗪农乳油或 80%敌敌畏乳油 1 000～1 500 倍液灌根。

想一想：

马铃薯产生畸形块茎的原因是什么？生产中如何预防此现象的发生？

六、收获

马铃薯当植株生长停止，茎叶大部分枯黄时，块茎很容易与匍匐茎分离，周皮变硬，比重增加，干物质含量达最高限度，即为食用块茎的最适收获期，利用块茎应提前 5～7 d 收获，以减轻生长后期高温的不利影响，提高种性。

（一）收获时间

达到生理成熟时收获，早熟品种 8 月下旬，中、晚熟品种 9 月上中旬收获。

（二）收获方法

(1)人工收获　人工破垄，要求趟得正，不跑茬、不偏墒，搂净拣光，随起随送，堆放田间的马铃薯一定要盖好，防止晒成青薯。

(2)机械收获　收获前将马铃薯秧割掉或化学灭秧，并将茎叶清理出收获地块，起收时挖掘深度要合理，防止丢薯和破皮伤薯。

（三）收获保管

收获后要注意装运时应轻拿轻放，运输和储藏时防止日晒、雨淋和冻害。

想一想：

马铃薯成熟的标志是什么？

复习思考

一、单项选择

1. 建立马铃薯无病毒留种基地应选择（　　）。

A. 冷凉地区　　B. 温暖地区　　C. 低海拔地区　　D. 两熟充足地区

2. 马铃薯种薯生产必要时可采用晚播措施，其原因主要是（　　）。

A. 使生长有充足的光照　　B. 利用秋雨，便于出苗和生长

C. 使结薯期避免高温　　D. 晚播温度高出苗快

3. 马铃薯匍匐茎形成的部位是(　　)。

A. 地上茎节　　B. 地下茎节　　C. 块茎节　　D. 主茎节

4. 马铃薯地上茎叶和地下块茎均停止生长的温度条件是(　　)。

A. 18～21℃　　B. 22～25℃　　C. 27～29℃　　D. 29℃以上

5. 马铃薯形成各种畸形块茎的主要原因是(　　)。

A. 养分充足　　B. 土壤湿度太大　　C. 光照充足　　D. 高温干旱

6. 马铃薯地上茎叶鲜重与地下块茎鲜重出现平衡期是在(　　)。

A. 淀粉积累期　　B. 块茎增长期　　C. 块茎形成期　　D. 幼苗期

7. 马铃薯块茎增长期与地上部位一致的生育阶段是(　　)。

A. 现蕾—初花　　B. 现蕾—终花

C. 盛花—茎叶衰老　　D. 终花—茎叶枯萎

8. 马铃薯块茎萌发出苗过程中，对土壤水分要求不高，其主要原因是(　　)。

A. 有周皮保护　　B. 为双子叶植物，种子小

C. 块茎本身含水较多　　D. 根系发达

9. 种植马铃薯晚熟品种追肥较适宜的时期是(　　)。

A. 苗期　　B. 现蕾前　　C. 开花后　　D. 盛花后

10. 马铃薯块茎入窖前，要求在光照通风的场所堆放 2～3 d，主要为了(　　)。

A. 促进后熟　　B. 降低龙葵素含量

C. 散失水分和热量　　D. 杀灭细菌

11. 马铃薯窖藏的适宜温度是(　　)。

A. －2～－4℃　　B. 0～1℃　　C. 1～3℃　　D. 3～5℃

12. 马铃薯窖藏的适宜湿度是(　　)。

A. 75%　　B. 80%　　C. 85%　　D. 90%

13. 马铃薯窖藏时较为理想的窖藏量一般是装到窖深的(　　)。

A. 1/3　　B. 1/2　　C. 2/3　　D. 装满为止

14. 马铃薯在低海拔、低纬度地区一般不能就地留种，主要是因为这类地区(　　)。

A. 病毒种类多　　B. 土壤普遍缺钾　　C. 土壤较黏重　　D. 气温高

15. 马铃薯一生中需水量最多的时期是(　　)。

A. 萌发出苗期　　B. 块茎形成期　　C. 块茎增长期　　D. 淀粉积累期

16. 马铃薯如果幼苗变小，叶色深绿，叶缘卷起后枯死，侧芽死亡，块茎髓部有坏死斑，说明马铃薯缺(　　)。

A. 钙　　B. 硼　　C. 铜　　D. 镁

17. 马铃薯块茎形成期至块茎增长期吸收的养分约占全生育期的(　　)。

A. 25%　　B. 45%　　C. 50%　　D. 75%

18. 如果马铃薯植株矮小，全株呈灰绿甚至黄绿色，至增长期茎上部老叶完全失去叶绿素呈淡绿色，以至干枯脱落，说明缺(　　)。

A. 氮　　B. 磷　　C. 钾　　D. 钙

19. 马铃薯对肥料三要素的需要以(　　)。

A. N 最多,K 次之,P 较少　　B. K 最多,P 次之,N 最少

C. K 最多,N 次之,P 较少　　D. P 最多,K 次之,N 最少

20. 马铃薯种块退化与否和退化轻重,在病毒充分侵染和高温条件下,主要取决于(　　)。

A. 病毒的传染性　　B. 品种的抗病性和耐病性

C. 品种的产量特性　　D. 栽培措施的好坏

二、多项选择

1. 生产上利用马铃薯再生能力强的特点来增加繁殖系数的措施(　　)。

A. 分株　　B. 育芽掰苗　　C. 剪枝扦插

D. 压蔓　　E. 平作栽培

2. 芽栽马铃薯能获得高产的原因是(　　)。

A. 节约种薯　　B. 增加密度

C. 减轻晚疫病危害　　D. 能躲过高温伏旱

E. 减轻环腐病危害

3. 有灌溉条件的地方采用垄作方式栽培马铃薯,垄作的好处是(　　)。

A. 提高土温　　B. 抗旱抗涝　　C. 便于培土除草

D. 便于灌溉管理　　E. 促进早熟

4. 马铃薯切块播种时,常用的切刀消毒方法有(　　)。

A. 0.2%升汞浸泡 5～10 min　　B. 自来水浸泡 5～10 min

C. 3%来苏浸泡 5～10 min　　D. 开水煮 8～10 min

E. 自来水浸泡 30 min

5. 马铃薯切块播种时,最适宜的切块为(　　)。

A. 重量 25～50 g　　B. 重量 10～20 g　　C. 带 1～2 个芽眼

D. 多带薯肉　　E. 挖 1 个芽眼

6. 在马铃薯病毒中,不通过种子传播的有(　　)。

A. 纺锤块茎病毒　　B. 马铃薯 Z 病毒

C. 马铃薯 Y 病毒　　D. 奥古巴花叶病毒

E. 绿矮病毒

7. 常见的马铃薯退化类型有(　　)。

A. 卷叶类型　　B. 花叶类型　　C. 束顶型

D. 矮化类型　　E. 褐斑型

8. 生产上抑制马铃薯块茎发芽的方法有(　　)。

A. 高锰酸钾溶液浸泡薯块　　B. 萘乙酸甲酯处理薯块

C. 低剂量辐射　　D. 四氯硝基苯处理薯块

E. 三氯硝基苯处理薯块

9. 生产上打破马铃薯休眠常用的方法有(　　)。

A. 赤霉素浸泡薯块　　B. 三氯硝基苯处理薯块

C. 块茎切块　　D. 擦破块茎周皮

E. 四氯硝基苯处理薯块

10. 幼龄健康的马铃薯小整薯出苗齐、全、壮的原因是(　　)。
A. 组织幼嫩　　B. 代谢旺盛　　C. 生活力强
D. 具有顶端优势　　E. 未通过休眠

三、判断

1. 用实生薯繁殖马铃薯就不会发生退化现象。(　　)
2. 马铃薯全株的叶片全为奇数羽状复叶。(　　)
3. 高纬度、高海拔地区的马铃薯退化比低纬度、低海拔地区轻。(　　)
4. 马铃薯叶面的茸毛和腺毛,可提高植株的抗旱性能。(　　)
5. 马铃薯块茎发芽和见光后,龙葵素含量增加,主要集中在块茎中央。(　　)
6. 马铃薯块茎的年龄越小,休眠期越短。(　　)
7. 马铃薯的匍匐茎比地上茎细,但具有地上茎的特性。(　　)
8. 现蕾至开花初是马铃薯块茎形成期。(　　)
9. 马铃薯发芽时,芽眼内的3个芽全萌发。(　　)
10. 马铃薯可以和茄子、烟草等作物轮作。(　　)

四、简答

1. 马铃薯的茎包括哪几类?每类茎各有何特点?
2. 马铃薯一生可划分为哪几个生育时期?每个生育时期各有何特点?
3. 对食用型、食品加工型、淀粉加工型、种用型马铃薯的品质各有哪些要求?
4. 如何对马铃薯进行合理轮作?
5. 脱毒微型种薯具有哪些特点?
6. 幼龄薯、壮龄薯、老龄薯各有哪些特点?
7. 马铃薯播种前应如何进行种薯的准备?
8. 储藏马铃薯时应注意哪些问题?

子项目二　烟草栽培技术

【知识目标】

了解烟草的类型、生物学特点,培育壮苗方法和栽培管理方法。

【技能目标】

掌握烟草播前准备、播种、田间管理技术和病虫害防治技术。

【项目导入】

独自一人,我点燃了一支烟,
就像,点燃我自己,
我,只是尘土一粒,
随着烟雾,消失不见。

这是17世纪英国伟大的诗人约翰·弥尔顿对烟草的赞颂,简短的几句,勾画出一幅凄美的画面,让人进入无限遐想的空间。烟草与名人似乎与生俱来便有了相互吸引的气息,伟大的牛顿似乎从儿时抽烟到老;马克思一生对烟爱不释手;达尔文在烟雾缭绕的房间内撰写他的进化论;而爱因斯坦也有着很明确的吸烟理由,他说“我相信,在一切人类事物中,抽烟都能在某种程度上帮助人做出冷静客观的判断”;爱迪生是个不加节制的嚼烟爱好者,他曾说过“烟草对从事复杂脑力劳动的人有一种良好的刺激作用”。很难说,香烟的神秘力量,在某种程度上刺激了他们的神经,让他们拥有更多的智慧。在中国,伟大的毛泽东、邓小平一生吸烟无数,而很多近代的名人,诸如鲁迅、林语堂等文坛巨匠,他们一生嗜烟如命,国人常说的一句话“饭后一袋烟,快活似神仙”,就出自林语堂之口。

烟,是个平凡中带些神秘色彩的东西。人,为什么吸烟,为什么在反对呼声那么强烈的当今社会,科学深入研究发现烟草的极大危害时,烟草的销售却并没有受到多大程度的影响,反而还在节节攀升。烟,到底是个什么样的东西,能有如此大的吸引力让吸烟的人违背健康的原则,去吸食享受。翻开烟草的文化史,让我们一同揭开烟草的神秘面纱。

烟草的传播与欧洲的航海探险密不可分,也是直接原因。1492 年 10 月 11 日,当哥伦布第一次离开发现的美洲大陆时,当地的印第安人便把晾晒好的烟叶作为最为珍贵的礼物送给他。神奇的烟草在传播初期,就让欧洲人痴迷。烟草被探险发现后带入欧洲,后又经航海从欧洲传到了其他沿海国家,这是一条重要的扩散线路。而另外一条扩散线路就是经丝绸之路传到内陆国家。难怪有诗曰:上下五千年,事物万万千;何事最销魂,当然数吸烟。

烟草的需求持续攀升,刺激了烟草工业的兴起,起初他们推行的是手推烟。机械化带来了烟草工业翻天覆地的变化,更是让烟草消费量增幅惊人。由于欧洲的气候不适合烟草的生长,因此美国成为最大的烟草生产国和出口国。当时的俗语说:“美国是靠烟草起家的”,1889 年,美国的香烟消费量达到了 21.9 亿支。

烟草是我国主要经济作物之一,发展烟草生产,为卷烟工业提供原料,满足人们嗜好需要,为国家建设积累资金,增加农民收入,出口创汇等均有重要意义。流传在三国时期,诸葛亮“七擒孟获”的过程中,曾利用燃烧烟草为军队避疫消瘴,当然这是在湘西土家、苗族地区的民间流传,没有确切的史料记载。我国栽培的烟草约在 16 世纪中叶由南洋岛或菲律宾传入,但当时都是晒烟。20 世纪初我国开始种植烤烟,1900 年才开始在台湾引种种植。1910 年在山东威海孟家庄试种成功。目前我国烟草分布相当广泛,几乎全国所有的农业区都有种植。烤烟分布在 22 个省、自治区、直辖市,晒晾烟分布几乎遍及全国所有地区。我国北方是国家主要烟草生产基地之一。

中国是烟草生产大国,同时也是烟草消费大国,全国有近四亿人吸食香烟。随着人们物质文化水平的日益提高,人们逐步从健康方面以及保护环境方面对烟草提出了更高的要求,希望在满足消费者吸烟嗜好的同时,能降低对人体健康的危害,降低对环境的污染。这势必引起烟草行业的认真思考,绿色环保的烟草概念日渐被提出,并受到烟草行业的认可。走绿色烟草之路,实现烟草行业的可持续发展,使之具有国际竞争力,是我国烟草行业的未来发展方向。

查一查:

1. 目前,世界烟草产量居前几位的国家有哪些?
2. 我国的烟草生产与消费有哪几个世界第一?

模块一 烟草栽培基础

一、烟草的类型

烟草在长期的栽培过程中，由于各地的生态条件、品种性状的差异、用途、栽培措施、调制方法的不同，形成了多种多样的类型，不同类型烟草的品质特点、外观性状、化学成分、烟气特点等都有明显差别。分类角度不同，烟草类型的划分也有不同。

按植物学分类，栽培烟草主要是红花(普通)烟草，其次是黄花烟草；按烟草制品分类，可分为卷烟、雪茄烟、斗烟、水烟、鼻烟和嚼烟等；按调制方式分类，可分为烤烟、晒烟、晾烟等。我国采用综合分类方式，按烟草品质特点、生物学性状、栽培和调制方法，把烟草划分为烤烟、晒烟、晾烟、白肋烟、香料烟和黄花烟 6 个类型。

1. 烤烟

烤烟的主要特征是植株较大，一般株高 120～150 cm，单株着叶数 20～30 片，叶形多为椭圆形，厚薄适中。烟叶自下而上成熟，分次采收。采收后用人工加温，控制温、湿度进行调制，烟叶不直接与火接触。烟叶烘烤干后颜色多是橘黄色或柠檬黄色，以中上部的叶片质量最好。烤烟的其他类型的烟叶含糖量较高、蛋白质含量较低，烟碱含量中等。

烤烟在世界上栽培面积最大，是卷烟的主要原料，主产国家有中国、美国、印度、巴西、加拿大、日本等国。

2. 晒烟

晒烟是在日光直接作用下进行空气干制，在我国历史悠久，由于自然条件和调制方法不同，而形成了许多类别，大致分为晒黄烟和晒红烟两种。晒烟除了供作斗烟、水烟和卷烟外，还可以作为雪茄填心、嚼烟、鼻烟等原料。晒黄烟一般是栽培在地力不太高的土壤上，打顶高而留叶较多，因而其外观和化学成分近似烤烟；晒红烟是栽培在地力较高的土壤上，打顶低而留叶较少，晒后成深褐色或紫褐色，含糖量较晒黄烟较低，而蛋白质和烟碱含量较高。

3. 晾烟

晾烟是在烟叶收获后，挂在适当的通风场所，不直接接触阳光，而任其自然干燥的缓慢调制过程。白肋烟和雪茄外皮都用这种方法。我国晾烟面积很小，只有广西武鸣等地有小量生产，且系整株挂晾，晾制后烟叶是黑褐色，油分足、弹性强。

4. 白肋烟

原是美国的一个晾晒类型。白肋烟除有译音 B 的关系外，还有因其茎秆和叶脉均是乳白色的形象意义。其栽培方式近似烤烟，但对氮素的要求较高，适宜于肥沃的土壤，分次采收，串在绳上，挂在晾棚下或晾房内晾干。其含烟碱量比烤烟高，而含糖量低，叶片较薄，填充力高，有良好的吸收能力，所以是制造混合型卷烟的良好配料。

5. 香料烟

香料烟又称土耳其型或东方型烟草，因其香味浓，所以称为香料烟。香料烟的品质与栽培条件有密切关系，它适于种植在含有机质少、肥力不高、表土不厚的山坡沙砾土上。其特征是叶片较多而小(生产上要求叶小而厚)，种植密度较大，氮肥施量宜少，适当施用磷、钾肥，打顶部位较高，分次采收。调制方法是半晒半晾，晾黄后再晒干。品质以顶叶为最好，其化学成分介于烤烟与晒黄烟之间，烟碱含量较低，是混合型卷烟的主要配料，也可作斗烟和丝烟用。

香料烟世界栽培面积较大，主要国家有希腊、土耳其、保加利亚、南斯拉夫、苏联，我国浙江新昌早有种植。

6. 黄花烟

黄花烟是烟草属另一种。叶片少，多呈浓绿色，生育期短，主要分布在我国北部及西南部的山区，以甘肃较多，新疆、吉林、黑龙江也有一定量生产。兰州的青条烟、东北的蛤蟆烟和新疆伊犁的莫合烟，都是著名的黄花烟。黄花烟属晒烟，在霜前全株拔下，使叶片在茎上完成其变化过程，干燥后再摘叶。多是将叶片切丝，经过调制，再供吸用。

黄花烟的化学成分中烟碱、总氮及蛋白质含量均高，糖分含量则较少，所以烟分浓烈，劲头大。

二、烟草栽培的生物学特性

烟草属茄科烟草属，是一年生草本植物。烟草包括有 60 多个种，其中绝大部分是野生种，有经济价值栽培最多的只有红花烟草和黄花烟草。

(一)烟草的植物学形态

(1)根　为圆锥根系，主根入土深，可达 1.3～1.7 m，侧根近地面横向发展，根群多集中在表土层 17～33 cm 范围，烟草许多部位都能产生不定根，特别是茎的基部。据测定，烟草根系是烟碱含成的主要场所。

(2)茎　直立、圆形，表面有黏性的茸毛。茎幼嫩时髓部松软，老熟时中空，且木质化。茎的高度随品种及环境不同而异，一般 60～300 cm，多叶烟高达 350 cm。茎到生长后期，从叶腋间发生腋芽，茎顶端着生花序。

(3)叶　烟叶大小因品种而异，小的仅有 7～10 cm 长，大的可长达 60 cm 以上。在一株上，中部叶片最大，下部次之，上部最小，叶柄有或无。叶形有柳叶形、榆叶形、心脏形等。叶面被有腺毛，能分泌树脂、芳香油及蜡质。烟叶成熟时腺毛脱落。一般每株有叶 20～35 片，少的 10 多片，多的可达 100 多片。烟叶类型如图 10-2-1 所示。

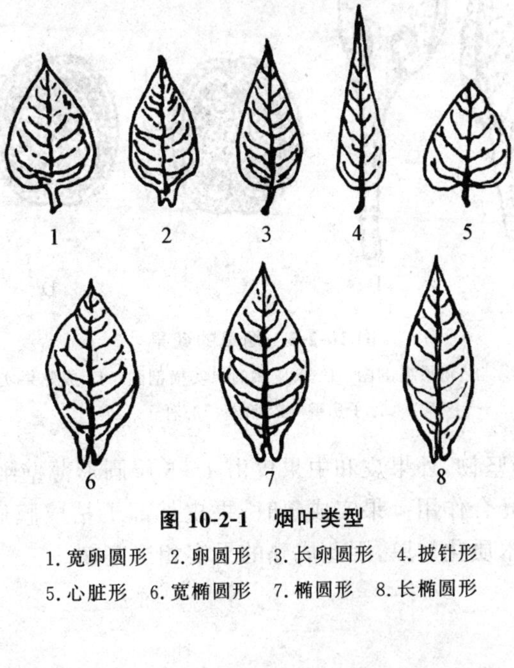

图 10-2-1　烟叶类型

1. 宽卵圆形　2. 卵圆形　3. 长卵圆形　4. 披针形
5. 心脏形　6. 宽椭圆形　7. 椭圆形　8. 长椭圆形

(4)花序　聚伞花序，在烟株的顶端长着一个单花，在花柄的基部，以分枝的形式长出三个花茎。花冠呈漏斗形、圆筒形等，粉红或淡黄色的。花瓣呈五角形突起，花萼管状或钟状，雄蕊五枚，四长一短，雌蕊一枚，柱头二裂自花授粉，天然杂交率5%左右。烟草花序的分枝形式如图10-2-2所示。

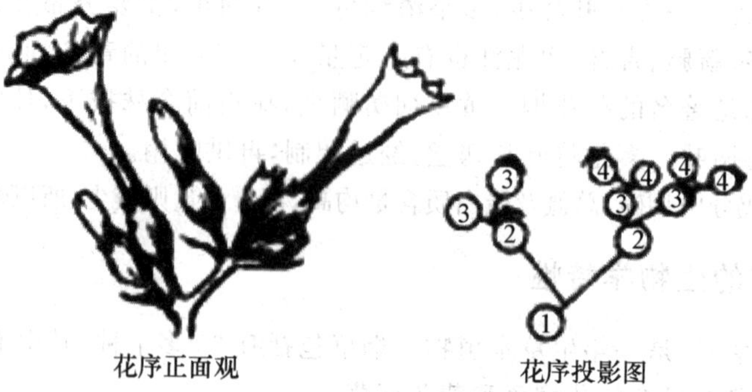

图10-2-2　烟草花序的分枝形式

1.主茎产生的花　2.第一侧枝产生的花　3.第二侧枝产生的花
4.第三侧枝产生的花

(5)蒴果和种子　烟草的果实为蒴果，在烟草开花后25～30 d，果实逐渐成熟。每株有蒴果100～400个，蒴果长卵圆形，上端稍尖，略近圆锥形。成熟时沿愈合线及腹缝线开裂。花萼宿存，包被在果实的外方，与果实等长或略短。子房2室，内含2 000～4 000粒种子，种子大小不一，千粒重50～250 mg，褐色、暗褐色等。胎座肥厚，果实成熟时，胎座干枯，由裂缝可以看到种子。烟草的蒴果如图10-2-3所示。

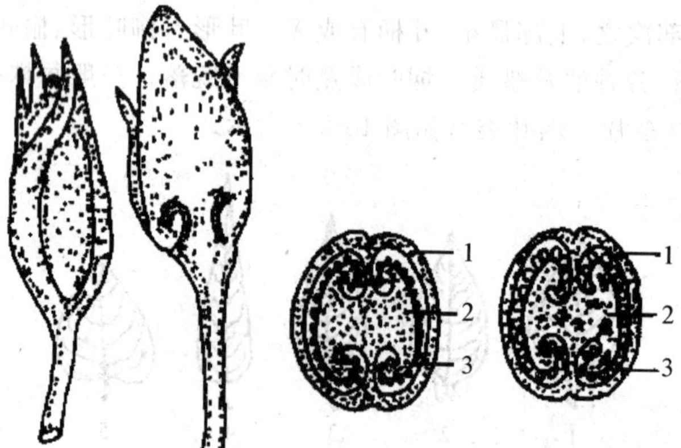

图10-2-3　烟草的蒴果

A.蒴果外形　B.蒴果纵剖图　C.未成熟的果实横剖图　D.成熟果实的横剖图
1.子房壁　2.胎座　3.种子

果皮甚薄、革质，相当坚韧，外果皮和中果皮由4～5层圆形薄壁细胞构成。幼嫩时果皮细胞内含有叶绿体，可进行光合作用。果实成熟时，果皮外部干枯成膜质。内果皮由3～4层扁长方形细胞组成，细胞壁木质化加厚，因此成熟的果实相当坚韧。

三、烟叶的产量与质量

(一)产量结构与质量因素

种植烟草的目的是收获叶片，叶片是烟草经济价值最高的部分。叶片的商品价值有许多品质要素构成。烟叶的产量由单位面积株数、单株叶数和单叶干重三因素构成。即产量主要决定于群体，品质主要决定于个体。合理的群体得到较大的发展，使之具有一定的光合面积，以获得适宜的烟叶产量；适量的单株得到一定的营养面积和空间，使每一个植株能健壮的生长，单叶质量保持在适当的水平并获得优良的品质。烤烟的优质适产，就是指品质达到最佳时的产量范围。

烟草是商品性很强的经济作物，既要产量高，更要质量优，以优取胜，质量第一。但产量超过一定范围时，质量就会下降，这与烟叶质量密切相关。如烟叶含糖量上升时，蛋白质含量就会下降，使烟叶质量变佳；反之，含氮化合物增多，蛋白质则上升，糖含量相对的下降，致使烟叶质量变劣。

烟叶的产量和质量之间的矛盾，正是烟草栽培中所致力研究和解决的最突出的问题。因为，产量适宜，质量上升，才能达到产量、质量同步协调的增长。

烟草的优质适产，在大田里的烟株长势长相具体表现是：烟株生长整齐，均匀一致；旺长而不徒长，长势丰满而不瘦弱，烟色正绿而不浓绿。

(二)烟叶的内在品质因素

烟叶的内在品质包括香气、吃味、刺激性、生理强度、燃烧性和灰分等因素。

(1)香气　烟叶本身或燃烧后，烟气中发出一种给人以愉快感觉的气息，称为“香气”；给人以厌恶感觉的气息，称为“杂气”。烟叶的香气与蛋白质及其分解物氨基酸的含量及糖类有很大关系。特别是含有芳香油、树脂类(挥发性芳香油直接放出香气，树脂在燃烧时才发出香气)，可使烟叶浓郁芬芳。烤烟的香气可分为三种类型：清香型，如云南省昆明和福建省永定的烟叶；浓香型，如河南省许昌的烟叶；中间型，如山东青州、贵州贵定等的烟叶。烤烟的杂气，一般分为四种：青杂气、枯焦气、土怪气、地方性杂气等。

(2)吃味　烟叶中每种成分燃烧后，都出现在烟气中，与吃味都有极为密切的关系。烟叶的吃味，一般指味觉器官即舌头上的感觉。在烟叶中各种化学成分，只要适当的调和，在烟气中即可产生令人满意的气味。糖、树脂、芳香油、多酚类等成分对吃味可产生良好的影响。各种成分的适当配合，才能产生协调的烟气。如蛋白质含量适宜，可使烟叶吃味变佳。所以糖量与蛋白质量的比例(施木克值)作为比较烟气吃味质量的一种指标。烟叶的吃味可分为甜、苦、酸三类。甜味是好的，但必须适当，过甜不符合要求；苦味给人不愉快的感觉；再好的卷烟中也会给人甜中略带酸味的感觉。

(3)刺激性　烟气中对感觉起刺激作用的主要是碱性物质，如含氮化合物经过高温分解的产物(如氨)。烟气中如含较多的氨类就会产生强烈的刺激性气味；木质素和纤维素燃烧后，产生一定的刺激性而引起呛咳的气味。刺激性是指烟气对喉部、口腔和鼻腔的刺激。刺激大的使人辛辣难受或引起呛喉。因此，烟叶的刺激性越小越好。

(4)生理强度　烟碱味辛辣，吸入口腔后引起强烈的生理效应，称为生理强度。烟碱会使吸收者中枢神经系统感到刺激。但适量的烟碱会使人感到兴奋，即吸烟人所说的“劲头足”。

(5)燃烧性　烟叶的燃烧性包括四个因素，一是阴燃持火力，即无火焰也能保持阴燃的能力，不会熄灭。容易熄火的烟叶，其香气和吃味也比较差，且焦油含量高。二是燃烧速度，燃烧速度以比较缓慢为好。三是燃烧完全性，是指烟叶内所含物质的燃烧的充分程度。四是燃烧均匀性，是指烟叶及其制品在燃烧时，各部分保持均匀速度程度。燃烧以均匀为好，不均匀，阴燃持火力差。

(6)灰分的颜色和黏着性　灰分以洁白为最好，浅灰色次之，黑色最差。此外，还要求灰的黏结力较强，不容易散落。

想一想：

吸烟对人体健康有哪些害处？

四、烟叶品质的评价

烟叶的品质与化学成分、物理性状、外观特征彼此密切相关。近些年来，采用外观评价与化学成分分析相结合来鉴别烟叶品质。

外观品质评价：外观评价优质烤烟的主要指标是：每公顷产 1 875～2 625 kg，烟叶油润丰满，厚度适中，每平方米干叶重 65～70 g，颜色橘黄、金黄，单叶重 7～8 g，即每千克干叶 120～150 片。外观评价还可通过烟叶质量简单试测法进行评价：首先，每炉次在田间选取有代表性的鲜烟叶 3 竿(以能代表本炉次采烤烟叶的平均质量为准)，选出烟叶立即称其鲜重，然后分别编在 3 竿烟竿上，记载每竿鲜烟重和叶片数，挂牌标记。其次，将标记烟竿装在第二台(层)对角线挂放。第三，烤后将标记烟竿取出，回软适度，下竿称重，检查叶片数，如叶片数有变动，以实际叶数为准，求出单叶重，推算出每竿烟原有叶片数重，计算鲜干比。然后分级记载各级烟重，算出平均价，评定该炉次的烘烤质量。

内在品质评价：一般取同田同部位同级别的烟叶化验分析和评级。内在化学成分的比例要协调，还原糖(主要是葡萄糖和果糖)的含量是决定烟气醇和度的主要指标，含量较多时，烟叶比较柔软，不易破碎，并能减少蛋白质燃烧时产生不愉快的气味和烟叶的刺激性，是决定品质的重要成分。总糖(包括葡萄糖、果糖、麦芽糖、蔗糖)含量高时，烟叶品质好，能改善烟叶的吃味。但含糖量过高会引起一种酸的吃味，烟叶吸湿性大，容易吸潮，不耐储藏，且叶片组织光滑，结构紧密，会使烟叶总氮、蛋白质和烟碱的含量相对降低；含糖量过低又会引起一种刺激、呛咳的气味。烟碱含量过低，烟气吃味平淡而乏味，劲头不足，不能令人满意；过高时，烟气刺激性大，劲头过狠，呛喉。总氮含量过低时，其烟气平淡，有不愉快的吃味；过高则烟气强烈，辛辣，刺激性强。总氮量的提高，蛋白质、烟碱、氯含量也增高。蛋白质含量过高时，燃烧后会产生一种令人厌恶的臭味“蛋白臭”，使烟叶质量变劣。

五、优质烟生产的生态条件

作物的生长离不开生态条件。烟草作为一种特殊的叶用经济作物，生长环境固然也离不开光、温、水、土等生态因子，而且为了获得其优良品质，烟草的生产对这些因子具有一定的选择性。优越的植烟生态条件造就烟叶优良品质的形成，优质烟生产最基本要求是要有优越的植烟生态环境。这些生态因子的变化会影响到烟草的正常生长，进而对烟叶品质产生影响。

(一)温度对烟草生长发育的影响

烟草是喜温作物。烟草生长期间前期温度较低,后期较高,有利于叶内积累较多的同化物质。烟草大田生长期最适宜温度为25～28℃,日均温低于17℃或高于35℃,烟株生长就会受到抑制。从移栽期到团棵期,如果气温低于13℃且持续7 d以上,将导致早花现象的发生;成熟期最适宜气温为20～25℃,一般24～25℃持续30 d以上,有利于烟叶品质的形成。有研究表明,烟草整个生育期昼夜平均温度总和在2 200～2 800℃,我国南方烟区≥10℃活动积温为2 000～2 800℃,≥10℃有效积温在1 000～1 800℃,将有利于优质烟叶的生长。积温是影响烟草叶片发育、生长和成熟的主导因子,积温不足,烟草生育期延长,将直接影响到烟草的产量、质量。昼夜温差大,有利于叶片同化物质向根、茎转移,但烟叶成熟期间昼夜温差小有利于叶内物质的转化,利于烟叶的成熟和品质的形成。

对气象因子与烟叶化学成分及香吃味之间进行关联度和典型相关分析,结果表明总氮含量与成熟后期、旺长期气温的关联度最高;气象因子中5～8月的气温是影响烟叶化学成分积累的重要因素,尤其是成熟期(7～8月)的气温影响最为显著,其中5月、8月气温为化学成分形成的促进因子,而6～7月为化学成分形成的限制因子;在香吃味因子中,可用性、口感、浓度和香气值对气候条件反应最为显著。戴冕研究指出,成熟采收期旬平均气温、积温和≥30℃高温与还原糖积累之间呈显著负相关关系,与烟碱积累呈显著正相关关系。

(二)光照对烟草生长发育的影响

光照充足是优质烟叶生产的必要条件。光照不足,烟株生长纤弱,速度缓慢,干物质积累也相应减慢,致使叶片大而薄,内在品质差。由于生长不良,后期叶片不能达到真正的成熟,进而影响叶片的质量;当阳光充足并且有适度的高温时,有利于烟草生长和干物质积累。但光照过强将会导致叶片厚而粗糙,主脉突出,产生所谓的“粗筋暴叶”,这种烟叶往往油分不足,烟碱含量过高,烟叶品质下降。因此烟叶生产中优质烟要求合理密植。

研究认为,烟草大田生长期日照时数在600 h以上,优质烟叶大田生长期日照时数要求达到500～700 h,日照百分率大于40%。移栽期至旺长期,要求日照时数达到200～300 h;采收烘烤期间要求日照达到280～300 h,日照百分率达到30%以上,生产出来的烟叶品质较为优良。但在雪茄烟的生产中,为了获得身份较薄、弹性较好的包皮烟,常常会采用遮阴栽培,过于充足的光照反而不利于其特性的形成。影响烟草生长的光因子中不仅仅是光照强度和日照时数,光照时间的长短同样对烟草的生长产生影响。在一定范围内,随着光照时间的延长,光合作用加强,有利于烟株体内有机物的合成和积累。光照时间减少,光合作用下降,有机物积累减少,烟株生长较为缓慢,叶片产生数减少,颜色呈黄绿色。

光照是烟草进行光合作用合成糖类和其他内含物的必需因子,不适宜的光照条件将会影响到烟叶内物质合成与转化,因此它是烟草产量和品质形成的物质基础。在烤烟大田生产期,日照时数与烤烟存在明显的对应关系,它不但影响前期生长,而且对后期烟叶品质的优劣有直接作用;前期生长要求日照时数多于物质积累增加,生长发育天数延长,与日照呈正相关关系;后期进入烟叶成熟阶段,要求日照时数少,烟叶内部品质转化效果好,烟叶品质高。研究表明云南烟区烟叶水溶性总糖、还原糖含量与旺长期、成熟期日照时数的关联度最高;烤烟石油醚提取物和多酚类与太阳辐射之间的关系均为正效应,以对多酚类香气物质的影响最为强烈,旬均光照强度是烤烟大田期的主要气候要素之一。光照因素对还原糖积累起主导作用,其中日照总时数与还原糖之间表现为极显著负相关水平，而阴天数与还原糖含量呈显著正相关。不同生育期弱光胁迫对烟株生长发育和烟叶品质的影响。弱光胁迫条件下株高、节距和叶面积增加，但干物质积累、根冠比和干鲜比降低；叶片平衡含水率和含梗率增加，但叶片的单叶重、叶片厚度、叶质重和叶片密度降低；叶片总氮、烟碱和钾离子含量增加，但总糖和还原糖含量降低。总体来看，不同生育期弱光胁迫对烟草的生长和品质都会有很大影响，在生育中后期弱光胁迫的影响比在生育前期的影响要大，且弱光胁迫程度越大影响越大。群体光能利用条件好的烟田，总糖含量较高，光能利用条件差的烟田，叶片总糖含量较低，含氮化合物积累较多，不利于烟叶品质的形成。

光照中的光质对烟草生长和品质有着明显的影响。研究表明蓝光对叶片生长具有显著的抑制效应，在总辐照度相同的条件下，单色蓝光和较高比例的蓝色复合光处理时，叶片长、宽和叶面积减小，在白光辐照度相同的条件下增加蓝光，并不能显著增加叶面积。蓝光可促使比叶重和干鲜比增加，叶片加厚。增加蓝光可使叶片内源生长素含量降低，赤霉素和细胞分裂素含量增加。红光对叶面积的增加有一定的促进作用，在白光增补红光时更为明显，但红光使比叶重降低，叶片变薄，这与其生长素含量增加和赤霉素及细胞分裂素含量降低有关。在单色蓝光下，叶片叶绿素含量与辐照度相同的白光相比有所减少，但在高比例蓝色复合光下，叶绿素含量增加，尤其在苗期增补蓝光时，烟苗外观叶色浓绿，敦实健壮，根系发达。蓝光可以提高硝酸还原酶活性和呼吸速率，降低净光合速率，使叶片总氮、蛋白质、氨基酸含量提高，C/N 减少，氮代谢增强。红光可使叶绿素含量下降，叶色减淡，使转化酶活性提高，净光合速率增加，叶片总碳、还原糖含量高，总氮、蛋白质含量下降，C/N 明显增加，碳代谢增强，在施氮水平过高时，生育后期增加红光比例有利于促进碳氮代谢的协调。

（三）降雨量对烟草生长发育的影响

烟草生长期间不仅要求有充足的降雨量，还要求降雨分布与烟草需水规律相吻合。一般来说，优质烟生产大田期降水量要求在 450～550 mm，并且适当分布，保证烟草旺长期与多雨季需同步，能够满足旺长期烟株对水分的需求。移栽时烟苗根系活动较弱，此时较多的雨水供应，保持一定的土壤水分，有利于还苗成活。还苗成活到烟株达到旺长期间，烟株小，耗水量低，适度干旱能促进根系发育，为旺长期烟株生长打下良好的基础，此时的月降水量以 80～100 mm 较为理想；烟草旺长期耗水量最大，此期如果水分过于亏缺，则会严重降低烟叶产量与质量，在降水量分布比较均匀的情况下，月降水量需达到 100～200 mm；成熟期月降水量为 100 mm 左右较为理想，过多或过少均会对叶片成熟和质量产生显著的影响。

据研究，在烟草的各个生长时期干旱均会使烟草叶片还原糖含量下降，总氮和烟碱含量升高，内在化学成分比例失调，其中伸根期干旱对烟叶化学成分影响较小，干旱发生越晚、干旱程度越重，对烟叶化学成分的影响越大。土壤干旱对烟叶香气物质含量也有着明显的影响，干旱会使烟叶中降解类胡萝卜素物质如巨豆三烯酮等和部分类西柏烷类化合物如茄酮、β-大马烯酮等含量下降。但成熟期轻度干旱却能增加苯乙醇、茄酮和 β-大马烯酮等部分香气物质含量。然而降雨过多，土壤水分过多对烟草的生长和品质也将产生不利影响。左天觉博士指出，当一块烟田淹水达 4 h 时，烟株生长就会受到伤害，如果淹水达 48 h，产量就会下降 15%。频繁降雨，水淹土壤，空气不足，将导致烟草根系缺氧，呼吸受抑制而不能正常生长，淹水时间过长，根系会因缺氧而死亡。淹水的土壤由于缺氧引起嫌气性细菌的活动，在土壤中积累大量的有机盐和无机盐，增大土壤酸度，影响烟株对矿质养分的吸收利用，同时还会产生一些有毒物质，如H_2S、NH_3等，毒害根系。另一方面，过多的降雨，可使气温降低，日照减弱，烟叶内有机物积累量减少，空气湿度增加，在高温情况下易发生病害。据研究，水分过多抑制叶片分生组织细胞分裂，减少蛋白质合成，影响烟株生长，使烟株根、茎、叶等生物学性状变劣。淹水会使叶片内还原糖、烟碱含量大幅度下降。

(四)土壤条件对烟草生长发育的影响

1. 土壤质地

土壤质地是土壤中各粒级土粒含量百分率的组合，反映土壤颗粒和机械组成情况。土壤质地是土壤重要物理性质之一，它常常是决定土壤蓄水、导水、保肥、供肥、保温、导温和耕性等的重要因子。因而土壤质地也会对烟株生长和烟叶品质产生一定的影响。根据土壤中黏粒、沙粒和粉粒含量的比例可以把土壤分为沙土、黏土、壤土三大类。优质烟的生产一般以表土疏松的轻壤而心土略为紧实的土壤较为适宜。这样的土壤既有利于保水保肥又有一定的排水通气性，能够保证烟株前、中期生长，后期能够适时落黄。郝葳等人提出了适宜烟草生长的土壤物理性状为：土壤为沙壤土至中壤土；土壤容重为1.1～1.4 g/cm^3；土壤总孔隙度为47.3%～56.9%；通气孔隙度为15.9%～19.6%。

壤土由于沙黏适中，兼有沙土类、黏土类的优点，同时消除了两者的确定，是农业生产和烟叶生产上比较理想的土壤质地。它既有一定数量的大孔隙，又有相当多的毛管孔隙，因此通气透水性良好，有一定的保水保肥能力，能满足烟株在生长前期快速生长，达到正常的个体长相和群体结构，在烟株进入成熟期能够快速进入碳氮转换期，烟叶落黄成熟集中。因此所产烟叶身份适中，叶片组织疏松，烟叶抽吸劲头适中，各部位烟叶品质差异小，烟叶香气量足，香气质好，烟气吸味较为协调。

2. 耕层厚度

土壤耕层厚度对烟叶的产量和品质也有显著影响。土壤耕层过薄，烟株根系欠发达，严重影响烟叶产量品质的形成。一般来说，在一定范围内，耕层厚度大有利于烟株的正常生长发育和产量品质的形成。耕层厚度与根系生长关系非常密切，在一定程度上甚至超过了土壤质地的影响，用^{32}P示踪技术研究烤烟根系在黏土和沙壤土中的分布，在黏土中生长到第40天，在沙壤土中生长到第60天，烟株90%的根系都在一个直径40 cm、深度30 cm的圆柱土体内，生长到第90天，两种类型土壤中的烤烟根系分布范围并无显著差别，此时约85%的根系在直径40 cm、深度30 cm的圆柱土体内。但是，土壤耕层太厚的土壤要求较大的施肥量。沙质土壤随着耕层土壤厚度的增加，施肥量必须增加才能保证产量。

3. 土壤酸碱度

土壤pH值是土壤理化性质和肥力特征的综合反映，它对土壤的物理性质、微生物活动、养分转化、存在形态和有效性都有重大影响，是影响烟草的生长发育和烟叶产量、品质的因素之一。虽然烟草生长对土壤pH值的适应范围较广，但从优质烟生产的角度来讲，最适宜的土壤应为pH 5.5～7.0的弱酸至中性土壤。

据研究土壤pH 5.5～6.5与6.5～7.5对烟叶的评吸品质无明显影响，但pH <5.5或pH >7.5的土壤上种植的烟叶香气量明显减少，吃味平淡。

4. 土壤肥力

由于烟草生产是以获取优质烟叶为目的，因此，对土壤养分的要求有一定的特殊性。科研与生产实践证明，富含磷、钾及微量元素的土壤是生产优质烟的重要条件，土壤中有效氮含量与供氮能力的调节是影响烟草生长和烟叶产量、质量的重要因素。烤烟生产中从土壤养分含量来说，土壤有机质含量在0.9%～1.2%较为适宜；速效氮超过60～70 g/m^{3}以上的土壤一般不适宜种植烤烟。适于烤烟生产的土壤速效氮为25～45 g/m^3，磷(P_2O_5)15～50 g/m^3，钾(K_2O)2～12 g/m^3，土壤含氯量在1%以下。烤烟在生育前期需要供应充足的氮素，才能保证烟株茎叶生长良好，而到烟叶成熟期氮素供应则须降低到适当水平，以保证烟株的代谢能适时由蛋白质旺盛合成转化为淀粉的积累，才有利于形成优质烟叶。

想一想：

还有哪些生态条件对优质烟的生产有影响？

模块二 烟草栽培技术

一、培育壮苗

烤烟栽培习惯上分两个阶段育苗，即先在苗床上育出4～5片真叶后，把烟草假植到营养袋(杯)内，使其在优越的环境条件下生长发育成壮苗，然后移栽到大田。

(一)苗床的选择与整理

1. 苗床地的选择

幼苗喜温、喜肥、喜光，怕旱又怕涝，且易受病虫危害。一般选择苗床地的标准是：背风向阳，地势稍高且平坦；土壤肥沃且土质疏松，结构良好且远离树荫房舍。凡是重茬或仅隔一年的烟茬地，以及低洼易涝地、盐碱地、场园地、瓜菜地(种过叶菜类、茄科类及土豆等)都不易作烤烟苗床地。

2. 苗床地的整理

播种前，苗床地要经过翻耕，最好在越冬前进行。耕深10～15 cm。翻耕后不耙，以利晒垡、冻垡，提高土壤养分的有效性和改善土壤结构，并利于积蓄雨雪、消灭和除掉杂草、虫害。早春及时耙细、整平。然后整理成标准畦，即畦面宽1 m，长10 m，畦沟宽40～50 cm，畦高17～18 cm。

苗床的结构分四层：

底层称硬底层。土块稍粗，踩紧拍平，做成厚度为10 cm的硬底层，以阻止根系下扎和水肥向下渗透，起到保水保肥的作用。

第二层称为酿热层。此层填充酿热物12～15 cm。酿热物多用切碎的玉米秸、稻草、麦草、杂草、树叶、鲜马粪等。其中鲜马粪发酵速度快，热量大，是重要的酿热物之一。为促进发酵，填置酿热物时必须加上足够的水和一定量的人粪尿。酿热温床取材方便，制作简单，经济有效。

第三层称为营养土层，也是根系活动伸展层。这层要求平铺疏松细碎的营养土。即田土约占2/3，磷肥3 kg，复合肥1.5 kg，适当的猪、鸡、鸭粪等农家肥经堆沤，腐熟过筛，约占1/3。二者充分混合拌匀平铺在酿热物上面，厚度为7～10 cm。

第四层称为保护层。采用豆粒般粗的细土（或草皮灰）铺在畦的表面上，厚度1～2 cm，能保护种子萌发出土，但不能过厚，否则会影响种子萌发出土，造成缺苗。然后泼洒粪水，使细土或草皮灰吸透粪水，成为肥沃的土层。由于铺上颗粒状的草皮灰或细土，表层疏松、通透，不致板结，种子发芽出土特别整齐、粗壮。经2～3 d，表层干后，再铺上一层20 cm厚的杂草，撒上一些细土，然后徐徐烧土高温消毒，能消灭细菌、虫卵和杂草，即成为无病虫、无杂草的苗床。

3. 塑料薄膜覆盖

由于东北地区早春气温偏低，土壤冷浆，因此在苗床做好后，应在育苗播种前7 d左右扣棚增温，以利提高土壤温度。先于畦面固定拱形支架（竹、木、铁均可）数支，支架间以绳索或铁丝连接，再在上面盖好薄膜。四周用土封严压紧。膜面以拱形为好，膜面不要过高或过低，通常以膜面最高处距畦面40～50 cm为宜，过高抗春风能力差。

（二）播种期与播种方法

1. 播种期

一般根据移栽期来确定。北方地区广泛采用塑料薄膜保温育苗措施，苗龄55～60 d，即可移栽。因此，各地可根据当地终霜期的时间，确定播种期。

2. 选择优良品种

北方地区优良烟草品种见表10-2-1。

表10-2-1 北方地区优良烟草品种

品种名称	特征特性
辽烟14号	高抗普通花叶病，兼抗赤星病，耐黄瓜花叶病。多点试验和省区试平均每公顷产量2 250 kg左右，上中等烟75%左右，烟碱2.63%左右，比对照品种G28平均增产13%左右，增收8.7%左右，烟叶质量基本达到主料烟品种的标准。适宜东北烟区种植。
中烟90-8611	大田生育期115 d左右。是国内推广品种中少有的富钾品种，平均每公顷产量2 700 kg左右，比对照增产17.93%左右。高抗黑胫病，抗赤星病和气候性斑点病，耐花叶病感，野火病和根结线虫病。在北纬22°～42°间多种生态条件下多年表现优良，突破了同类品种具地区性而不具全国性的局限。适宜我国北方种植。
NC89	大田生育期105～117 d，有效叶数21～23片，抗黑胫病、根腐病和根结线虫病，耐赤星病和气候斑点病，感花叶病。耐肥性中等，不耐旱，易烘烤。适宜在中等肥力的土壤或丘陵地种植。一般每公顷产量2 250 kg左右。耐寒力强，适宜北方烟区种植。
龙江911	大田生育期113 d左右，中抗马铃薯Y病，抗赤星病，中感烟草花叶病，综合抗病能力和适应性优于对照NC89。适宜东北烟区种植。
龙烟851	大田生育期112 d，属于早熟品种。根据全国区试结果，平均每公顷产2 250 kg左右，比对照NC89增产4.1%。耐寒力强，适宜北方烟区种植。
吉烟7号	大田生育期115 d左右，移栽至第一中心花开放73 d左右。耐肥，高抗普通花叶病，抗赤星病。大田生产一般每公顷产烟叶2 250 kg左右。适宜吉林省大安、镇赉、榆树、东辽、柳河、敦化、汪清、和龙、龙井等县市种植。
云烟85	大田生育期120 d左右，高抗黑胫病，中抗南方根结线虫病，抗叶斑病，感根结线虫病，耐赤星病和普通花叶病。适宜东北烟区种植。
K394	大田生育期110 d左右，高抗黑胫病，中抗青枯病，中感赤星病，感花叶病、根结线虫病和气候斑点病。每公顷产烟叶2 400 kg左右。适宜北方烟区种植。

续表 10-2-1

品种名称	特征特性
K326	大田生育期 110 d 左右，中抗黑胫病和青枯病，耐赤星病，易感花叶病和气候斑点病。一般每公顷产烟叶 2 550 kg 左右。适宜北方烟区种植。
云烟 87	大田生育期 110～115 d，高抗黑胫病，中抗南方根结线虫病，抗普通花叶病，抗叶斑病，中抗青枯病，每公顷产量 2 613 kg 左右。适宜东北烟区种植。
红花大金元	大田生育期 120 d 左右。中抗南方根结线虫病，气候型斑点病轻，感赤星病、黑胫病，中感野火病和普通花叶病。一般每公顷产量 1 950～2 700 kg。适宜东北烟区种植。
中烟 102	大田生育期 118 d 左右，抗黑胫病，中抗青枯病、根结线虫病，耐气候性斑点病，中感赤星病、黄瓜花叶病毒、马铃薯 Y 病毒、烟草花叶病毒，主要病害综合抗性优于对照品种 NC89。适宜北方烟区种植。

3. 种子消毒

种子经过药剂消毒，可以杀死附着种皮上的炭疽病和其他病菌。

消毒方法：将种子装进小布袋内，用清水浸湿种子，然后浸入 1%的硫酸铜溶液或 0.1%的硝酸银溶液或 2%的福尔马林溶液中，浸泡 10～15 min 后取出。用清水将药水洗去，再用清水浸泡 24～36 h，使种子吸水膨胀，用手均匀揉搓种袋，边搓边洗，直到种袋流出黄浊水变清为止。这样可以软化种皮，使之变薄而呈现淡黄色，又能将种皮上抑制发芽的角质层和胶质棕色物排除掉，使种子发芽迅速。种子经处理后即可进行催芽，也可以直接播种。按我国北方烟区的播种习惯，有催芽播种和直接播种两种方法，如苗床湿润、保温性好，直播后 9～10 d 即可发芽出土，直播比催芽后播，出土的幼苗更为粗壮，生活力强。但催芽播种比直接播种提早出苗更为显著。

4. 种子催芽

种子催芽的主要条件是水分、温度、氧气和光照。

(1)水分　烟草种子当含水量达到 60%～70%时，胚根穿破种皮，开始露嘴，也叫出芽。

(2)温度　烟草种子发芽的适宜温度为 25～28℃，最低为 7.5～10℃，最高为 40℃。在适宜温度范围内，温度高，发芽快。低于 18℃种子发芽慢，超过 35℃时会遭受伤害，影响正常发芽。

(3)氧气　氧气在催芽时要保持适宜的水分，经常均匀地翻动种子，保证氧气的供应；如果氧气不足，易发生烂种现象。

(4)光照　烟草种子萌发时，需要一定的光。但光照对种子发芽反应比较复杂，不同品种不同成熟度其反应不同。可以认为，光照对种子发芽有促进作用，特别在发芽期，光照影响更为明显。

5. 播种量

播种量的多少主要根据种子的发芽率、播种期、播种方法、育苗方法和管理水平来确定。一般是种子发芽率达 90%以上，气温适宜，管理水平较高，用点播或条播，播量宜少，每个标准畦播烟种 1～3 g，如播种量过大，出芽时密集拥挤，营养面积小，光照不足，茎秆纤细嫩弱，易形成“弯腰苗”、“铁杆苗”、“高脚苗”，即使花大量人工间苗，也难以恢复正常，由于幼苗素质低，直接影响到大田的优质稳产；反之，播量应适当增加。

6. 播种方法

由于覆盖塑料薄膜保温育苗，苗床前期浇水极为不便，也不利于保温。通常在播种前连续浇两次大水，将畦土浇透。为使手工撒播播种均匀，每标准畦($10\ m^2$)的种子加细土或细沙混合物 2～3 kg 拌和均匀(催芽的要小心拌和)，然后纵横方向反复进行，力求均匀，随后盖细土或细沙 2 mm 左右(硬币厚，过厚则影响幼芽出土)，力求做到播种、覆盖、出苗三均匀。播后随即覆盖稻草，再覆盖地膜棚膜，使苗床保温，保湿良好，加速种子萌发出土，使幼苗生长整齐健壮。

(三)苗床管理

1. 苗床期的 4 个生育期

从播种到移栽这一段时期，称为苗床期。苗床期约为 50～60 d。根据幼苗生长发育形态特征以及对外界条件的不同要求，分为出苗、十字、生根和成苗 4 个时期。

(1)出苗期　从播种到 2 片子叶平展。第一片真叶初生，全畦出苗率达 50%，称为出苗期。一般播后 8～10 d 开始发芽，12～15 d 普遍出土。出苗时主要靠种子内胚乳所储存的营养物质供给养分。当子叶展平形成绿色的同化面积和第一片真叶出现后，才开始进行光合作用，制造有机物质，开始自养的过程。这一时期是烟草一生中最脆弱、柔嫩、抗逆性最差的阶段，对环境条件要求甚严，温度低于 18℃以下，幼苗生长缓慢；光照不足，胚根徒长成“高脚苗”；水分过多，土温下降且缺氧，呼吸受阻，吸收能力减弱，幼苗萎黄；水分不足，表土呈干白状，胚根干枯而大量死亡。因此，必须精心护理，保温保湿，注意通风透光，特别要始终保持苗床湿润。出苗才迅速整齐。

(2)十字期　当 1～2 片真叶生长至近似子叶大小并与子叶交叉成“十”字形，称为小十字。第 3、4 与第 1、2 片真叶构成“十”形时，称为大十字(50%大烟苗达到大十字时，称为大十字期)。自第 3 片真叶出现时，才完全靠光合营养进行自养生长，但尚未形成完整的根系，吸收能力小，光合能力较弱，幼苗仍处于较弱阶段。第 4 片真叶时，根系虽较小，但急需充足的矿质营养。应薄施速效性肥料，加速成长，并及时除草、间苗，适度浇水和加强防治病虫害。

(3)生根期　第 5 片真叶出现到第 7 片真叶长出。第 3、4、5 片真叶合成功能最大，光合产物最多，叶脉自已形成，输导组织已完善，根系发育快，主根伸长增粗，侧根数增加，形成了完善的根系，而地上部分生长缓慢。为促进根系发达粗壮，应适当控制水分，保持苗床干干湿湿，促进根系发育良好。如果水分过多，主根扎的浅，侧根数量少，茎叶徒长。同时要进行除草、间苗、定苗和追肥，改善营养和光照条件，促进根系发育和茎叶生长，达到根多、茎粗、叶肥的壮苗标准。

(4)成苗期　当长出 8～10 片真叶，已具备健壮而完整的根系，适于移栽时，称为成苗期。如果采用营养袋假植育壮苗，宜于出苗到生根初期(4～5 片真叶时)假植到营养袋内，让烟苗在良好的水、肥、光、气、热的条件下生长发育，根系发达，茎秆粗壮，叶片厚实丰满，烟苗素质极佳。

2. 苗床管理

苗床管理工序多，技术性强，如揭盖、浇水、施肥、间苗和防治病虫害，要求认真细致，才能培育出高标准的壮苗。

(1)塑料薄膜管理　要充分发挥薄膜的保温、增温，保湿的作用。播种后 7 d 左右种芽将出土时，除去苗床覆盖的稻草和地膜，以免出现“豆芽”苗。当幼苗在 2 片真叶时，随着气温的增高，要进行通风降温和排湿，一般是当膜内温度超过 33℃时应及时掀开膜的两端，否则烟苗易受伤害，夜间重新盖回。晴天时上午 8～9 时或下午 4～5 时揭开苗的两端，使温度控制在

35℃以下。幼苗4片真叶时(大十字期),通风降温的时间要延长,如揭开两端温度还逐渐上升,要加大通风口。这一阶段要注意观察膜内的温度变化,以便及时揭膜,控制温度。移栽前10 d要分次揭开薄膜炼苗,一般是上午揭开,晚间盖上,最后昼夜全开,这样才能锻炼出抗逆性强的壮苗。

(2)苗期浇水　薄膜覆盖育苗,播种前浇足底墒水时,出苗期不需浇水。但从播种到第4片真叶阶段,应始终保持苗床表土湿润,发现苗床表土变干时,应揭膜浇水,这样才能做到出苗快而齐。早春气温尚低,苗床浇水以下午为好。5~7片真叶时,是根系生长发育的关键时期,要适当控制水量,促进根系伸长。成苗期要适当断水炼苗,不旱不浇,以提高烟苗的抗旱能力。

(3)苗期施肥　当基肥不足时需追肥2～3次,追肥以氮肥为主,适当配合磷钾肥。一般在大十字期以后进行追肥,每10 m^2标准畦可追施三元复合肥250～300 g。用清水化开,复合肥的浓度1%～2%,均匀地喷洒在烟苗上,再用清水冲洗1～2次,以免烧苗。到5片真叶时,再以同量的化肥追施。切记用尿素追施,以免烟苗过于柔嫩,软弱,移栽大田时,叶片萎蔫和枯死,造成大量缺苗。

(4)间苗定苗　一般苗床要进行间苗2～3次。第一次在小十字期进行,将密集苗间掉,苗距保持2 cm。第二次在大十字期进行,间去高大苗(这种苗是第一批早开花的种子,生长发育特别快,往往栽后不久即出现早花现象,务必除去)、弱小苗和病虫苗,苗距5 cm。第三次在5片真叶时进行,称为定苗,苗距5 cm。多次间苗后,及时浇水和结合施肥并去除杂草,以保持幼苗整齐一致。

想一想:

烟草的苗床管理有哪些技术要点和注意事项?

(四)营养袋假植育壮苗

营养袋、营养杯、营养块假植育壮苗,是培育壮苗,夺取丰收,生产优质烟的一项重要措施。

1. 营养袋育壮苗的优点

(1)营养袋育壮苗可以减少苗床使用面积。如种植1 hm^2大田,按常规育苗法需要150 m^2的播种面积,但用营养袋育苗,只需75 m^2的苗床,达到省工、省肥、省地的目的。

(2)营养袋育苗壮苗根系发达。据测定,营养袋假植育苗比常规育苗,烟苗根系增多4～5倍,茎粗也增粗1倍以上。例如,营养袋假植育苗根系一般长出92～108条;多的达168～218条,茎粗0.87～0.97 cm;常规育苗长出32～38条,茎粗0.38～0.41 cm。壮苗的地下根系与地上茎叶两者重量比要求达到10∶1以上。由于根系多,茎秆粗壮,吸收运输能力强,烟苗增长快速、根深叶茂。

(3)营养袋育苗没有缓苗期。营养袋假植育苗,不但根系纵横,布满袋内外,移栽时根系保护的十分完整,不易受伤害,而且营养袋能带土、带肥、带药移栽,一栽即活,只需浇水1～2次,烟草能早生根、快发苗,没有明显的缓苗期,幼苗成活率可达100%。如用常规育苗,必须拔苗移栽,根系被大量切断,移栽后呼吸能力减弱,烟苗生长受影响,成活率很低,栽后7～10 d,才能缓苗返青,还需连续浇水4～5次,既费工又延长了生长时间。

2. 营养袋类型(杯)及特点

(1)营养杯　营养杯可因地制宜,就地取材,简单易行,一人一天可制作500～800个,可供

333 m^2地用。其材料用稀烂河泥或沟泥加软烂稻草或杂草，用 500 g 装油瓶底作模，先用稻草包裹瓶底，随即糊上稀泥并转 1～2 圈，脱瓶底而出，即做成直径 7.5 cm、高 6 cm 的营养杯，晒干后应用。摆杯后，杯硬直立，把营养土一次放入杯内，20～30 min 即可完成亩的装杯作业，速度快，移栽时不用脱杯，省时省工。

(2)营养纸袋　把报纸剪成长 25 cm、宽 7 cm 的纸片。然后粘成两头通的圆形纸袋。但装营养土时是逐个装入，较费工。

(3)塑料薄膜营养袋　该营养袋是由工厂专门生产的。因其绵软，装营养土时，只能用斜口竹筒铲装入袋中，费时较多，移栽时还要脱袋，有诸多不便之处。

3. 营养土的配置

营养土由细土加肥料混合而成，其中细田土占 2/3，肥料 1/3，肥料可用腐熟的农家肥(过筛)，普钙、复合肥等充分搅拌，泼上粪水，堆放 15～20 d，腐熟后方可装袋使用。

4. 摆袋

放置营养袋的假植苗床(子床)，宜设在大田内或临近大田的地方。摆袋的子床与母床标准基本相同(宽乘长为 1.2 m×10 m)，子床要比地面低 5 cm，即营养袋的一半多，以便堆放填实营养袋四周，利于保水保肥。营养袋摆放时，两袋并列，左右相靠为一行，行间距为 17 cm，使营养袋每袋边缘都成边行，以利烟苗生长，两行之间可以自由伸展，避免袋苗叶相互遮掩形成徒长苗。此外子床底层要有 5 cm 的浮泥，利于根系生长，增加肥水与根系接触面积。营养袋边缘填满细土，尽量不留空隙，以利保水保肥。

5. 栽苗上袋

装袋的营养土，不宜装满袋，只装八成即可。当母床上的烟草长出 4～5 片真叶时，先用水浇透母床，用小竹片将苗带土挖入袋中，再以一小撮营养土填实根部。营养袋上部留出 1.5 cm 高的空间，这样当浇水、施肥时才不会四溢。边假植，边浇定根水，确保成活。

6. 营养袋的管理

上袋工作结束后，2～3 d 暂不盖膜，只搭棚遮阳，但气温低于 15℃时需覆盖薄膜。每 1～2 d 浇一次水，保持湿润 3～5 d。苗成活后，每 10 m^2 营养袋苗用三元复合肥 0.25 kg 对水 50 kg 洒施。隔 5～7 d，再用同量化肥追肥一次，每次追后用清水浇洗叶片，并在每次施肥后揭开膜两头，以免烧伤叶片。气温回升，棚温超过 33℃时，应揭膜通风降温。移栽大田前 7 d，分次揭膜，进行炼苗。如水肥足，护理精细，苗长势旺，假植后 25 d 左右，烟苗可长至 7～8 片真叶。当袋底布满根时，即可移栽大田。

二、大田规范化栽培技术

大田规范化栽培，是主攻质量，提高单产，增加效益的一项关键性技术措施。

(一)烟地的选择

1. 选择适宜的土壤类型

烤烟的质量与土壤的关系极为密切，同一品种，在不同的土壤条件下栽培，烟叶的质量有明显的差异。生产实践表明，壤质土比沙质土好，沙质土比黏质土好，此外水稻土也是生产优质烟的良好土壤。

2. 肥力要适中

土壤有机质是土壤的主要氮源，它在很大程度上决定土壤肥力的高低。烟草适宜种植在有机质含量为1.5%～2%、肥力中等的土壤。这种土壤烟株健壮,叶片厚薄适中,分层落黄,易烘烤,质量优,产量比较高。有机质含量过高(超过3%～4%以上),土壤过肥,烟叶含氮化合物过高,蛋白质含量上升,叶片浓绿,含水量大,烟叶会出现贪青晚熟,烘烤后呈黑色烟或成青烟,气味辛辣,苦涩,品质低劣。反之,土壤肥力差,营养不良,发育不全,烟株矮小,叶片小而薄,产量低,质量差,香味平淡。

土壤有效磷、钾含量高,烟叶质量优,产量高。特别是有效钾,烟色金黄,香气足,杂味少,气味醇和,燃烧性好,烟灰洁白。

3. 土壤

选择疏松,排水良好的土壤。低洼地,过黏重土壤,通透性差,土温低,肥料分解缓慢,不宜种烟。耕层浅薄,熟化程度低,坡度太陡,沙质过重,保肥保水力差的土壤也不适宜种烟。

(二)烟田的整地

烟田深翻,耙透,整细,可以改善土壤物理性状和团粒结构,增强土壤通透性促进好气微生物的活性,加速有机质的分解,提高土壤蓄水保肥性能,为烤烟生长发育创造优越的土壤条件。

1. 深耕

烤烟是深根作物,根系密集层大多数在地表下30～50 cm的范围内。因此,烟地的深翻必须达到25～30 cm,促进根系深扎。另外,深翻还可将病菌孢子、虫害、虫卵以及杂草深埋,使其丧失活力或窒息而死,减少危害。

2. 起垄

垄作对整地的要求较高。秋收后要趁墒进行耕翻,黏性土耕后视其墒性随耕随耙;沙性土当年不耙,第二年春及时耙细镇压,以防春旱。栽烟前半个月起垄(也可秋耕耙后起垄)。

垄距等于行距,一般为90～110 cm,垄高20～30 cm。农家肥用量较大时,可在起垄时将粪条施于垄内。地膜覆盖栽培时,可在移栽前15 d左右,整好地,施好肥,随后起垄,雨后或灌水后立即趁墒覆膜封紧,以利保温、保湿、防风、防草。移栽时按株距打孔,挖穴移栽。

(三)大田移栽与密度

烤烟移栽是大田移栽的开始,是烟草生产上的关键环节。移栽的时间和质量,会直接影响到烟草的成活、生长发育和品质、产量。

1. 适期移栽

烟草的移栽受气候条件,栽培制度,品种特性及播种期等的影响。但在不同地区,这些因素所处的主次不同。因此,在确定移栽期时,需结合本地实际,进行综合考虑。

(1)气候条件　一般春烟移栽必须在当地晚霜过后,日平均气温和地温稳定在12℃以上时进行,过晚不能充分利用生长期;过早不但会受晚霜冻害,而且烟草生长在低温环境中,易产生早花现象。

降雨也是影响移栽的重要因素,移栽时降雨量稍高,有利于还苗。还苗后降雨量少,有利于伸根。根据气候条件决定移栽期,除了考虑移栽后的气候条件要有利于烟苗的成活和生长外,还要注意后期烟叶成熟期的较好的气温条件。一般认为,成熟期气温在20～25℃,光照充足,降雨量减少而又不干旱的条件下有利于成熟和提高烟叶的品质,而温度低于17℃,降雨量过多或过少,都不利于烟苗的正常成熟。

(2)种植制度　春烟栽培的主要目标是将烟草成熟期安排在最适宜的季节里。只要气候适宜，即可尽量提早移栽，充分利用有限的无霜期。

(3)品种特性　不同品种对生态条件反应不同，在确定移栽期时应区别对待。一般情况下，对低温较为敏感的品种其移栽期不宜太早；对于不同程度的春旱现象抗旱品种可适当早栽。

(4)育苗期　育苗播种过晚，会出现地等苗；播种过早则苗等地，都不能保证大田的移栽时期。只有适时播种，烟苗大小适中，才能按时移栽。

2. 移栽技术

移栽质量的高低，直接影响成活率，苗全及壮苗早发，进而影响到产量和品质。移栽时要求做到：垛大、窝深、水足。

(1)地膜覆盖栽培　地膜覆盖是烟草栽培的一项重要措施，增产效果显著。

①覆膜作用　一是提高地温，阳光透过地膜使垄穴吸收大量的热量，而膜内的热量不易散失，有效地提高土温，使烟草各生育期有效温度明显增加，膜内表土温度比膜外高出3～5℃，最高达10.5℃，有利于根系生长发育，肥料分解释放快，加速烟株生长，使烟叶提早12～15 d成熟。二是保持水分，垄穴水分向上蒸发时水珠凝结在膜内，随之滴落在垄体中，使土壤长期保持湿润，以利以水溶肥，促进烟株生长。三是提高肥效，膜内高温高湿，有利于微生物活动，加速肥料分解，而且土壤不受雨水冲刷，减少养分流失，提高肥效利用率，覆膜一般可节省肥料20%～30%。四是保持土壤疏松，覆膜后表土不裸露，不易板结，保持垄土疏松，通透性好，改善土壤物理性状，有利烟根伸展。五是增强光照，因膜面上和膜内水珠均有反光作用，增强对烟株的反射光照，改善了烟株中下部的光照条件，增强光合作用强度。同时反射光有驱蚜作用，覆盖银灰色膜，还可防止花叶病蔓延。

②覆膜技术　一是起垄施肥，整地要精细，做到细、平、均，使膜能紧贴地面。开沟深达20 cm，分两层施肥。将腐熟的农肥与磷肥充分混合后，用2/3条施于底层，另用2/3的复合肥和硫酸钾撒在上面，然后覆土15 cm。余下的混合肥与复合肥全部穴施在上层，充分拌匀细土，再盖一层新土，然后摆袋苗培土，边栽边浇透水，最后覆盖地膜保温。二是新法覆膜，地膜的宽幅为90～100 cm，过去常采取边覆膜边剪洞，把苗扶出洞外或先覆膜再打洞移栽的方法。新法覆膜是将膜分成两幅，每幅宽45～50 cm，栽好烟苗后，将两幅地膜分别由垄的两边向垄的中心处交合覆盖。盖好后，用细土压封两膜交合处和膜边，防止通风漏气，利于保温保湿，新法覆膜比旧法覆膜快2～3倍，后期揭膜方便，又可完整无损的全部回收，供第二次使用，提高膜的利用率，节省投资。三是揭膜高培土，由于覆膜栽培一次性施足肥料，不能再中耕，培土，除草，垄面较矮而紧实，杂草丛生，对烟株生长不利。因此，可在栽后气温回升到20～22℃以上，雨季又来临时，全部打开地膜，突击进行烟田松土，除草，培土，每公顷重施硫酸钾225～300 kg，施后高培土，20多天后侧根更加发达，不定根丛生，叶片丰满，长势十分壮旺，及时分层落黄，好烘烤，质量特优，达到高产优质的目的。

(2)膜下小苗移栽　我国北方地区烤烟大田生长多年来处于前期低温干旱，后期多雨高温的不良气候，致使前期生长缓慢，大面积发生早花，后期病虫害严重，上部烟叶常处于失收的状况，严重影响了烟叶的质量、产量和经济效益。近年来有些烟区推行了膜下小苗移栽技术，据示范观测，膜下小苗移栽可促进烟株早生快发，减少早花的发生，又可避过病虫害发生高峰期，上部烟叶可充分成熟采收，提高了烟叶的质量、产量和经济效益。一般情况下，膜下小苗移栽比露地移栽每公顷增产幅度为18.8%，每千克烟叶均价提高0.16元，每公顷增产值1 560元左右，其效果显著。

膜下小苗移栽配套技术如下：

①选择适宜规格的地膜。选择高压聚乙烯农用薄膜，厚度为 0.005～0.006 mm 较好，宽度以 90 cm 为宜。

②秋翻整地。入冬前要及时进行耕翻整地，并清除作物根茬，以达到蓄水保墒，减少病原侵染，消灭虫卵的目的。

③起垄施肥。起垄前先开沟将腐熟的农家肥、磷肥以及 20%的复合肥、硫酸钾肥条施于沟内冉覆土起垄开穴，起垄的规格按常规进行。但烟穴要比常规加深加宽，一般以穴深15 cm，直径约 20 cm 为好。

④适时移栽。移栽时日平均气温高于 10℃，膜内温度高于 15℃，烟苗苗龄为 4～5 片真叶，叶片平展为蝶形。

⑤加强管理。适时破膜掏苗。移栽当天要浇足定根水，并用 50%的辛硫磷 1 500 倍液喷洒烟株及穴周围，以防地下害虫。栽后要及时盖上地膜。但膜内温度升至 25℃时，在苗穴上方的膜上扎 0.1～0.2 cm 的小孔 3～4 个，有利于烟苗透气和避免气温对烟苗造成烧伤危害。移栽 15～20 d 后当烟苗在膜内生长受阻时，要及时破膜掏苗，掏苗时手护苗，周围用细土封严膜口，并使苗穴处呈盘状凹形，以接纳雨水，保证烟株生长前期对水分的需求。

⑥揭膜培土。烟株进入旺长期后，当气温稳定在 20℃以上时，需进行揭膜培土。因为此时烟株的侧根已长至地表面，由于有地膜相隔，侧根不再伸长，加上露出地表的侧根不能很好地吸收土壤养分，根系的发育受到抑制，影响烟株在大田后期的生长，因此，一定要揭膜培土，使烟株根系发达，使烟株在田间充分发育成熟，提高烟叶的产量和质量。据田间试验，揭膜培土的比不揭膜培土的烟田每公顷增产 250.5 kg，每千克烟平均提价 0.12 元，平均每公顷增收 1 267.50 元。

3. 移栽密度

烟的叶片是制造有机物质的主要器官。因此，应最大限度地使烟叶保持在良好的光照条件下以提高光合产物，使个体与群体相互协调，达到高产优质的目的。

目前烤烟采用单行疏植方式，是提高烟叶质量最有效的途径，由于单行疏植，每单行的叶片上下都获得充足的阳光，叶的光合面积扩大，光合强度增加，伸向行间的叶片占 81%，伸向株间的叶片占 19%，有利于提高烟叶的光合利用率，有效地提高烟叶品质和产量。一般行距为 90 cm，株距 55～60 cm，每公顷栽烟 18 000～19 500 株，才能实现烟叶优质高产。

(四)烟草的营养与施肥

烟草在生长发育过程中，必须吸收一定数量的无机营养。只有足量和适时地供给无机营养，才能使烟株生长协调，获得理想的产量和品质。烟草吸收的无机营养元素包括氮、磷、钾、钙、镁等，这些元素中以氮、磷、钾的需要量为最大，是烟草生长发育最基本的物质。

1. 烟草不同生长时期对营养元素的需求

烟株从移栽到叶片成熟收获的整个生长发育过程，大体可以分为团棵期（移栽后 30 d 内）、旺长期（移栽后 60 d 内）和工艺成熟期（移栽后 90 d）三个阶段。这三个生长阶段烟株的生长特点不同，决定了对营养元素的需求量也不尽相同。烟苗移栽后 21 d 内植株积累的干物质量很少，只占全部干物质重的 1%～1.5%，说明移栽后三周内植株尚处于缓苗阶段，对营养元素的吸收量有限。

移栽后 22～35 d 为团棵期，地上部分干物质累积量占总产量的 13%～15%，说明此时仍以长根为主，还属基础生长阶段，对营养元素的需求量不大。

移栽后 36～49 d，干物质积累速度不断加快，累积量达到 495 kg/hm^2，这是旺盛生长的前期，对营养元素的需求量开始增加。

移栽后 50～63 d，干物质积累量达到 1 170 kg/hm^2，说明对营养元素的需求量达到最大，此时如果不能提供充足的无机营养，则烟叶的产量和品质就会受到很大影响。

移栽后 64～77 d，此时为旺长后期，烤烟的干物质积累速率已从高峰期的每天 84 kg/hm^2 降到 51 kg/hm^2。

移栽后 77 d 后，烟株基本定型，进入成熟阶段，对营养元素的需求也降至最低，此时的氮素供应必须停止，否则会造成烟株贪青晚熟，使烟叶品质下降。

2. 主要营养元素及作用

氮：氮素是构成植物蛋白质、烟碱（含蛋 17.3%）、酶、叶绿素等物质的重要元素，与烤烟品质、产量关系最大。烤烟对氮反应十分敏感，氮素不足，烟株营养不良，烟株叶小而薄，色浅，味淡，下部叶易衰老早枯黄，烤后烟色淡黄；氮素过多，烟株疯长成“粗筋暴叶”，烟色浓绿呈“老来青”，不易落黄，烤后呈黑色或棕黄色；氮素适应，烤后烟色橘黄。

磷：磷素是构成细胞核和原生质的主要物质。施磷能促进植株对氮、钾的吸收，促进叶大、叶重，有光泽，香味浓，叶内糖分与蛋白质的比例适当，品质佳。

但是，施磷过多，会使烟叶过早成熟，引起减产，叶片变脆。磷不足，碳水化合物的合成、分解、运转受阻，蛋白质和叶绿素的分解不协调，叶色呈浓绿色或暗色，还会使老叶中的磷向新生组织转移，下部叶能出现缺磷症状，叶片发生褐色斑点，植株发育不良，抗病、抗逆力下降，成熟迟缓。

钾：钾是烟草需要量最多的元素，因而称烟草为高钾作物。钾能促进烟草对氮、磷的吸收；钾离子能提高细胞的渗透压，增强烟株的抗旱、抗寒能力；钾能促进机械组成的形成，增强抗病抗倒伏能力，提高光合功能，促进碳水化合物的合成与运转。增施钾肥，能加速烟叶落黄，易烘烤，烤后色泽金黄、橘黄，叶面颗粒状多，油分足，香味醇和。烟叶含钾在 2%～3%以上时，能改善燃烧性和阴燃持力，烟灰洁白，焦油含量下降。因此，增施钾素能有效地改良烟叶品质。

钙：钙是构成细胞壁的主要成分，也是烟灰的主要物质，可促进细胞分裂。施钙过多会延长营养生长，成熟推迟。常用过磷酸钙中含有大量的钙，一般不会发生钙症。钙、钾足，烟灰呈灰白色。

镁：镁是叶绿素的组成成分，直接参与光合作用，是一切绿色植物不可缺少的元素。烟草对镁的吸收仅次于氮钾。缺镁时，烟叶失绿发黄，严重时，除叶脉绿色外，叶片呈白色，叶尖出现褐色，镁能使烟灰凝结不散落。

硫：硫是构成蛋白质的成分，对植物生长起重要作用。烟草生长中常用过磷酸钙和硫酸钾肥中含有的硫酸根，一般不会出现缺硫症状。

3. 微量元素及作用

铁：铁主要分布在叶绿体内，参与叶绿素的合成，是多种酶的组成成分。缺铁时顶端幼叶失绿黄化，叶脉呈绿色。

硼：硼对细胞的形成、分裂和在碳、氮代谢中起重要作用。缺硼使蛋白质合成受阻，叶绿体退化，生长迟缓，顶端幼叶失绿，叶片变厚，叶扭曲开裂。

锌：锌是一些酶的重要组成成分和活化剂，在氮素代谢及光合作用中起到重要作用。在缺锌烟区土壤上喷施锌肥可起到防治叶斑病类和花叶病的效果。锌缺时，烟株生长停滞，节间变短，叶片变小，叶缘扭曲皱褶，顶叶呈簇生状。

锰：锰是多种酶的活化剂，它能促进碳水化合物和氮代谢，有利蛋白质的合成，提高氮素的利用率。缺锰时烟株呈纤细状，茎秆细长，叶片变窄，叶片软而下垂，易折断。

铜：铜是植体内氧化酶的组成成分，参与体内氧化还原过程以及蛋白质和糖的代谢。缺铜时烟株矮小，生长缓慢，下部叶片最先出现褐色枯死斑，以致白色斑点连成片，最后干枯，烟叶破碎脱落。

钼：钼是组成固氮酶和硝酸还原酶的成分，硝酸还原酶对烟草特别重要，它促进氮代谢中硝态氮还原成氨的反应。缺钼时烟株矮弱，茎秆细长，节距增长，叶片狭而长。

氯：烟叶中含有少量的氯对烟叶的弹性、吸湿性等物理性状有良好作用。但含量超过1%时，则品质变劣，燃烧性和持火力严重下降，吸湿性增强，烟叶易霉烂变质。因此，栽烟的土壤含氯量应在30%以下。

4. 施肥量的确定

适宜的施肥量以保证烟叶最佳品质和产量为标准。烤烟的施肥量主要取决于土壤肥力水平、土壤吸收肥特性、气候条件和栽培密度等因素。因此，应全面分析，慎重考虑，制定出切实可行的施肥方案。大体上可分为三种类型，肥力较高的田地、中等肥力田地和较贫瘠田地。第一种肥力高，应少施肥；第二种肥力中等，应适量施；第三种肥力差，应多施；对不耐肥品种应适量施；需肥量大的品种应多施或增施。雨水多，肥料流失量大，气温低，肥料用量也应适当增加。栽植密的，适量少施，栽植稀的，适当多施。

据资料统计，当生产100 kg干烟叶，从土壤中吸收纯氮3 kg、磷(P_2O_5)1.5～2 kg、钾(K_2O)6 kg左右。即1：(0.5～0.6)：2。烤烟对钾素吸收量是三要素中最多的，比氮量高1～2倍，对磷的吸收量较氮、钾少。为氮量的1/2～2/3。但是磷肥的吸收利用率低，所以在实际生产中磷的施用量要比氮多1倍左右。

5. 施肥技术

不同的气候条件(特别是降雨量和雨量的分布状况)、土壤性状(特别是土壤保水保肥状况)，都对养分的释放、流失、吸附和利用有着直接的关系。这就必须采取不同的施肥方法，以充分发挥肥料的效益，调节烟草养分的供应。

(1)基肥、追肥施用方法　多年来大多烟区采用重施基肥，少施和早施追肥的方法。垄作栽培的烟草，基肥分两次施用。在起垄时，把基肥用量的2/3条施于垄底，另外的1/3在移栽时施于穴内。追肥一般在栽后20～30 d后撒肥于株间或用追肥枪追施。追肥的作用，不仅保证生长发育中后期的氮素供应，防止后期过早地脱肥早衰，同时还可根据烟株田间长势，适当增减原定的施肥量。追肥时还可对弱苗、小苗偏施，达到田间生长整齐一致。基肥和追肥的施用位置直接影响到肥料中养分被根系吸收的时间早晚。基肥和追肥施入土壤的深度一般来说在大田生育前中期湿润度大的地区，以10～15 cm为宜；湿润度小的地区以15～20 cm为宜。基肥无论是有机肥还是无机肥，都应采用集中施肥法，即一种为条施，起垄时呈条状埋入土中；另一种为集中施入栽植穴内。

(2)双层施肥方法　近年来烤烟的施肥量增加，肥料结构中饼肥不足和化肥比重提高，特别是复合肥料、烟草专用肥料和钾肥的广泛使用，各烟区都在探索改进传统施肥技术，发展有利于提高肥效，确保适产和提高烟叶质量的施肥技术。目前推广的双层施肥技术在全面考虑烤烟的营养、生理、栽培特点和分析传统施肥技术利弊的基础上，利用烟草垄栽的特点，采用基肥一次双层施用的方法。具体做法：在起垄前将基肥用量的60%～70%条施于垄底烟株栽植行上，然后起垄；移栽时再把剩余的30%～40%施于定植穴底部，与土壤充分混合，覆以薄土后移栽烟苗。如果在起垄后进行双层施肥，可先将穴刨至20 cm深左右，先把基肥用量的60%～70%施于穴内，覆土7 cm左右，其余的30%～40%施于覆土之上，与土混合均匀，然后移栽烟苗。双层施肥方法的优点：一是有利于早期根系向下伸展，促进烟苗早发，也有利于旺长期吸收速效养分，促进开秸、开片，增加叶面积。二是由于肥料施于两层不同的深度，下层土壤水分干湿交替变化小，水分相对稳定，有利于栽后在无灌溉条件下，因干旱烟苗受旱害，早期向下伸展的根系可以利用下层的土壤水分。三是在较高施肥量下，能有效避免因肥料过于集中，造成表层浓度过大，引起浓度障碍和烧苗现象。四是有利于前、中、后期供肥的协调，有利于后期的适时成熟。五是有利于地膜覆盖栽培技术的推广。双层施肥应掌握的原则：在生产实际中实施双层施肥技术时必须因地制宜，主要应贯彻以下基本原则，提高基肥比重，直至只用一次基肥，一般不追肥。两层之间应有10 cm左右的土层间隔。有机肥与磷、钾肥单独作基肥，应主要做下层肥。总施肥水平低时，上层肥比例可提高，确保苗期早发。

(3)双条施肥方法　施肥位置必须与根系在土壤中的分布相吻合，才能使肥料的利用率最高，最大限度地促进烟苗生长。目前我国采用的单条施肥(包括双层施肥)不太符合烟草根系的分布规律。由于施肥点距烟根有一定的距离，肥料必须经过一个缓慢的扩散过程迁移到根表后，才能被烟草吸收，这样的结果很可能是到达根表前已经被雨水或灌溉水淋失，或被土壤固定，降低了肥料的利用率，在烟草最需要肥料时，很可能吸收不到肥料，而后期肥料又迁移到根表，影响烟草的正常成熟与落黄。双条施肥结合烟草根系分布特点，将肥料施于距烟行15 cm的两侧，深度为20 cm左右。美国烟草75%以上的烟地采用双条施肥。我国在全国各地的田间试验也表明：双条施肥的效果，烤烟产量和品质均明显优于单条施肥(包括双层施肥)。

(4)烟肥喷施方法　除上面所述的土壤施肥外，近年来对根外喷洒叶面肥应用较多。这是一种补充烟株中后期缺肥的方法。如20世纪90年代推广的烟草专用叶面营养液，以氮、钾、锌、锰为主要营养源，并根据养分平衡原理适当地配合磷、铜、钼、铁等12种必需的无机营养元素，对烟叶产量、品质都有良好作用。其施肥方法是，采用营养液200倍液，分别在团棵期、打顶后和下二棚叶片采收后喷施3次。一般在傍晚喷施，夜间露水使叶面喷肥液滴干燥慢，便于吸收。近几年推广的绿芬威1号，含钾34%，对解决烟株中后期缺钾有明显效果。施用方法于打顶后立即喷施，浓度为1 000倍液。第一次喷施后15～20 d进行第二次喷施，一般进行两次。

(5)立体施肥方法　根据烟株营养生长规律，为防止肥料的过早流失和固定，起垄时一次性施用全部饼肥、草木灰和50%的复合肥，不施用钾肥。移栽时施入另50%的复合肥和全部钾肥。同时移栽时采用“打眼施肥法”，即在每株烟两侧，离烟苗10 cm，深15 cm，各打一眼，将肥料施入盖严。在旺长期、打顶期各喷2遍绿芬威1号和2号，使底层、表层、地上层的肥料发挥各自的作用，基本满足烟株各个生长阶段的营养供应。

(五)烟田的管理

1. 烟田生育期的管理

烟草大田生育期(从移栽到采收结束)一般需 100～120 d,可分为缓苗、团棵、旺长和成熟四个时期。

(1)缓苗期　从移栽到成活(返青),称为缓苗期。采用营养袋假植的烟苗,根系完整,边摆苗边浇定根水,一栽即活。采用常规育苗拔苗移栽,根系严重受损,影响对水分的吸收,而蒸腾作用照常进行,引起烟株体内水分亏缺,而发生萎蔫,生长停滞,恢复生长需 7～10 d。因此,在浇足定根水后,1～2 d 内要小水勤浇,保持根部湿润,及时查田补苗,保证全苗。

(2)团棵期(伸根期)　从缓苗到团棵称团棵期。在苗成活转青后,根系向纵横伸展,茎叶开始生长,新叶不断出现,叶片聚集地面,随后茎伸长增粗。当烟株高 30 cm 左右,长出叶片 13～16 片时,株型近似圆球形称为“团棵”。从烟苗成活到团棵,一般需要 25～30 d。

此期是根系伸展的关键时期,根系生长占优势,茎叶生长也逐渐加快。到了后期茎叶生长与根系生长同步进行。这一时期主要是为旺盛生长做好准备,也是栽培管理上的一个重要时期。因此,必须促使烟株产生完整的根系,保证旺长期最大限度地吸收养分和水分。这时在栽培管理上的基本原则是:地下地上兼顾,但更重要的是促进根系的生长发育。大田中耕除草、追肥、培土等栽培管理措施都集中在这一阶段进行。

(3)旺长期　从团棵到现蕾称为旺长期。团棵以后茎叶迅速生长,叶芽分化停止,转为花芽分化,主茎顶端中心出现花蕾。旺长期是营养生长与生殖生长并进时期。一般从团棵到现蕾需要 25～30 d。烟株进入旺长期后,生长中心转移到地上部,茎秆迅速伸长增粗,每天长高 3～5 cm,茎的基部长出大量的不定根,形成完整的根系,新叶片不断长出,每 1～2 d 长一片或几片,叶面积加速扩大,烟株生长达到高峰。此期是决定烟叶产量与品质的关键时期。栽培管理的目的在于促进茎叶旺盛生长,叶片宽大增厚,使烟株晚现蕾,延长旺长期和营养生长时间。此期要为大田创造充足的光照条件,做好以水溶肥,防旱防涝,防治病虫害,及时封顶打权,恰当留叶数量等管理措施。

(4)成熟期　从现蕾到叶片采收结束称为成熟期。现蕾后,由营养生长转为生殖生长,叶片自下而上逐渐成熟。花蕾和腋芽的生长会消耗大量的养料,不利于烟叶的增产增质,必须及时封顶打权,使养料集中供应叶片,促进叶片及时成熟。

针对 4 个生育期的不同特点,采取科学的栽培技术措施,促进大田烟草实现 4 个“早”:壮苗早发,前期早团棵,中期早旺盛,后期早落黄。5 个“无”:顶上无花,干上无杈,底无黄叶,垄无杂草,沟无积水。

2. 苗齐苗壮

由于早春春寒和干旱,烟苗移栽后易缺苗。如有缺苗,应及时补栽。缺苗造成大田的烟株高矮、大小不一,强弱互争养分,造成植株生长不均衡。对已成活的小苗和弱苗,要特别多施 1～2 次的“偏心肥”,促进其迅速赶上大苗,真正做到苗齐、苗全、苗壮。

3. 中耕培土

一般移栽后 7～10 d,进行第一次中耕,除草,使表土不板结,以不损伤和松动烟根为度。移栽后 15～20 d,进行第二中耕。移栽后 35～40 d,进行第三次中耕,即团棵期后,结合高培土使土层疏松,达到灭草和保水的目的。

烟田培土是提高产量,增进品质的又一项重要环节。烟株进入团棵期后,将垄沟内的土壤挖松打碎，培到垄的边缘和垄上，使垄面高大丰满，沟深底平，促进新根发生，扩大营养吸收面积，增强烟株的吸收功能，增强保水、抗旱、抗涝、抗倒伏能力，减少病害。烟株根系生长能力很强，土到哪里，根就长到哪里，到现蕾期，茎基部发生不定根达到高峰，不定根的比重增加，达总根量的1/3以上。由于高培土，促进了不定根和侧根的生长发育，可提高烟碱的合成能力。烟农说："多培一层土，多长一轮根，多增产三成。"烟田培土一般是3次，与中耕、追肥相结合。在第二次中耕时，将细土填平烟苗处坎窝，使垄面平整，减少肥料流失。摘掉脚叶1～2片后进行中培土，培土高度为15～20 cm。第三次中耕时，再摘除脚叶2～3片，进行高培土，培土总高度达30～35 cm。

4. 打顶抹杈

(1)打顶　根据试验和大面积丰产示范结果表明，烟株打顶(封顶)的早晚和留叶数的多少，应根据烟株的长势、长相和品种的特性等灵活掌握。烟株长势差的宜早封顶，少留几片叶，反之则多留几片叶。一是现蕾打顶：在烟株生长正常，花蕾伸长约2 cm高，已能分清嫩叶和花蕾时，将花蕾和花梗连同2～3片小叶(也叫花叶)一起打掉。此法营养物质消耗少，顶叶充分展开，效果好，增产增质，较普遍采用。二是初花打顶：在烟株长势旺盛，烟株顶端的第一朵中心花刚开放时，将顶部小叶3～4片和花梗花序一起打掉。三是"扣心头"打顶：当烟株长势欠佳，在顶端的花蕾还包在小叶内尚为明显露出，仅呈豆粒状时，用竹签或尖嘴小镊子挑掉花苞，采用此法，营养物质消耗最少，顶叶宽大，质量优。但操作要十分小心，避免伤害嫩叶。

(2)抹芽　封顶后每个叶腋都有腋芽，在开花和打顶前都是潜在的芽，封顶后除去顶端优势，潜伏芽会逐渐萌发。腋芽开始是营养生长，以后也会开花结果。因此，封顶后每隔5～7 d就要抹芽一次，将叶芽刚长2～3 cm时抹去，即抹芽不过寸。连续抹芽4～6次，彻底抹净。人工抹芽费工大，抹芽过程又易使烟株感染病毒性的花叶病等。近年来应用药剂——抑芽敏涂芽，能抑制烟杈芽的萌发，取得除芽净，产量高，质量优的良好效果。

5. 防止早花、底烘和"返青"

(1)早花原因及防止、补救措施　烟株在某些特殊条件下，未到达该品种正常生长应有的高度和叶数，就提前现蕾开花的不正常现象，称为早花。早花后，植株矮化，叶片减少，叶小而薄，产量和品质降低。

产生早花的因素：一是遗传因素，遗传基础的差异是品种间发生早花及严重程度的内在因素。二是温度因素，低温是早花的主要原因，气温在13～15℃，烟草生长受抑制，花芽发育加快，生长锥由分化叶芽迅速转为花芽分化。20℃以上的温度时，作用完全相反。说明低温对烟草的发育起主导作用。如移栽时，气温低于13℃时，持续时间在25～35 d时，将会普通发生早花现象。三是日照因素，日照对烤烟的生长发育也有一定影响，在低温阴雨短日照的条件下，易诱发早花的发生。试验表明，在13～15℃时，无论日照长短，均能较早地形成花芽；在18～20℃时，8 h的短日照，可促进花芽的形成，12 h以上时，花芽形成很晚；23～25℃时，即使是8 h短日照，花芽形成也晚，日照在12 h以上，难以形成花芽。此外，苗期过长而形成的"高脚苗"，土壤板结、干旱、肥料供应不足等，也会引起早花现象。

(2)底烘　烤烟下部叶片，一般栽后45～55 d即可成熟，但在特殊情况下，未达到成熟期即提早发黄，甚至呈枯萎现象，常称之为底烘。底烘将造成产量降低，质量下降。

底烘的原因：由于田间种植密度过大，氮素过量，长势过旺，叶片嫩弱，株叶相互遮盖，光照不足，合成功能减弱，光合产物少，而呼吸作用照常进行，淀粉大量转化为糖，蛋白质和叶绿素被分解和破坏，消耗养分过多，叶片处于饥饿状态，下部叶组织细胞就逐渐解体而枯黄直至死亡。雨后忽晴，高温多湿，形成“水烘”；严重干旱引起“旱烘”。

想一想：

大田规范化栽培技术有哪些关键技术点？

三、烟叶适熟采收

在烟苗移栽到大田后约 60 d，叶片开始由下而上逐渐落黄成熟，就可以进行分批采收。成熟度是烟叶重要的质量标志，烟农说得好：“成熟度不好，神仙也难烤。”把烟叶适熟采收，摆在关键的位置上。所以说，大田是基础，适时采收是关键，科学烘烤是保证。因此，识别和掌握好烟叶的成熟过程和特征，适时采收，对提高烟叶质量，改进品质，增加效益，具有重要意义。

（一）烟叶的成熟

烟叶的成熟分 3 个时期，即生理成熟期、工艺成熟期和过熟期。

（1）生理成熟期（始熟期） 生理成熟是指烟叶通过旺盛生长后，叶片由缓慢生长至停止生长，叶面积基本定型。此期有两个主要特点：一是光合产物储存速度比呼吸作用物质消耗速度大，直至叶内干物质积累达到最高峰，叶组织最充实，产量高。二是叶绿素开始分解下降，叶色由浓绿变浅绿。但这时生理生化变化还不够充分，质量上未处于最佳状态，如果这时就采收烘烤，烤后叶面平滑、香气和吃味未达到理想的程度。

（2）工艺成熟期（适熟期） 烟叶生理成熟后，合成能力迅速减弱，分解能力加强，叶绿素降解加快，淀粉、蛋白质含量下降。其特征表现为：叶色由绿转黄，组织疏松，叶内化学成分趋于成熟，叶内变得疏松，叶内化学趋于协调，香气物质增多，吃味最佳。这时采收的烟叶，水分较少，烘烤过程脱水顺利，变黄快而均匀，烤后呈橘黄色，叶正面与背面的色泽一致，油分足，光泽饱满，改善了烟叶的韧性、弹性、填充力、出丝率、燃烧性，而且香气浓郁，气味醇和，是卷烟工业的最好原料。

（3）过熟期（衰老期） 工艺成熟期如不及时采收，烟叶内养分消耗大，逐渐衰老枯黄，将造成产量低，烤后色淡，油分少，光泽暗，缺乏香味，降低了商品价值。

（二）烟叶成熟的外观特征

从大田的烟叶特征来看，真正成熟的烟叶，颜色有浅绿色褪到柔和的黄绿色，叶尖部变成奶油色，主脉发白。好的成熟叶具有颗粒状，支脉之间凹凸不平，这样才算充分成熟，才适合采收。

（1）烤烟工艺成熟时的外观特征 色黄、脉白、毛脱、尖勾 8 个字。

叶色变黄：按脚叶、下二棚叶、中部叶、上部叶 4 个档次，其颜色分别依次由绿色变成绿黄色、浅黄色、淡黄色和黄多青少。中、上部叶较厚，叶面褶皱，凹凸不平，并充分显现黄斑（淀粉粒）、白泡，叶绿和叶尖部黄白色。

叶脉变白：主脉变白光亮，支脉变白尾部微绿。

茸毛脱落：茸毛基本脱落，叶面有光泽感。

叶面发黏：树脂类物质增多，分泌到叶面上，采收时手上黏着一层黑色的油质，俗称烟油。

叶面下垂勾尖：叶片下垂，茎叶角度增大，叶尖下勾或枯尖。

容易采收：支脉两侧微露淡黄色易于摘下并发出清脆的响声；叶茎产生分离层，断面整齐。

(2)烟叶烘烤后的外观特征　淡黄、正黄、金黄、橘黄、红黄、棕黄，以金黄、橘黄最优；叶面和背面黄色一致的是成熟，叶面黄、叶背淡黄则未成熟。

叶面皱褶、凹凸不平呈波浪式和颗粒状为成熟，叶面紧密、光滑则未成熟；叶背支脉凸起，叶面鼓胀是成熟，支脉凹下，叶面平滑则未成熟。

(三)烟叶采收

(1)采收时间　移栽后到适合采收，一般下部叶需 60 d 左右，中部叶 70 d 左右，上部叶 80 d 左右。每 5～7 d 采收一次，每株每次采收 2～3 片叶，顶叶留 3～4 片，最后一次性收完。一般在晴天早晨，太阳未升起或微弱阳光下进行采收，因这时能准确识别成熟度，而且露水较大，有利于烘烤时保湿变黄。在强光下叶面反光，产生视差变化，易误判生烟叶为熟烟叶。阴天时可以全日采摘，晴天中午不易采收，避免叶面失水过多而凋萎，或被烈日暴晒灼伤，不利烘烤。雨后叶面烟油被冲洗，采收时手无黏胶质状，烘烤后烟叶品质欠佳，应待雨后晴 2～3 d 才采收。

(2)专人采收　专人采收能严格掌握烟叶的成熟度，切实做到多熟多收，少熟少收，不熟不收，熟一片收一片，不采生叶，不漏采熟叶。采收后把叶整齐叠放入筐内，叶尖朝内，叶柄向外，轻放不压伤。运回后放在空房或树荫下，防止日晒、雨淋，并将叶尖竖立摊放，不易摆平堆压，以防发热烧焦叶片。

(3)分类绑竿　将大部分适熟黄叶先绑竿，绑好一竿后即挂到阴凉处的木架上。再将误摘回的带青叶另行绑竿。最后将过熟叶和病虫叶片另绑竿。绑叶时，大叶两片、小叶三片为一撮，叶片背靠背，每撮之间保持一定的距离，不宜靠紧，以利于升温、排湿，否则易烤出灰褐色烟。

(4)合理装炕　房内温度是由下而上升的，烟叶也分层受热，并散发出水分，通过天窗把大量水分排出。因此，必须使挂竿之间的距离适当，保持房内处处升温均匀，排温顺畅。

装烟时要严格掌握好分类挂烟，青烟、适熟烟、过熟烟分别挂顶、中、底层，挂竿间距要求上密(竿距 17 cm 左右)、中疏(竿距 21 cm 左右)、下稀(竿距 24 cm 左右)。按顶、中、下顺序挂竿，逐层挂满。要事先数过总竿，分层定竿，一次性装满炉，切忌分 2～3 d 才装满。以便真正做到适熟采收，分类绑叶，均匀上竿，合理装炕，确保烤出全竿黄、全炉黄，求得高质量、高效益。

想一想：

如何鉴定烟叶的成熟度？

四、烤烟的科学烘烤技术

(一)三段式烘烤工艺及科学烘烤操作要点

(1)变黄阶段　烟叶装满炕后，封严天窗、地洞，点火后，以每小时升温 1℃的速度将烤房温度提升到 34～38℃(西南和南方烟区 34～35℃，东北烟区 35～36℃，黄淮烟区 36～38℃)，保持湿球温度比干球温度低 1～2.5℃，直到底棚烟叶变到叶片基本全黄，仅余叶基部微带青色，主脉青白色，叶片充分发软。

(2)定色阶段 要逐渐开大天窗、地洞，不断加大排湿量，使房内温度以平均2～3 h升温1℃的速度提高到54～55℃，湿球温度缓慢升高并保持在37～41℃，烟叶水分大时，湿球温度应控制在较低水平。水分小、烘烤特性好的烟叶，湿球温度应控制得高一些。在烟叶达到勾尖卷边至小卷筒之前(一般47℃左右)，升温速度宜慢(3～4 h升温1℃)，使烟筋充分变黄，此后升温速度可加快到1～2 h升温1℃。在烟叶没有达到黄片青筋小卷筒之前，环境温度不得超过50℃，即使54～55℃时烟叶已经达到大卷筒，也要在此温度下维持6～12 h。定色期要大排湿时，必须开大天窗、地洞，烧大火；小排湿时，关小天窗、地洞烧小火；气温高的白天，开大天窗、地洞，火力减小；气温低的晚间(尤其凌晨)进行大排湿时，尽可能加大烧火，维持需要的温度和湿度指标；但在火力已加足，仍然不足以使温度上升，且湿球温度也降低时，可以关小地洞，减少通风量。要尽量避免干球温度猛升猛降。

(3)干筋阶段 以每小时升温1℃的速度使炕温提高到67～69℃，其间要逐渐关小天窗、地洞(先关小地洞，减小通风量，以利于提高温度和节能)，以湿球温度不超过43℃为准。稳定此温湿度条件，直到烟叶完全干筋。

(二)烧火技术原则

烧火要能做到小火能保住，中火能稳定，大火能赶上。应看烟叶的变化，看房内温度、湿度，看天气变化，看烤房状况，看煤质特点等，灵活且准确进行。当烟叶变化快时，烧火宜大，快升温；烟叶变化慢时，烧火宜缓，慢升温。烟叶变化正常时，烧火宜稳，稳升温。当房内温度偏低时，提火升温；偏高时，压火控温；适宜时，稳定火力，维持房内温度稳定。天气阴晴风雨，昼夜冷热变化，对房温会产生明显的影响，必须根据天气变化相应调节火力大小，才能维持房内温度适宜。晴天，日出后气温逐渐回升，尤其是上午10时至下午4时，升温更为明显，此时火力不变，温度也随之升高；日落后，室外温度逐渐下降，尤其是凌晨，降温更明显，此时火力不变，温度也可能随之下降。所以，晴天日出后开始适度控火，至日落后则应适当加火；烤房升温灵敏时，应注意火力勿过大，加火勿过早；烤房升温困难时，应注意加火勿过迟，火力勿过小。根据烤房湿球温度的变化进行火力控制是十分重要的。当湿球温度偏高，需要加大天窗、地洞排湿时，在排湿操作前要先加火，以防排湿时房温下降。还要注意，煤质不同，烧火方法各异；对黏性强、易结碴的煤，宜烧"散火"，加煤时撒开、撒匀，以防结大碴；对黏结性弱、易流炉的煤，宜烧"堆火"；对细粉状面煤，需拌湿烧用，以防止灰损失；烧无烟煤时，宜对适量煤土，最好制成饼烧用。

(三)排湿技术原则

(1)先开天窗，后开地洞。烘烤初期，要关严地洞，仅以天窗的开闭控制湿球温度，直至天窗完全打开。天窗未完全打开之前，一般不开地洞。烟叶水分较大时，当底棚烟叶大量变黄后，可开始开启地洞。天窗已开完，湿球仍偏高时，必须打开地洞，用天窗、地洞配合，使热空气上升，缩小上下层温差，把湿球温度控制在要求的范围内。

(2)地洞开完，控温排湿。如果地洞已开完，湿球仍偏高，应控制烧火，使干球温度不再上升，继续进行排湿，称为控温排湿。此时烤房排湿能力已至最大，火力宜适当控制，主要靠延长时间来降低房内湿度，直至湿球温度下降后，再根据烟叶变化，提火控制湿球，而不动天窗。直至地洞关严后，湿球仍偏低升温。如果地洞不开完就已稳定了湿球温度，则不应盲目开大地洞，也无须控温排湿。

(3)先关地洞，后关天窗。烘烤后期，湿球偏低时，先关地洞时，再关天窗，以天窗控制湿球，直到烘烤结束。

想一想：

烤烟的科学烘烤技术要点有哪些？

复习思考

一、填空

1. 烟草起源于（　　），属（　　）科（　　）属，（　　）多个种，主要栽培品种有（　　）和（　　）。
2. 我国烟草有（　　）、（　　）、（　　）、（　　）、（　　）、（　　）6 个类型。
3. 土壤条件对烟草生产的影响包括（　　）、（　　）、（　　）、（　　）4 个方面。
4. 烟草大田生长期最适宜温度为（　　）～（　　）℃，日均温低于（　　）℃或高于（　　）℃，烟株生长就会受到抑制。
5. 烟草苗床期分为（　　）、（　　）、（　　）、（　　）4 个生育期。
6. 烟草苗床管理分为（　　）、（　　）、（　　）、（　　）4 个方面。
7. 大田移栽中适期移栽要充分考虑到（　　）、（　　）、（　　）、（　　）4 个方面的内容。
8. 营养袋育壮苗的 3 个优点（　　）、（　　）、（　　）。
9. 烟叶的成熟分 3 个时期，即（　　）、（　　）、（　　）。
10. 烟叶三段式烘烤工艺及科学烘烤操作要点包括（　　）、（　　）、（　　）3 个阶段。

二、简答

1. 简述烟叶的产量与质量之间的关系。
2. 试述优质烟叶生产的生态条件。
3. 种子催芽的主要条件有哪些？
4. 简述营养袋假植育壮苗的基本技术要求。
5. 简述大田地膜覆盖栽培技术要点。
6. 简述烟草的施肥原则和方法。
7. 简述烟叶成熟的外观特征。
8. 试述烤烟科学烘烤技术。

子项目三　向日葵栽培技术

【知识目标】

了解向日葵器官的形态特征；向日葵各生长发育阶段的特点及向日葵生长发育对环境条件的要求。

【技能目标】

掌握向日葵播种技术、田间管理技术、向日葵病虫害防治技术。

【项目导入】

向日葵又叫朝阳花，因其花常朝着太阳而得名。关于向日葵，历史上有一美妙传说。古代有一位农夫女儿名叫明姑，她憨厚老实，长得俊俏，却被后娘“女霸王”视为眼中钉，受到百般凌辱虐待。一次，因一件小事，顶撞了后娘一句，惹怒了后娘，便用皮鞭抽打她，可一下失手打到了前来劝解的亲生女儿身上，这时后娘又气又恨，夜里趁明姑熟睡之际挖掉了她的眼睛。明姑疼痛难忍，破门出逃，不久死去，死后在她坟上开着一盘鲜丽的黄花，终日面向阳光，它就是向日葵。表示明姑向往光明，厌恶黑暗之意，这传说激励人们痛恨暴力、黑暗，追求光明。这向日葵便繁衍至今。

向日葵原产于北美洲的西南岸(墨西哥一带)。公元前 3 000 年左右，在美国的亚利桑那州和新墨西哥州就已有人工种植的向日葵。16 世纪初，由西班牙探险者引入欧洲，最初是作为观赏植物进行栽培，后来作为干果食用。1716 年英国人 A・布尼安首次从种子中提取油脂成功。18 世纪初，由荷兰传入俄国。19 世纪中叶，开始作为油料作物而大面积栽培。

向日葵是新型的油料作物。向日葵约在明朝时引入中国，如今所知最早记载向日葵的文献为明朝人王象晋所著《群芳谱》(1621 年)，该书中尚无“向日葵”一名，只在“花谱三＊菊”中附“丈菊”，原文如下：“丈菊一名本番菊一名迎阳花，茎长丈余，秆坚粗如竹，叶类麻，多直生，虽有分枝，只生一花大如盘盂，单瓣色黄心皆作窠如蜂房状，至秋渐紫黑而坚，取其子中之甚易生，花有毒能堕胎”。“向日”之名，见于文震亨《长物志》(约 1635 年左右)。1820 年谢方在《花木小志》中言向日葵处处有之，既可观赏，又可食用。说明向日葵在中国广为种植。在 20 世纪 50 年代以前，在我国，向日葵只作观赏植物或干果食用植物而零星种植。1956 年从苏联、匈牙利引进油用型之后，才开始作为油料作物栽培。

向日葵是重要的油料作物之一。种仁含油率，食用种为 40%～50%，油用种在 50%～60%，有的品种高达 70%。

向日葵油气味芳香，易于被人体所吸收。由于向日葵油含不饱和酸约 70%，亚油酸丰富，因而有降低血压和胆固醇的作用。向日葵属于半干性油，可用以制造油漆、制革用油、印刷油、肥皂以及蜡烛。

向日葵油粕营养丰富，含蛋白质 30%～36%，脂肪 8%～11%，糖分 19%～22%，磷、钙含量也较多，是家畜、家禽的良好饲料。

向日葵籽实的皮壳占籽实重的 30%左右，含粗纤维 5%，粗脂肪 5%，粗蛋白 4%，除可作饲料的配料之外，可提取酒精、糠醛，也可用于制造纤维板。

向日葵花盘含粗蛋白 7%～9%，粗脂肪 6.5%～10.5%，果胶 2.4%～3%，灰分 10%。经粉碎后，可作家畜、家禽的饲料。

向日葵的茎秆可作纸浆和隔音板的原料。向日葵花盘大、花期长，花中蜜腺多，是极好的蜜源植物。向日葵耐瘠薄、抗盐碱、抗干旱，是风沙地、盐碱地的先锋作物。

中国的向日葵分布在北纬 35°～55°。主要分布于山西、内蒙古、黑龙江、吉林、辽宁等省区。种植面积最大的省是吉林省，其次是内蒙古自治区。我国向日葵产区共有 5 个，分别是东北内蒙古区、华北区、新疆区、黄河河套区、云贵高原区。

查一查：

1. 向日葵有什么药用价值?
2. 各向日葵产区的向日葵生产有什么特点?

模块一 向日葵栽培基础

一、向日葵的类型

向日葵属于菊科向日葵属，有60个种。栽培种分为三种类型。

(1)食用型 籽实大，长15～25 mm，果壳厚有棱，皮壳率40%～50%，种仁含油率30%～50%。植株高大繁茂，2.5～3.0 m，不分枝，多为单头，生育期120～140 d，多为中、晚熟种。一般抗锈病能力差，但比较耐叶斑病。籽实主要用来嗑食。

(2)油用型 植株较矮小，1.5～2.0 m，有的只有70～80 cm。籽实小，长8～15 mm，果壳较薄，皮壳率20%～30%，种仁含油率50%以上。生育期较短。抗锈病能力较强，而耐叶斑病能力差。籽实适于榨油。

(3)中间型 中间型的性状介于上述二者之间，它的籽实接近于油用型，而株型又与食用型相似。这种类型一般产量较高。既可食用，也可榨油。向日葵的类型见图10-3-1。

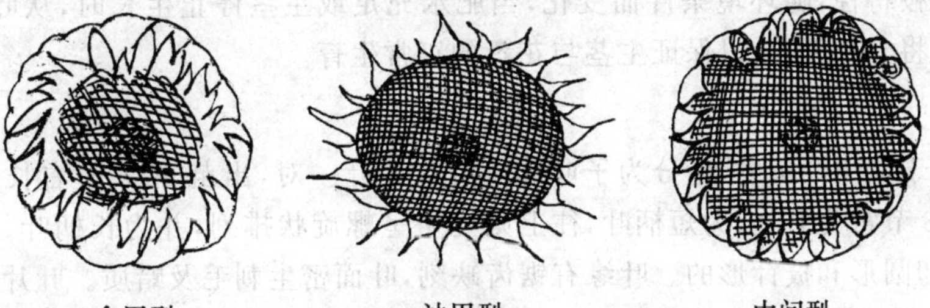

图 10-3-1 向日葵的类型

二、向日葵的器官形态特征

(一)根

向日葵的根由主根、侧根、须根和根毛组成，为圆锥直根系。主根入土较深，达2～3 m。侧根从主根上生出，水平方向生长，分布1 m左右，侧根上长有许多的须根。向日葵根系发达，在土壤中分布广而深，其中60%左右的根系分布在0～40 cm土层中。向日葵根的生长速度一直比茎快，当茎秆高5 cm时，主根已入土14～30 cm。在生育前期根系的生长速度比茎叶快，现蕾至开花期根系的生长达最大值，开花期以后，根的生长速度逐渐减慢。到种子开始成熟时，根不再生长，以后便逐渐枯萎。

向日葵根系庞大，根量比玉米根大1倍以上。向日葵的抗旱、耐瘠薄与其根系强大有关。向日葵的根系分布见图10-3-2。

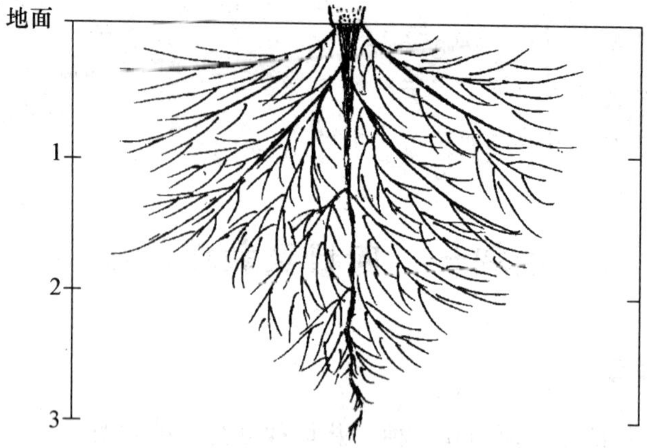

图 10-3-2 向日葵根系分布(单位:m)

(二)茎

向日葵的茎圆形直立。茎秆高达 2~3 m,茎秆表面粗糙,被覆一层短而硬的刚毛。茎由表皮、木质部和海绵状髓组成。生育后期,茎秆基部 15~20 cm 木质化,而茎内的髓部则形成空心。向日葵的胚茎有绿色、淡紫、深紫等,是苗期识别品种的重要标志。茎在出苗后一个月内生长缓慢,以现蕾到开花最快,此时生长的高度约占总高度的 55%,以后生长速度减慢,仅占 5%左右。茎的分枝性有两种类型,一种是具有分枝特性,环境条件较差时也能表现出来;另一种是不分枝特性,随环境条件而变化,当肥水充足或主茎停止生长时,从叶腋生出分枝。田间管理上应将分枝去掉,以保证主茎与花盘的正常生育。

(三)叶

向日葵属于双子叶植物,叶分为子叶和真叶。子叶一对,出苗 10 d 左右长出真叶。真叶在茎下部 1~3 节常为对生,为短柄叶,往上则互生呈螺旋状排列,并为长柄叶。叶片大,多为心脏形,也有卵圆形和披针形的。叶缘有锯齿缺刻,叶面密生刺毛及蜡质。叶片数目因品种特性和栽培条件不同而异,早熟种一般为 25~32 片,晚熟种为 33~40 片。叶片数与株高、生育期呈正相关。茎下部叶片在开花前制造养分,主要供给根部生长,到开花时其功能基本结束。中上部叶片制造的养分主要供给花盘促使种子形成。向日葵的叶见图 10-3-3。

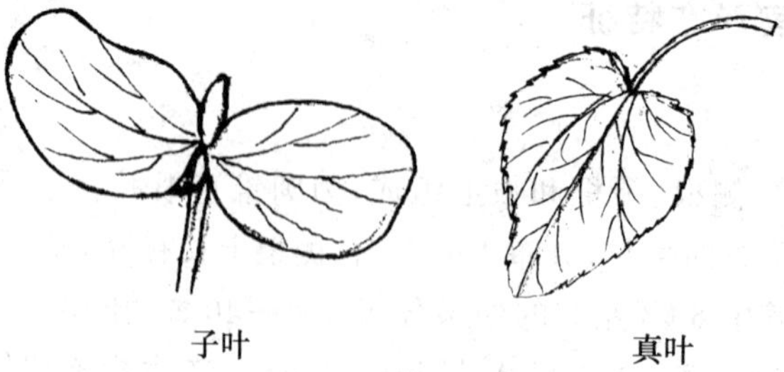

图 10-3-3 向日葵的叶

(四)花

向日葵是头状花序,着生在茎的顶端,俗称花盘。花盘直径大小不等,一般有 20~40 cm。其形状有凸起、平展和凹下三种类型。花盘上有两种花,即舌状花和管状花。边缘 1~3 层为舌状花，具有较大的黄色花瓣，为无性花。它的颜色和大小因品种而异，有橙黄、淡黄和紫红色，具有引诱昆虫前来采蜜授粉的作用。盘内是管状两性花，1 000～2 000 朵。每朵花花冠 5 裂，有雄蕊 5 枚，雌蕊 1 枚，花冠的颜色有黄、褐、暗紫色等。

开花顺序是由外缘向盘心逐渐开放。舌状花先开，管状花后开。管状花第 1 d 只开 1～2 轮，以后每天开 3～5 轮，逐达花盘中心，整个花盘开花时间多为 7～10 d。管状花凌晨开放，花冠破裂，花丝生长加快，1～2 h 后散粉，之后雌蕊伸出花粉管，柱头张开两裂呈羽状，接受花粉。花粉落到柱头上，通常在数分钟后发芽，完成授粉，经 24～36 h 完成受精。授粉后的柱头很快萎蔫下垂卷曲，未受精的柱头在田间条件下生命可维持 6～8 d。由于向日葵雄蕊先熟，雌蕊后熟，因此不能自交结实。向日葵属于典型的异花授粉作物。管状花冠内下部狭窄处有蜜腺，能分泌花蜜，吸引昆虫进行授粉。向日葵的花见图 10-3-4。

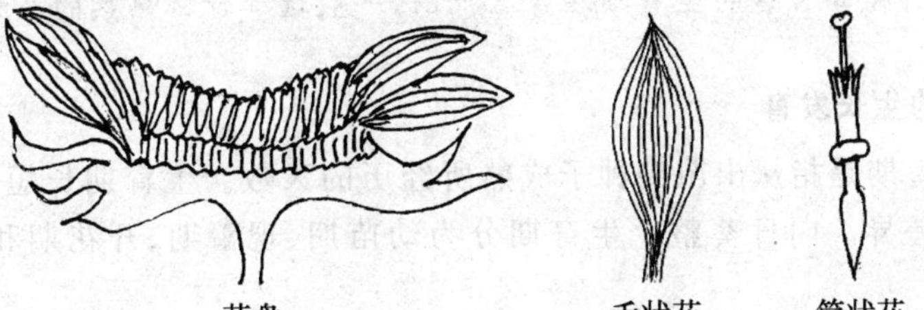

图 10-3-4　向日葵的花

（五）果实

向日葵为瘦果。果实包括果皮、种皮、子叶和胚四部分。千粒重为 50～60 g，果皮因品种不同有黑、白、黑白相间三种。果皮厚而木质化，由表皮木栓组织、厚壁组织组成；种皮为半透明薄膜状，种仁白色，成熟的果仁能自行脱落。食用型种子较长，果皮黑白条纹占多数，千粒重 100～200 g。油用型种子较短小，果皮多为黑色，皮薄，为种子重量的 20%～30%，千粒重 40～110 g。同一花盘上的种子外围的皮厚、较大，中心的皮薄、较小。向日葵的果实见图 10-3-5。

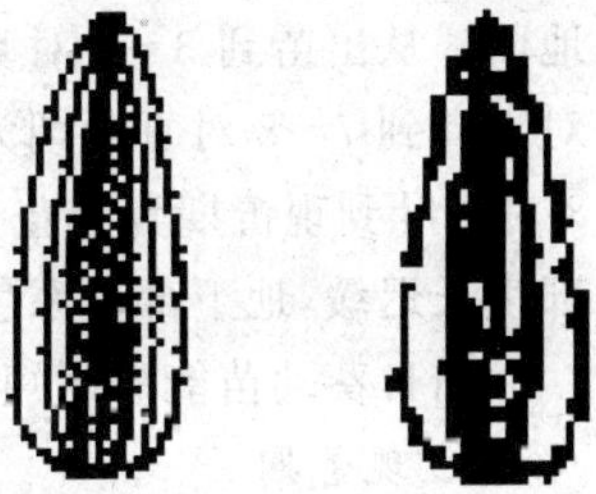

10-3-5　向日葵的果实

1. 食用型种子　2. 油用型种子

想一想：

向日葵的抗旱性与形态特征有什么关系？

三、向日葵的生物学特性

（一）向日葵的生育期

向日葵从出苗到生理成熟经历日数称为生育期。生育期因品种特性、种植地区、栽培技术、气候条件等不同而差异很大。一般食用型品种 120～140 d，油用型品种 100～200 d。生育期详细划分为极早熟种（生育期在 85 d 以内）、早熟种（生育期 86～100 d）、中早熟种（生育期 101～105 d）、中熟种（生育期 106～115 d）、中晚熟种（生育期 116～125 d）和晚熟种（生育期为

126 d以上)。

同一品种种植在不同地区生育期长短差别很大。如白葵杂一号杂交种,在内蒙古呼和浩特市种植需123 d,在吉林省白城市需115 d,在山西省汾阳县需108 d,而在山西定襄县需83 d。生育期长短的差异主要表现在营养生长阶段,播种期早的营养生长期较长;而生殖生长阶段的差别较小。例如,从出苗到现蕾经历的日数,早播和晚播的相差21 d,而从现蕾到成熟早晚相差仅2～3 d。因为向日葵生育期间要求的有效积温相对稳定,达不到要求的积温就不能进入到下一个生育阶段。在气温低时,必须延长其营养生长期才能向生殖生长转化,因而延长了生育期。

查一查:

你所在地区种植向日葵的生育期在什么范围,一般选择什么熟期的品种?

(二)向日葵的生长发育

向日葵的生育期是指从出苗到种子成熟所经历的天数。生育期长短因品种、播期和栽培条件不同而有差异。向日葵整个生育期分为幼苗期、现蕾期、开花期和成熟期四个生育时期。

1. 幼苗期

从出苗到现蕾,称为幼苗期。一般需要35～50 d,夏播28～35 d。此时期是叶片、花原基形成和小花分化阶段。当地温达到8～10℃时,种子即可发芽。首先长出胚根,然后子叶伸出地面。从出苗到3～4对真叶时为叶形成阶段,这一时期决定一生中叶片数的多少。由3～4对真叶到7～8对真叶期为花原基形成阶段,这一时期决定花盘中小花数(即籽实数)。由7～8对真叶到现蕾期为小花分化和雌、雄蕊形成期,这一时期与小花是否可育有关。该阶段地上部生长迟缓,地下部根系生长较快,很快形成强大根系,是向日葵抗旱能力最强的阶段。

向日葵幼苗能忍耐短时间−6℃低温,在热带,又能忍耐40℃以上的高温。

2. 现蕾期

向日葵顶部出现直径1 cm的星状体,为现蕾期。从现蕾到开花,一般需20 d左右,是营养生长和生殖生长并进时期,也是一生中生长旺盛的阶段。这个时期向日葵需肥、水最多,占总需肥水量的40%～50%。此期如果不能及时满足对水肥的需要,将会严重影响产量。

3. 开花期

田间有75%植株的舌状花开放,即进入开花期。是向日葵生长最旺盛的阶段,植株高度的一半是在这一时期增长的。一个花盘从舌状花开放至管状花开放完毕,一般需要6～9 d。从第2～5天是该花序的盛花期。这4 d开花数约占开花数量的75%。花多在早晨4～6时开放,次日上午授粉、受精。未受精的枝头可保持7～10 d不凋萎。向日葵自花授粉结实率极低,仅为3%左右;异花授粉结实率高。但如果气温高,雨水多,湿度大,光照不足,土壤干旱等,结实率会大大降低。因此,调节播期,适时施肥、浇水,防治病虫害,以及采取放蜂或人工辅助授粉等措施,可提高结实率。

4. 成熟期

向日葵从终花到种子成熟,经历籽实灌浆鼓粒,油分形成,蛋白质和淀粉积累等生理活动,是决定其经济产量和品质的重要时期。此时营养体的增长缓慢到终止。

向日葵开花授粉前子房体形瘪瘦，受精后子房迅速增长，而后灌浆膨大到种仁充实。授粉后约经 30～40 d 达到成熟期。成熟的特征是：花盘背面呈淡黄色而边沿微绿；舌状花冠凋萎；茎秆黄老；下部叶片枯萎下垂，中上部叶片衰老；种皮呈该品种固有的色泽，籽仁含水量显著减少。此期需天气晴朗，昼夜温差较大和适宜的土壤水分。

想一想：

为什么向日葵花盘中间有花而不实的现象？

(三)向日葵生长发育与环境条件的关系

1. 温度

向日葵原产热带，但对温度的适应性较强，是一种喜温又耐寒的作物。向日葵种子耐低温能力很强，当地温稳定在 2℃以上，种子就开始萌动；4～5℃时，种子能发芽生根；地温达 8～10℃时，就能满足种子发芽出苗的需要。发芽的最适温度为 31～37℃，最高温度为 38～44℃。向日葵在整个生育过程中，只要温度不低于 10℃，就能正常生长。在适宜温度范围内，温度越高，发育越快。出苗后一对真叶能忍耐－7℃的低温而不死，二对真叶到花盘形成期在－2～－3℃时的低温就会受冻；成熟期如遇－1℃的低温，叶片就会枯死脱落；同时向日葵的耐高温能力也强，温度升到 50℃，相对湿度只有 30%～55%时也不会死亡。

同一品种在不同环境中，从出苗到现蕾以及从现蕾到开花所需有效积温基本稳定。各品种类型所需活动积温(≥5℃)不等，早熟种为 2 000～2 200℃，中熟种为 2 200～2 400℃，中晚熟种为 2 400～2 600℃，晚熟种为 2 600℃以上。

2. 水分

向日葵植株高大，叶多而密，是耗水较多的作物。它的吸水量是玉米的 1.74 倍。但向日葵又是抗旱力很强的作物。据测试，开花前后近 40 d 的干旱，0～20 cm、20～40 cm 和 40～60 cm 土壤含水量分别为 8.8%、15.12%和 19.6%，向日葵仍生育正常。耐旱原因一是根系发达入土深，能吸收利用深层土壤中的水分；二是茎秆内充满海绵状的髓，能储存较多的水分；三是茎上密生刚毛，叶面有蜡质层，能减少水分的蒸腾。

向日葵不同生育阶段对水分的要求差异很大。从播种到现蕾，比较抗旱，需水不多，仅为总需水量的 20%。而适当干旱有利于根系生长，增强抗旱性。现蕾到开花，是需水最多的时期，需水量约占总需水量的 60%，此期缺水，对产量影响很大。如过于干旱，需灌水补充。开花到成熟需水量小，约占总需水量的 20%。如果水分不足，不仅影响产量，而且还降低油脂含量。

此外，向日葵耐涝能力也很强。据验证，从现蕾期开始，在水淹状态下(地面积水 50 cm)生长 40 d，90%以上植株不死，仍有收成。这是因为向日葵根和茎通气组织发达，遇水后增生新根能力相当强，5d 新根增量相当于总根量的 21%。

3. 光照

向日葵为短日照作物。但它对日照的反应并不十分敏感。向日葵喜欢充足的光照，其幼苗、叶片和花盘都有很强的向光性。直到管状花开始授粉，花盘渐重，向日性减弱乃至停止。日照充足，幼苗健壮能防止徒长；生育中期日照充足，能促进茎叶生长旺盛，正常开花授粉，提高结实率；生育后期日照充足，籽粒充实饱满。

4. 土壤

向日葵对土壤要求不严格，除了低洼地或积水地块不宜种植外，在其他各类土壤上均能生长，从肥沃土壤到旱地、瘠薄、盐碱地均可种植。肥沃的黑钙土和河滩中的黏土最好。向日葵有较强的耐盐碱能力，土壤含盐量在0.4%能出全苗。幼苗期耐盐力最强，现蕾期0～5 cm和5～10 cm土层含盐量分别为0.42%和0.445%时，向日葵仍能生长正常。向日葵不仅具有较强的耐盐碱能力，而且还兼有吸盐性能。据化验，向日葵茎秆含氯化钠高达0.5%左右，因此，它是盐碱地生物治碱作物之一。

5. 养分

向日葵根系发达，植株高大，是需肥较多耗地力较大的作物，每收获100 kg种子，需纯氮6～7 kg，磷(P_2O_5)2.5～3 kg，钾(K_2O)16～18 kg，是喜钾作物。从出苗到花盘形成期需磷较多，在花盘形成到开花末期需氮最多，而花盘形成至蜡熟期吸钾最多。苗期需肥量较少，占总需肥量的2.5%，花盘形成到全部开花需肥量最多占87%，其余用于灌浆到成熟。

想一想：

向日葵籽实含油率与环境之间有何关系？

查一查：

向日葵为什么会产生向光反应？

模块二 向日葵的栽培技术

一、轮作和选茬

向日葵不宜连作，也不宜在低洼易涝地块种植。向日葵连作会使土壤养分特别是钾素过度消耗，地力难以恢复。向日葵伴生性杂草列当，向日葵病害如褐斑病、灰霉病、叶枯病、锈病，以及葵螟、蛴螬、小地老虎等都会因连作而加剧。最好轮作周期在4年以上。

向日葵对前茬选择不严格，除甜菜和深根系牧草外，其他作物均可作为向日葵的前茬。以麦茬、豆茬为宜，但菌核病较重的豆茬不宜种植。向日葵的适应性较强，最适宜土层深厚、腐殖质含量高、pH 6～8的沙壤土或壤质土壤种植为好。

想一想：

为什么向日葵不适合重茬和迎茬种植？

二、土壤耕作

由于向日葵根群庞大，根系入土深广，耕地浅根系难以下扎，遇风雨易发生根部倒伏。适宜的耕翻深度为20～25 cm。春播向日葵要求从前一年秋季翻地，经过冬春冻融，春季再进行耙、压、耱等作业，创造一个深厚的保水保肥，通气良好的播种床。

三、施肥

(一)需肥特性

在肥料三要素中,向日葵吸收量的顺序是钾最多,氮次之,磷较少。从现蕾到开花特别是从花盘形成至开花,是向日葵养分吸收的关键时期。

1. 氮的吸收规律

向日葵从出苗到现蕾,历时约 1.5 个月,吸收的氮占其一生耗氮总量的 39%;从现蕾到开花历时 20~25d,吸收的氮占总量的 31%;从开花到成熟历时约 1 个月,吸收的氮占耗氮总量的 30%。从现蕾到开花历时虽短,植株生长发育的速度却最快,吸收的氮最多,为吸氮高峰。因而现蕾期之前追施氮肥具有重要意义。

2. 磷(P_2O_5)的吸收规律

磷参与植株体内糖分转化为脂肪的过程,增施磷肥可提高含油率。

向日葵各个生育阶段中吸收的磷数量并不均衡。从出苗到现蕾期间吸收的磷最多,占其一生中耗磷总量的 46%左右,后期吸收的磷肥较少。所以磷肥应作为基肥来施。

3. 钾(K_2O)的吸收规律

钾素营养能增强向日葵叶的光合作用,促进碳水化合物的形成,加速糖分的转化和运转;使茎秆生长健壮,增强其抗倒伏、耐低温、抗病害的能力;并能增加含油率。

向日葵在苗期、现蕾期、开花期、结实期等不同生育时期,基本上是均衡地吸收钾素肥料,未发现吸钾高峰期。植株各部位吸收积累钾素的数量却有明显差异。花盘中积累的钾素最多,占全株含钾总量的 36%~39%;其次是茎秆,占 27%左右。因此,钾肥应在现蕾前施用,以满足花盘及茎秆生长发育的需要。

4. 微量元素的效应

向日葵需硼较多,硼可促进花器的发育,有利于授粉,能提高结实率 4.2%~6.2%。硼还可以提高种子含油率。缺硼将导致花粉发育不良,并引起花盘畸形。锰参与向日葵光合作用,对油分形成过程有促进作用。铜可改善向日葵体内蛋白质和碳水化合物的代谢,提高种子含油率。缺上述微量元素的地区或土壤,应予以补充。

查一查:

向日葵的微量元素如何补充?

(二)向日葵施肥技术

1. 基肥

基肥的作用在于提供向日葵整个生育期间对养分的需要。基肥应以有机肥为主,配合施用化肥。肥料充足时采用撒施,随秋耕或春耕翻入土中。如果肥料量少可采用条施。基肥施用量一般为 30 000~45 000 kg/hm^2。

2. 种肥

具有促苗早发的作用。用作向日葵的种肥以速效性肥料为主,如尿素、过磷酸钙、氯化钾等。也可施腐熟后的有机肥。

向日葵产区大部分种植在较瘠薄的耕地上,施基肥少或不施基肥,所以应重视种肥的应用。种肥以磷肥为主，配合施用氮肥和钾肥，一般施用纯氮 35～45 kg/hm²、磷(P_2O_5)15～30 kg/hm²、钾(K_2O)105 kg/hm²左右。

种肥必须与种子隔开，否则会影响出苗。

3. 微量元素拌种

在石灰性土壤上，一般缺锰或缺锌。向日葵用锌、锰微量元素拌种在苗期叶色浓绿，生长健壮。

4. 追肥

向日葵需肥较多，在生长发育期间应依据需肥规律进行适时追肥。向日葵追肥量应当根据土壤肥力状况和植株生长状况灵活掌握，才能收到最佳追肥效果。

向日葵在现蕾期之前结合培土进行追肥。一般追施尿素 225～300 kg/hm²、氯化钾或硫酸钾 75～150 kg/hm²，生产上主要采用穴施法。在距向日葵根部 10～15 cm 处刨小坑施肥，随即覆土，施肥深度一般 8～10 cm。

5. 叶面喷肥

一般在花期或灌浆期，喷施微量元素锰、钼、锌、硼等，可提高作物产量和含油率。微量元素浓度要控制在 0.05%左右，尿素水溶液要控制在 0.1%左右。

查一查：

1. 什么是向日葵配方施肥技术？向日葵如何进行配方施肥？
2. 向日葵缺乏营养元素的症状有哪些？

四、播种与合理密植

(一)品种选择

选择高产、含油率高、多抗和生育期适中的向日葵杂交种。在蜂源不足的情况下，选择自交结实率高的品种。在盐碱土壤种植应选耐盐碱性强的杂交种。主要品种有星火花葵、美葵王一号、巴葵 118、龙食杂 1 号等。北方地区主栽和主推优良向日葵品种见表 10-3-1。

表 10-3-1 优良向日葵品种

品种名称	特征特性
白葵杂 4 号	生育期 109 d 左右，株高 240 cm，盘径 22.0 cm。高耐菌核病，高抗螟虫、抗旱、较耐盐碱。适宜在吉林省向日葵主产区、黑龙江、内蒙古、山西、新疆和宁夏等地种植。
星火花葵	生育期 130 d 左右，株高 265 cm，盘径 24～29 cm。抗锈病、抗倒伏、耐盐碱。适宜在北纬 38°以北的地区种植。
巴葵 118	生育期 90～100 d，株高 167～215 cm，抗锈病、褐斑病。适宜在内蒙古自治区巴彦淖尔市、赤峰市、鄂尔多斯市≥5℃活动积温 2 000℃以上地区种植。
美葵 2103	生育期 95～105 d，株高 180 cm，盘径 25 cm，抗褐斑病、黑斑病。适宜≥5℃活动积温 2 500℃的地区种植。
龙食杂 1 号	生育期 104 d，株高 236 cm，花盘直径 20.0 cm，抗菌核病、褐斑病和锈病。适宜内蒙古自治区巴彦淖尔市、鄂尔多斯市、赤峰市≥10℃活动积温 2 400℃以上地区种植。
LD5009	生育期 115 d 左右。株高 170～180 cm，花盘直径 20～25 cm。抗倒伏、耐褐斑病、菌核病。适宜在甘肃、吉林、辽宁、黑龙江及内蒙古地区种植。

续表 10-3-1

品种名称	特征特性
SH909	生育期 96～103 d，株高 142.3 cm 左右，花盘直径 19.2 cm 左右。抗菌核病、锈病、霜霉病。适宜内蒙古≥5℃活动积温 2 000℃的种植区种植。
美葵王一号	生育期 105～110 d，株高 185 cm，花盘直径 21.9 cm。抗菌核病、霜霉病、锈病。适宜内蒙古≥10℃活动积温 2 000℃以上地区种植。
白葵杂 9 号	生育期 90 d，株高 112.7 cm，花盘直径 20.7 cm。抗菌核病、褐斑病、锈病。适宜在内蒙古自治区巴彦淖尔市、鄂尔多斯市、赤峰市≥5℃活动积温 1 900℃以上的种植区种植。
DK3146	生育期 94～100 d，株高 175 cm 左右，花盘直径 18～23 cm。抗菌核病、褐斑病、锈病。适宜内蒙古≥5℃活动积温 2 500℃以上的种植区种植。

(二)种子准备

(1)在播种之前进行人工粒选，去掉杂色粒、小粒等，以提高种子纯度。

(2)发芽试验。为了实现一次播种保全苗，在播种之前进行种子发芽试验。精量播种要求发芽率在 98%以上。一穴播一粒种子。

(3)种子处理

①晒种　播前晒种 2～3 d，可提高发芽势和发芽率，有利于发芽快，出苗整齐。

②药剂处理　采用高效内吸杀菌剂拌种，防菌核病和霜霉病等病害，用多菌灵喷雾可杀死附着种子表面的菌核和菌丝。

③浸种催芽　浸种催芽可使向日葵出苗快而整齐，并清除黏附在种子上的寄生植物。其做法是：用 25～30℃的温水浸泡 3～4 h，捞出摊开，在 15～20℃的暖室里堆放一昼夜，当大部分种子都萌动时，便可播种。

(三)播种

(1)播种深度　播种深度可视种子质量、土壤墒情而定，一般以 4～5 cm 为宜。墒情好时可适当浅播，墒情差时可深播浅覆土，覆土宜浅于 3 cm。

(2)播种期　土壤温度达到 5～8℃即可播种，食用种生育期长可早播，如内蒙古地区一般在 4 月中下旬播种；油用种生育期短的可晚播些，一般在 4 月下旬到 5 月上旬播种。盐碱地种植向日葵，其播期应安排在返盐之前。近年来，向日葵的病害逐年加重，加之授粉差，结实率低。早播成为制约向日葵产量的重要因素之一，实行适时晚播是一项重要的增产措施。常规食葵品种播期 5 月 10～20 日，食葵杂交种播期5 月25 日至 6 月 10 日。油葵杂交种播期 5 月 30 日至 6 月 20 日。

(3)播种方式　可机械条播、点播，也可人工穴播。行距以 60～70 cm，株距 33 cm 左右为宜。

(四)合理密植

(1)密度与品种的关系　食用种植株高大，不耐密植，华北、东北以 30 000～34 500 株/hm^2为宜。内蒙古有灌溉条件的地区可种植 36 000～42 000 株/hm^2。油用种宜密植，华北 37 500～45 000 株/hm^2，辽宁 42 000～45 000 株/hm^2，新疆灌区 54 000 株/hm^2。对于植株较矮的油用向日葵杂交种密度也不得超过 60 000 株/hm^2。

(2)密度与土壤肥力的关系　肥力高的地块宜密。而瘠薄少肥的地块应稀一些。

(3)密度与灌水的关系　有灌水条件，种植密度宜大。干旱地区土壤水分缺乏，应该种得稀些。

查一查：

1. 如何进行向日葵发芽率的测定？
2. 向日葵如何进行种子包衣？
3. 你所在的地区向日葵的播种时期，采用何种播种方式？

五、田间管理

（一）查苗补种

向日葵大多种植在半干旱、轻盐碱的瘠薄土地上，如播种质量和出苗情况较差时，应进行查苗补种或移栽。补种时，采用浸种方法，移栽可采取带土坐水移栽，并追施少量化肥，促苗快速生长。移栽时要在1对真叶展开时进行，以傍晚和阴天时为宜。

（二）间苗、定苗

多粒穴播或条播的向日葵，出苗后株数较多，互相拥挤，相互争水争肥，必须进行早间苗、适时定苗，培育壮苗。间苗在1对真叶时进行，定苗在2对真叶时进行。病虫害严重或易受碱害的地方，定苗可稍晚些，但最晚也不宜在3对真叶出现之后。

（三）中耕培土

生育期间一般进行中耕2～3次。第一次是在1～2对真叶时结合间苗进行，达到除草松土的目的。第二次中耕是在定苗后一周左右进行。第三次中耕在封垄之前完成，否则损伤或折断植株，并给田间作业带来困难。中耕的同时，应进行培土，以防倒伏。

查一查：

怎样进行向日葵田的化学除草？

（四）灌溉

向日葵苗期地上生长缓慢，为促进根系向下伸展，要进行蹲苗。从现蕾到开花的20 d，需水量增加，吸收的水分占其一生总需水量的40%左右，是需水关键期，如有灌溉条件及时灌水，以满足其生长发育的需要。在开花期和灌浆期已进入雨季，但如遇干旱要及时灌溉，以促进籽实的形成和灌浆。

（五）打杈和人工授粉

有的向日葵品种有分枝的特性，分枝一经出现，就会造成养分分散，影响主茎花盘的发育。因此在现蕾期及时打掉分枝。

向日葵主要靠蜜蜂传粉。1只蜂1 d可完成1.2万朵花的传粉。如果蜂源不足，要进行人工辅助授粉。人工授粉方法有两种，一是粉扑子授粉，二是花盘接触授粉。人工辅助授粉应在上午9～11时进行。

（六）病虫害防治

1. 向日葵菌核病

向日葵菌核病发生很广泛，整个生育期均可发病，可造成向日葵茎折、花盘及种仁腐烂，对向日葵生产威胁很大。常见的有根腐型、茎腐型、叶腐型、花腐型 4 种类型，其中根腐型、花腐型受害重。根腐型从苗期至收获期均可发生，苗期染病时幼芽和胚根生水浸状褐色斑，扩展后腐烂，幼苗不能出土或虽能出土，但随病斑扩展萎蔫而死。成株期染病根或茎基部产生褐色病斑，逐渐扩展到根的其他部位和茎，后向上或左右扩展，长可达 1 m，有同心轮纹，潮湿时病部长出白色菌丝和鼠粪状菌核，重病株萎蔫枯死，组织腐朽易断，内部有黑色菌核。花腐型病害表现为花盘受害后，盘背面出现水浸状病斑，后期变褐腐烂，长出白色菌丝，在瘦果和果座之间蔓延，形成黑色菌核，花盘腐烂后脱落，瘦果不能成熟。受害较轻的花盘，结出的种子粒小，无光泽、味苦、表皮脱落，多数种子不能发芽。防治措施如下：

(1)与禾本科作物实行 5～6 年轮作。

(2)将地面上菌核翻入深土中使其不能萌发。

(3)种植耐病品种。

(4)清除田间病残体，发现病株拔除并烧毁。

(5)适当晚播，增施磷钾肥。

(6)种子处理。用 35～37℃温水浸种 7～8 min 并不断搅动，菌核吸水下沉，捞出上层种子晒干。种子内带菌采用 58～60℃恒温浸种 10～20 min 灭菌。

(7)药剂防治。花盘初期，可选用速克灵、菌核净或多菌灵等药剂进行喷雾防治，重点保护花盘背面。

2. 向日葵锈病

锈病是向日葵重要病害，大流行年份减产 40%～80%。叶片、叶柄、茎秆、葵盘等部位染病后都可形成铁锈般状孢子堆。叶片染病，初在叶片背面出现褐色小疱是病菌夏孢子堆，表面破裂后散出褐色粉末，即病原菌的夏孢子，后病部生出许多黑褐色的小疱，即病菌冬孢子堆，散出黑色粉末，即冬孢子，发生严重的致叶片早期干枯。防治措施如下：

(1)选用抗病品种，如龙食杂 1 号、美葵王 1 号等。

(2)清除病株残体烧掉，并深翻土地。

(3)加强前期管理，及时中耕，合理施用磷肥。

(4)药剂拌种。用 25%羟锈宁可湿性粉剂拌种，可减轻发病。

(5)药剂防治。发病初期喷洒 15%三唑酮可湿性粉剂 1 000～1 500 倍液或 50%萎锈灵乳油 800 倍液、70%代森锰锌可湿性粉剂 1 000 倍液加 15%三唑酮可湿性粉剂 2 000 倍液、或用 25%萎锈灵可湿性粉剂或 20%萎锈灵乳油 400～600 倍液喷雾，隔 15 d 左右 1 次，防治 1～2 次。

3. 向日葵霜霉病

霜霉病是重要的检疫性病害。分布在东北、西北、华北和西南局部地区。苗期、成株期均可发病。造成植株矮化，不能结盘或死亡。苗期染病 2～3 片真叶时开始显症，叶片受害后叶面沿叶脉开始出现褪绿斑块，叶背可见白色绒状霉层，即病菌的孢囊梗和孢子囊。病株生长缓慢或朽住不长。成株染病初近叶柄处生淡绿色褪色斑，沿叶脉向两侧扩展，后变黄色并向叶尖蔓延，出现褪绿黄斑，湿度大时叶背面沿叶脉间或整个叶背出现白色绒层，厚密。后期叶片变褐焦枯，茎顶端玫瑰花状，病株较健株矮，节间缩短，茎变粗，叶柄缩短，随病情扩展，花盘畸形，失去向阳性能，开花时间较健株延长，结实失常或空秆。防治措施如下：

(1)建立无病留种田，严禁从病区引种。

(2)与禾本科作物实行 3～5 年轮作。

(3)选用抗病品种如辽葵2号、CM592等。

(4)发病重的地区用种子重量0.5%的25%甲霜灵拌种。

(5)适期播种,不宜过迟,密度适当,不宜过密。

(6)田间发现病株及时拔除并喷药或灌根,防止病情扩展。

(7)苗期或成株发病后,喷洒58%甲霜灵锰锌可湿性粉剂1 000倍液或64%杀毒矾M8可湿性粉剂800倍液、25%甲霜灵可湿性粉剂800～1 000倍液、40%增效瑞毒霉可湿性粉剂600～800倍液。72%霜脲锰锌或72%霜霸可湿性粉剂700～800倍液。

4. 向日葵螟

向日葵螟成虫和幼虫都可危害,成虫发生盛期在7月下旬至8月上旬。成虫夜间8～9时,集中在葵花地取食、产卵。8月上旬卵孵化为幼虫,取食种子,常把花盘咬成很多隧道,并吐丝结网;遇雨时常使花盘腐烂,降低向日葵的产量和品质。防治措施如下:

(1)选用抗虫品种。硬壳层形成快的品种受害轻或不受害,油用种较食用种受害轻。

(2)秋翻冬灌可将大批越冬茧翻压入土,减少越冬虫量。

(3)在向日葵盛花期、幼虫未蛀入籽实前,喷施90%敌百虫晶体500倍,20%氰戊菊酯1 000倍,4.5%高效氯氰菊酯1 500倍。在7月末8月初成虫盛发期用敌敌畏熏蒸或施放敌敌畏烟剂。

(七)收获

当向日葵花盘背面变黄,花盘边缘微绿;舌状花瓣凋萎或干枯,苞叶黄褐;茎秆变黄或黄绿色,叶片黄绿或黄枯下垂;种子皮壳变硬时即可收获。此时的籽实含水量应当在15%。

收回的花盘应及时晾晒,定时翻动。当花盘上的种子松动容易脱落,即可脱粒。食用型种子含水量降到10%～12%以下,油用型种子含水量降到7%以下,才适于安全储藏。

查一查:

1. 你所在地区向日葵主要发生的病虫害有哪些?如何进行防治?
2. 向日葵的种子如何进行储藏?
3. 如何进行向日葵的地膜覆盖栽培?

复习思考

一、填空

1. 向日葵是(　　)科(　　)属的植物,起源地是(　　)。
2. 向日葵根据籽实含油率的高低分为(　　)、(　　)和(　　)三种类型。
3. 向日抗旱性最强的生育阶段是(　　)。
4. 向日葵产量的构成要素是(　　)、(　　)、(　　)。
5. 向日葵生长发育需要的微量元素主要有(　　)、(　　)和(　　)。
6. 向日葵的授粉方式为(　　)。
7. 向日葵轮作的间隔年限为(　　),适宜的土壤酸碱度为(　　)。
8. 向日葵的水肥临界期是(　　),钾肥在(　　)时期施用。

9. 向日葵的播种深度为（ ），一般采用的播种方式有（ ）、（ ）、（ ）。

10. 向日葵间苗的苗龄为（ ），定苗的苗龄为（ ）。

11. 向日葵常发生的病害有（ ）、（ ）和（ ），虫害有（ ）、（ ）等。

12. 向日葵种子储藏的安全含水量为（ ）。

二、简答

1. 为什么向日葵不适合进行重茬和迎茬种植？

2. 向日葵生长发育对肥料的需求规律是什么？

3. 向日葵苗期管理的中心任务是什么？

4. 向日葵蕾花期管理技术要点是什么？

5. 如何防治向日葵菌核病？

6. 怎样防治向日葵的各种虫害？

7. 怎样提高向日葵结实率？

8. 施用磷、钾肥对向日葵有什么作用？

子项目四 油菜栽培技术

【知识目标】

明确发展油菜生产的意义；了解油菜的一生；了解油菜栽培的生物学基础。

【技能目标】

掌握油菜播种技术、油菜田间管理技术、病虫害防治技术和收获技术。

【项目导入】

传说古代江苏吴江有一个姑娘，她聪明美丽，清秀可爱。可是不幸患上皮肤病，身上疖疮累累，痛痒流脓，久治不愈，只得闭门在家。一天夜里，她梦见一片油菜花，金灿灿的十分诱人。梦醒之后，独自思考，莫非油菜花可治愈我身上的病吗？于是她到菜地里，摘取新鲜带有花蕾之嫩苗，洗净后，炒食之，果然味道鲜美，清香可口。不久，大便通利，皮肤上的疮疖也逐渐缓解。于是，她坚持炒食，在没有油菜花的季节，则将晒干腌好的油菜花炒食。数月后，姑娘全身皮肤光亮平滑，甚至疤痕也没落下，脸庞也比以前更漂亮了。此后用油菜花治疮疖、乳痈一类疾患的方法，就在民间流传开来。在《本草纲目》中也记载了一些关于油菜的药用知识。

油菜为十字花科芸薹属一年生或越年生草本作物。油菜是我国主要油料作物之一，也是菜、油兼用作物：油菜叶可作菜用，油菜籽含油丰富可榨油用。油菜籽的含油量因类型和品种不同而有很大差异，含油量多为40%左右，最高达51%。菜籽油含有大量的脂肪酸和多种维生素，富含营养，易于消化，是我国主要食用油之一。油菜籽油在工业、医药生产上有广泛应用，是各种涂料、油漆、肥皂、化妆品、机械润滑油、合成橡胶、人造纤维、鞣皮剂、药膏等工业产品的原料。

油菜籽榨油后的菜籽饼含氮4.6%、磷2.5%、钾1.4%，是肥效优良的综合性肥料。油菜又是很好的绿肥作物，落叶、落花和残根也含有较多的氮、磷、钾元素，可以提高土壤肥力，在轮作中是多种作物的良好前作。

油菜籽饼含有30%左右粗蛋白,10%以上的粗脂肪,但也含有某些有毒物质,需经加工处理后方可作为家畜的精饲料。油菜的果壳和新鲜的茎叶,是营养价值较好的青饲料。油菜花又是养蜂的重要蜜源。所以发展油菜生产,对于满足人民生活需要,促进农牧业生产和支援工业建设都具有十分重要的意义。

查一查:

什么是双低油菜?

模块一 油菜栽培基础

一、油菜的类型

我国栽培油菜有三种类型。

(一)白菜型

白菜型油菜主根不发达,支根较发达,植株矮而分枝性强,分枝节位低,叶片全缘,大而薄,多无蜡粉,茎叶抱茎而生,花大,花瓣两侧互相重叠,种子无辣味。耐晚霜冻能力强,幼苗较耐湿,耐旱性较弱,抗病性较差,产量较低。它包括北方小油菜和南方油白菜两种。北方小油菜主要特征是:株形矮小,分枝少,茎秆细,叶不发达,匍匐生长,叶形椭圆,有明显的琴状裂片,且刺毛多,被有一层薄的蜡粉。南方油白菜与北方小油菜比较,株形较大,茎秆较粗壮,叶肉组织疏松,叶发达,叶柄宽,中肋肥厚,叶全缘或有浅缺刻,绝大多数不具有蜡粉(图10-4-1)。

(二)芥菜型

通称高油菜、苦油菜、辣油菜或大油菜。主要特征是:植株高大,株形松散,分枝纤细,分枝部位高,主根发达。幼苗基部叶片小而狭窄,有明显的叶柄,叶面皱缩。花瓣较小,四瓣分离。角果细而短,籽粒一般较小。种子有黄、红、褐和黑色,种皮表面有明显的网纹。含油量一般在30%～35%,但也有高达50%的品种。种子有辛辣味,油分品质较差,不耐储藏,生育期较长,耐寒性、抗旱性、耐瘠性都较强,抗病性中等,产量较高(图10-4-2)。

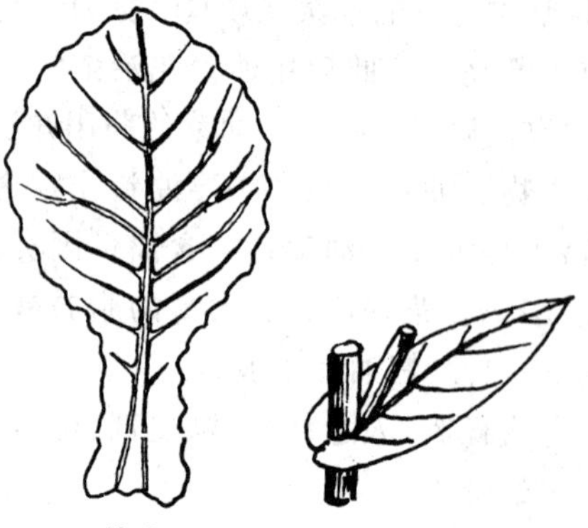

图 10-4-1 白菜型油菜叶

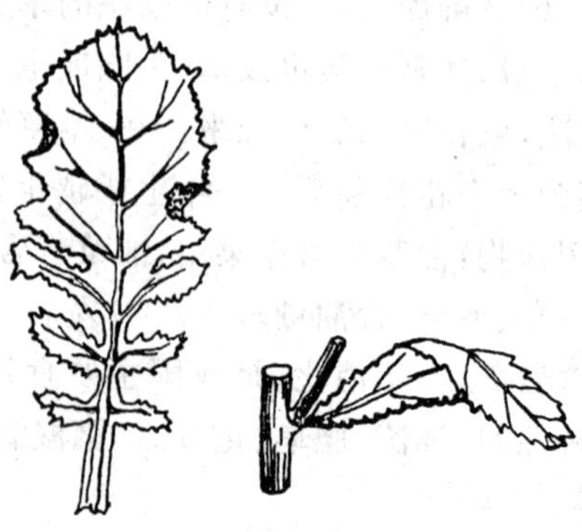

图 10-4-2 芥菜型油菜叶

(三)甘蓝型

根茎膨大,汁液多,株形中等,薹茎叶半抱茎;叶片蓝绿色,大小中等,花大,花瓣重叠;种子无辣味,黑褐色。生长势强,耐水肥,抗寒性强。属高产类型,生产上比白菜型油菜品种增产30%~50%(图10-4-3)。

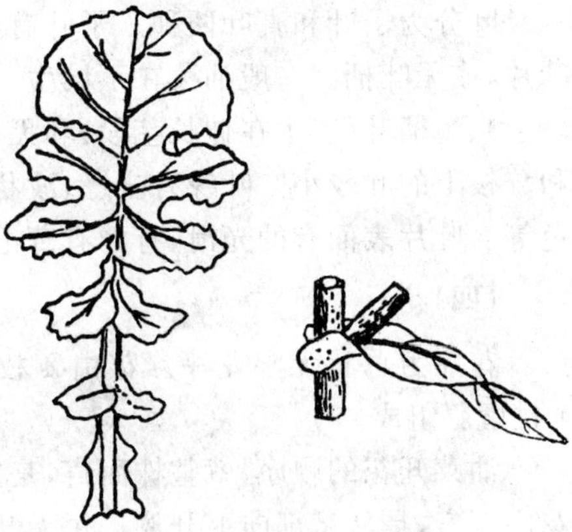

图10-4-3 甘蓝型油菜叶

油菜抗逆性强,适应性广,在全国各地都有油菜分布。我国的油菜产区可分为冬油菜和春油菜两大产区。以冬油菜为主,春油菜为辅。冬油菜的分布以长江流域为中心,面积约占全国的85%左右,产量则占90%以上;春油菜主要分布于冬季气温寒冷,油菜不能安全越冬的地区,面积和产量都比较少。两个产区根据各地气候条件、栽培制度和生产特点等,冬油菜产区又可分为华北关中、云贵高原、四川盆地、长江中下游和华南沿海5个亚区,春油菜产区分为青藏高原、甘新内陆、黄河中游和东北4个亚区。

二、油菜的形态特征

(一)根

油菜的根系属于直根系,具有主根和侧根,主根入土可达50 cm左右,深的可达100 cm以上,支根和细根多集中于20~30 cm的耕层内。主根上部粗壮膨大,下部细长,呈长圆锥形状。油菜三种类型在根的形态上有一定差异。白菜型和甘蓝型油菜根略有膨大,为肉质根,木质化程度低,根系发达,分布密集,主根入土浅,抗旱、抗倒力弱,称密生根系;芥菜型油菜主根不膨大,木质化程度高,侧根稀,支根少,入土深,抗旱、抗倒力强。

油菜根系在幼苗期生长较慢,开盘以后,主、侧根生长速度逐渐加快,至初花期已超过最大根量的50%以上。油菜根系的发育状况与栽培环境关系密切。土壤结构良好,土层深厚而肥沃,耕作精细,则主根纵深伸长可达100~200 cm,支细根数量增多,分布也加深加宽;在干旱条件下,油菜的主根会加深,但支细根数量却大大减少。密度过大,根系会由于营养面积变小而发育不良。另外,油菜根系还有改良土壤的结构性状的作用,可增加土壤蓄水量,并通过根系分泌物对土壤微生物活动的有益影响来提高土壤肥力。

(二)茎和分枝

幼苗期油菜主茎短缩不伸长,抽薹后,主茎节间迅速伸长呈直立型并同时长粗,至终花期,茎的伸长基本停止。主茎的伸长高度依品种而异,矮小油菜品种主茎伸长高度约在70 cm以下,高大油菜品种主茎伸长高度可达200 cm以上,一般品种主茎伸长高度在150 cm左右。油菜主茎表面较光滑或着生稀疏刺毛,呈现绿、灰蓝或紫色。

主茎由下往上分为缩茎段(主茎基部,节短而密集,着生长柄叶)、伸长茎段(主茎中部,节较长,着生短柄叶)、薹茎段(主茎上部,节最长,着生无柄叶)。

油菜的分枝上可再生分枝,即二次分枝、三次分枝等。一般主茎下部分枝在抽薹后5~8 d出现,以后由下而上依次出现,4~5 d内所有分枝相继伸长,初花期至盛花期伸长最快,终花时达最大长度。

(三)叶

叶分为子叶和真叶两种。子叶有心脏形、肾形和杈形 3 种。真叶为不完全叶，仅具叶柄和叶片，或无叶柄。一般油菜在不同生育时期出现以下 3 种不同形态的叶，长柄叶(着生在缩茎段上)、短柄叶(着生在伸长茎段)和无柄叶(着生在薹茎段)。一般植株下部叶较大，主茎上部和分枝上的叶较小。叶缘有全缘、波状、锯齿、缺刻等。叶片的色泽有绿(深浅不同)、灰蓝、紫色等。叶片表面有的光滑，有的有茸毛，蜡粉有多有少。

(四)花

花序为总状无限花序。花由 4 枚狭长的萼片、4 枚花瓣、4 长 2 短 6 枚雄蕊、1 枚雌蕊和 4 枚蜜腺组成。

油菜开花的顺序，就整株而言，是主花序先开，然后第一分枝、第二分枝依次开放；就某一花序而言，是从基部向上开放。每天开放时间多集中在上午 8～10 时。油菜花期较长，初花至终花一般为 20～25 d，如果外界条件适宜，主花序还可能继续伸长，继续开花。

油菜花期发育受外界环境条件影响较大。水肥供应不足或缺少必要的硼、锌、硫等微量元素都会使花大量败育或形成畸形角果。此外，开花期高温多雨也能导致不育。如果盛花期遇到 25℃以上持续高温，会使大量花蕾脱落，阴雨连绵的天气不育率增高且易感染菌核病。

(五)果实

为角果。由果喙、果身和果柄三部分组成。种皮的颜色因品种不同，有黄、浅褐、褐、黑及褐黄双色等多种颜色。种皮在种子发育初期为无色，随着发育进程逐渐变为浅绿色、绿色、黄绿，最后呈现出品种固有的颜色。

三、油菜的阶段发育

油菜在现蕾以前需要经过春化和光照两个在本质上不同的发育阶段，然后才能抽薹开花结实。

(一)春化阶段

油菜通过春化阶段要求以低温为主导因素的外界环境条件。根据我国油菜类型和品种春化阶段对温度条件的不同要求，可以将其分为 3 种类型。

(1)冬性型　这类油菜对低温要求严格，需要在 0～5℃的低温下，经过 15～45 d 以上才能进行发育。冬性型油菜的生育期较长，多为晚熟或中晚熟品种。

(2)春性型　这类油菜可以在 10℃左右，甚至更高温度下很快发育。此类型油菜生育期较短，在春季或初夏播种，均能正常抽薹开花。但如在秋季播种，早播遇高温，会提前开花，冬季易受冻害。多为早熟或中熟品种。

(3)半冬性型　这类油菜对低温的反应介于冬性型和春性型之间，许多半冬性型油菜品种既可在冬油菜区进行秋播，又可在春油菜区进行春播。其生育期较冬性型短，较春性型长。一般冬油菜的中熟、早中熟品种属于这一类。

油菜的春化阶段一般在萌动的种子中即可进行。春油菜多在播种出苗后不久即通过春化阶段；冬油菜则在越冬后或越冬前通过春化阶段。

(二)光照阶段

油菜通过春化阶段以后，便进入光照阶段。油菜通过光照阶段外界环境条件要求以光照为主导因素。油菜是长日照作物，延长光照能促使油菜提前开花，一般每天12～14 h的光照即可满足其对光照的要求，若延长光照时间到14 h以上，就能促进光照阶段进程，使油菜提早现蕾抽薹和开花结实。反之，如果每天光照时间缩短到12 h以下，就要大大减缓通过光照阶段的速度。

油菜的光照阶段是在幼苗主茎生长点春化阶段完成的基础上进行的，即先通过春化阶段，后通过光照阶段。

想一想：

冬型和半冬型的油菜种子如果未经春化处理便进行春播会如何？

四、油菜的生育期和生育时期

油菜出苗至角果发育成熟所经历的天数，称为生育期。由于油菜类型、品种特性、气候条件和播期的不同，生育期相差较大。我国北方秋播油菜，于秋季播种到次年夏季收获，要经过漫长的冬季，生育期较长，为160～230 d。北方春播油菜，多数地方早春播种，夏季收获，生育期80～100 d；在高寒地区，如青海高原是春种秋收，生育期100～120 d；黑龙江省种植油菜则是春种夏收，生育期为70～90 d。

油菜一生要经历发芽出苗期、苗期、蕾薹期、开花期和角果成熟期等五个时期。

(一)种子的萌发与出苗

(1)种子的形态构造　油菜种子为球形或近似球形，表皮有网状结构，表皮颜色有黄色、褐色、黑色等，一般千粒重3～4 g。

(2)种子的萌发与出苗　指油菜从种子播种到全田有75%子叶出土展平这一段时间。这一阶段的长短，在水分和土壤氧气等条件良好时，决定因素是温度。在一定范围内，温度愈高，发芽出苗越快。一般日平均气温在3℃左右时，油菜种子虽可萌动，但发芽出苗很慢，出苗需20 d以上；7～8℃时，需10 d以上；12℃左右，需7～8 d；在16～20℃的适温时，仅需3～5 d。

油菜种子小，播种浅，发芽时吸水量多，播种时保持一定的土壤湿度是保证出全苗的关键。要求田间土壤含水量为田间最大持水量的60%～70%。

油菜籽的主要成分是油脂，种子萌发时需要更多的氧气，才能将脂肪转化为糖类，供应发芽出苗所需的养分和能量。所以，油菜播种时要求土壤疏松，通气良好。

另外，由于种子较小，所以整地质量差，表土坷垃过大或播种过深、过浅，都将影响油菜出苗的进程和质量。

(二)苗期的生长发育

油菜从出苗到现蕾为苗期。冬油菜与春油菜在生育期上的差异，主要是苗期的长短不同决定的。春油菜苗期短，约1个月，而冬油菜苗期长，一般从上一年秋季延续到第二年春季，苗期约占全生育期的1/2。为了便于田间诊断和科学管理，通常把油菜苗期分为苗前期(幼苗期)和苗后期(开盘期)。苗前期是指从出苗到开盘(幼苗顶端开始花芽分化)以前，生长中心是叶片和根系，为纯营养生长阶段。苗后期是从开盘到现蕾。这段时间油菜除继续长根、长叶等营养器官外，同时又开始花芽分化，是营养生长与生殖生长并进时期。开盘是油菜发根、分枝和积累养分的重要时期。此期地上部生长渐趋缓慢，根颈开始迅速膨大，叶片的光合产物以糖的形式大量积累于根颈和根部，同时叶腋间大量抽生腋芽，大部分花序先后进行分化。

冬油菜一般在旬平均气温下降到0℃左右进入越冬期，经70～80 d至次年春季返青。在越冬期间，植株处于休眠或半休眠状态，主要依靠主根短缩茎储藏的养分维持生命，抵御寒冷。如果冬前植株细弱，或因播种过早，主根过粗，根质松软，生机衰退，会使养分储藏不足而造成越冬死苗。所以，冬前培育壮苗是确保安全越冬的关键。

（三）蕾薹期的生长发育

油菜植株从露出花蕾到第一朵花开放这一段时间为蕾薹期。此期油菜植株进入营养生长与生殖生长并进阶段，生长最旺盛。营养生长主要表现为主茎增长很快，平均每天伸长2～3 cm。随着主茎伸长，基部叶面积增大，茎生叶和分枝继续生长。到初花期前，主茎叶数基本出齐，主茎伸长趋于缓慢，但顶端继续伸长形成主花序。分枝顶端也相继伸长，形成分枝花序。至此，生长中心由营养生长转向生殖生长。主花序上已显现花蕾并迅速增大；各分枝花序上花蕾相继出现，整个植株含苞待放。

蕾薹期对肥水要求十分迫切，是油菜的水分临界期。这一时期如肥水不足，则叶面积小、主茎和分枝瘦弱、有效分枝少、花序短、花蕾少，对产量造成严重影响。但如果肥水过多，则叶片过于肥大，通风透光条件差，植株下部叶片早衰，无效分枝增加。

（四）开花期的生长发育

油菜由初花期到终花期为开花期。全田有25%植株开始开花为初花期，有85%植株主花序顶端花蕾开完为终花期。油菜开花期无论冬油菜还是春油菜均较为一致，30 d左右。开花期适宜温度范围为14～18℃，10℃以下开花数减少，5℃以下不能正常开花。如果气温过高，温度达25℃以上时，虽然可以开花，但所开的花结实不良，角果数减少，且易脱落。油菜开花和结角重叠进行，生理活动极为旺盛，需要充足的水分和养分。如果肥水不足或氮肥过多，会导致落花落角增多。

（五）角果成熟期的生长发育

从终花到角果成熟这一段时间为角果成熟期。一般油菜终花后15 d角果长度基本长足，宽度则到第21天才基本定型。角果成熟过程一般分为3个时期。

（1）绿熟期　仅主序角果为黄绿色，大多数分枝角果为绿色，种皮绿色，籽粒不饱满，大部分种子尚未充实，含油量低、品质差，含油量仅为成熟种子的70%左右。

（2）黄熟期　植株大部分叶片干枯脱落，主序角果呈黄色、分枝角果开始退绿，转成黄绿色。种子已发育完全，充实饱满，千粒重和含油量均较高。此期当全田70%～80%植株“黄熟”时，是油菜收获的最适时期。

（3）完熟期　大多数角果由黄色转为白色，种子含水量为30%左右。由于种子呼吸作用消耗大，种子粒重和含油量均有下降。此期收获易裂角落粒，损失较大。

油菜角果成熟期无论冬、春油菜均为1个月左右的时间。这一时期的温度以18～20℃为最适宜。25℃以上或9℃以下，都会影响角果的正常发育，产生秕粒，甚至形成无效角果而脱落。此期充足的光照对油菜的产量和质量有着良好的作用。虽然这时油菜大部分叶片枯黄脱落，但数量众多的角果皮能进行光合作用。据测定，成熟种子内40%左右的储藏物质就是靠后期角果皮的光合作用积累的。

油菜角果成熟期要求适宜的水分和养分条件，这一时期吸收的矿质养分较少，故养分不宜太高，尤其氮肥不能太多。否则，贪青晚熟，并对种子油分的积累不利，但磷素和其他微量元素的补充对产量提高有重要作用。此期土壤水分过多或天气阴湿多雨则延长成熟时间，且易遭病虫侵袭，秕粒增多，储藏物质向合成蛋白质方向进行，不利于油分积累。但土壤水分过少时，对角果种子的发育不利，同时也影响油分的积累。

模块二 油菜栽培技术

一、选茬与整地

油菜适应性强，对土壤条件要求不太严格。但以土层深厚、肥沃疏松、杂草少的土壤最为适宜。最适 pH 5～6.5。

油菜幼苗拱土能力弱，对整地质量要求严格，需耙细耢平。整地质量标准是：平整、细碎、紧实，达到每平方米内直径大于 5 cm 的土块不超过 3 个，整地后镇压或播前镇压，达到播种状态。

油菜适合与水稻、小麦、玉米等作物轮作，是禾谷类作物的良好前茬。油菜不宜连作，也忌与十字花科作物轮作。

二、基肥、种肥施用

1. 油菜需肥特点

油菜是需肥多、耐肥强的作物。需氮量和需钾量都相当于禾谷类作物的 3 倍，需磷量相当于禾谷类作物的 3.5 倍，对钙、硼等元素的吸收量也大大超过其他作物。每生产 50 kg 油菜籽需吸收氮素 5.05 kg，磷素 1.75 kg，钾素 4.7 kg，其氮、磷、钾吸收比例大致是 1∶0.35∶0.95。

在油菜生长发育过程中，对氮、磷、钾的吸收量，因油菜类型、地区的不同，差异较大。一般说来，所需氮素，幼苗期占 20%～50%，蕾薹期占 50%～70%，盛花期后直至成熟期占 10%～20%。磷素以成熟期吸收最多，但春油菜生育期短，磷对促进根系发育有重要作用，所以必须早期施用。如早期磷素供应不足，常引起碳氮代谢过程受阻，幼苗发育不良，而后期即使有充足磷素也不能消除早期缺磷所受到的不良影响。充足的钾素对促进油菜的发育，增强茎秆坚韧度，以及加强对钙、镁元素的吸收利用，增强抗病、抗寒、抗倒伏能力都有积极作用。综上所述，油菜各生育期需肥特点是：苗期生长缓慢，需肥较少；现蕾抽薹开花后生长发育非常旺盛，需要大量营养；而结实期，所需营养不多，尤其是需氮肥较少。

2. 基肥种肥施用

基肥应以有机肥为主，也可配合一定数量的化肥。一般每公顷施入有机肥 15～30 t。有机肥三年轮施一次。基肥的施用方法因整地方法而异，最好在伏秋翻地前施入，通过耕翻和耙地将基肥翻耙入较深的土层中。

种肥以氮磷钾配合施用效果好，一般氮磷配合比例以 1∶2 或 1∶1.5 为宜。每公顷施入磷酸二铵 187.5 kg（或者用尿素 112.5 kg 加入三料磷肥 225 kg），硫酸钾 75 kg。施用方法，可在播种时将化肥按比例混合均匀，先播肥料，施入 7～10 cm 土层中，后播种子。

三、优良品种的选用和种子处理

(一)优良品种的选用

当前北方地区主栽和主推优良油菜品种见表 10-4-1。

表 10-4-1 优良油菜品种

品种名称	特征特性
垦油 4 号	甘蓝型油菜杂交种,生育日数 87 d,株高 124.6 cm,分枝部位 50.2 cm,第一次有效分枝数 4.3 个,主花序有效长度 45.0 cm,主花序有效果数 39 个,每果粒数 24.0 粒,千粒重 3.4 g。平均产量 1 821.2 kg/hm^2,最高产量达 2 500 kg/hm^2。抗菌核病能力较强,较耐其他病害,抗倒伏、抗旱能力强。适宜北方油菜种植区。
青油 14	在青海全生育期 106～120 d,株高 136 cm 左右,千粒重 3.25 g。是我国育成的第一个甘蓝型双低春油菜品种。适宜青海、黑龙江、内蒙古、新疆、甘肃等省区种植。
青杂 5 号	适宜在内蒙古自治区、新疆维吾尔自治区及甘肃、青海等低海拔地区春油菜主产区种植。该品种为甘蓝型春性不育三系杂交种。全生育期 134 d 左右,株高 171 cm 左右,分枝部位 62 cm 左右,匀生分枝。平均单株有效角果数 221.2 个,每角粒数 25.7 粒,千粒重3.9 g。平均产量 2 791.3 kg/hm^2。
豫油 5 号	属半冬性中早熟甘蓝型杂交油菜品种。全生育期 225 d。株高 165 cm,株型紧凑,分枝位置低,单株角果数 518 个,角粒数 24.6 个,千粒重 2.9 g,产量 3 750 kg/hm^2。茎秆粗壮,抗倒,抗菌核病、病毒病,适宜在陕西、河南、湖北、湖南、江苏、安徽淮河以北和黄淮流域种植。
高油 9 号	生育期 92 d 左右,根为直根系,幼苗灰绿色,叶片宽大,株高 161 cm,全株有效角果数为 331 个,每角粒数 20.3 粒,单株生产力为 18.7 g,千粒重 3.7 g。抗旱、耐虫害,抗倒、耐瘠,丰产性好,是适合在干旱山区推广的油菜新品种。在山西、内蒙古、河北省、陕西、甘肃等地无霜期在 92 d 以上的地区都可以种植。
大黄油菜	生育期 100 d 左右。该品种属芥菜型,株高 150～200 cm,茎秆粗,分枝多,有效分枝 5～8 个。单株有效角果 400 个,角果长 4～5 cm。籽粒多为黄色,也有少数黑褐色,圆形,千粒重 2.7～3.2 g,含油率 42%。喜肥耐碱,对磷肥反应敏感,用磷肥作种肥增产效果显著。适应性强,一般产量为 750～1 500 kg/hm^2,高的可达 2 250 kg/hm^2 以上。
蒙油 3 号	株高 150 cm 左右,花瓣大,株型收敛,角果长,每角粒数 23～26 粒,千粒重 3.4 g,生育期 100 d 左右。苗期抗寒性好,生长势强,整齐度好,抗倒伏,较耐菌核病和病毒病。一般产量 2 250～3 000 kg/hm^2。

查一查:

当地油菜的优良品种有哪些?

(二)种子处理

1. 晒种

晒种一方面能促进种子内部物质代谢,激发酶的活性,提高种子发芽率和发芽势;另一方面可以消毒灭菌。播前选晴天将种子摊开,在晒场上或草席上(避免在水泥路面上)晾晒 2～3 d,晾晒期间要不断翻动种子。

2. 精选种子

所选种子要成熟度好、籽粒饱满、无病虫危害,且具有本品种的特征。种子要纯净,无杂质,发芽率要高,一般为 90%以上。

3. 种子大粒化处理

种子大粒化处理就是将油菜种子外表包裹大约 2 mm 厚的肥料外壳，变成直径为 5～6 mm 的颗粒，比原种子扩大 2～3 倍。包被的材料主要是过磷酸钙、磷矿粉，另外掺部分细土做粘结剂。方法是将 20%～30%的过磷酸钙、65%左右的磷矿粉、15%的细土倒入包衣剂中，加入适量水充分混匀，再将油菜种子倒入搅拌，直至油菜种子外表包裹大约 2 mm 厚的肥料外壳为止。

油菜苗期对磷肥比较敏感，大粒化种子便于与磷肥接触，种子发芽后即可吸收利用，因此对幼苗生长，特别是对根系生长有利。油菜大粒化种子播种后出苗快、出苗齐、幼苗生长健壮。

四、播种技术

(一)适时播种

油菜适时播种是夺取高产的关键措施。适宜的播期，应以当地的气候条件、品种特性和栽培条件而定。春油菜的适宜播期主要依据当地气象条件来确定，温度是确定播期的主要指标。经多年播期试验及生产调查分析确认，春油菜播期的气象指标为 5 日内平均气温稳定通过 4.6℃的日期为安全播期。5 日内的平均气温稳定在 6～8℃的日期为高产播期。

(二)播种方法

油菜播种主要采用直播方式，直播油菜主根入土深，根系分布范围广，能吸收利用土壤深层的水分和养分，且抗旱、耐瘠薄、抗倒伏，在干旱地区或春油菜地区应用较广。直播分撒播、点播和条播三种方法。

(1)撒播　这种方法用种量大，出苗多，苗不匀，间苗、定苗用工多，管理不方便，一般较少采用。

(2)点播　点播是一种传统直播方法，特别是在土质黏重的水稻田和整地困难、开沟条播不方便的地方较为适用。按预定规格开穴，分厢定量播种(每穴 5～6 粒)。播种后，用细土盖好。

(3)条播　在耧播、机播时多采用此方法。播种时每厢应按规定行距拉线开沟，播种沟深度 3～5 cm，行距为 15～30 cm。条播要求落籽稀而匀，最好用细土拌种，顺沟播下，每公顷播种量 6～7 kg。若播量过大，间苗不及时，易造成苗挤苗，增加间苗工作量。

在播种时为了播种均匀，也可加等量炒熟的菜籽或 6～8 kg 的尿素，以调节播种量，对培育壮苗也有很好的作用。用尿素拌种时要注意随拌随播，尿素用量不宜过多，以免烧芽、烂种。无论采用哪种播种方法都应播种均匀，深浅一致，无漏播和重播。在干旱地区可采取抗旱播种法，即垄沟就墒播种。具体做法是当表层干土在 6 cm 以上，而底墒较好时，采用豁干湿种，用卸去犁壁的步犁冲沟，豁去表层干土，在沟底湿土上播种，再覆浅土，随后用脚在沟内踩实。

查一查：

当地油菜的公顷保苗数是多少？

五、田间管理

(一)间苗、定苗

直播油菜出苗后2片真叶时要及时间苗,3～4片真叶时要按预定密度定苗。如缺苗断垄现象严重,在定苗的同时带肥带水进行补栽。间苗定苗要求做到“五去五留”,即去密留匀,去弱留壮,去小留大,去病留健,去杂留纯。

(二)追肥

(1)苗期追肥　油菜是一种需肥较多的作物,在施足底肥的基础上适时追壮苗肥。4～5片真叶时追尿素120～150 kg/hm^2。苗期追肥可促进早发根,早发苗,促进花芽分化,使幼苗在现蕾前叶片多、根系旺、根颈粗壮。生育较短的春油菜一般不进行苗期追肥。

(2)施蕾薹肥　油菜在抽薹开花期生长最为迅速,加之这时气温稳定上升,根系吸收力显著增强,油菜对水、肥等栽培条件的反应更为敏感,如果这时肥料不足,植株发育就会减弱,分枝和主茎尖端的花往往不能完全结角,每角粒数也会减少,产量就会降低。此期一般追施尿素80～100 kg/hm^2。

(3)花期追肥　开花后酌情施保花肥,减少落花、落蕾和防止早衰。在初花期施用,每公顷施硫酸铵45～75 kg,施磷肥75～105 kg。盛花期根外喷施1～2次保果肥,以达增果、增粒、增加粒重和防止“花而不实”的目的。方法是每公顷用750 kg水加过磷酸钙7.5 kg、硫酸铵7.5 kg、硼酸375 g,充分溶解后喷洒。

(三)油菜缺素症诊断

油菜的缺素症状可作为诊断苗情的重要依据。植株缺氮时,生长缓慢,植株矮小,叶片小而发黄,分枝数少,叶边缘呈枯焦状,严重时可导致叶片脱落。缺磷时,叶片深绿灰暗,缺乏光泽,叶片小,叶肉变厚,叶片变为紫红色,抗冻性减弱,上部叶片逐渐枯死,致使油菜不能抽薹开花。在缺磷较轻时,虽能抽薹,但分枝少,角果数少,角果籽粒不饱满,秕粒、小红粒多。缺钾症状多在中下部叶片表现出来,开始呈现黄绿色,叶的边缘出现枯焦斑点,逐渐扩大成圈,植株衰弱,茎秆柔软,易倒伏。如出现上述症状时,需及时补充相应营养元素。

油菜在整个生长发育阶段对硼素反应敏感,油菜缺硼在不同生长发育阶段表现出不同的症状。苗期缺硼时,作物输导组织易受破坏,新生组织的形成和植株生长受阻,使叶形小,叶柄变粗,叶端倒卷,叶色初为暗绿,后变紫色,叶脉及附近组织变黄,最后形成一块蓝紫斑,提早脱落。同时,根系发育不良,表现须根少,表皮暗褐色,基茎出现裂口。花期缺硼会造成“花而不实”:油菜进入花期以后,因花粉败育而不能结实,并导致不断抽发次生分枝继续不断开花,延迟花期,花蕾、幼荚大量脱落,荚果萎缩细小、畸形,结实率很低,有的甚至绝荚。荚果成熟期缺硼,造成荚果中胚珠萎缩,不结籽或弱小籽。荚果或茎秆皮为紫红色。

防治油菜缺硼应提高土壤有机质含量,增施有机肥料,结合增施硼肥。目前常用硼肥主要有硼砂、硼酸等。可作基肥或追肥施入,每公顷用量3.75～7.5 kg,拌入基肥中穴施或条施;作追肥宜早,注意施用均匀。作根外追肥的硼酸溶液为0.02%～0.1%,硼砂溶液为0.05%～0.2%,每公顷喷施1 500～2 250 kg溶液,分别在苗期和抽薹期喷施。浸种时硼砂或硼酸浓度为0.01%～0.05%,时间6～12 h。拌种一般0.5 kg种子用0.2～0.5 g硼酸或硼砂。

(四)灌水

油菜蕾薹期需水较多,结合施肥灌水,水肥齐攻,才能夺取高产。在北方,蕾薹期常遇春旱,气候干燥雨量少,应灌足蕾薹水。但要注意此时湿度不能过大,使土壤水分保持田间最大持水量的70%左右为宜。在多雨易涝地区,应开沟排水,降低田间湿度,增强根系活力,以利根系向深生长。

在越冬油菜区,还要适时冬灌,满足油菜对水分的要求,沉实土壤,均衡地温,防止漏风冻根死苗。

(五)中耕培土

适时中耕能提高地温、保墒。旺长时可在抽薹期深中耕控制长势。抽薹和初花后分别进行培土固根,既防止中后期倒伏,又可保持根部墒情。

(六)辅助授粉

人工辅助授粉的方法有两种,一种是养蜂传粉;另一种是人工授粉。人工授粉一般采用拉绳或竹竿等工具,在晴天上午8~11时,油菜大量开花时进行。

六、收获技术

(一)收获适期

油菜是无限花序,开花期长,角果成熟不一致。根据角果和种子色泽的变化,成熟过程一般可分为绿熟、黄熟、完熟3个阶段。绿熟期主花序角果转现黄色,分枝上角果仍现绿色,大部分种子尚未充实,含油量低、品质差。黄熟期主花序角果呈现杏黄色,表面有光泽,一次分枝上的角果已呈黄绿色,种子已发育完全,充实饱满,晒干后种皮呈现种子固有色泽,千粒重和含油量均较高,是油菜收获的最适时期。完熟期大部分角果呈现黄色,种子粒重和含油量均有下降,收获时落粒也较多,此期收获有一定损失。油菜收获是以全田70%~80%的角果转为黄色或主茎中、上部第一次分枝所结种子开始转色的时期为收获适期。

(二)收获方法

油菜有机械收获和人工收获两种方法。

1. 机械收获

机械收获又可分为机械分段收获和机械联合收获。

(1)机械分段收获 先用割晒机将油菜割成趟,晾晒3~4 d,角果壳干后即可脱粒。这种收获方法适合种植面积较大,成熟期不一致的地块。适时割晒、拾禾、脱粒,是夺取油菜高产的保证,大面积油菜生产必须采取分段收割。

(2)机械联合收割 机械联合收割是收割、脱粒、清粮1次完成。收获机械可选用小麦联合收割机进行收获,收获时期比分段收获稍晚一些。

2. 人工收获

人工收获时一般在晴天早晨露水未干时收割,并做到轻割、轻放、轻捆、轻运,减少裂角落粒损失。收后搬至晒场或在田间堆置3~4 d,角果壳干后即可脱粒。如果遇上连续阴雨不能及时脱粒,则把油菜捆成把,角果向上,竖立排放,切忌大堆叠放,导致发热霉烂、发芽,影响菜籽的质量。

(三)留种

油菜的类型不同,授粉方式也不相同。白菜型油菜属典型的异花授粉,异交率在75%~85%;而芥菜型和甘蓝型油菜一般异交率在10%~30%,多属常异花授粉作物。因此,要注意选种留种工作。生产上用的种子应在与其他品种隔离的种子田选留,一般选性状一致、健壮无病、分枝多而集中、结角多的优良植株留种。隔离区种子田宜选用有天然屏障的山区、丘陵区,或用树林等高秆植物作隔离物的地区,或远离其他油菜田和十字花科作物田600 m以上,以防异花授粉后引起种子混杂、退化。

(四)种子储藏

油菜种子收获脱粒后含水量一般在20%左右,不耐储藏。必须进行晾晒,使种子水分降低到10%以下才能安全储藏。种子入库储藏时含水量以9%为宜,并保持仓库低温干燥,经常检查防止霉变。严禁用塑料袋装种子,以免影响种子发芽率。

七、油菜病虫草害防治

(一)油菜主要病害防治

1. 油菜霜霉病

油菜各生育时期均可感病,危害油菜地上部分各器官。叶片发病后,初为淡黄色斑点,后扩大成黄褐色大斑,受叶脉限制呈不规则形,叶背面病斑上出现霜状霉层。茎、薹、分枝和花梗感病后,初为褪绿斑点,后扩大成黄褐色不规则形斑块,斑上有霜霉病菌。花梗发病后有时肥肿、畸形,花器变绿、肿大,表面光滑,上有霜状霉层。严重时叶片枯黄脱落,植株枯萎。防治措施:

(1)选用抗病的丰产品种。甘蓝型油菜对霜霉病的抗性较强,白菜型最易感病,芥菜型次之。

(2)实行水旱轮作,避免连作。

(3)搞好田间管理,清沟排渍,合理施肥,减少氮肥施用量,适当增施磷、钾肥,并适时摘除老叶、黄叶和病叶等。

(4)药剂防治。可选用25%瑞毒粉剂300~600倍液,或50%退菌特粉剂1 000倍液,或0.05%~0.2%乙磷铝液等药剂喷施,于初花期病株率10%以上开始喷药,每7 d喷1次,每公顷喷施750~900 kg,防治2~3次。

2. 油菜菌核病

苗期在接近地面的茎基与叶柄上,形成红褐色斑点,后转为白色。病组织变软腐烂,有白色菌丝,重者可致苗死亡。成株期叶、茎、花、果和种子均可感病。叶感病后初生暗青色水渍状斑块,后扩展成圆形或不规则形大斑。病斑灰褐色或黄褐色,有同心轮纹,外围暗青色,外缘具黄晕。潮湿时病斑迅速扩展,全叶腐烂;干燥时则病斑破裂穿孔。茎部病斑初呈水渍状,浅褐色,病斑略凹陷,有同心轮纹,中部白色,边缘褐色。病害严重时,病茎上长满絮状菌丝,又称为“白秆”、“霉秆”等。此时植株干枯而死或提早枯熟,可见皮层纵裂。角果感病形成不规则白色病斑。种子感病后表面粗糙,灰白色无光泽。在发病的茎内外和角果上均可形成大小不等的鼠粪状菌核。防治方法:

(1)轮作换茬。最好与水稻轮作,因为菌核在水中浸泡1~2个月后就会腐烂,旱地轮作应在3年以上。

(2)选用抗病品种。应选用高产抗(耐)病的优质品种,如豫油4号、豫油5号、杂双1号、杂双2号、杂双4号、丰油9号、丰油10号等品种。

(3)种子处理。可用10%盐水溶液进行漂洗,除去上浮的秕粒和菌核,把下沉的种子用清水洗净晾干播种。

(4)清沟排渍。排渍可降低田间湿度,减少病害的发生。

(5)中耕松土。可在2～3个月进行一次中耕松土,以破坏子囊盘并压抑菌核的萌发。

(6)摘除老黄叶和病叶。冬油菜一般在3月底至4月中旬摘除下部的黄叶和病叶,减少病源,还能够提高通风透光率,提高油菜产量。

(7)药剂防治。主要在初花后进行,喷药次数应根据病情酌情掌握,尽量喷于植株中、下部,可选用40%菌核净可湿性粉剂1 000～1 500倍液或50%多菌灵可湿性粉剂300～500倍液喷施,每次每公顷可喷洒药液1 200～1 500 kg。每次间隔7～10 d,喷药2～3次。

3. 油菜病毒病

油菜从苗期到成株期均能感病,油菜类型不同,病害症状差异很大。甘蓝型油菜感染了油菜病毒病,最初在新叶的叶脉间发生油渍状的小斑点,以后逐渐成黄色斑块,开花后长出的新叶病斑扩展很快,成为花叶,下部的叶片变黄脱落,到发病末期,茎叶发生坏死病斑,变成褐黑色,最后枯死。主要传染途径是蚜虫的活动,蚜虫在病株上吸汁,可使油菜感病。对病毒病的防治应以预防为主,综合防治,主要措施有:

(1)选用抗病品种。甘蓝型油菜一般比白菜型品种抗病,因此应大力推广甘蓝型油菜,是减轻病害损失的最有效、最经济的途径,如豫油4号、豫油5号、杂双1号、杂双2号、杂双4号、丰油9号、丰油10号等品种。

(2)适期播种。在冬油菜区,秋季气温高,其重病区或秋季干旱的年份,适当延迟播期,错开蚜虫迁飞高峰的时间,可减轻病毒病的危害。

(3)选地种植。油菜田应选择离蔬菜区较远,前茬作物不是十字花科的田块,并应集中种植,以便集中管理治蚜,此外增施磷肥,适当减少氮肥用量,并及时抗旱。

(4)经常检查田块,及早发现病株及时销毁,减少病源。

(5)药剂防治。以灭蚜虫为主,因为蚜虫是传病的主要媒介。

(二)油菜主要害虫防治

1. 蚜虫

蚜虫是油菜的主要害虫之一,在干旱年份更为严重,蚜虫又是传播油菜病毒病的主要媒介,因此一定要把蚜虫消灭在造成危害之前。治蚜虫的关键是:第一要早治,油菜出苗就开始治蚜虫;第二要连续治;第三要普治,将其他十字花科作物与油菜一起防治,方法有:

(1)注意抗旱和清除杂草,保持土壤湿润,抑制蚜虫繁殖,及时清除杂草,防止蚜虫滋生。

(2)生物防治。保护及人工饲养天敌,如蚜茧峰、草蛉、瓢虫等,使天敌的数量保持在总蚜量的1%以上。

(3)药剂防治。可选用40%乐果乳油或20%氧化乐果乳油1 000～2000倍液,或70%灭蚜松1 000～1 400倍液,或2.5%敌杀死乳剂3 000倍液等喷雾。

2. 跳甲和猿叶甲

跳甲又称跳格蚤,危害油菜的主要是黄曲条跳甲。成虫、幼虫都可为害,幼苗期受害最重,常常食成小孔，造成缺苗毁种。成虫善跳跃，高温时还能飞翔，中午前后活动最盛。油菜移栽后，成虫从附近十字花科蔬菜转移至油菜为害，以秋、春季为害最重。猿叶甲别名黑壳甲、乌壳虫，为害油菜的主要是大猿叶甲。以成虫和幼虫食害叶片，并且有群聚为害习性，致使叶片千疮百孔。

防治方法：跳甲和猿叶甲可一并防治，重点防治跳甲兼治猿叶甲。药剂用50%杀螟腈乳油800～1 200倍液，或50%马拉硫磷800倍液等叶面喷施。

3. 菜青虫

菜青虫是菜粉蝶的幼虫，在油菜苗期危害最严重，把油菜叶片吃成缺刻孔洞，严重时将全叶吃光，只留下叶柄，致使植株枯死，菜青虫还传播油菜软腐病。根据菜青虫发生和危害的特点，在防治上要掌握治早、治小的原则，将幼虫消灭在1龄之前，具体防治方法是：

(1)清除田间杂草，减少虫源基数。

(2)低龄幼虫发生初期，喷洒苏芸金杆菌800～1 000倍液或菜粉蝶颗粒体病毒每公顷用300幼虫单位，对菜青虫有良好的防治效果，喷药时间最好在傍晚。

(3)幼虫发生盛期，可选用20%天达灭幼脲悬浮剂800倍液、10%高效灭百可乳油1 500倍液、50%辛硫磷乳油1 000倍液、20%杀灭菊酯2 000～3 000倍液、21%增效氰马乳油4 000倍液或90%敌百虫晶体1 000倍液等喷雾2～3次。

(三)油菜田化学除草

(1)土壤处理　播种前3～5 d要除去老草，一般对播前杂草较多的田块，每公顷可用10%草甘膦水剂6 000～7 500 mL或41%农达水剂1 500～2 250 mL除去老草；播后芽前可用50%乙草胺1 125 mL或90%禾耐斯600 mL，对水45 kg均匀喷雾除杂草。

(2)茎叶处理　对以单子叶杂草为主的油菜田，可在杂草3～4叶期，每公顷用5%精禾草克乳油675 mL或10.8%高效盖草能乳油300 mL对水45 kg喷雾除草。对以阔叶杂草为主的油菜田，可在杂草2～3叶期，用50%高特克450 mL或17.5%快刀乳油1 500～2 250 mL，对水30～45 kg喷雾除草。

查一查：

大豆缺乏氮、磷、钾各有什么症状？

复习思考

一、填空

1. 油菜出苗后要依次经历(　　)、(　　)、(　　)、(　　)几个生育时期。

2. 根据我国油菜类型和品种春化阶段对温度条件的不同要求，可以将油菜分为(　　)、(　　)、(　　)三种类型。

3. 冬油菜与春油菜在生育期上的差异，主要是由(　　)期的长短不同决定的。

4. 油菜的水分临界期是(　　)。

5. 油菜主茎由下往上分为(　　)茎段、(　　)茎段、(　　)茎段。

6. 一般油菜在不同生育时期出现以下3种不同形态的叶，分别是：(　　)叶、(　　)叶和

(　　)叶。

二、简答

1. 白菜型、芥菜型、甘蓝型油菜在形态上有什么区别？
2. 冬性型、半冬性型、春性型油菜发育时对环境的要求有什么不同？
3. 油菜各生育阶段对氮、磷、钾元素的需求各有哪些特点？
4. 如何对油菜进行科学施肥？
5. 如何诊断油菜是否缺硼？
6. 如何判断油菜的收获适期？
7. 油菜霜霉病的症状如何？如何防治？

参考文献

[1]周国绵.作物栽培学.哈尔滨:黑龙江科学技术出版社,1992.
[2]李振陆.作物栽培.北京:中国农业出版社,2008.
[3]杨克军.作物栽培.哈尔滨:黑龙江人民出版社,2005.
[4]曹敏建.耕作学.北京:中国农业出版社,2004.
[5]刘巽浩.耕作学.北京:中国农业出版社,1999.
[6]曲文章.作物栽培学总论.哈尔滨:东北农业大学教材科,1993.
[7]曲文章.甜菜生理学.哈尔滨:黑龙江科学技术出版社,1990.
[8]于振文.作物栽培学各论(北方本).北京:中国农业出版社,2003.
[9]于振文.小麦产量与品质生理及栽培技术.北京:中国农业出版社,2006.
[10]胡承霖.安徽麦作学.合肥:安徽科学技术出版社,2009.
[11]马新明,郭国侠.农作物生产技术.北京:高等教育出版社,2005.
[12]马致民.作物栽培学(北方本).北京:高等教育出版社,2002.
[13]董钻,沈秀英.作物栽培学总论.北京:中国农业出版社,2000.
[14]于立河,李金峰,郑桂萍.粮食作物栽培学.哈尔滨:黑龙江科学技术出版社,2001.
[15]张矢.黑龙江水稻.哈尔滨:黑龙江科学技术出版社,1998.
[16]梁光商.水稻生态学.北京:中国农业出版社,1982.
[17]杨守仁,郑丕尧.作物栽培学概论.北京:中国农业出版社,1989.
[18]郑丕尧.作物生理学导论.北京:中国农业大学出版社,1992.
[19]郑广华.植物栽培生理.济南:山东科学技术出版社,1980.
[20]王树安.作物栽培学各论(北方本).北京:中国农业出版社,1995.
[21]张瑞岐.作物栽培学.北京:中国农业出版社,1997.
[22]河南省中牟农校.作物栽培学.北京:中国农业出版社,1979.
[23]曹卫星.作物栽培学总论.北京:科学出版社,2011.
[24]刘玉凤.作物栽培.北京:高等教育出版社,2005.
[25]胡昌浩.玉米栽培生理.北京:中国农业出版社,1995.
[26]山东省农业科学院.中国玉米栽培学.上海:上海科学技术出版社,1986.
[27]王振华.玉米高效种植与实用加工技术.哈尔滨:黑龙江科学技术出版社,2004.
[28]郭庆法.中国玉米栽培学.上海:上海科学技术出版社,2004.
[29]农业部农民科教培训中心.优质玉米生产技术.北京:中国农业大学出版社,2007.

[30]潘金豹.玉米农艺工培训教材.北京:金盾出版社,2008.

[31]石洁等.玉米植保员培训教材.北京:金盾出版社,2008.

[32]中华人民共和国农业部.玉米技术100问.北京:中国农业出版社,2009.

[33]林宏明.农业机械.北京:高等教育出版社,2009.

[34]张亚龙.农作物生产技术.北京:中国劳动社会保障出版社,2011.

[35]赵桂春.现代大豆产业技术.北京:中国农业出版社,2010.

[36]秦越华.农作物生产技术.北京:中国农业出版社,2010.

[37]韩天富.大豆优质高产栽培技术指南.北京:中国农业科学技术出版社,2005.

[38]余松烈.作物栽培学.北京:中国农业出版社,1982.

[39]陈应志.大豆关键技术百问百答.北京:中国农业出版社,2006.

[40]许玉嶂.大豆栽培与加工.北京:世界图书出版公司,1996.

[41]毛树春.棉花优质高产新技术.北京:中国农业科学技术出版社,2006.

[42]陈传印,雷振山.作物生产技术(北方本).北京:化学工业出版社,2011.

[43]高书国,陈传印.作物生产技术.石家庄:河北科学技术出版社,1999.

[44]马奇祥,赵永谦.农田杂草识别与防除.北京:金盾出版社,2007.

[45]宋志伟.现代花生生产实用技术.北京:中国农业科学技术出版社,2011.

[46]山东农学院.作物栽培学.北京:中国农业出版社,1983.

[47]孙大容.花生栽培.北京:中国农业出版社,1984.

[48]王在序.怎样种花生.上海:上海科学技术出版社,1983.

[49]河南省中牟农业学校.作物栽培学.北京:中国农业出版社,1994.

[50]山东省花生研究所.花生栽培技术.北京:中国农业出版社,1982.

[51]秦越华.农作物生产技术.北京:中国农业出版社,2010.

[52]王赴.农作物栽培.呼和浩特:内蒙古教育出版社,1996.

[53]工荣栋.作物栽培学.乌鲁木齐:新疆科技卫生出版社,1998.

[54]吕风山.甜菜栽培技术.内蒙古:内蒙古人民出版社,1999.

[55]伊尚武,陈连江,许群.甜菜优质高产高糖栽培技术.北京:中国农业科技出版社,2001.

[56]嵇莉莉.优质高产甜菜品种及生产技术.北京:中国农业出版社,2003.

[57]李彩凤.甜菜优质高效生产技术.哈尔滨:黑龙江科学技术出版社,2003.

[58]蔡葆等.甜菜生产实用技术问答.北京:金盾出版社,2006.

[59]刘克礼.作物栽培学.北京:中国农业出版社,2008.

[60]周克强.蔬菜栽培.北京:中国农业大学出版社,2007.

[61]王培伦,马伟青.马铃薯脱毒栽培技术.济南:山东科学技术出版社,1998.

[62]黑龙江省农业科学院马铃薯研究所.中国马铃薯栽培学.北京:中国农业出版社,1994.

[63]黑龙江省农业科学院克山马铃薯研究所.马铃薯栽培技术.北京:中国农业出版社,1984.

[64]吴琼峰.作物生产技术.北京:化学工业出版社,2011.

[65]梁称福.蔬菜栽培技术.北京:化学工业出版社,2009.

[66]阮俊.马铃薯高产栽培技术.成都:四川教育出版社,2009.

[67]周恩肖.优质烤烟生产技术.南宁:广西科学出版社,2002.
[68]杨先芬.烟草施肥技术.北京:金盾出版社,2001.
[69]刘国顺.烟草栽培学.北京:中国农业出版社,2003.
[70]韩锦峰.烟草栽培生理.北京:中国农业出版社,2003.
[71]李庆文,王德生,段维生.向日葵及其栽培.北京:中国农业出版社,1991.
[72]刘克礼.作物栽培学.北京:中国农业出版社,2008.
[73]李永强,李方华.向日葵栽培技术.现代农村科技,2009(23).
[74]辽宁省科学技术协会.向日葵新品种及高产栽培技术.沈阳:辽宁科学技术出版社,2009.